软件质量保证

Software Quality Assurance

[美]克劳德·Y. 拉波特(Claude Y.Laporte)
阿兰·阿普利尔(Alain April) 著
丁 丁 欧阳红军 阳超群 任国磊 译

国防工業出版社
·北京·

著作权合同登记　图字:01-2022-5646 号

图书在版编目(CIP)数据

软件质量保证 / (美) 克劳德 · Y. 拉波特
(Claude Y. Laporte) ,(美) 阿兰 · 阿普利尔
(Alain April)著 ; 丁丁等译. --北京 : 国防工业出
版社, 2025. 1.--ISBN 978-7-118-13207-6
Ⅰ. TP311.5
中国国家版本馆 CIP 数据核字第 2024P687F8 号

※

国防工业出版社出版发行
(北京市海淀区紫竹院南路 23 号　邮政编码 100048)
雅迪云印（天津）科技有限公司印刷
新华书店经售

*

开本 710×1000　1/16　印张 31½　字数 602 千字
2025 年 1 月第 1 版第 1 次印刷　印数 1—1500 册　定价 154. 00 元

(本书如有印装错误,我社负责调换)

国防书店:(010)88540777　　书店传真:(010)88540776
发行业务:(010)88540717　　发行传真:(010)88540762

译 者 序

本书原著 Software Quality Assurance 英文版由 IEEE 计算机学会于 2018 年出版。在软件质量保证方面，我国相关概念最初主要来自于国外标准，并经过了国内软件工程行业的实践而不断发展至今。国际上，对于软件质量保证的相关内容，在国际标准 IEEE730《软件质量保证过程》中，对产品质量保证和过程质量保证的概念和内涵分别进行了阐述。国内形成标准规范的，只有国家标准 GB/T 28172—2011《嵌入式软件质量保证要求》和国家军用标准 GJB439A《软件质量保证通用要求》。由于软件质量保证涉及质量管理、软件工程、信息技术等多方面的内容，原著从审核、验证与确认、软件配置管理、相关方针与过程、测量、风险管理、供方管理等多个方面对国际上通用的标准、模型以及经典案例进行了梳理和概括，基础理论完备，引用资料权威，全文脉络结构清晰，同时不失趣味性，为读者提供了良好的软件质量保证计划编制方案。由于 ISO 12207、ISO 20000、ISO 27000 等信息技术国际标准也已通过多种方式被国家标准所采用，因此本书在翻译过程中，也试图对标 GB 8566、GB 24405、GB 29246 等相关国家标准，完善术语翻译和词句表达，并在原书的基础上增加了国际标准和国家标准采用对照表（附录 3），便于读者参考使用。

因此，从专业的角度，很有必要引进并翻译出版这部著作，为国内广大软件工程从业者提供系统的软件质量保证相关知识脉络。

全书由丁丁、欧阳红军、阳超群负责翻译，由任国磊负责统稿并审校。本书的出版离不开各位领导、同事一直以来的帮助和支持，得到了田媛、崔晓峰、刘华、刘文红、刘从越、余智勇等专家学者的指导和宝贵建议，在此一并表示衷心的感谢。

由于译者水平有限，书中难免存在不妥和疏漏之处，恳请读者批评指正！

译者

2024 年 2 月

前　言

本书探讨如何应对改进软件质量这一全球挑战，旨在面向顾客、经理、审核人员、供方，以及负责软件项目、开发、维护和软件服务的人员，对软件质量保证(software quality assurance,SQA)实践进行概述。

在全球竞争环境中，组织承受着来自客户和竞争对手的巨大压力。客户的要求越来越高，单就软件而言，客户要求高质量，低成本，能够快速交付且具有完善的售后支持。为了满足质量、进度和客户要求，组织必须对其软件活动采用有效的质量保证实践。

确保软件质量并非易事，标准定义了最大限度地提高性能的方法，但是经理和员工在很大程度上要自己决定如何切实改善具体情况。他们通常会面临以下问题：

(1) 快速交付优质产品的压力不断增大；

(2) 软件及系统的规模和复杂度不断提高；

(3) 满足国家标准、国际标准和行业标准的要求不断提高；

(4) 分包和外包；

(5) 工作团队分散；

(6) 平台和技术不断变化。

本书将重点关注行业和公共组织中的SQA问题，这些组织通常无法获得完整且综合的参考资料(如一本概括性的书)，来帮助评估和改进针对SQA的活动。SQA部门必须满足顾客的服务标准、专业领域的技术准则，并尽可能地扩大其战略和经济影响。

本书的目的是使项目经理、客户、供方、开发人员、审核人员、维护人员和SQA人员可以此为依据来评估其SQA方法的有效性和完整性。本书讨论的主题包括：

(1) SQA和软件改进的过程、实践和活动有哪些；

(2) 现行的标准和模型是否可以作为参考；

(3) 如何确保项目经理及其团队了解 SQA 活动和其实施的价值。

为了回答这些问题,我们梳理并归纳了电信、银行、国防和运输等不同组织在软件工程和 SQA 方面 30 多年的实践经验。这些业界经验证实了以参考文献和实例为基础提出概念和理论的重要性。全书通过对真实案例的研究印证了许多质量保证实践的正确有效实施。

在许多组织中,SQA 是测试的代名词。本书所呈现的 SQA 涵盖了广泛的成熟实践,可以证明软件开发和维护活动的质量与组织或项目所选择的生命周期无关。

本书将使用广义的"软件质量保证"这一术语及其首字母缩写词 SQA。正如软件质量保证过程标准 IEEE 730-2014 中所定义的,功能是指一组实现特定目的的资源和活动[IEE 14]。SQA 功能可以由软件项目团队成员执行,也可以由独立的一方执行,例如负责软硬件和供方质量的质量保证(quality assurance,QA)部门。

本书的结构和组织

本书共分为 13 章,涵盖了符合相关标准的 SQA 基础知识,这些标准包括电气与电子工程师协会(Institute of Electrical and Electronics Engineers,IEEE)的 IEEE 730 SQA 过程标准、ISO/IEC/IEEE 12207 软件生命周期过程标准、软件工程研究院(Software Engineering Institute,SEI)提出的面向开发的能力成熟度模型集成(Capability Maturity Model® Integration for Development,CMMI®-DEV)以及 ISO 软件工程知识体系指南(Software Engineering Body of Knowledge,SWEBOK®),并采用大量的实例来说明 SQA 实践的应用。

第 1 章　软件质量基础:概述了 SQA 从业人员所需的基础知识;介绍了 SQA 各技术领域,引用了针对各技术领域开展深入研究的重要文献;采用了商业模型的概念来解释不同 SQA 实践间的巨大差异;明确了术语定义以及本书所涉及的一些有用的概念。

第 2 章　质量文化:介绍了质量成本的概念和实例、质量文化的概念及其对所使用的 SQA 实践的影响;提出了软件项目的 5 个维度,以及为了确保成功,项目经理应如何自由权衡这些维度;概述了软件工程道德规范,以及如何管理项目经理和顾客对软件质量的期望。

第 3 章　软件质量需求:针对软件质量模型以及相关的 ISO 标准补充了一些概念和术语,这些模型对软件质量需求进行了分类和定义,并举例描述了如何使用这些模型来定义软件项目的质量需求;引出了需求可追溯性的概念,说明了质量需求对

SQA 计划的重要性。

第 4 章　软件工程标准和模型:介绍了一些有关软件质量的重要的 ISO 标准和模型,如 SEI 开发的 CMMI®模型、针对超小型组织的 ISO 新标准等,SQA 从业人员和专家将能够从这些标准和模型中找到成熟的实践;提供了开发、维护和 IT 服务等主要软件活动的框架;简要概括了针对特定应用领域的标准,并提出了对 SQA 计划的建议。

第 5 章　评审:介绍了自查、桌面检查、走查和审查;不同类型的软件评审:讨论了有关评审的理论及实例;介绍了基于敏捷开发的评审;描述了针对项目的其他评审,如项目启动大会和经验教训总结;讨论了如何根据商业领域选择评审类型并将其纳入 SQA 计划。

第 6 章　软件审核:介绍了审核过程和软件问题解决过程,这是软件从业者在其职业生涯中迟早会面临的问题;介绍了审核的标准和模型,并给出了实例;讨论了审核在 SQA 计划中的作用。

第 7 章　验证与确认:介绍了软件验证与确认(verification and validation,V&V)的概念;讨论了采用 V&V 实践的好处及成本;介绍了项目中采用或描述 V&V 实践的标准及模型;介绍了 V&V 计划的内容。

第 8 章　软件配置管理:介绍了软件质量的重要组成部分,即软件配置管理(software configuration management,SCM),说明了 SCM 的作用和典型的 SCM 活动;介绍了源代码管理中的配置库和分支技术,以及软件控制、软件状态和软件审核的概念;给出了在超小型组织中实施 SCM 的建议,并讨论了 SCM 在 SQA 计划中的作用。

第 9 章　方针、过程和规程:说明了如何开发、记录和改进组织方针、过程和规程,以确保软件组织的有效运作和运作效率;解释了文档的重要性,如文档能够提供一些表示法记录过程和步骤;介绍了由 SEI 提出的“个体软件过程”(personal software process,PSP)方法,即确保个体采用严格的结构化方法进行软件开发,从而显著提高软件产品的质量。

第 10 章　测量:说明了测量、标准和模型的重要性;给出了描述测量过程需求的方法;介绍了小型组织和小型项目如何进行测量;研究了一种测量活动的实现方法,以发现测量中的潜在陷阱和潜在人为因素影响;讨论了测量在 SQA 计划中的作用。

第 11 章　风险管理：介绍了包含风险管理需求的主要模型和标准；讨论了可能影响软件质量的风险因素，以及相应的风险识别、风险排序、风险记录和风险缓解技术；介绍了利益相关方在风险管理过程中的作用，并讨论了软件风险管理中应考虑的人为因素；总结了风险在制定 SQA 计划中的关键作用。

第 12 章　供方管理和协议：介绍了供方管理和协议这一重要主题；给出了 CMMI® 模型的主要评审活动和经验建议；列举了不同类型的软件协议，并通过一个实例说明了风险分担协议的益处；针对当有供方参与时，对 SQA 计划的内容提供了建议。

第 13 章　软件质量保证计划：通过使用前述各章中提出的概念来总结全书主题，制定出符合 IEEE 730 建议的完整的 SQA 计划；最后提出了其他建议并给出实例。

附录

附录 1　软件工程职业道德规范和职业实践(第 5.2 版)

附录 2　软件相关事件和重大事故

附录 3　部分国家标准采用情况

本书所使用的图标

本书中使用不同的图标来区分不同类型的解释和说明，如概念及实例、定义、轶事、工具、检查单、引用、网址等，每个图标的含义如下表所列。

图标	含　　义
	实例：理论概念的实际应用案例
	引用：引用的专家言论
	定义：重要术语的定义
	网页链接：相关主题的 Internet 网站，以了解更多信息
	工具：支持所介绍技术的工具示例
	轶事：与当前主题相关的鲜为人知的或有趣的小故事
	检查单：在执行技术过程中待检查事项或备忘事项的清单
	提示：来自作者或其他专家的提示

网站

可在相关网站上找到有关教学或组织使用的补充材料(例如演示素材、解决方案、项目描述、模板、工具、文章、链接等)。

鉴于国际标准会定期更新,该网站还会重点介绍有助于 SQA 实践的最新动态。

练习

每章都包含练习。

注意

本书引用了 ISO 和 IEEE 的许多软件工程标准。这些标准会定期更新(通常每 5 年更新一次),以反映不断发展的软件工程实践。可浏览相关网站,查看及时更新的补充信息以及影响或推动各章所述的 SQA 实践的最新进展。

由于在客户与供方的协议中可以引用软件工程标准,并增加其他法律要求,本书并未对标准文本的含义进行解释,而是直接引用相关标准。

致　　谢

本书作者衷心感谢加拿大魁北克大学蒙特利尔分校(UQAM)的Normand Seguin教授,感谢Jean-Marc Desharnais先生允许我们摘录其测量程序代码,感谢来自该校高等工程技术学院(ETS)的多名软件工程硕士研究生审阅本书的各个章节,并通过丰富的行业经验、类比和案例研究极大地丰富了本书内容。

本书引用了Kathy Iberle对商业模型及其在不同业务领域中应用的描述[IBE 02,IBE 03],这些业务模型有助于理解特定业务领域所面临的风险,以及用于缓解风险的软件工程实践的广度和深度;引用了Karl Wiegers和Daniel Galin书中的图示。在此,我们一并表示感谢!

目　　录

第1章　软件质量基础

学习目标：

(1) 使用正确的术语来讨论软件质量问题；

(2) 标识软件差错的主要类别；

(3) 了解有关软件质量的不同观点；

(4) 给出软件质量保证的定义；

(5) 理解软件商业模型及其相应的风险。

1.1　引　　言

人们在各种情况下开发、维护和使用软件：学生在课堂上创建软件，爱好者作为开源开发团队成员编写软件，专业人员则为从金融到航空航天等各个业务领域开发软件。这些个人及团体都必须解决他们使用的软件所出现的质量问题。本章将对软件质量相关术语进行定义，并依据组织业务部门的不同讨论软件差错的来源及软件工程实践的选择。

每个专业领域都有一套由公认原理所构成的知识体系。通常，为了获得更多专业知识，必须学习认证课程，或者在该领域具备一定的经验。对于大多数软件工程师来说，有关软件质量的专业知识和技能是在各种组织中通过实践获得的。SWEBOK [SWE 14]是第一个在所有软件工程师都要具备的基础知识方面达成的国际共识。

SWEBOK 第十章的主要内容是软件质量(图 1.1)，其中：第一个主题为“软件质量基础”，主要介绍概念和术语，为理解软件质量活动的作用和范围奠定根本基础；第二个主题为“软件质量管理过程”，强调软件质量在整个软件项目生命周期中的重要性；第三个主题为“实践指导”，讨论影响软件质量活动和技术的策划、管理以及选择的各种因素；第四个主题为“软件质量工具”。

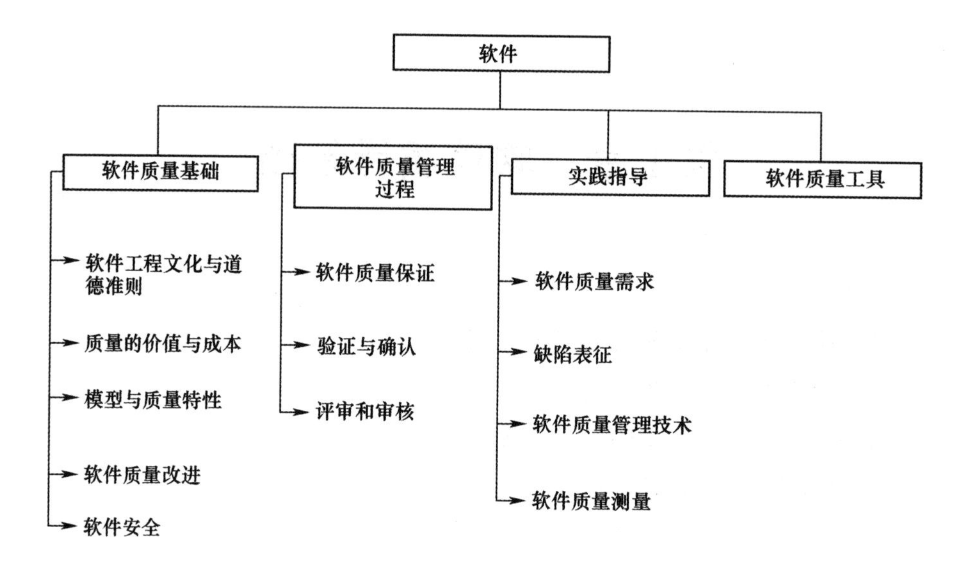

图 1.1　SWEBOK®指南[SWE14]中的软件质量

1.2　定义软件质量

在介绍软件质量保证(SQA)的内容之前,先定义软件质量的基本概念。完成本节后,读者将能够:

(1) 定义“软件”“软件质量”和“软件质量保证”等术语;

(2) 区分软件“差错”“缺陷”和“失效”。

直观上可将软件简单地视为构成程序的一组指令,这些指令也称为软件源代码。一组程序组成一个应用或一个软件部件,硬件部件和软件部件共同组成一个系统。信息系统是一个软件应用程序与组织的信息技术(information technology,IT)基础设施之间的交互。客户使用的即是信息系统或系统(如数码相机)。

源代码的质量是否能保证信息系统的质量呢？当然不能。系统比单个的程序要复杂得多,因此必须标识所有部件及它们之间的交互关系,以确保信息系统的质量。下列对术语“软件”的定义体现了对软件质量需求的最初考量。

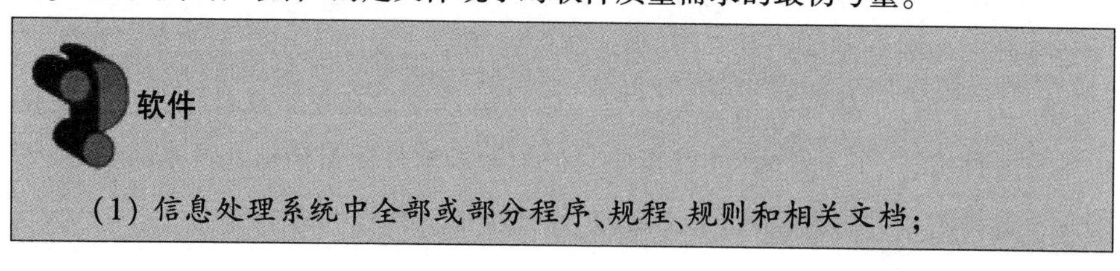

软件

(1) 信息处理系统中全部或部分程序、规程、规则和相关文档;

(2) 与计算机系统运行有关的计算机程序、规程、相关文档及数据。

ISO 24765 [ISO 17a]

根据以上定义,显然,程序只是软件生命周期某个阶段中一组产品(也称为中间产品或软件交付物)和活动的一部分。

下面详细阐述术语"软件"定义所包含的含义:

(1) 程序:已被转换成源代码的指令,且该指令已予以说明、设计、评审,经过了单元测试并被客户所接受。

(2) 规程:已予以描述(含自动化之前和之后)、研究和优化的用户规程和其他过程。

(3) 规则:必须予以理解、描述、确认、实现和测试的规则,如业务规则或化学过程规则。

(4) 相关文档:对顾客、软件用户、开发人员、审核人员和维护人员有用的所有类型的文档。文档能够帮助团队成员更好地沟通、评审、测试和维护软件,在整个软件生命周期的各个关键阶段予以定义和生成。

(5) 数据:为了运行计算机系统而编目、建模、标准化和创建的信息。

嵌入式系统中的软件又称为微码或固件。固件存在于大众市场的商业产品中,控制着人们日常生活中使用的机器和设备。

固件

硬件设备与计算机指令或计算机数据(作为只读软件存在于硬件设备上)的组合。

ISO 24765 [ISO 17a]

1.3 软件差错、缺陷和失效

日常工作中会使用许多术语来描述软件系统存在的问题,例如:

(1) 在开发过程中系统崩溃;

(2) 设计导致了差错;

(3) 经过评审,发现测试计划存在缺陷;

(4) 程序出现一个 bug;

(5) 系统瘫痪;

(6) 客户投诉账单的计算有误;

(7) 监控子系统报告失效。

以上说法的含义是否相同?如果要为每种说法规定明确的含义,就必须使用清晰而准确的术语。图 1.2 给出了描述软件问题的术语。

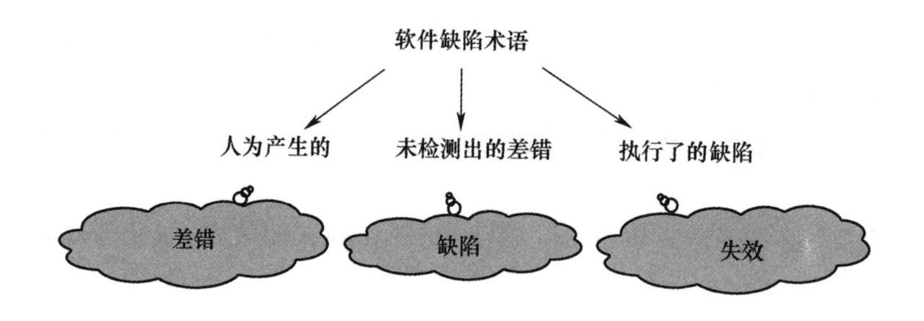

图 1.2 用于描述软件问题的术语

失效(同"崩溃"或"瘫痪")是故障在操作环境中的运行或表现。失效是指一个部件不能够完全或部分地执行其设计功能,其根源是隐藏在当前系统中未被测试或评审所发现的缺陷。只要产品中的软件不执行错误的指令或处理错误的数据,它就会正常运行。因此,系统中可能包含未执行的缺陷。缺陷(同"故障")是指在软件开发、质量保证(quality assurance,QA)或测试期间未被发现的人为差错。差错可能发生在文档、软件源代码指令中,代码的逻辑执行期间,或软件生命周期中的任何阶段。

bug

自从托马斯·爱迪生时代以来,工程师就使用"bug"一词来指代他们所开发的系统中的失效。"bug"一词可以描述可能出现的各种问题。第一个记录在案的"计算机 bug"的案例与 1947 年在哈佛大学的 Mark II 计算机的继电器中捕获的一只飞蛾有关。计算机操作员 Grace Hopper 将这只昆虫粘贴到了实验室日志中,并将其指定为"第一个发现 bug 的真实案例"(图为该日志的页面)。

20 世纪 50 年代初期,在计算机和计算机程序中使用的术语"bug""debug""debugging"开始出现在大众媒体上[KID98]。

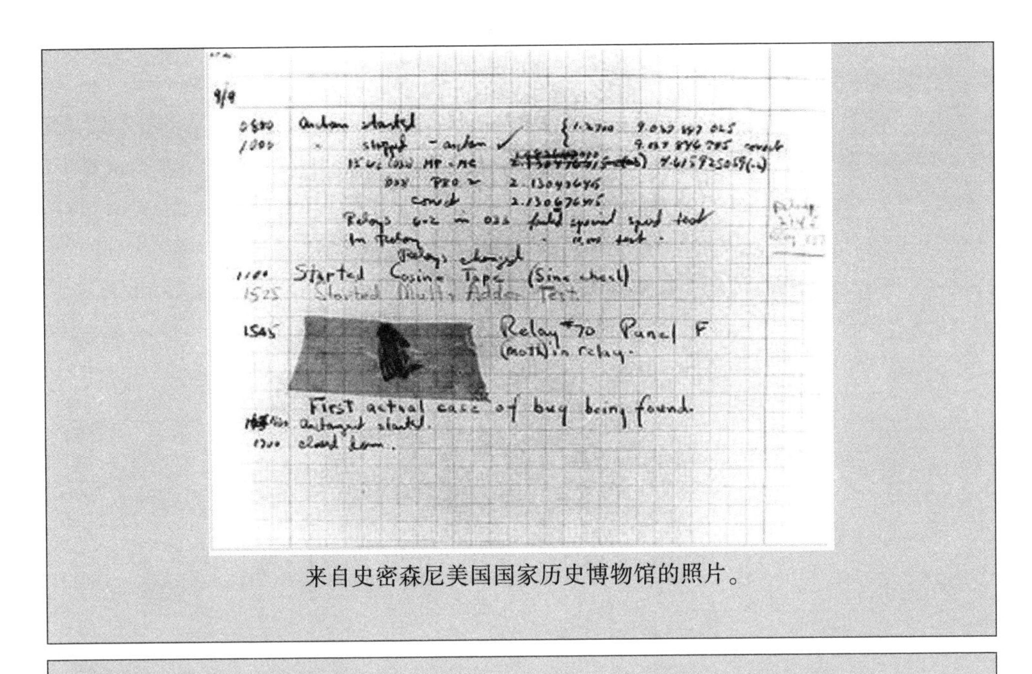

来自史密森尼美国国家历史博物馆的照片。

差错、缺陷和失效

· **差错**

造成错误结果的人为活动(ISO24765)[ISO17a]。

· **缺陷**

(1) 如果不纠正,就可能导致应用程序失效或产生错误结果的一类问题(同“故障”)(ISO 24765)[ISO 17a]。

(2) 软件或系统部件中的瑕疵或不足,可能导致该部件无法执行其功能,如错误的数据定义或源代码指令。如果执行缺陷,将可能造成软件或系统部件失效(ISTQB 2011[IST 11])。

· **失效**

产品不能执行所需功能,或无法在事先规定的约束下执行其功能(ISO 25010[ISO 11i])。

图 1.3 表示了在软件生命周期中差错、缺陷和失效之间的关系。对开发软件来说,差错可能出现在最初的可行性分析和策划阶段,一旦文档通过审批而差错被忽视,这些差错将成为缺陷。无论是中间产品(如需求规格说明和设计)还是源代码,都可能会产生缺陷。一旦使用了这些中间产品或错误的软件,就会导致失效。

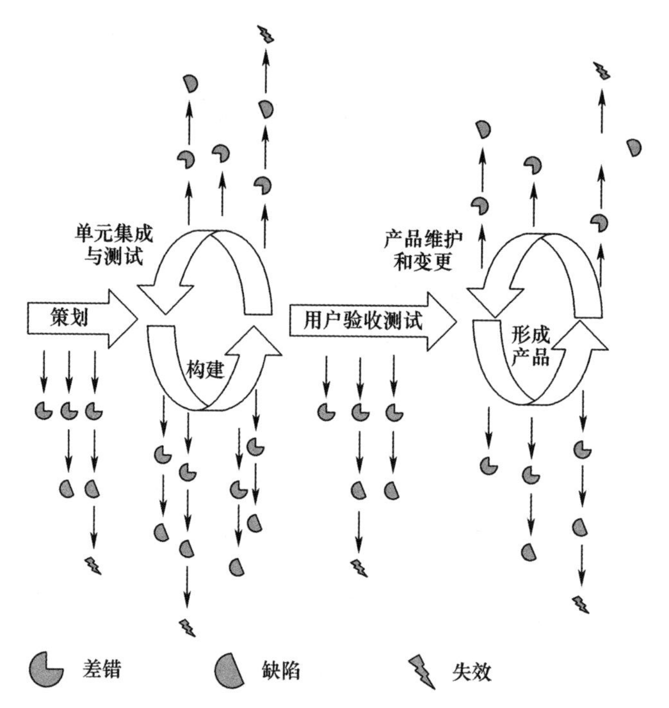

图 1.3 软件生命周期中的差错、缺陷和失效之间的关系

（资料来源：Galin(2017)，[GAL 17]，经 Wiley-IEEE 计算机学会出版社许可改编）

差错、缺陷和失效的案例

案例 1：一家当地药房在收银机程序中增加了一项软件需求，即将药房信用卡使用额度超过 200 美元的顾客的销售限额设置为 75 美元。程序员没有完全理解该需求，在程序中为他们设置了 500 美元的销售限额。但实际情况是，由于药房信用卡的额度最高只有 400 美元，顾客不可能购买价值超过 500 美元的物品，从而该缺陷从未导致系统失效。

案例 2：2009 年，大型家具供应商 American Signature 向客户推出了一项用户忠诚度计划，软件需求规格说明描述了如下业务规则：月度消费额高于所有客户月平均消费额的客户，将在消费时被标识为“首选客户”，并每月赠予其礼品或大额优惠折扣。由于对该需求算法的理解不足，从而引入了系统缺陷——只计算了顾客当前的消费平均值，而不是过去的月度消费平均值，使得收银机识别出了太多的“首选客户”，给公司造成了损失。

案例 3：当 Patrick 不在时，Peter 对 Patrick 编写的程序进行了测试，发现采用新免税法的退休储蓄计划的算法存在缺陷。他将此差错追溯到了项目需求规格说明书，并通知了分析师。在这个案例中，测试活动正确地标识了缺陷，并找到了差错的来源。

上述三个案例都使用了恰当的术语来描述不同的软件质量问题。它们还标识出软件质量领域研究人员所研究的问题，从而帮助解决如下问题：

(1) 在整个软件生命周期中的任何开发阶段都可能产生差错；

(2) 必须要标识和修复缺陷，以防止导致失效；

(3) 必须要标识失效、缺陷和差错发生的原因。

生命周期

系统、产品、服务、项目或其他人工制造的实体从构思直到退出使用的演化过程。

开发生命周期

软件生命周期过程，其中包含对软件产品的需求分析、设计、编码、集成、测试、安装以及验收支持等活动。

ISO 12207 [ISO 17]

在软件开发过程中，常常会无意中引入缺陷，必须尽快找到并纠正这些缺陷。因此，收集和分析软件中已发现的缺陷数量并估计遗留的缺陷数量很有必要，这样做可以改进软件工程过程，进而在未来新版的软件产品中减少可能引入的缺陷数量。

为此，已经开发出多种对软件缺陷进行分类的方法，本书的“验证与确认”一章将对其中一种方法进行介绍。

臭氧层中未探测到的空洞

很长一段时间以来，人们一直没有注意到南极洲上空臭氧层上的空洞，因为美国国家航空航天局(National Aeronautics and Space Administration，NASA)在绘制臭氧层地图的项目中使用的 TOMS 数据分析软件会忽略明显偏离预期值的结果。

臭氧层地图绘制的项目于 1978 年启动，但直到 1985 年臭氧层空洞才被发现,且不是由 NASA 发现的。经过数据分析,NASA 承认了该软件的设计差错。

根据组织的商业模式不同,标识和纠正缺陷所付出的工作量也不同。不幸的是,当今存在着一种容忍软件缺陷的文化。但是毫无疑问,所有人都希望空客、波音、庞巴迪和巴西航空公司在乘客登机之前就已经标识并纠正了所乘飞机软件中的所有缺陷。

研究人员已经针对软件差错的来源开展了相关研究,并发表了一些研究报告,按类型对软件差错进行分类,以便评估每种差错类型的发生频率。Beizer(1990)[BEI 90]结合其他几项研究的结果分析了软件差错的来源,包括[BEI 90]:

(1) 结构(25%);

(2) 数据(22%);

(3) 功能实现(16%);

(4) 构建/编码(10%);

(5) 集成(9%);

(6) 需求/功能规格说明(8%);

(7) 定义/运行测试(3%);

(8) 结构/设计(2%);

(9) 其他(5%)。

研究人员试图预测一个典型软件中可能存在的差错数量。McConnell(2004)[MCC 04]认为,差错数量因软件工程过程的质量和成熟度以及开发人员的训练和能力而异。过程越成熟,在软件开发生命周期中引入的差错就越少。Humphrey(2008)[HUM 08]从许多开发人员中收集的数据表明,开发人员每编写 1000 行代码,就会不自觉地引入约 100 个缺陷。此外,他对 800 个经验丰富的开发人员所进行的研究表明,每个开发人员在每千行代码所注入的缺陷数量差别也很大,可以低至 50,也可以高达 250 以上。飞机发动机制造商罗尔斯·罗伊斯公司公布的每千行源代码的缺陷数量变化范围为 0.5~18[NOL 15]。通过使用成熟的过程、能力较强且训练有素的开发人员,以及重用经验证的软件部件等方式,可以大大减少软件的差错数量。

McConnell 还参考了其他研究,这些研究的结论如下:

(1) 大多数缺陷的范围非常有限,且易于纠正;

(2) 许多缺陷的发生与编码活动无关,而与需求管理、结构活动等有关;

(3) 对编程差错的研究发现,对设计的理解不充分是一个常见问题;

(4) 测量组织中的缺陷的数量并分析其来源有利于设定改进目标。

差错是造成软件质量差的主要原因,而查找差错发生的原因并找到预防的方法就显得非常重要。如图 1.3 所示,软件生命周期的每个阶段(需求、代码、文档、数据、测试等)都可能会产生差错,而且几乎都是客户、分析师、设计人员、软件工程师、测试人员或是用户等人为导致的。SQA 将对软件差错的原因进行归类,以便每一个参与软件工程过程的人员都能使用这一分类。

下面列出了 8 种产生差错的常见原因:

(1) 定义需求方面的问题;

(2) 客户与开发人员之间的沟通问题;

(3) 偏离需求规格说明;

(4) 架构和设计错误;

(5) 编码错误(包括测试代码);

(6) 未遵循现行过程/规程;

(7) 评审和测试不充分;

(8) 文档错误。

以下各节将详细地描述这 8 种原因。

1.3.1 定义需求方面的问题

当今,定义软件需求被视作为一门专业,意味着具有专门从事需求相关工作的业务分析师或软件工程师。需求定义既是利益团体的主体,也是专业认证项目的科目。

应清晰、正确、简洁地编写需求,以便将其转换为可以由团队成员(如架构师、设计师、程序员和测试人员等)直接使用的需求规格说明。

此外,在引出需求的过程中还必须熟练进行以下活动:

(1) 确定必须参与需求引出活动的利益相关方(主要参与者);

(2) 管理会议;

(3) 掌握访谈技巧,能够正确地标识出愿望、期望和实际需要之间的区别;

(4) 对未来系统的功能性需求、性能需求、约束条件和性质进行清晰简明的文档记录;

(5) 应用系统技术进行需求引出;

(6) 管理优先级和变更(如需求变更)。

显然,在需求引出时可能会产生差错。要同时迎合不同用户群体的愿望、期望和需要并非易事(图 1.4)。应特别关注需求定义错误、缺乏对关键约束条件和软件特性的定义、添加不必要的需求(如顾客没有提出的需求)、未关注业务优先级以及需求描述模糊等产生的差错。

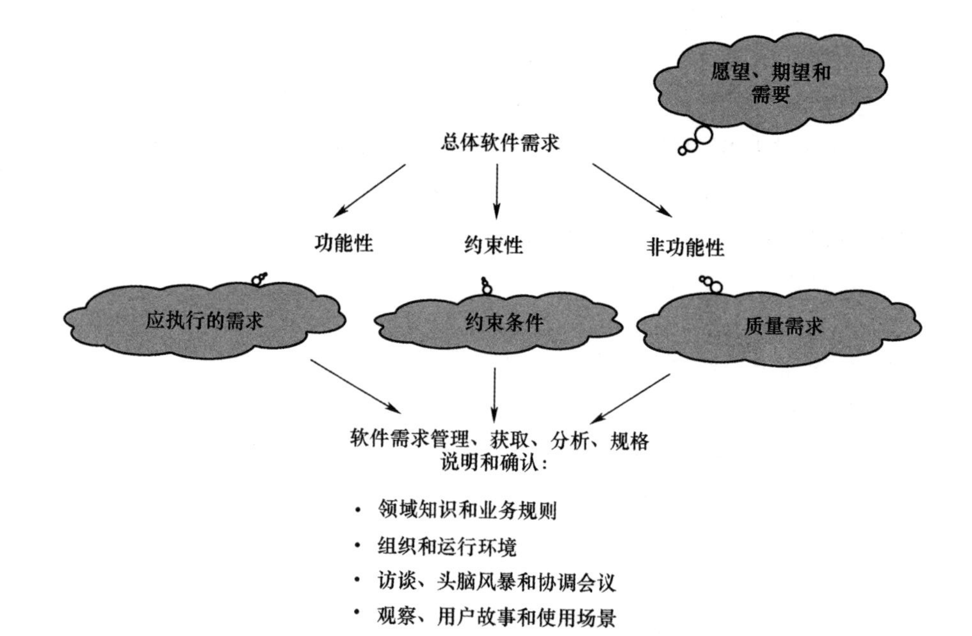

图 1.4　软件需求引出的关系图

点汤

假设您在餐厅点汤，您表达的要求为“我要当天的汤”。但实际上，其中隐含的愿望、期望和需要包括：汤既不太冷也不太热，不要太咸；餐桌上有餐具、盐和胡椒粉；餐厅有干净的洗手间、位置合适的桌子和安静的环境。

这只是一个简单的需求，更何况一个复杂的软件！

一个高质量的需求应是：

(1) 正确的；

(2) 完整的；

(3) 对每个利益相关方都是明确的（如客户、系统架构师、测试人员以及系统维护人员）；

(4) 无歧义的，即所有利益相关方对需求的解释都相同；

(5) 简洁的（简单的、准确的）；

(6) 一致的；

(7) 可行的（实际的、可能的）；

(8) 必要的(响应客户的需要);
(9) 独立于设计的;
(10) 独立于实现技术的;
(11) 可验证和可测试的;
(12) 可追溯到业务需要的;
(13) 唯一的。

后续的“评审”一章将介绍有助于发现需求文档中缺陷的技术。

同时要知道,在需求开发过程中无须追求尽善尽美的需求规格说明,因为并不总是有足够的时间、手段或预算来达到如此完美的水平。

Ambler[AMB 04]在《提前检查重大需求》一文中表明,在软件项目生命周期的早期阶段就编写详细的需求有时是无效的。他认为这种传统方法会增加项目失效的风险,因为很大一部分需求没有被集成到软件的最终版本中,并且在项目研发期间也很少更新相应文档。因此,他断言这种工作方式已经过时。在文章中他建议采用最新的敏捷技术,例如“测试驱动开发”技术,以减少纸质文档的产生。

我们观察到,软件分析师和设计人员经常使用原型开发方法,这种工作方式有助于在一定程度上减少传统的需求文档,而以一组用户接口和测试用例来描述需求、架构和设计。事实证明,原型系统有利于找准客户的想法以及在项目早期阶段获取有益反馈。下一节将讨论不同行业所采用的不同开发方式。

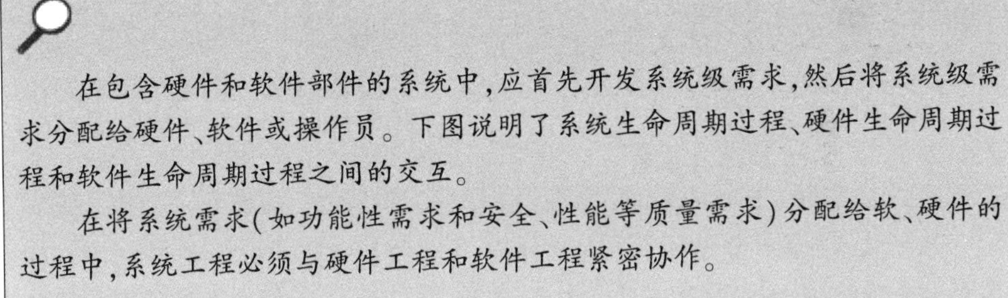

在包含硬件和软件部件的系统中,应首先开发系统级需求,然后将系统级需求分配给硬件、软件或操作员。下图说明了系统生命周期过程、硬件生命周期过程和软件生命周期过程之间的交互。

在将系统需求(如功能性需求和安全、性能等质量需求)分配给软、硬件的过程中,系统工程必须与硬件工程和软件工程紧密协作。

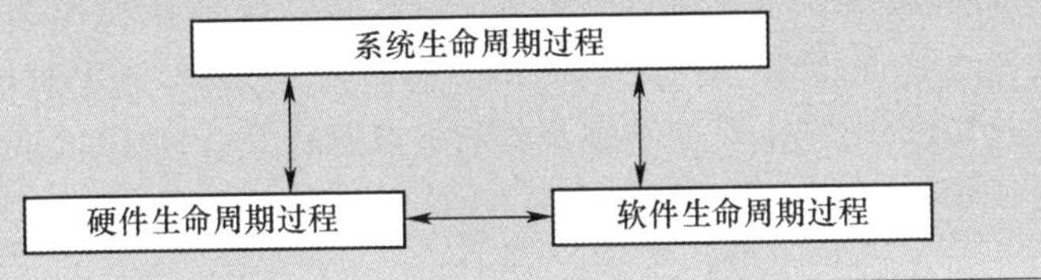

1.3.2 客户与开发人员之间的沟通问题

从软件项目启动开始,软件人员与客户、用户之间就会不可避免地产生误解,这会导致在中间产品中出现差错。软件开发人员和软件工程师应该使用简单的非技术性语言，尝试考虑用户的实际使用情况，同时对双方缺乏有效沟通的各种迹象保持警惕，例如：

（1）对客户的要求理解不到位；

（2）客户希望能够立即得到结果；

（3）客户或用户没有花时间阅读文档；

（4）在设计过程中对开发人员提出的变更请求理解不充分；

（5）项目分析师在需求定义和设计阶段不再接受变更，而某些项目的需求规格说明在项目结束前会有25%的内容发生变更。

可以通过以下措施来最大程度减少差错：

（1）做会议记录，并及时将其分发给整个项目团队；

（2）评审文档；

（3）在文档中使用统一的术语，并与所有利益相关方共享术语表；

（4）将规格说明变更的成本告知客户；

（5）选择一种在开发过程中支持变更的开发方法；

（6）为需求编号并实施变更管理过程（将在第8章中详细介绍）。

本书包含一个术语表，可为编制项目的术语表提供参考。

HVCCR是一家致力于在线销售专用通风、制冷和空调设备的公司，其委托人联系了负责维护网站目录的公司，希望更新部分图片并添加一些最新产品，该任务估计需要花费10~20分钟。

维护网站目录的负责人告知该委托人，完成变更需要重启服务器，可能会中断当前会话连接，所以最好在晚上执行更新。但HVCCR相关人员没有完全理解这一变更的影响，坚持立即更新。在更新的同时，有几个买家正在线付款，系统关闭中断了银行交易，引起了客户不满及数据损坏。HVCCR花费好几天的时间来处理买家投诉和修复数据问题。

1.3.3 偏离需求规格说明

偏离需求规格说明是指开发人员错误地理解需求，并根据其错误的理解来开发软件。这种差错只有在开发周期后段或者是软件使用过程中才能被发现。

其他类型的偏离还包括：

（1）在重用现有代码时未进行适当的调整以满足新的需求；

（2）迫于成本或进度的压力而放弃部分需求；

（3）开发人员在未经客户确认的情况下提出或提高需求。

1.3.4 架构和设计差错

当设计师（系统架构师和数据架构师）将用户需求转换为技术规格说明时，可能会在软件中引入差错。典型的设计差错有：

（1）对开发软件的概述不完整。

（2）对软件架构部件的作用不明确（如职责、沟通等）。

（3）没有指明主要的原始数据和数据处理类。

（4）没有使用正确的算法以使设计满足需求。

（5）错误的业务流程或技术流程顺序。

（6）业务规则或过程规则准则设计欠佳。

（7）设计不能回溯到需求。

（8）遗漏了能够正确反映客户业务过程的交易状态。

（9）无法处理差错及非法操作，即无法处理那些在正常的客户业务中本不会发生的情况。据估计，高达80%的程序代码被用于处理异常或差错。

1.3.5 编码差错

在软件构建过程中也可能会发生差错。McConnell（2004）[MCC 04]在《代码大全》一书中大篇幅介绍了用于创建高质量源代码的有效技术，描述了常见的编程差错和效率低下的状况。McConnell总结出典型编程差错如下：

（1）选择不恰当的编程语言和惯例；

（2）从一开始就没有考虑如何管理复杂性；

（3）对设计文档的理解及解释不充分；

（4）摘要逻辑松散；

（5）回路和条件差错；

（6）数据处理差错；

（7）处理顺序差错；

（8）缺乏对输入数据的有效确认；

（9）业务规则准则设计欠佳；

（10）遗漏了能够真实反映客户业务过程的交易状态；

（11）无法处理错误及非法操作，即无法处理那些在正常的客户业务中本不会发生的情况；

(12) 数据类型分配或处理不当；
(13) 循环差错，或循环索引错乱；
(14) 缺乏处理极复杂嵌套的技能；
(15) 整除问题；
(16) 变量或指针初始化错误；
(17) 源代码不能追溯到设计；
(18) 全局变量别名混淆(如将全局变量传递给子程序)。

1.3.6 不遵循现行过程/规程

某些组织内部规定了开发和购买软件所应该遵循的方法及标准，即在购买、开发、维护和运行软件时所应遵循的过程、规程、步骤，以及交付物、模板和标准(如编码标准)。当然，成熟度不高的组织通常不会明确定义这些过程或规程。

随之带来的问题是，不满足此类与组织内部规程相关的软件需求是如何导致软件缺陷的？面对这个问题，我们必须考虑软件的完整生命周期(如使用数十年的地铁和商用飞机)，而不仅仅是软件最初的开发阶段。显然，如果似乎比只考虑编程按照组织内部规程开发中间产品(如需求、测试计划、用户文档)的生产率还要高，但是从长远来看这种短期的生产率并不占优势。

未经文档化的软件迟早会引起以下问题：

(1) 当软件团队成员需要协调工作时，文档不完善或未经文档化的软件将很难被理解和测试；

(2) 更新或维护软件的人员仅有源代码作为参考；

(3) SQA 将发现大量没有遵循内部规程造成的与软件相关的不符合项；

(4) 由于没有规格说明，测试团队在制定测试计划和场景时将会遇到问题。

1.3.7 评审和测试不充分

软件评审和测试的目的是标识并检查软件中的差错与缺陷是否已经消除。如果评审和测试无效，交付给客户的软件很可能会失效。

软件评审和测试可能会暴露各种各样的问题，例如：

(1) 评审仅覆盖了软件中间产品的很小一部分。

(2) 评审不能找出文档和软件代码中的所有差错。

(3) 评审意见没有得到充分落实或跟进。

(4) 测试计划不完整，不能充分覆盖软件的全部功能集合，从而使部分功能并未得到测试。

(5) 项目计划没有为评审或测试预留太多时间。由于评审及测试介于编码阶段和最终交付之间，在某些情况下，评审和测试甚至会被缩减。项目早期阶段的延迟并不总是意味着交付日期延后,但不利于按规定进行测试。

(6) 测试过程不能正确地报告所发现的差错或缺陷。

(7) 发现的缺陷已得到纠正,但未进行充分的回归测试(没有对纠正后的整个软件进行重新测试)。

1.3.8 文档差错

人们现在已经认识到,使用作废的、不完整的软件文档是组织中的常见问题。很少有团队愿意花时间编制和审查文档。

对于“软件是否会损耗”这样的问题,我们往往倾向于否定的回答。确实,存储器中的0和1不会像使用硬件那样产生损耗。除了对差错的类型进行分类之外,了解软件典型的可靠性曲线也非常重要。图1.5表示了计算机硬件的可靠性随时间变化的曲线,(通常称为U形曲线或浴盆”曲线),表示一台设备(如一辆汽车)在整个生命周期中的可靠性变化情况。软件的可靠性曲线与图1.6更为相近,说明软件随时间退化的原因通常来自大量的需求变更。

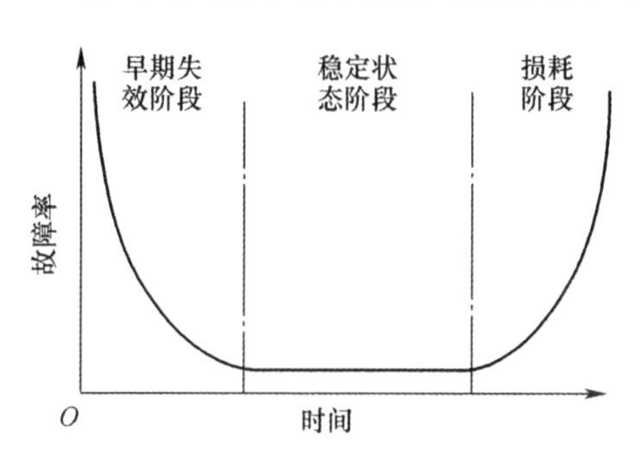

图1.5 硬件可靠性随时间变化的曲线

(资料来源:改编自Pressman 2014[PRE 14])

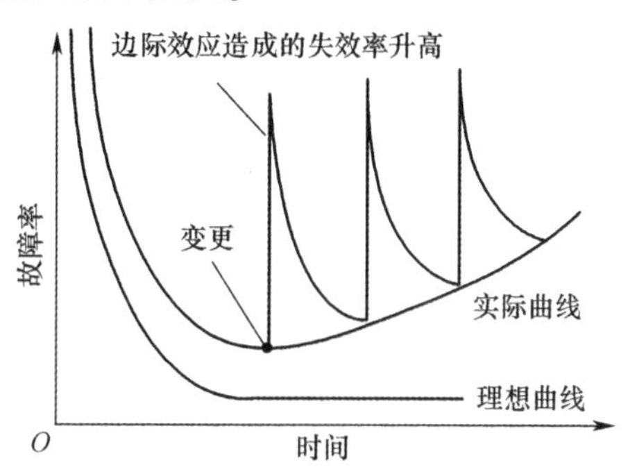

图1.6 软件可靠性曲线

(资料来源:改编自Pressman 2014[PRE 14])

> A
>
> April教授于1998年至2003年在中东的一家大型电信公司工作。刚到公司时,他注意到公司的重要应用软件的原始文档在10年内从未进行更新,而且公司的信息技术部门不履行软件质量保证职责。

综上所述,存在许多潜在的差错来源,并且如果没有SQA,这些未被发现的缺陷可能会导致软件失效。

1.4 软件质量

1.3 节介绍了标识软件缺陷的问题，为本节讨论软件质量打下了基础。标准化组织给出了软件质量定义如下：

软件质量

符合既定软件需求；且当在规定条件下使用时，软件产品满足说明的和隐含的要求的能力。(ISO 25010[ISO 11i])

软件产品满足既定需求的程度；软件质量取决于既定需求能够准确表达利益相关方的需要、愿望和期望的程度。[电气电子工程师学会(IEEE 730)][IEE 14]

尽管看上去类似，上述第二个定义的含义却大不相同。该定义的前半部分来自于 Crosby 的观点，即"如果满足了需求文档中所有规定的需求，就意味着能够交付高质量的软件"，该观点以其严格性消除了软件工程师的后顾之忧。但是，该定义的后半部分从 Juran 的质量观点出发，规定了软件工程师必须满足客户的需要、愿望和期望，而需求文档中可能并没有充分地描述这些需求。

这两种观点促使软件工程师建立一种协议，该协议应能描述客户的需求，并试图忠实地反映客户的需要、愿望和期望。当然，需要描述的不仅是具有实用特征的功能特性，还应包含作为一款专业开发的软件所应具备的隐含特性。

这样，软件工程师就可以像他的建筑工程或其他工程专业的同事一样，在其领域标准的指导下明确自己的工作职责，过程一致性也能够得以实现和测量。例如，April 教授在 Ouanouki andApril(2007)[OUA 07]中发表了一个关于加拿大最大硬件零售商的软件测试过程符合 Sarbanes-Oxley 一致性评估的测量实例。

所站的角度不同(如客户、维护人员和用户)，对软件质量的认识也有所不同。在有些情况下，有必要区分负责购买该软件的客户和最终使用该软件的用户。

用户寻求的是产品的功能、性能、效率、准确的结果、可靠性和可用性等方面；而客户通常更关注成本和进度，寻求以最实惠的价格获得最佳解决方案。这可以看作是外部质量观点，以汽车行业为例，用户(驾驶员)一定会去能够提供快捷、高质量且价格便宜的服务的汽修厂，而这些都与技术无关。

软件专家则更多地关注在预算条件下履行合同义务，因此，他们通常会从满足需求以及协议的条款和条件的角度来考虑问题。此时，选择合适的工具和先进的技术通常是他们关注的重点，因此可以看作是内部质量观点。比如，一位对发动机技术充满兴趣并了解其细节的机械师，对其而言，质量与零件的选择和组装同等重要。在讨论软件产品质量模型时，将考虑外部质量和内部质量两种质量观。

因此，一款高质量的软件应既能够满足所有成本和时间约束下，也能够满足利益相关方的真实需要。

客户对软件的需要，或更普遍地说是对任何一种系统的需要，可以在四个层次上进行定义：

(1) 真实的需要；

(2) 所表达的需要；

(3) 所规定的需要；

(4) 已实现的需要。

软件满足客户需要的能力可以用这四个层次之间的差异来描述。在整个项目的开发过程中都会存在一些因素影响最终质量，表 1.1 针对每个层次列举了可能影响客户需求满意度的典型因素。

表 1.1 影响满足客户真实需求的影响因素[CEG 90](© 1990 – ALSTOM Transport SA)

需求类型	来　源	差异的主要原因
真实的需求	利益相关方的想法	(1) 不熟悉真实的需求； (2) 需求不稳定； (3) 订购方和用户之间的观点差异
所表达的需求	用户需求	(1) 规格说明不完整； (2) 缺乏标准； (3) 与订购方沟通不充分或沟通困难； (4) 质量控制不足
所规定的需求	软件规格说明文档	采用不恰当的管理和生产方法、技术、工具
已实现的需求	文档和产品代码	(1) 测试不充分； (2) 质量控制技术不足

1.5 软件质量保证

本节提出了 SQA 的定义，并描述了 SQA 的目标。为了从更全面的角度定义 SQA，首先回顾软件工程的一般定义：

软件工程

系统地应用科学的、技术性的知识、方法和经验来进行软件设计、开发、测试和文档撰写。

ISO 24765 [ISO 17a]

软件工程作为一项公认的专业，需拥有自身的一套知识体系并且获得广泛共识。与大多数其他工程领域一样，软件工程要求采用公认的知识、方法和标准进行软件的开发、维护/升级、基础建设/运行。SWEBOK 中介绍了软件工程知识体系，其中一章专门介绍了 SQA。

质量保证

(1) 为充分确信某项目或产品符合既定技术要求而必须采取的有计划的系统性活动；

(2) 一组旨在评价产品开发或制造过程的活动；

(3) 在质量体系内实施的有计划的系统性活动，并根据需要进行证明，以充分确信组织满足质量需求。

ISO 24765 [ISO 17a]

软件质量保证

用于定义和评估软件过程适当性的一组活动，从而提供证据以确信软件过程是适当的，并能生产出质量符合预期目的的软件产品。SQA 的关键属性是其功能相对于项目的客观性。在组织层面上，SQA 功能也可以与项目无关，也就是说与项目的技术、管理和财务压力无关。

IEEE 730 [IEE 14]

“软件质量保证”一词可能会引起误解。实施软件工程实践只能“保证”项目的质量，因为“保证”一词是指“有理由相信一个要求已经或将会被实现”。实际上，软件开发可能无法按预算和进度完成，或可能无法符合利益相关方的愿望、需要和期望，实施质量保证是为了降低软件开发的风险。

从软件开发的角度来看，质量保证的观点涉及以下要素：

(1) 策划产品或服务质量的需要；

(2) 在整个软件生命周期中，指明需要进行某些修正的系统性活动；

(3) 质量体系是一个完整的体系，必须在质量管理的范畴内允许制定质量方针并持续改进；

(4) 证明软件质量水平的质量保证技术，以使用户充满信心；

(5) 证明项目、变更或软件部门所定义的质量需求已经满足。

除了软件开发，SQA 还可以用于软件的维护及升级、基础建设及运营。典型的质量体系应包括从最一般的（如治理）到最具技术性的（如数据复制）的所有软件过程。质量保证在标准（如 ISO 12207 [ISO 17]、IEEE 730 [IEE 14]、ISO 9001

[ISO 15]等)、实践模型(如 CobiT [COB 12])和能力成熟度模型集成模型(CMMI)中都进行了描述,这些将在后续章节中进行介绍。

1.6 商业模型和软件工程实践的选择

本节首先描述了惠普公司的高级测试工程师 Iberle(2002)[IBE 02]在一家公司的两个业务部门(心脏病科产品和打印机设备)中的经历,随后介绍不同的商业模型,以帮助了解每个业务部门在软件实践方面的风险和需要。这里介绍的商业模型将会在后续章节中使用,以根据特定项目或应用领域的背景来选择或调整软件实践。

商业模型

商业模型描述了组织如何创造、交付和获取价值(包括经济、社会或其他形式的价值)的基本原理。商业模型的本质在于,它定义了企业向顾客交付价值促使顾客为价值买单,并将货款转换为利润的方式。

改编自维基百科

对商业模型和组织文化的了解将有助于读者[IBE 02]:

(1) 评价新的实践对组织或特定项目的有效性;

(2) 从其他领域或文化中学习软件实践;

(3) 了解促进与其他文化成员合作的环境;

(4) 在另一种文化中更容易开始一份新工作。

本节最后简单讨论了典型的软件实践。

1.6.1 背景

医疗产品是一个以高质量标准著称的领域。Iberle(2002)[IBE 02]在心脏病科产品部门任职期间,使用了软件工程手册中描述的许多传统实践,例如:详细的编写规格说明,在整个生命周期中加强审查和评审,进行无遗漏的需求测试,并在项目初期就制定了出口准则,只要不满足出口准则,就不能交付。

在医疗领域中,项目结束日期可能会延迟数周甚至数月。只要是为了使用详细的检查单解决最后阶段的问题,这种程度的延迟是可以接受的,但项目也完成得非常艰难。Iberle(2002)[IBE 02]解释说,她加了很多班来努力按时完成任务,以免延期过多。对于某些缺陷应定义为严重的(严重性1级)还是一般的(严重性2~

5 级)一直存在激烈的争论,但最终质量总是胜过进度。

Iberle(2002)[IBE 02]在医疗器械产品部门工作了 8 年后,被分配到新的部门工作,新的部门生产打印机并为小型企业和消费者提供服务。她发觉公司在打印机业务领域的做法与之前大不相同。例如,规格说明要短得多,出口准则没那么正式,但是确定的交付日期非常重要。当 Iberle 负责测试工作时,她同样注意到测试过程的差异,主要的测试工作并不是针对规格说明的测试,也不会针对所有可能的条件组合进行测试,测试文档要简短得多,某些测试人员甚至都没有可依据的测试规程。对 Iberle 来说,这无异于一次巨大的质量文化冲击。起初,Iberle 会不满并抱怨说:"这些人根本不在乎质量!"但过了段时间,她慢慢发现自己对质量的定义与他人不同,并且自己原有的认识是基于另一个完全不同领域的经验,应重新审视对软件质量的观念。

1.6.2 焦虑与恐惧

当 Iberle(2003)[IBE 03]研究除颤器和心电图仪时,延迟交付并不是最糟糕的事情,使团队真正恐惧的是患者和医院技师可能因触电而死亡,或是错误诊断,或在紧急情况下设备无法使用。如果团队发现产生失效的可能性,则交付日期将会自动推迟,无须经过任何讨论。想尽一切办法不计任何代价地寻找缺陷,并消除缺陷产生的原因,是被整个体系认可的工作方式。显然,对于医疗行业的组织而言,这样的工作方式是为了减轻法律责任或美国食品药品监督管理局(food and drug administration,FDA)的处罚。因此,可以更改交货日期,加班完成生产。

而在消费产品部门,实际情况却完全不同。因为在最糟糕的情况下,人身伤害的可能性也非常低,所以关注的重点是不要进度滞后或预算超支。软件被装入成千上万个包装盒中,并且在大促销前按时发送给经销商,在这种情况下进度上就没有太多调节空间。另一个需要担心的是热门软件和硬件之间的兼容问题——公司并不想圣诞节后第二天,成千上万的用户无法安装新打印机而致电客户服务热线。

这两个业务部门对"质量"的定义是不同的。客户关注的重点不同:医疗行业的客户最关注准确性和可靠性,而打印机客户追求用户友好性和兼容性的要求要远远超过可靠性。当然,每个人都希望设备可靠性高,但无论是否意识到,他们都将可靠性与产品问题导致的痛苦相联系。例如,需要不时重启计算机是痛苦,但与面对心脏除颤器功能问题的患者所承受的痛苦相比微不足道。当人陷入纤颤状态,只有 5~6 分钟的黄金窗口期可以救时,设备绝不能出现任何问题。

因此,这两个业务部门对"可靠性"的定义是不同的。当了解到没有人会死于打印机软件错误,团队将会重新审视医疗产品部门的软件实践,以判断它们是否在打印机领域也同样适用[IBE 03]。Iberle 要花几个月的时间才意识到,打印机行业表面上的质量好坏实际上是应对不同优先级事项的方法,其对于优先级的考虑与医疗产品不同。

1.6.3 选择软件实践

正如预期的那样，两个不同行业的团队都选择了软件工程实践以降低最坏情况出现的可能性，但由于理解不同，所选择的实践也不相同。实际上，正是对最坏情况的担忧使得对实践的选择开始变得有意义，为了避免出现错误诊断增加了许多详细的评审和各种类型的测试，而为了避免打印机用户出现困扰，则加强了可用性测试。

在同一行业工作的员工有类似的担忧并采用类似的实践是不足为奇的，甚至在其他组织中也能发现类似担忧，如航空航天和医疗行业；在同一个组织的不同业务部门中也可能有完全不同的担忧和价值观，如 Iberle（2003）[IBE 03]在惠普公司工作的经历。

基于客户和业务团体期望的相似性，将软件组织和软件专家分成期望和关注点相同的组，称为"实践组"，即软件开发组，他们对质量的定义相同，并且倾向于使用类似的实践。

1.6.4 商业模型概述

根据资金在组织内的流动方式（如合同收入、交付产品的成本和亏损）和利润产生方式，组织会选择不同的软件实践来开发产品。据此，Iberle 开发了以下模型以更好地理解不同行业对质量保证的需求。软件行业的五个主要商业模型有[IBE 03]：

（1）签订合同的定制系统：组织通过向客户销售定制的软件开发服务来获利，如 Accenture、TATA 和 Infosys。

（2）内部定制软件：组织开发软件的目的是提高组织效率，如组织内部的 IT 部门。

（3）商业软件：公司通过开发软件并将其出售给其他组织来获利，如 Oracle 和 SAP。

（4）大众市场软件：公司通过开发软件并销售给消费者来获利，如微软和 Adobe。

（5）商业和大众市场固件：公司通过销售嵌入式硬件和系统中的软件来获利，如数码相机、汽车制动系统和飞机发动机。

1.6.5 一般情境因素

每种商业模型都有一组特定的属性或因素，以下列出了影响软件工程实践选择的一般情境因素[IBE 03]：

(1) 关键性:产品类型不同,对用户造成伤害或损害购买者利益的可能性也不一样。例如,有些软件一旦关闭可能会危及生命,有些软件程序可能会对许多人造成重大金钱损失,还有些会浪费用户时间。

(2) 用户要求和需求的不确定性:比起新消费品的需求,我们更易知道在组织中实现某个熟悉过程的软件需求,因为新消费产品的最终用户可能都不知道自己想要一款什么样的产品。

(3) 环境范围:专门为特定组织使用而编写的软件只需要与其内部的计算机环境相兼容,而出售给大众市场的软件则必须适应更广泛的工作环境。

(4) 差错修复成本:分发某些软件应用程序(如汽车的嵌入式软件)的补丁通常比修复一个网站的成本高得多。

(5) 法规:监管机构和合同条款要求使用非常规的软件实践,在某些情况下还需要进行过程审核,以检查在生产软件时是否遵循了过程。

(6) 项目规模:在某些组织中经常会有耗时数年且需要数百名开发人员的项目,而在其他组织中由单个团队开发的小项目更典型。

(7) 沟通:包含项目范围在内的一些特定因素会促使人与人之间的沟通量加大或使沟通变得更加困难,而且某些因素会更常发生在特定文化氛围中,而其他因素则是随机发生的。例如:

① 开发人员之间的并行沟通:与同一个项目中的其他人的沟通受工作分配方式的影响。在某些组织中,高级工程师负责软件设计,初级工程师负责编码和单元测试,因此部件的设计、编码和单元测试并不是由同一个人来执行,这从客观上加重了开发人员之间的沟通负担。

② 开发人员与维护人员之间的沟通:维护和功能升级需要与开发人员进行沟通。当人员在同一地点工作时,沟通会较为便利。

③ 管理人员与开发人员之间的沟通:进度报告必须向高层管理人员汇报,但是不同管理人员需要的信息量和沟通形式可能会有很大的不同。

(8) 组织文化:组织文化决定了人员的工作方式。组织文化有以下四种类型:

① 控制文化:控制文化是出于对权力和安全性的需求而产生的,如 IBM 公司和 GE 公司。

② 技能文化:技能文化是出于充分利用技能的需求而产生的,微软公司是一个很好的例子。

③ 协作文化:协作文化是出于归属感的驱动,如惠普公司。

④ 繁荣文化:繁荣文化是由自我实现推动的,常见于初创企业。

1.6.6 商业模型的详细说明

本节将分别详细介绍五种主要的商业模型。其中将以签订合同的定制系统作

为案例进行深入研究,主要描述该商业模型的以下4个方面:

(1) 背景;

(2) 情境因素;

(3) 关注点;

(4) 典型的软件实践。

对于其他四种商业模型,仅考虑背景和关注点这两方面。

1. 签订合同的定制系统

Iberle(2003)[IBE 03]指出,在固定价格合同中,客户确切地提出了想要的东西,并向供方承诺支付一定的金额,供方获得的利润取决于其在预算范围内、按照合同规定、按期交付预期性能产品的能力。大型应用软件和军用软件通常是根据合同开发的关键软件。交付后分发补丁的成本是可控的,因为这些补丁是提供给一个已知的、可访问的环境,以及数量合理的站点。

关键软件

由于安全性、性能和安全防护等因素,可能对用户或环境造成严重影响的软件。

改编自 ISO 29110 [ISO 16f]

关键系统

由于安全性、性能和安全防护等因素,可能会对用户或环境造成严重影响的系统。

ISO 29110 [ISO 16f]

以下是该商业模型[IBE 03]的主要影响因素:

(1) 关键性:金融系统中的软件失效会严重损害客户的商业利益。美国国防部购买的许多软件程序都是商业软件,其失效会产生与在金融系统中一样的影响,不仅如此,飞机和军事系统中的软件缺陷甚至可能会危及生命。

(2) 用户需要和需求的不确定性:由于买家和用户是可以确定的群体,那么可以直接与其沟通确定产品需求。一般来讲,用户对产品有比较清晰的想法,但是实现需求的过程不一定能够良好地记录下来,用户可能并不认可过程中的个别步骤,或是采用现有技术无法满足用户要求,项目期间业务需求也可能发生变化,甚至有些情况下用户会完全改变想法。

(3) 环境范围:通常为了避免成本增加,客户会事先确定一组目标环境。所以与其他商业模型相比,签订合同的定制系统的环境范围定义清晰且范围相对较小。

(4) 差错修复成本：分发修复程序的成本通常不高，因为大部分软件运行在特定环境的服务器上，客户的软件位置通常是已知的。

(5) 法规：国防软件（如战斗机或商用飞机的软件）通常要遵守各种管理条例，其中大部分涉及软件开发过程。金融软件不受同样的条例约束，但其合同通常会要求进行过程审核，以证明组织遵循了开发过程，客户也会希望定期收到项目的进度报告。

(6) 项目规模：通常为较大甚至巨大。中等规模的项目需要几十个人工作两年多，大型项目则需要数百个人工作更久。也有数据表明，小型项目比大型项目更为普遍。

(7) 沟通：该商业模型中偶尔会出现按照专业人员等级划分架构和编码工作的做法。由于系统和项目规模较大，通常使用不同的人员，甚至不同的部门进行分析、设计等工作。此外，维护工作可以交给初始开发人员以外的人，不过这种工作分配方式可能会造成竞争，并使沟通变得更加复杂。无论项目本身的规模大小，开发软件的组织通常规模较大，这往往意味着项目层次结构非常复杂。

(8) 组织文化：按合同开发定制软件的组织通常具有控制文化。这看起来是合乎逻辑的，因为他们大多与军方联系紧密。

这类系统开发人员的关注点通常是：

(1) 结果错误；

(2) 预算超支；

(3) 延迟交货的处罚；

(4) 未提供客户要求的内容（这可能会导致法律诉讼）。

以下情境因素导致了这种商业模型的特定假设：

(1) 必须在预算范围内按时交付；

(2) 软件必须可靠、正确；

(3) 必须从项目开始就了解和细化需求；

(4) 项目通常规模较大，有许多沟通渠道；

(5) 必须证明所有承诺均已实现；

(6) 必须制定计划，并定期形成进度报告（提交给项目管理部门和客户）。

以上针对第一种商业模型讨论了背景、情境因素以及关注点这三个方面。下文将介绍这种商业模型所采用的普遍实践（摘自[IBE 03]）：

(1) 大量文档：当项目规模较大且涉及外部供方时，文档是一种重要的沟通方式。当人们在地理位置上距离遥远或是位于不同的组织中时，沟通渠道往往非常复杂，这种情况下采用书面文档进行沟通通常比面对面的激烈讨论更为有效。此外，某些文档能够证明我们正在执行合同中规定的内容。最后，为了在项目开始时详细了解需求，在响应招标之前，必须将需求形成文档并进行多次评审。

（2）典型实践一览表：采用典型实践一览表（如 SEI 开发的 CobiT［COB 12］和 CMMI 模型）来制定合同条款。例如，为遵守合同规定的进度和预算，该商业模型的重点在于项目估计和管理，并且需要定期汇报项目进度。

（3）瀑布式开发周期模型：瀑布式开发生命周期模型产生于 20 世纪 50 年代，其目的是为大型 IT 项目提供周密的安排，使其能够策划和制定按时交付的策略。新的迭代式和敏捷开发周期模型则以较小的增量来策划开发过程，使得在进行策划的同时能够具备更大的灵活性。实际上，在签订合同的定制软件中瀑布模型通常是首选方法。

（4）项目审核：该商业模型通常在合同中指定审核，用于向客户或在法律诉讼期间证明开发过程遵守与进度、质量和功能等相关的合同条款。

上文主要从背景、情境因素、关注点和主要实践四个方面介绍了签订合同的定制系统的商业模型。下面仅从背景和关注点两个方面介绍其他四种商业模型（见 Iberle（2003）［IBE 03］）。

2. 内部定制系统

与签订合同的定制软件不同，内部定制软件由组织自己的员工来开发，目的在于提高组织内部运作的效益和效率。在这种商业模型中，项目计划经常因预算而被搁置或推迟，进度会议显得不那么重要。内部定制软件对于组织而言可能是关键软件，也可能只是出于实验的目的。这类软件的补丁程序只需要分发到有限数量的站点。

内部定制软件的开发人员的关注点如下：

（1）结果错误；

（2）限制其他雇员做其自己的工作；

（3）项目取消。

3. 商业软件

商业软件一般出售给其他组织而不是个人消费者，其盈利模式即以高于开发和生产成本的价格出售同一软件的多个副本。开发人员致力于满足众多客户的普遍需求，而不是个别客户的特定需求。商业软件对组织而言通常是关键软件，或者至少对客户的组织运营非常重要。由于商业软件的客户分散在世界各地，因此纠正软件缺陷的代价非常高。如果软件存在缺陷，客户也倾向于提起法律诉讼，从而增加了错误的成本。

商业软件供应商关注点如下：

（1）法律诉讼；

（2）召回；

（3）声誉损害。

4. 大众市场软件

大众市场软件通常大量出售给个人消费者,瞄准机会市场或一年中的某些时段(如圣诞节),以高于开发成本的价格出售产品来获利。与前几种商业模型相比,大众市场软件失效对客户的潜在影响通常不那么严重,并且客户不太会针对损失要求赔偿。但某些大众市场软件的失效可能会严重影响用户的利益,如报税软件。但是对于大多数人而言,软件失效只会让人有些沮丧。

大众市场软件的典型关注点如下:

(1)错失市场机会;

(2)繁忙的用户服务热线;

(3)媒体差评。

对于大众市场软件制造商而言,如果用户及时更新软件,则修复差错的成本将可以大大降低,但前提是需要用户自行搜索软件的最新版本进行升级。

5. 商业和大众市场固件

鉴于商业和大众市场固件的利润更多地取决于产品销售的价格而非制造成本,并且其修复经常需要现场更换电子电路,因此软件修复的成本非常高,且修复软件不能只是简单地将补救措施发送给客户。由于软件控制着硬件设备,大众市场嵌入式软件宕机的影响可能比一般软件失效的影响更为严重。尽管诸如电子手表之类的小物件破坏力很低,但在某些情况下软件失效可能会导致致命的后果。

商业和大众市场固件的典型关注点如下:

(1) 在某些情况下软件行为异常;

(2) 召回;

(3) 法律诉讼。

商业模型——开源软件

开源软件随其源代码一起分发,人们能自由修改和分发源代码,且修改后的软件也应作为开源软件提供。这种商业模型正在成为软件行业中非常有影响力的经济模型,它允许用户通过互联网进行协作,人们可以在软件上改进并共享修改后的源代码,从而使他人能够从不断创新中受益。但是开源软件不允许开发人员对软件改进收取任何费用。

开源软件的关注点如下:

- 质量未经证实
- 缺乏支持
- 修复不及时

改编自维基百科

1.7 成功因素

组织本身会促进或阻碍提高软件质量的实践实施，下面列出了其中一些因素：

软件质量的有利影响因素

(1) 适应环境的 SQA 技术。
(2) 对软件问题使用明确的术语。
(3) 理解和关注每种软件差错的来源。
(4) 了解 SWEBOK 中的 SQA 知识体系，并将其作为 SQA 指南。

软件质量的不利影响因素

(1) 组织中的 SQA 技术与环境因素之间不相适应。
(2) 描述软件问题的术语模糊不清。
(3) 对收集软件差错产生的原因缺少理解和关注。
(4) 对软件质量基础知识了解不足。
(5) 不了解或不遵守已发布的 SQA 技术。

延伸阅读

Arthur L. J. *Improving Software Quality: An Insider's Guide to TQM*. John Wiley & Sons, New York, 1992, 320 p.

Crosby P. B. *Quality Is Free*. McGraw-Hill, New York, 1979, 309 p.

Deming W. E. *Out of the Crisis*. MIT Press, Cambridge, MA, 2000, 524 p.

Humphrey W. S. *Managing the Software Process*. Addison-Wesley, Reading, MA, 1989, Chapters 8, 10, and 16.

Juran J. M. *Juran on Leadership for Quality*. The Free Press, New York, 1989.

Suryn W., Abran A., and April A. ISO/IEC SQuaRE. The Second Generation of Standards for Software Product Quality. In: Proceedings of the 7th IASTED international conference on Software Engineering and Applications (ICSEA'03), Montreal, Canada, 2003, pp. 1-9.

Vincenti W. G. *What Engineers Know and How They Know It—Analytical Studies from Aeronautical History*. John Hopkins University Press, Baltimore, MD, 1993, 336 p.

练　　习

1. 描述缺陷、差错和失效之间的区别。

2. 根据 Boris Beizer 的研究,在软件开发生命周期中哪个阶段出现的软件差错最多?

3. 描述软件可靠性曲线和硬件可靠性曲线之间的差异。

4. 根据组织经验,在开发和维护中产生差错的原因主要有 8 种:

(1) 区分并描述这 8 种情况。

(2) 哪些情况会尤其影响开发和维护软件的软件工程师?

(3) 哪些情况会尤其影响开发和维护软件的软件工程经理?

5. 分别从客户、用户和软件工程师的角度描述软件质量。

6. 描述需求的类型和来源,以及客户表达的需求与软件工程师执行的需求之间的差异产生的主要原因。

7. 描述商业模型的概念以及它们之间不同的 SQA 需求。

8. 描述质量保证和质量控制之间的主要区别。

第 2 章　质 量 文 化

学习目标：

（1）了解质量成本；

（2）认识到质量文化的标志；

（3）确定软件项目在其 5 个维度的平衡；

（4）了解并遵循软件工程师的职业道德规范。

2.1　引　　言

本章将阐述质量成本、质量文化和软件工程师职业道德规范的概念。在软件开发环境中会涉及与质量相关的问题，本书阐述的原则适用于开发、维护和使用信息技术基础设施的人员，包括计算机技术人员、计算机管理专家、软件和 IT 工程师。通常，软件工程师毕业于工程院校，并且是行业组织的成员。目前在大学和商界中大量使用“软件工程师”这个术语，但是很少有软件工程师获得了大学的认证学位。

作为行业协会会员的工程师，质量是行业民事责任的一部分，必须谨慎管理。软件质量问题已经多次导致了严重事故。本章例举了不良的质量文化和缺乏职业道德导致事故，其中包括质量较差的软件以及对人和环境造成不可逆转的破坏。

接下来介绍治疗癌症的加拿大医疗设备 Therac-25 的案例，多名患者死于该医疗器械的大量辐射。事实上，在世界各地其他公司开发的设备也发生了类似的事件。本节之所以选择 Therac-25 的案例进行描述，是因为针对 Therac-25 已经存有广泛的研究和记录。

日本一家大型电子产品制造公司使用了非常多的供应商，它的供应商金字塔分三层，第一层有大约 60 个供应商，第二层有几百个，第三层有几千个非常小的供应商。

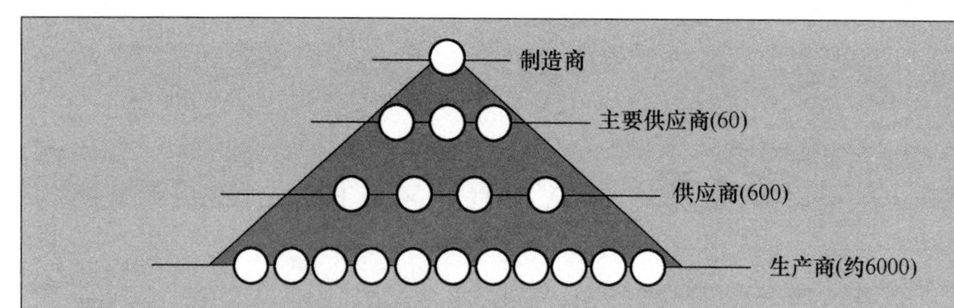

第三层供应商生产的有缺陷的软件部件会给该制造商造成超过 2 亿美元的损失。

改编自 Shintani(2006)[SHI 06]

本书认为建立标准中规定的质量文化和软件质量保证原则,可以帮助解决这些问题。

显然,质量受到组织高层管理者和组织文化影响,其具有成本、对利润有积极的影响,必须受到职业道德规范的约束。

"当今的软件市场,主要关注的是软件的成本、进度及功能,质量却被忽视了。然而,低质量性能才是大多数软件成本和进度问题的核心。"

Watts S. Humphrey

在软件行业中,质量问题仍然很多而且越来越严重,产生的后果也越来越严重(见附录"软件相关事件和重大事故")。下文描述了 Therac-25 的案例,该医疗设备的软件有很多缺陷,其故障导致了多名患者伤亡。

Therac-25 医疗设备

在安全关键型系统中,计算机的使用越来越频繁,也导致了很多事故。与安全关键型系统软件有关的事故中,广为人知的是计算机化放射治疗机 Therac-25。1985 年 6 月至 1987 年 1 月,已经造成了至少六起死亡和重伤事故。

1982 年,加拿大原子能有限公司(Atomic Energy Canada Limited,AECL)的 Therac-25 取代了 Therac-6 和 Therac-20 放射治疗机。该放射治疗机的旧型号由机电部件控制,新型号由计算机/软件控制。在新型号上,软件应在出现故障时立即停止机器或治疗。Therac-25成本约为100万美元,是非常复杂和昂贵的设备。Therac-25中的一些软件是新的,其他部分则是重用旧型号的软件。重用的软件对于治疗的安全性并不是必需的,因为在旧型号中确保安全的是机电部件。在这些事故中,患者被严重烧伤,最初并未确定这些事故的原因可能是过量辐射。在其中一个事件中,患者抱怨治疗过程中有烧灼感,技术人员告诉患者没有任何迹象表明发生了问题。该名患者接受了乳房切除术,随后该患者的一只手臂和肩膀失去了功能。

另一个事件发生在安大略。在治疗期间,机器会在几秒后自动关闭并显示此前没有进行任何剂量的治疗,操作员按下"继续"按钮,而机器再次关闭。重复多次后,尽管机器仍然显示"零剂量",但是患者反映有烧灼感。几个月后,该患者死于一种致命的癌症。AECL技术人员后来估计,该患者当时已受到13000~17000拉德的辐射,而单次治疗剂量的标准应控制在200拉德内,如果将1000拉德的剂量输送到全身可能会致命。

同年,另一名患者在设备指示处于暂停模式时被烧伤,该名患者在5个月后因受伤死亡。由于未能成功重现该问题,AECL认为,患者可能是被电击灼伤的,而与放射治疗无关。安排了一家独立公司检查了该设备,并没有发现电气问题。

事件发生后,美国食品药品监督管理局通报AECL,指责该设备没有依法运行,要求AECL把相关问题以及可能对患者造成的后果告知所有用户。Therac-25的用户成立了一个用户小组,质疑AECL对这些事故的处理不够透明,并通过报纸开始对其中两起事故进行报道。

AECL并不认为这些事故的原因是软件,因为AECL重用了在旧型号中运行良好的软件。一般认为,重用已运行并经过验证的软件是具备可靠性的。但是新型号的某些参数要比旧型号的参数大,旧型号中的机电装置克服了软件缺陷从而防止了设备故障。考虑到成本,AECL在Therac-25型号上移除了机电部件,因此,去掉了额外安全部件而暴露了软件指令故障,对患者造成了伤害。

Therac-25显然违反了基本的软件工程原则,包括:

(1)软件用户文档编制不应该是事后补充;

(2)应建立软件质量保证措施和标准;

(3)设计应保持简单;

(4)应该从一开始就在软件中设计获取有关差错信息的方法,如软件审核跟踪;

(5)该软件应在模块级和软件级进行广泛的测试和正式分析,单靠系统测试并不足够。

> 此外,这些问题并不限于医学行业。人们仍然普遍认为,任何优秀的工程师都可以构建软件,而不管他是否接受过最新的软件工程规程的培训。从软件工程和安全工程的角度来看,许多构建安全关键型软件的公司没有使用适当的规程。
>
> 大多数事故是系统事故,也就是说,它们源于各个部件和活动之间的复杂交互,把事故归咎于单一原因通常是严重的错误。希望通过这个案例证明事故的复杂性,并研究系统开发和运行的各个方面,以了解发生了什么以及防止今后再发生事故。Therac-25 事故是迄今为止最严重的计算机相关事故(至少是非军事的并被承认的事故),以至于引起了大众媒体的关注。
>
> 改编自 Leveson 和 Turner(1993)[LEV 93]

Leveson 和 Turner(1993)[LEV 93]详细描述了 6 起涉及对患者施加过量辐射的事故,并详细描述了为发现 Therac-25 事故的多种原因所进行的调查。

2.2 质量成本

高成本是阻碍质量保证实施的一个主要因素,在开发软件的组织中很少能找到关于非质量成本数据。

本节首先定义质量成本的构成要素,随后讨论美国一家大型军工企业使用的质量成本概念,以及 Claude Y. Laporte 教授在与不同组织合作时收集的数据,最后使用从加拿大主要运输设备制造商庞巴迪运输公司收集的数据进行案例研究。

> "我们从来没有时间第一次就把工作做好,但是我们总能找到时间把工作重做一两次。"
>
> 佚名

从成本的角度思考有助于引起管理人员的注意,这种方法意味着可以更好地定位软件质量文件,并改善来自公司管理人员、项目经理以及其他学科的工程师(如机械工程师)的消极看法。这种方法比技术讨论更常使用,因为"成本"一词几乎对所有管理人员都是通用的,并且是他们一直关注的问题。SQA 必须努力以组织的业务案例的形式来呈现软件质量改进文件,以便对标公司的其他投资行为,这也是一种提交投资文件的专业方法。

软件工程师有责任告知公司的管理人员,如果没有完全保证软件质量,则会承担何种风险。为了完成这一工作,首先要确定非质量成本。因为通过研究软件引起的问题,可以更容易地确定潜在的可节省的成本。

为了让管理人员认识到高质量软件的必要性,必须向管理人员展示缺少高质量软件造成的影响。可以通过收集在质量方面投资有明显差异的公司的经验数据,向管理者展示重视质量在各个方面获得的积极结果和收益,以及忽视质量或对质量的关注不足而带来的负面影响和失败。

项目的成本可以分为:实施成本、预防成本、鉴定成本以及与失效或异常相关的成本。

如果确定所有的开发活动都是没有差错的,那么项目成本就是实施成本,但是由于我们会犯错误而且需要能够标识它们,那么检测差错的成本就是鉴定成本(如测试)。

由于发生差错通常会导致成本增加,当想要减少异常成本时,会在培训、工具和方法上进行投资,这些是预防成本。

"质量不仅是一个重要的概念,而且是免费的。它不仅是免费的,还是我们生产的最赚钱的产品!真正的问题不在于质量管理体系的成本是多少,而在于缺乏质量管理体系会造成的成本有多少。"

Harold Geneen

国际电话电报公司首席执行官

在不同的组织中,"质量成本"的计算方式不同,质量成本、非质量成本和获得质量的成本的概念之间也存在一定的歧义。实际上,无论它叫什么,都必须清楚地确定在计算中所考虑的不同成本。要做到这一点,可以看看其他公司是如何处理的。

在目前常用的模型中质量成本考虑了预防成本、鉴定成本、失效成本(包括开发期间产生的内部失效成本和交付客户后产生的外部失效成本)、与保修索赔和非质量问题引起的声誉损失相关的成本。

该模型唯一难做到的是清楚地标识与每类成本相关的活动,然后跟踪公司的实际成本。决不能低估第二步的复杂性。该模型中的质量成本计算如下:

质量成本=预防成本+鉴定成本+内部和外部失效成本+保修索赔和声誉损失成本

(1) 预防成本：这是组织为防止在开发和维护过程的各个步骤中发生错误而发生的成本。例如，培训员工的成本、确保制造过程稳定的维护成本，以及进行改进的成本。

(2) 鉴定成本：在开发过程的不同步骤中，验证、评价产品或服务的成本。监控系统的维护和管理成本。

(3) 内部失效成本：产品或服务在交付给客户之前异常而导致的成本。违约导致的收益损失（如变更、浪费、额外的人工活动以及使用额外的产品的成本）。

(4) 外部失效成本：公司在客户发现缺陷时所承担的成本。延迟交付的成本、处理客户纠纷的管理成本、用于存储替换产品或将产品交付给客户的物流成本。

(5) 保修索赔和声誉成本损失：执行保修的成本、对企业形象的损害导致的成本，以及客户流失的成本。

在20世纪90年代末，蒙特利尔地区的一家医院开发了临床研究管理平台。在一位具有医学专业知识并倡导软件质量的经理入职该医院之前，医生用户在每版软件中都能发现40%~50%的缺陷。在经理建立了软件质量过程后，缺陷率在一年之内下降了20%。开发团队对结果感到满意，尤其是不必对每个版本中一半的功能进行返工。但是，管理层认为这些过程太长，决定解雇这名经理。在他离职后，软件质量过程被废除了，一些最优秀的员工也离开了医院，因为旧习惯再次出现，他们失去了动力。

除了上面列出的成本外，公司可能会在开发有缺陷的软件后遭受其他影响，如诉讼、法院施加罚款、股票市值下降、金融伙伴退出以及关键员工离职。

可以通过 Krasner [KRA 98] 发布的表格（表 2.1）从三个维度了解质量活动和成本。

基于 Feigenbaum 团队的工作，质量成本的模型成形于20世纪50年代。他们提出了一种对产品质量保证所涉及的成本进行分类的方法，并且提出了一种经济学观点，通过实证研究了每种成本与总成本的关系。

如图 2.1 所示，检测和预防成本的增加会导致与失效相关的成本减少，反之，检测和预防成本的下降会导致与失效相关的成本增加。同样，软件质量水平与总的检测和预防成本之间存在着联系。上一节中，从有关不同业务领域的讨论中可以看到，与低关键性的软件相比，高关键性的软件需要更高的质量，这将增加检测和预防成本。

表 2.1　软件质量成本类别

主要类别	子类别	定义	典型成本
预防成本	质量基础定义	定义质量,以及设定质量目标、标准和阈值的工作。质量权衡分析	定义验收测试的发布准则和相关质量标准
	面向项目和过程的干预	防止产品质量不佳或改进过程质量的工作	过程改进、规程和工作指南的更新;测量值收集和分析;内部和外部质量审核;员工培训与认证
鉴定或评价成本	发现产品状态	发现不符合项等级	测试、走查、审查、桌面检查、质量保证
	确保质量的实现	质量控制	合同/招标评审,产品质量审核、发布或进行中的“通过”或“不通过”决定、分包商的质量保证
异常或不符合的成本	内部异常或不符合	交付给客户前发现问题	返工(如重新编码、重新测试、重新审核、重新记录等)
	外部异常或不符合	交付给客户后发现问题	保修期间的支持、投诉解决、赔偿给客户的损失,多米诺骨牌效应(如其他项目被延迟)、销量减少、企业声誉受损、营销增加

资料来源:改编自 Krasner 1998 [KRA 98]。

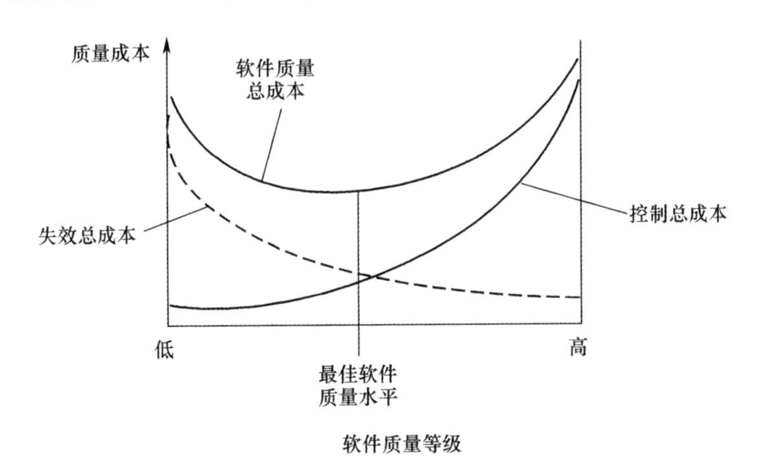

图 2.1　软件质量等级和质量成本之间的平衡[GAL 17]

A

Acme 通讯公司接到了一个新项目，为一个向承包商提供咨询服务的公司开发自动化调查系统。该公司已有开发调查软件的经验。

与客户会面后，项目经理分析了相关信息并准备了一份两页的文档来说明他对需求的理解。首次交付估计需要 40 小时的工作时间，经理认为这个项目很简单所以交给了一个实习生。项目经理没有咨询原开发人员，要求实习生使用他认为类似的现有应用程序的源代码来开发。开发了 30 小时后，这名实习生还没有弄懂源代码，但是经理已经承诺了首次交付的时间，所以只剩下 10 小时的工作时间和整个周末来准备下周一的版本。因此，经理认为有必要请一位先前的开发人员来完成这项工作。

该开发人员的分析表明，该应用程序是新的，并且公司中没有类似的应用程序，这个项目必须从头开始。项目经理听到后很着急，问开发人员是否可以在周末加班先完成首次交付，开发人员因而趁机要求加薪 25%。

交付的第一个版本仅实现了 70%的功能，还需要 20 小时才能完成最终版本。该项目最初估计该项目需要 40 小时，但实际进行了 84 小时。

SQA 的首要目标是使管理层相信，SQA 活动已经被证实是有益的，为做到这一点，其必须先说服自己。我们知道，在过程的早期发现差错可以节省大量的时间、金钱和精力。

经过多年研究和测量软件实践之后，Capers Jones [JON 00] 评估了修复软件行业中缺陷的平均成本(图 2.2)。

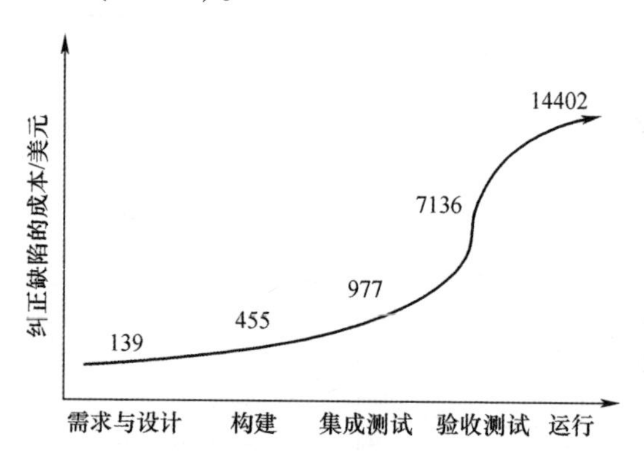

图 2.2　传播错误的成本[JON00](这些成本是依据 1981 年的美元价值计算的。)

仿真结果表明，尽早发现并修复缺陷是有利的，在汇编阶段出现的缺陷修复成本比在上一个阶段(在此期间应该能够找到它)进行修复的成本高出 3 倍，在下一阶段(测试和集成)解决该缺陷的成本将增加 7 倍,在验证阶段要增加 50 倍,在集成阶段要增加 130 倍,如果交付给客户后产生失效,则还要增加 100 倍,并且必须在产品的运行阶段进行纠正。

Boehm [BOE 01]指出,在 2001 年,对需求和规格文档中的问题进行纠正的费用仅为 25 美元,如果在编程期间发现问题,则费用将增加到 139 美元。软件缺陷的起源最终成为许多研究的主题,如图 2.3 所示,Selby 和 Selby(2007)[SEL 07]发表的案例研究中展示了整个软件开发生命周期中缺陷的来源。

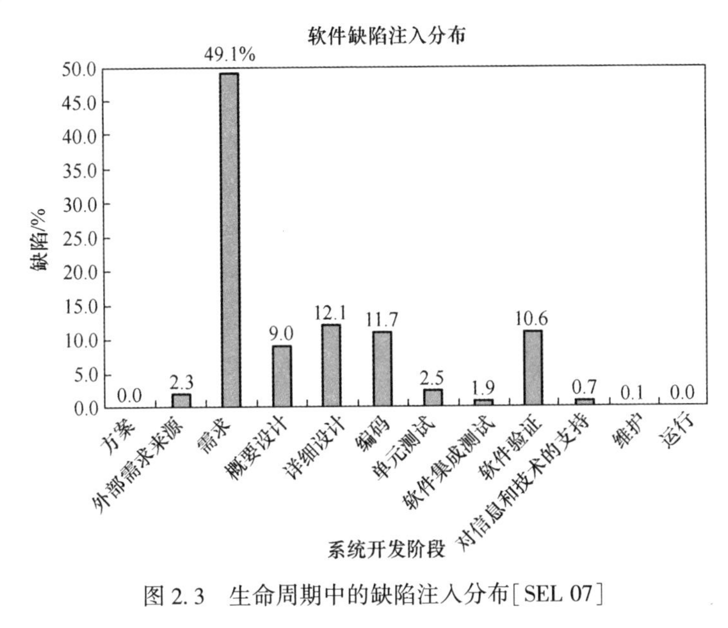

图 2.3　生命周期中的缺陷注入分布[SEL 07]

在这个案例研究中,可以看到大约 50%的缺陷发生在需求阶段,如果不尽早纠正这些缺陷,那么在测试和运行阶段的修复费用将非常高。同样,因为纠正缺陷所涉及的工作往往没有纳入初步计划中,所以纠正这些缺陷很可能会延长交付时间,如果必须在规定的日期之前交付软件,则很可能大量缺陷无法得到修复,因而客户不得不使用包含大量缺陷的软件直至下次更新。

在国防工业中,美国 Raytheon 公司对质量成本进行了研究[DIO 92,HAL 96],该研究对质量成本进行了长达 9 年的测量。如图 2.4 所示,在研究的开始阶段,该公司的返工成本约占项目总成本的 41%,随着过程成熟度提高,该比例降低到 18%,在过程成熟度为 3 级时降为 11%,成熟度达到 4 级时该比例进一步降低至 6%。该图还说明,尽管预防成本不到项目总成本的 10%,但随着成熟度的提高,返工成本从项目总成本的 45%降低至不到 10%。Dion 的研究认为,质量成本与实施日益成熟的过程有关。Krasner 发表的另一项质量成本研究认为,对于成熟度 3 级的组织,返工成本占开发成本的 15%~25%(表 2.2)。

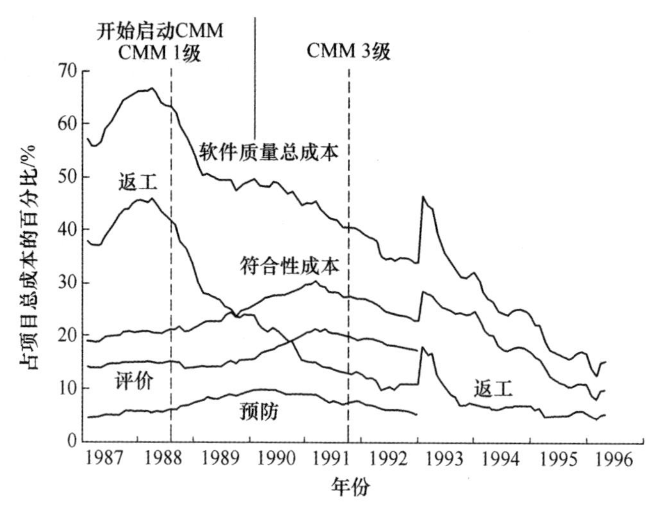

图 2.4　软件质量成本数据[HAL 96]

庞巴迪运输公司案例

位于魁北克的庞巴迪运输公司的软件开发小组进行了一个测量软件质量成本的项目。他们委托一个团队来开发用于美国大城市的地铁系统的控制软件,该团队由小组中的 15 位专业软件工程师组成,他们决定建立数据收集系统来测量项目的质量成本。

测量活动分四个步骤进行:拟制与软件质量成本相关的典型活动列表;对这些活动进行分类(预防、评估和纠正异常);制定和应用加权规则;测量软件质量成本。他们制定了 27 个加权规则,每个项目任务分配一个加权规则。根据对一个包含 1121 项软件活动、共计 88000 个工时的项目的分析,这一项目的软件质量成本占项目总成本的 33%。如图所示,其中返工或异常成本占总开发成本的 10%,预防成本为 2%,评价成本为 21%。

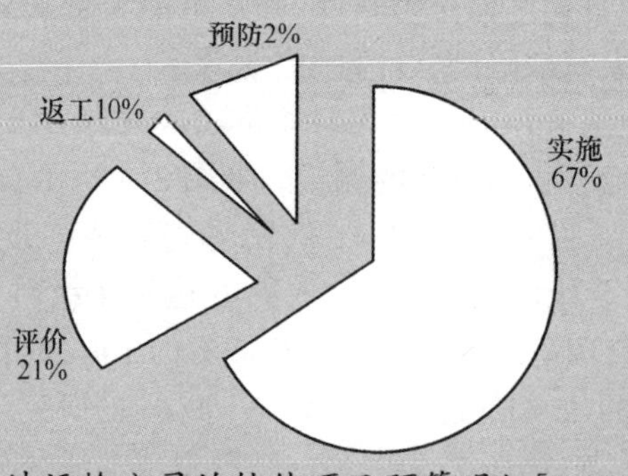

庞巴迪运输公司的软件项目预算明细[LAP 12]

质量成本

多年来，Laporte 教授向跨国公司的工程师和经理以及在蒙特利尔地区机构工作的软件工程专业硕士收集了有关质量成本的数据，如下表所示，平均返工成本约为 30%。

	站点 A 美国 工程师 (19)	站点 A 美国 经理 (5)	站点 B 欧洲 工程师 (13)	站点 C 欧洲 工程师(14)	站点 D 欧洲 工程师 (9)	课程 A 2008 (8)	课程 B 2008 (14)	课程 C 2009 (11)	课程 C 2010 (8)	路线 E 2011 (15)	路线 F 2012 (10)	路线 G 2013 (14)	课程 H 2014 (11)	课程 I 2015 (13)	课程 J 2016 (14)
性能成本	41%	44%	34%	31%	34%	29%	43%	45%	45%	34%	40%	44%	36%	37%	40%
返工成本	30%	26%	23%	41%	34%	28%	29%	30%	25%	32%	31%	25%	29%	27%	27%
鉴定成本	18%	14%	32%	21%	26%	24%	18%	14%	20%	27%	20%	19%	20%	22%	20%
预防成本	11%	16%	11%	8%	7%	14%	10%	11%	10%	8%	9%	12%	15%	14%	13%
质量 *	71	8	23	35	17	43	19	48	35	60	55	72	44	23	

* 每 1000 行源代码中的缺陷数

改编自 Laporte 等(2014)[LAP 14]

表 2.2　过程成熟度特性与返工之间的关系[KRA 98]

过程成熟度	返工(占总开发工作量的百分比)
未成熟	≥50%
项目受控	25%~50%
已定义组织过程	15%~25%
基于事实的管理	5%~15%
持续学习与改进	≤5%

希望本节讨论的质量成本概念，能使人们相信在软件过程和质量保证方面实施改进的重要性，并更好地理解在成本估算中考虑的成本类别。在最大程度降低返工成本的同时生产高质量的软件是可行的(因为根据组织是否做出了正确的选择，返工成本会成为利润或者亏损)。使用质量成本概念可能会影响公司的竞争力，我们已经证明了，如果公司对缺陷预防进行投入，那么在提供产品时就能够降低成本、减轻失败风险，从而可以逐步超越竞争对手。

缺陷预防是一项在软件开发人员中不太受欢迎的活动,这种活动被错误地认为是在浪费时间和精力。下一节介绍了一个评估缺陷消除活动及其相关成本的有效性的模型,目的是说明增加一项质量工作环节的必要性。

2.3 质量文化

Tylor[TYL 10]将人类文化定义为"复杂的整体,包括知识、信仰、艺术、道德、法律、习俗以及人类作为社会成员获得的任何其他能力和习惯"。这种文化指导着个人以及组织的行为、活动、优先级和决策。

Wiegers(1996)[WIE 96]在其《创建软件工程文化》一书中阐述了组织的软件工程文化、软件工程师及其项目之间的相互作用(图2.5)。

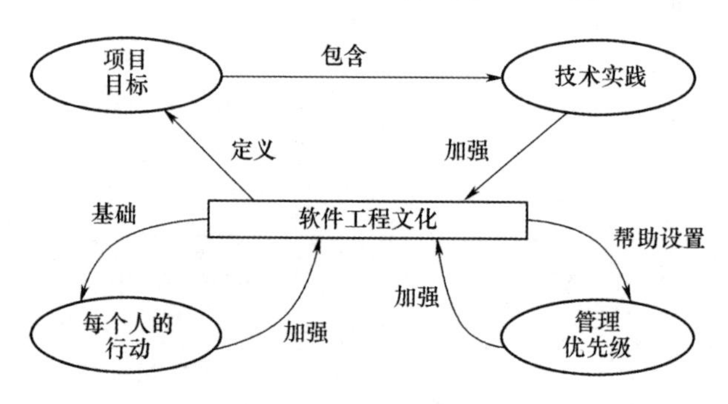

图2.5 软件工程文化

(资料来源:改编自Wiegers 1996[WIE 96])

Wiegers认为,一种健康的文化由以下要素组成:

(1) 每个开发人员的个人承诺,即通过系统地应用有效的软件工程实践来实现高质量产品。

(2) 各级管理人员对组织的承诺,即提供一个软件质量是成功的基本要素的环境,并使每个开发人员都能实现此目标。

(3) 团队成员的承诺,即不断改进他们使用的过程,并始终致力于改进他们创造的产品。

"设计波音777的挑战20%来自于技术,80%来自于文化。"

John Warner

波音计算机系统公司前任总裁

软件工程师关注质量文化原因有两个：

首先，质量文化是无法购买的，组织的创始人必须从公司创立之初就建立起质量文化，然后，随着选择和雇佣员工，创始人的公司文化将慢慢开始发生变化，如图2.5所示。质量文化不能事后再考虑，它必须从一开始就进行整合，并不断巩固。管理的目标是灌输一种文化，这种文化将促进高质量软件产品的开发，并以具有竞争力的价格提供产品，让员工对组织具有忠诚度，并且工作开心，产生收入和红利。

其次，在组织内部进行有效变更并不会削弱员工的工作秩序，而变革的主要障碍之一就是组织文化，组织必须在变革推动者的帮助下努力改变文化。

员工必须对变革有参与感，并能够看到所有变革带来的好处。如果变革没有为员工带来任何好处，而仅仅是为了满足经理的愿望，那么员工就不会对变革感兴趣。在本书的例子中，员工的行为没有使企业文化变得更强，也不会影响企业文化的成熟程度。管理文化变革势在必行[LAP 98]。

经理和客户要求员工在工作质量或完成方式上“抄近路”（见图2.6），可能会施压，要求跳过步骤，甚至在确定需求之前就要求启动编程，这种旧的思维方式仍然在某些公司中盛行。

期待员工的反抗并不容易，有时候，员工别无选择，只能按照要求做，要不就选择离开（见图2.7和图2.8）。

图2.6　开始编码……我去看看客户想要什么

（资料来源：资源转载，获得CartoonStock公司许可）

难以想象要在这种环境下度过自己的职业生涯。建立良好的质量文化后，即使在危机时期员工也将参与其中。因此，即使在这些困难时期，软件开发人员和管理人员也必须采用能激励他们坚持过程的原则。当然，在危机中我们总是更加灵活，但不至于放弃所有质量保证活动和我们良好的判断力。

在困难的情况下，绝对不能在老板、同事或客户的说服下开展糟糕的工作，应以正直和智慧与老板和客户打交道。

图 2.7　Dilbert 受到威胁,必须即时提供估计(DILBERT © 2007 Scott Adams,经 UNIVERSAL UCLICK 许可使用,版权所有)

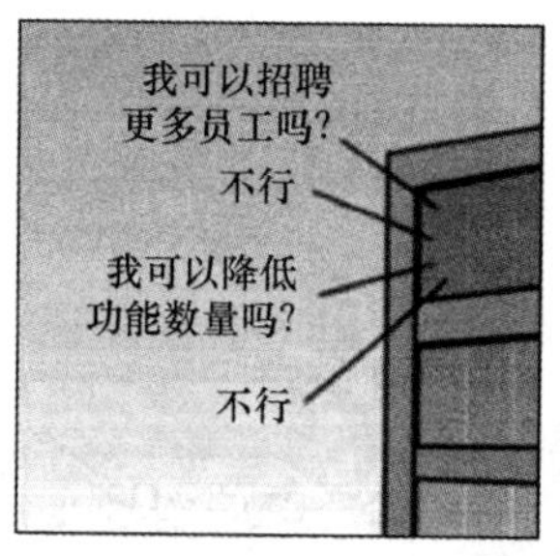

图 2.8　Dilbert 尝试协商项目变更(DILBERT © 2009 Scott Adams,经 UNIVERSAL UCLICK 许可使用,版权所有)

客户并不总是对的。是的,您没听错! 但是,他的观点很可能是有道理的,开发人员有责任去倾听客户的建议。话虽如此,开发人员才是唯一负责解释客户需要,将其转换为规格说明并合理估算工作量和进度的人。项目中业务分析师的最高附加价值是降低期望,找到满足需求的并且现实可行的和实用的解决方案。警惕那些过于激进的销售人员。我的一位朋友过去常说:“对于那些不需要自己亲自动手去做的人来说,没有什么是不可能的。”

对客户诚实,并确保清楚地说明了将要完成的工作的局限性和范围。Wiegers 列出了培养质量文化要遵循的十四条原则(表 2.3)。

组织的文化是成功改进过程的决定性因素,“文化”包括一组共同的价值观和原则,指导着在同一领域工作的一群人的行为、活动、优先级和决策。当同事们共享信念时,更容易进行变更以提高团队效率和生存机会。

质量涉及重要的社会方面,公司中每个成员的参与和协作水平至关重要。必须不断促进和支持质量方面的信念和实践,以保持和丰富企业文化。

表 2.3　软件工程中的文化原则[WIE 96,p. 17]

1. 永远不要因为老板或客户导致您做不好工作
2. 人们必须感觉到自己的工作受到赏识
3. 继续教育是每个团队成员的责任
4. 客户的参与是软件质量的最关键因素
5. 与客户交流对最终产品的愿景是最大的挑战
6. 软件开发过程中的持续改进是可能实现的,也是必不可少的
7. 软件开发规程有利于建立最佳实践的公共文化
8. 质量是第一位的,长期生产力是质量的自然结果
9. 确保发现缺陷的是同事,而不是客户
10. 软件质量的关键是重复执行除编码之外的所有开发步骤,编码应该只执行一次
11. 控制差错报告和变更申请对于质量和维护至关重要
12. 衡量工作开展情况可以帮助更好地工作
13. 做看起来合理的事情,不要教条主义
14. 同时变更所有内容是不可能的,找出能带来最大效益的变更,并从下周一开始应用它们

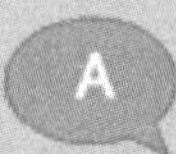

项目新成立了一个开发团队,成员既包含领域专家,也包含新手。指导该项目的开发工具和过程尚未成熟。项目经理强调团队团结,创造学习环境,实践这些新过程,允许错误从而实现持续改进。经理既幽默又热情,培养了团队合作精神。经理开展了团队活动以促进个人成功以及团队的成功,还建立了专业知识文化,这意味着每个团队成员都有自己的专业知识领域,并将所有精力集中在精进这种专业知识上。

了解组织正在何种环境下开发软件非常重要,这样能够理解影响组织为何选择某特定实践的原因[IBE 03]。例如,在受高度管制的领域开发和发布软件的公司,与开发内部运行的应用程序的公司大不相同。此外,组织中风险和项目范围、掌握的业务规则和该领域的法律法规等其他因素也可能会影响实践。通过分析具体情况,软件工程师可以为促进质量文化的发展更好地评价应做出的改变。

最重要的是,质量文化必须表现为培养这种文化的意愿,这种意愿应来自公司高层管理人员,而不是仅仅扮演质量监督角色的工程团队。发生事故这样的极端情况下,经常是由于公司管理层缺乏远见,为了股东利益最大化而选择低质量的产品导致的。下一节将介绍管理这些情况的工具。

2.4 软件项目的5个维度

为了更好地组织项目启动讨论,Wiegers 在纽约的 Eastman Kodak 公司开发了一种方法。他认为有5个维度必须作为软件项目的一部分进行管理(图2.10)。这些维度并不是独立的,例如,如果在项目团队中增加员工,则可能(但不总是)可以缩短交付时间,但是将增加成本,所以通常是通过减少功能或降低质量来缩短交付时间。很难在这5个维度中做出抉择,但可以加以说明,以便进行更现实的讨论并更好地记录这些决定。对于每个项目,必须了解哪些维度的约束相对较多,又可以通过哪些维度进行抵消。

每个维度可以关联驱动因素、约束和自由度。

驱动因素是项目必须执行的特定且主要的原因。对于具有市场竞争力且必须提供客户期望的新功能的产品,截止日期是主要驱动因素。对于更新软件的项目,驱动因素可以是特定的功能。定义项目驱动因素并将其与5个维度中的一个相关联,可以让我们关注每个维度的状态。

约束是不受项目经理控制的外部因素。如果有一定数量的资源,则“人员”维度将是一个约束。通常,对于合同项目,成本是一个约束;对于医疗设备或直升机而言,质量是一个软件约束。

当某个维度不可协商时(如特性),既具有驱动作用又具有约束作用。如果一个维度既不是驱动因素也不是约束,那么它会提供一定程度的自由度,调整这个维度有助于在给定约束下实现目标。这5个维度不能全部是驱动因素或全部是约束,且必须从项目开始就与客户协商每个维度的优先级。

下面例举了两个使用 Wiegers 谈判模型的案例,用五维 Kiviat 图的10点量表来对模型进行说明,其中0表示完全约束,10表示完全自由。

图2.9描述了一个内部开发的项目,这个项目团队规模固定,而且进度要求几乎无法变更。团队可以自由决定要实现的特性以及第一个版本的质量级别。成本在很大程度上与员工薪酬有关,会根据使用的资源量而有所不同。如果进度允许一定的灵活性,那么截止日期可能会略有不同。

图2.10描述了一个关键软件项目的灵活性示意图,在这个项目中,质量是一个制约因素,进度具有高度的自由度。这些图一定程度上可以说明着手的项目类型。一个项目不能在所有维度上都是0,必须具有一定程度的回旋余地,以确保项目成功。

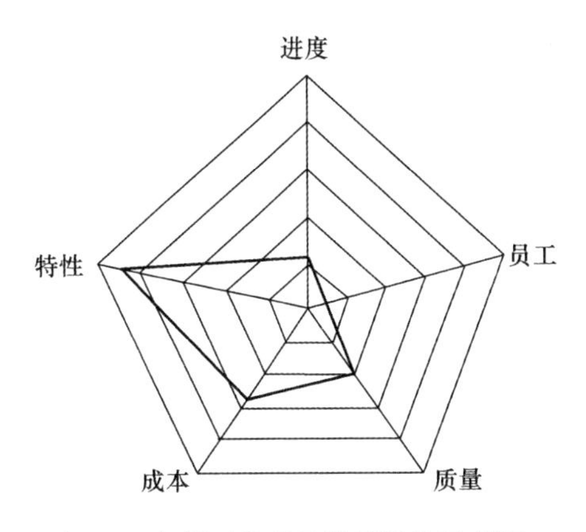

图 2.9　内部开发项目的灵活性示意图
（资料来源：Wiegers，1996 年。[WIE 96]。
经 Karl E. Wiegers 许可复制）

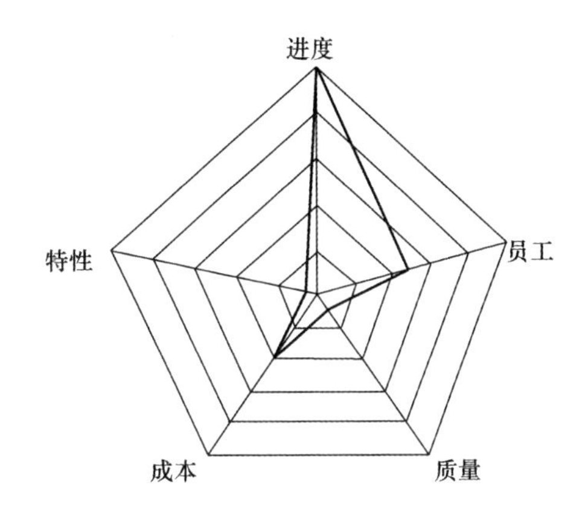

图 2.10　关键软件项目的灵活性示意图
（资料来源：Wiegers，1996 年。[WIE 96]。
经 Karl E. Wiegers 许可复制）

在简短的讨论中，常常只谈论预算和进度，正是这种态度导致了行业的超负荷和满意度长期不高。管理人员和客户必须认识到：不能总是要求一个小型团队以最低成本来开发满足需求、能快速交付且没有缺陷的产品或服务。

以图 2.9 所示案例为例，表 2.4 总结了在项目开始时每个维度的驱动因素、约束和自由度的权衡结果。软件工程师将尝试描述赋予每个维度的值。

表 2.4　内部项目维度权衡汇总表[WIE 96]

维度	驱动因素	约束	自由度
成本			可以接受 20%的超支
特性			60%～90%优先级为 1 的特性必须在版本 1.0 中完成
质量			版本 1.0 中最多可以包含 5 个已知的主要缺陷
进度	版本 1.0 必须在 4 个月内交付		
员工		4 个人	

质量文化和软件工程原则的一个主要特性是，期望和承诺可以专业的和协商的方式建立。当然，一开始可能会遇到阻力，但是这种方法将避免接受不现实或无法在规定条件下进行的项目。因此，应放弃那些不切实际的项目，不要陷入不可避免的难题。还可以使用其他可用工具来做出正确的决定。下一节介绍职业道德规范，它可以用于向客户和上司说明质量文化的重要性，也可以帮助工程师更好地理解和传达质量文化。

2.5 软件工程职业道德规范

1996 年,IEEE 计算机分会和计算机协会(association for computing machinery,ACM)合作开发了软件工程职业道德规范的初稿,并进行了广泛的征求意见工作。1998 年,经 IEEE 和 ACM 批准,形成了当前版本[GOT 99a;GOT 99b;IEE 99])。

随着职业道德规范的发展,不同的观点发生了冲突,其中的一个分歧是如何处理道德问题。第一种方法是基于人类固有的自然属性,认为只需指出正确的方向,人们就会遵循它。这种方法的支持者希望准则能够尽量简单,激发良好的行为。另一种方法的支持者是基于权利和义务的原则,要求例举出所有的权利和义务,形成非常详细的行为规范。

另一个分歧是如何处理原则的优先级的问题,例如应该偏向雇主还是公众。必须指出,公共利益优先于对雇主或对行业的忠诚。

还有一些人希望列出将要使用的标准,但最终没有采纳这一建议,而是在条文中规定使用当前已经接受的标准。

另一方面,每个人都同意,当软件工程师意识到系统中的潜在问题时,必须积极主动采取措施。因此,增加了一些条款,要求工程师告知潜在的危险情况,并允许软件工程师对这类情况采取措施。

为了满足对行为规范详细程度的不同需求,开发了删减版和完整版两个版本的职业道德规范。

目前,职业道德规范已被许多组织采用,例如,将职业道德规范形成文档作为劳动合同的一部分,员工在受雇时必须签署。多年来,该职业道德规范已成为事实标准。在某些情况下,有些公司可能会拒绝与不遵守该规范的公司开展业务。

"当魔鬼来拜访我们时,他不会大肆宣传。他不会造成任何伤害也不会伤害生命,他只会鼓励我们降低我们的标准和准则,其余的会随之而来。"

Albert Brooks,电影《广播新闻》

软件工程职业道德规范描述了 8 项承诺,行业、公众和法律机构可以使用这些承诺来衡量软件工程师的道德行为,见表 2.5。

表 2.5 IEEE 软件工程职业道德规范的 8 项原则[IEE 99]

序号	原则	描　述
1	公众	软件工程师应采取符合公共利益的行动
2	客户和雇主	软件工程师的行为应符合其客户和雇主的最大利益,并且符合公共利益
3	产品	软件工程师应确保其产品和相关变更符合最高的专业标准
4	判断	软件工程师应保持其专业判断的完整性和独立性
5	管理	软件工程经理和领导者应支持并倡导以道德的方式管理软件开发和维护
6	专业	软件工程师应提高与公共利益相一致的道德诚信和声誉
7	同事	软件工程师应公平对待并支持其同事
8	个人	软件工程师应参加有关其专业实践的终生学习,并应提倡以道德的方式进行专业实践

每个承诺(又称为原则)都用一个句子描述,并由若干条款支持,这些条款包括一些示例和详细说明,用以对原则进行解释。接受职业道德规范的软件工程师和软件开发人员同意遵守质量和道德 8 项原则。

以下是一些职业道德规范示例:原则 3(产品)声明,软件工程师应确保其产品和任何相关变更符合最高的专业标准,这一原则由 15 项条款支持。第 3.10 条规定,软件工程师将对软件及其所使用的相关文档进行测试、调试和评审。

该条文已被翻译成德语、中文、克罗地亚语、英语、法语、希伯来语、意大利语、日语和西班牙语 9 种语言。许多组织已经公开采用了这个职业道德规范,一些大学也将其纳入软件工程学习计划的一部分。《软件工程职业道德规范和职业实践(5.2 版)》的完整版本见附录 1。

2.5.1 删减版:序言

职业道德规范的删减版说明了主要愿望,而完整版提供了示例和更多信息,说明了这些愿望如何在软件工程师的行为中体现。规范的删减版和完整版形成统一的整体。如果没有愿望的陈述,规范就会看起来很枯燥而且充斥着法律术语,如果没有详细的条款,愿望就会看起来抽象且毫无意义。

专业从事分析、规格说明、设计、开发、测试和维护的软件工程师必须遵守道德规范中概述的原则。

根据对健康、安全和公益的承诺,软件工程师必须遵守表 2.5 中提出的 8 项原则。

有一个简单的使用规程可以便于专业地使用规范。重要的是要理解实践是按照从最重要到最不重要的特定顺序呈现。因此,必须检查所有冲突并逐个查看规范条文,以查看与实际情况相关的部分。

一旦发现所描述的情形出现在道德规范中的某项条款中，就应该注意到这种情况违反了该条款。然后，应该简要解释为什么这种情况违反了规范，并以这种方式逐一浏览所有条款，因为这种情况可能会违反规范中的多项条款。

案例研究——CONFIRM [OZ 94]

1988 年，由 Hilton 和 Marriott 连锁酒店以及 Budget Rent-A-Car 汽车租赁公司组成的财团决定开发集中式预订系统用于预订机票、酒店客房和汽车租赁。该项目分配给隶属于美国航空公司的 AMR 信息服务公司（AMR information services，AMRIS），该公司已经成功开发了大型公司使用的机票预订系统——SABRE 系统。

双方商定，预算不得超过 5570 万美元，开发时间不得超过 45 个月，并且该系统必须以每次预订不超过 1.05 美元的成本进行交易。

1989 年 9 月设计阶段结束时，AMRIS 提出了一项开发计划，可能耗资 7260 万美元，且每次的预订成本为 1.39 美元，而不是 1.05 美元。

1990 年的夏天，双方都在关注系统的交付日期。CONFIRM 项目的工作人员估计可能无法遵守截止日期。他们的主管要求修改更新日期，以反映该项目的原始日期。

1991 年 2 月 AMRIS 又提出了一项新计划，预算为 9200 万美元。随后公司总裁下台，1992 年又有 20 多名员工离职，员工对项目管理不满意，他们认为经理提出的交付日期不切实际，并且隐瞒了项目状态。

1991 年夏天，开发商聘请的一名顾问对该项目进行了评价，并提交了一份报告，一位副总裁对顾问的意见不满意，他隐瞒了这份报告并解雇了顾问。在此期间 Marriott 连锁酒店每月的账单为 100 万美元。

在 1992 年 4 月，AMRIS 承认项目将推迟 2~6 个月，Hilton 也在测试版的使用中遇到了严重的问题。同年 4 月，AMRIS 再次告知客户项目经理故意隐瞒了许多重要的技术和性能问题，系统开发将延后 15~18 个月。此外，8 名高管被解雇，15 名员工被调职。

1992 年 5 月，AMRIS 宣布 CONFIRM 系统不符合性能和可靠性要求。1992 年 7 月，在开发耗时超过三年半并花费了 1.25 亿美元后，该项目被放弃了，并且如果系统崩溃，数据库也不能恢复。

项目的甲乙双方达成了庭外和解，AMRIS 被起诉要求赔偿 5 亿多美元，并最终以 1.6 亿美元的价格解决了整个纠纷。

2.5.2 道德规范示例

由于魁北克工程师协会(Ordre des ingénieurs du Québec,OIQ)的道德规范与本章介绍的软件工程师的职业道德规范非常相似,因此下文仅举例说明不遵守该道德规范的工程师所面临的后果之一。

下面的文本框描述了对一个工程师做出的处罚。

专业工程师学会关于将某人永久除名的通知示例

根据《职业道德规范》第180条,特此通知,软件工程师学会纪律委员会已于2015年6月4日宣布,Paul Roberts(公司地址:Near Here大街12345号)犯有多种不道德行为,包括:

2014年10月14日前后,Paul Roberts在一次巡视(地点在丹佛Client大道12345号)中,其报告中发表的观点并非基于对软件设计的充分事实性知识,违反了软件工程师职业道德规范4.02条。

根据这项决定,委员会已下令将Paul Roberts暂时从学会名单上除名6个月。本决定自交付给被执行对象之日(2015年6月11日)起生效。

软件工程师学会纪律委员会秘书

2015年6月4日

丹佛

其他可能的后果是,在一定时期内执业权受到限制、需要接受培训、支付罚款,以及重新接受专业工程认证。

下表可用于机构中的软件人员展示其对职业道德规范的承诺。

员工对《职业道德规范》的承诺

(日期)……。

我已经阅读了IEEE和ACM制定的软件工程师的职业道德规范。

姓氏	名字	签名

还可以使用如下表述来替代上面表格的文本,以修改人员的承诺等级:

(1) 我自愿遵守 IEEE 和 ACM 制定的软件工程师职业道德规范。

(2) 我自愿践行 IEEE 和 ACM 制定的软件工程师职业道德规范。

可以举行宣誓仪式,让所有软件人员公开宣誓遵守职业道德规范并在上表中署名。宣誓仪式可以每年组织一次,以提醒所有人,尤其是新员工,必须遵守该规范。

签署的表格也可以在组织的局域网上使用。

记住,某些国家/地区的工程师必须首先遵守其行业组织所规定的职业道德规范。

2.5.3 检举人

在组织中有时需要某些人公开一些情况。当检举人严肃地认为客户或公众的利益受到威胁时,可通过内部或外部途径进行检举。在内部检举人可以与代表高层管理者的监察员或安全小组进行沟通,在外部检举人可以联系行业组织或新闻工作者。当检举人在内部检举情况时,他可能会受到上级和同事的压力或攻击,也可能被解雇。这种对报复的恐惧是真实存在的,但工程师应受到保护,否则将不会有人进行举报。专业法庭将确保检举人的身份受到法律保护(如果检举人希望如此)。此外,职业道德规范中有一个条款规定,可以不向被指控的工程师告知检举人的姓名或当面对质。

2.6 成功因素

下面文本框列出了与组织文化相关的几个因素,这些因素可能会促进高质量软件的开发。

促进软件质量的因素

(1) 良好的团队合作精神。

(2) 组织中成员的技能(管理者必须选择组织中有相应能力的人来执行不同的任务;如果无法实现这一点,即使拥有良好的团队合作精神、良好的管理者、良好的沟通能力和正确的过程,也难以真正发挥效用)。

(3) 树立榜样的管理者。

(4) 同事、经理和客户之间的有效沟通。

(5) 认可并重视提高质量的举措。

(6) 突出组织文化的概念,将组织文化视为保证质量的关键因素。

(7) 将组织的文化定义为一组共同的价值观和原则,指导在同一部门工作人员的行为、活动、优先级和决策。

(8) 将文化概念纳入组织战略中,并确保所有人员都尊重该文化。

(9) 在中小型企业中,管理人员和技术团队对质量的看法常常存在差异。因此,软件工程师有责任对管理者和组织的其他成员进行质量影响方面的教育,同时提出适当的解决方案,以实现组织目标。

(10) 根据 Wiegers 的说法,客户在整个项目中的参与程度是对软件质量影响最大的因素(实际上,让客户认可产品的质量首先必须准确地满足客户的需求。如果某些需求在项目开始时没有被很好地理解或解释,则与纠正有关的成本只会随着项目的进展而增加)。在项目的整个过程中都需要有客户代表的参与,这有助于避免需求模糊不清。

(11) 明确定义的角色和职责。

(12) 分配必要的预算。

下面文本框列出了一些与组织文化有关的因素,这些因素可能会对质量软件的开发产生不利影响。

可能对软件质量产生不利影响的因素:

(1) 赋予员工责任,但不授权他采取措施来确保项目成功。

(2) 拒绝交流。

(3) 经理逃避问题而不是解决问题。

(4) 缺乏质量保证方面的知识。

(5) 不切实际的时间安排。

(6) 团队成员之间的工作方法不协调。

(7) 一位对所有人说"是"的经理。

延伸阅读

Gotterbarn D. How the new software engineering code of ethics affects you, *IEEE Software*, vol. 16, issue 6, November/December 1999, pp. 58-64.

Leverson N. G. and Turner C. S. An investigation of the Therac-25 accidents, *IEEE Computer*, vol. 26, issue 7, July 1993, pp. 18-41.

Wiegers K. E. Standing on principles, *The Journal of the Quality Assurance Institute*, vol. 11, issue 3, July 1997, pp. 1-8.

练　　习

1. 提出论据,说服管理层投资 SQA 是必要且有利的。

2. 在当今最常用的模型中质量成本要考虑 5 个方面,描述质量成本公式,并举例说明每个方面。

3. 根据研究人员的观察,软件质量与检测和预防总成本之间有什么关系?

4. 在软件开发的早期可以标识和消除缺陷有什么好处?

5. 如何使用 Raytheon 研究的结果向管理层说明建立 SQA 的好处?

6. Weigers 认为,组织中哪些要素构成健康的质量文化?

7. 列出软件工程的 10 条文化原则中的 5 条原则。

8. 根据 Wiegers,软件项目的 5 个维度是什么?

9. 为图 2.10 中描述的项目拟定谈判的维度汇总表。

10. 应用职业道德规范,指出以下情况主要违反了哪两个条款:

(1) Peter 是一名软件工程师,为公司开发软件。他的公司主要是开发和销售盘点软件。他经过几个月的工作,感到对软件的多个部分有困惑。他的项目经理不了解问题的复杂性,希望他本周完成工作。Peter 记得同事 Francine 曾向他介绍过她在另一家公司开发的商业软件包中的模块,Peter 在研究了此软件包之后,将其中一些模块直接整合到了他的软件中。但是,他没有告诉 Francine 和他的老板,也没有在软件文档中提及这一点。Peter 违反了职业道德规范中的哪些条款?

(2) 一家公司开发了用于管理核电厂的软件,该软件旨在管理电厂的反应堆。在审查代码时,Marie 发现软件中存在重大差错。Marie 的老板 Frank 说,该软件必须在本周交付给客户。Marie 知道差错不会及时得到纠正。职业道德规范中的哪些条款要求 Marie 采取行动?

(3) 在一家有大约 10 名员工的公司中,总裁要求在工作中应用《职业道德规范》。作为开发和维护团队的负责人,请描述在行动计划中应用《职业道德规范》的步骤。

11. 列举能够使组织更容易地应用职业道德规范的因素。

12. 职业道德规范中的哪些条款要求软件工程师指出潜在的危险情况?

13. 职业道德规范中的哪个条款明确规定软件工程师一定不能使用盗版软件?

14. 阅读 CONFIRM 案例[OZ 94],该案例描述了一个预订系统的开发变成"钱坑"的过程,并回答以下问题:

(1) 列举该事件中违反了哪些职业道德规范条款。

(2) AMRIS 的董事应该做些什么?

（3）AMRIS 的开发人员可以做些什么？

（4）在将软件进行实际安装部署之前，消费者如何知道软件是否会对自己造成无法弥补的损害？

（5）如果在安装软件后的几个月内引起重大错误，消费者应该如何保护自己利益？

15. 阅读 Therac-25［LEV 93］的案例（Therac-25 是一种导致多名患者死亡的医疗设备），并回答以下问题：

（1）列举该事件中违反了哪些职业道德规范条款。

（2）AECL 的代表为避免承担责任（复杂性、可测试性和开发过程）而编造了一些常见的借口，应如何回应并详细解释公司应如何做以降低软件产品这三个特性所固有的风险。

（3）作为刚被任命为新的 Therac-30 项目的 SQA 主管，该项目将重复使用 Therac-25 技术，以产生更有效的版本，应该采取哪些 SQA 预防措施？

（4）Therac-25 的软件质量总监分享了从 Therac-25 事故中汲取的教训，请列出其中 4 个教训。

16. 技术人员说他已经在刚购置的新计算机上安装演示软件，但启动时发现计算机同时还被安装了商业软件，应如何处理？

第3章 软件质量需求

学习目标：

(1) 描述软件质量模型所表述概念的发展历程；

(2) 了解 ISO 25010 中概述的软件质量的不同特性和子特性；

(3) 使用概念来明确说明软件产品的软件质量需求；

(4) 解释 ISO 25010 中软件质量特性之间的正、负相互作用；

(5) 了解软件可追溯性的概念。

3.1 引　　言

所有软件都是系统的组成部分，无论是在个人电脑上使用的计算机系统，还是在像数码相机这样的电子消费产品上使用的软件。这些系统的要求或需求通常记录在报价请求(request for quote，RFQ)或招标书(request for proposal，RFP)文档、工作说明(statement of work，SOW)、软件需求规范(software requirements specification，SRS)文档或系统需求文档(system requirements document，SRD)中。软件开发人员必须使用这些文档提取出用于定义客户要求的功能性需求和性能需求(或非功能性需求)的规格说明所需要的信息。在 IEEE730 标准[IEE 14]中，"非功能性需求"一词已被弃用，不作为描述需求的一种说法。

功能性需求

指定系统或系统部件必须能够执行的功能的需求。

ISO 24765 [ISO 17a]

非功能性需求

一种软件需求，它描述的不是软件要做什么，而是怎么做。同义词：设计约束。

ISO 24765 [ISO 17a]

性能需求

可测量的指标,用于标识功能的质量属性或功能性需求必须满足的完成度(IEEE Std 1220™-2005),性能需求始终是功能性需求的属性之一。

IEEE 730 [IEE 14]

SQA 必须能够支持这些定义的实际应用,要做到这一点,必须掌握软件质量模型提出的许多概念。本章专门介绍用于正确定义软件的性能或非功能(质量)需求的模型和软件工程标准。在软件开发生命周期早期使用这些 SQA 实践,可以确保客户收到满足他们需要和期望的软件产品。

质量模型

一组定义的特性以及特性间的关系,这为明确质量需求和评价质量提供了一个框架。

ISO 25000 [ISO 14a]

质量模型的上述定义意味着软件的质量是可以测量的。在本章中描述了近些年来所进行的研究,并最终确定了软件质量模型。在软件开发人员监督的某些行业和商业模型中,质量保证要求在整个软件生命周期中对软件质量进行更正式的管理。如果无法评价最终软件的质量,那么客户如何才能接受它?或者至少如何证明质量需求得到了满足?

为了支持该条件,本书使用了软件质量模型,以便客户可以:

(1) 定义可以评价的软件质量特性;

(2) 对比不同视角的软件质量模型(内部视角和外部视角);

(3) 选择有限数量的质量特性,这些特性将作为软件的非功能性需求(质量需求);

(4) 为每个质量需求设定一个测度和测量目标。

因此,有必要证明模型具有能力来支持质量需求定义以及随后的测量和评价。在第 2 章中已经提到质量是一个复杂的概念,它通常是通过考虑对质量的特定感知来衡量的。人类掌握物理对象的测量方法已经好几个世纪,但即使在现在关于测量软件产品和以客观方式测量它的能力仍然存在许多问题。人们仍然很难清楚地定义、标识和区分每个质量特性的作用和重要性。更重要的是,软件质量通常是一个主观的概念,它会根据客户、用户或软件工程师的观点而有所不同。

评价

对一个实体能够在何种程度上满足规定需求的系统测定。

ISO 12207 [ISO 17]

本章将为SQA实践者提供使用ISO 25010软件质量模型概念的知识。通过这种方式,可以启动过程并为软件工程师的开发、维护和软件获取项目提供支持。首先介绍为表征软件质量而设计的不同模型和标准的发展历程;然后讨论软件关键性的概念及其价值;接着介绍质量需求的概念和定义质量需求的过程;最后概述软件可追溯性技术,确保需求已真正集成到软件中(后面的章节将更详细地介绍可追溯性)。

3.2 软件质量模型

在软件组织中仍然很少使用软件质量模型。许多利益相关方先入为主地认为这些模型不能清晰地对标所有利益相关方的关注点,并且难以使用。在接下来的两节中,将看到,这只是在将软件交付给客户之前没有正式定义和评价软件质量的一个借口。

需求定义:必不可少的第一步

"总的来说,自从我们在1997年对IT项目进行最后一次审核以来,政府取得的进展有限。尽管自1998年以来,美国财政部秘书处已经建立了管理IT项目的最佳实践框架,但我们在过去的报告中提到的许多问题仍然存在。

在1995年的审核中,我们注意到政府在明确界定合理和现实的系统需求之前,已经开始开发系统了。

我们估计,在两个项目中每花费10亿美元,就会超支2.5亿美元。高级管理层对大型IT开发项目的关注和干预迫在眉睫。"

加拿大审计长的报告[AGC 06]

首先考虑Garvin(1984)[GAR 84]描述的5个质量维度。Garvin把著名的软件质量专家的工作与当时的质量模型的建议联系了起来,质疑这些模型是否考虑了质量的不同维度:

（1）质量的抽象方法：质量的先验性观点可以解释为“虽然质量无法定义，但是可以被感知”。这种观点的主要问题是质量是个人的和独立的经验。用户可能必须通过使用软件才能了解其质量。Garvin 解释，软件质量模型为个人或组织提供了足够数量的质量特性，以便在其所处环境中进行识别和评价。换句话说，典型的模型列出了这种方法的质量特性，只需经过一段时间所有用户就都能了解它们。

（2）基于用户的方法：高质量的软件应如用户所期望的那样（如适用性）运行。这种观点意味着软件质量不是绝对的，而是会随每个用户的期望而变化。

（3）基于制造的方法：有关软件质量的观点（其中质量被定义为符合规格说明）在许多相关开发过程的质量文档中得到了说明。Garvin 规定，模型可以在定义需求时和整个生命周期内以适当的特定级别定义质量需求。因此，这是一个“基于过程”的视角，它假定遵循一定的过程可以产生高质量的软件。

（4）基于产品的方法：基于产品的质量观点涉及产品的内部视角。软件工程师专注于软件部件的内部属性，如体系架构的质量，这些内部属性与源代码特性相对应，并且需要高级的测试技术。Garvin 解释，如果客户愿意支付测试费用，则当前模型可以实现这种观点。他描述了 NASA 的案例，NASA 愿意为每行代码额外支付 1000 美元，以确保航天飞机上的软件符合高质量标准。

（5）基于价值的方法：这种观点侧重于消除所有不会增加价值的活动，如 Crosby（1979）[CRO 79]所描述的某些文件的起草。在软件领域，“价值”的概念与生产力、增加的盈利能力和竞争能力同义。因此，需要对开发过程进行建模并测量各种质量因子。这些质量模型可用于测量这些概念，实际上只适用于内部人员和成熟的组织。

现在描述这些质量模型，40 年来研究人员曾力图定义出软件质量的最佳模型。当然，这需要时间才能达成。后文描述了影响当今使用的软件质量标准 ISO 25000 [ISO 14a] 的早期版本：McCall、Richards 和 Walter，以及 IEEE 1061 [IEE 98b] 标准。

“在所有软件质量模型中，重要的一点是，软件不会直接体现其质量属性，大多数软件质量模型都无法在质量属性和相应的产品规格说明之间建立联系。”

McCall 等（1977）[MCC 77]

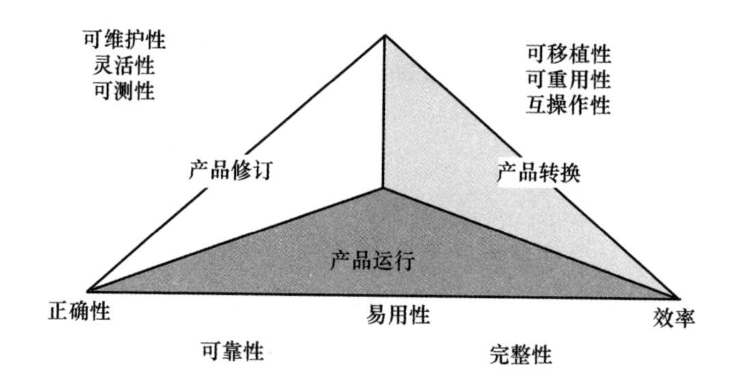

图 3.1　McCall 等(1977)[MCC 77]的 3 个视角和 11 个质量因子

3.2.1　McCall 提出的初始模型

软件质量模型的最初想法由 McCall 等提出,并在 20 世纪 70 年代由美国空军开发,旨在供软件设计师和工程师使用。它为用户提出了 3 种视角(图 3.1),并推崇基于产品的软件产品视角:

(1) 产品运行:在使用过程中。

(2) 产品修订:多年来进行的变更。

(3) 产品转换:当需要迁移到新技术时,可以将其转换到其他环境。

每个视角都可以分解为多个质量因子,McCall 等提出的模型列出了 11 个质量因子。每个质量因子都可以分解为多个质量指标(图 3.2)。通常,McCall 考虑的质量因子是内部属性,属于软件开发人员在软件开发过程中的责任和控制范围,每个质量因子(图 3.2 左侧)都与两个或多个质量指标(在软件中不能直接测量)相关。每个质量指标由一组测度定义,例如,质量因子"可靠性"分准确性和容错性两个指标。图 3.2 的右侧显示了可测量的属性(称为"质量指标"),可以通过评价(通过观察软件)来衡量质量。McCall 提出了一个从 0(最低质量)到 10(最高质量)的主观评价等级划分。

McCall 质量模型主要针对软件产品质量(内部视角),难以与不关心技术细节的用户视角相联系。例如,一位车主可能并不关心用于制造发动机的金属或合金是什么,但他希望这辆车的设计合理,以减少频繁且昂贵的维护成本。关于该模型的另一个缺点是它涉及过多的可测量属性(大约 300 个)。

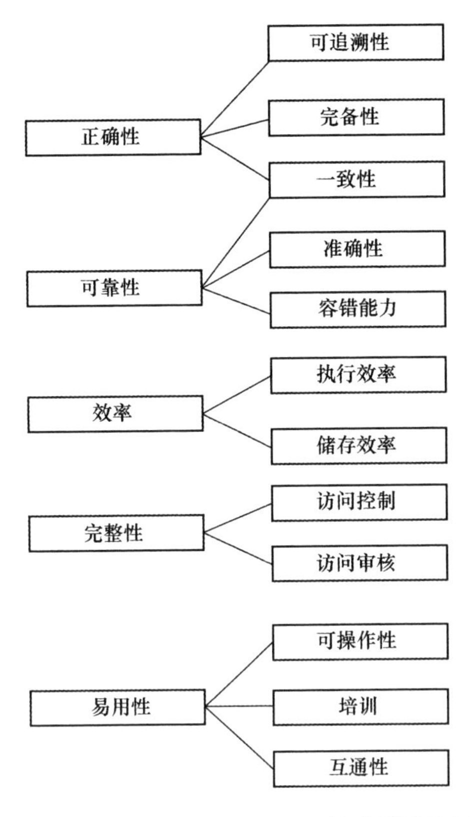

图 3.2 McCall 等(1977)[MCC 77]的质量因子和指标

什么构成软件的外部质量和内部质量

我们应该阐明外部质量和内部质量的概念。质量模型中通常会提出软件质量的这两个视角。从外部视角来看,重点在于呈现对不了解技术细节的人员而言很重要的特性。例如,用户会比较在意维护人员什么时候能完成对软件所要求的变更,因为对于此任务投入的努力会影响他们的成本和等待时间,他们既不知道也不关心软件的技术细节,所以其视角是外部的。

从内部视角来看,重点是测量可维护性的属性,这将影响确定哪里需要变更的工作量,对当前结构的变更(尝试减少变更的影响),测试变更,以及将其投入生产。如果软件的文档记录不充分且结构不正确,则其可维护性(内部质量)将很低。内部质量不高将影响进行变更所需的时间,这是用户在意的外部特性。因此,可以看到外部质量不是直接可见的测度,是源于内部质量,而内部质量可以在软件中直接测量。

3.2.2 第一个标准化模型:IEEE 1061

IEEE 1061 标准也就是《软件质量度量方法标准》[IEE 98b],提供了一种用于测量软件质量的框架。该框架允许根据质量需求建立和标识软件质量测度,以便实现、分析和确认软件过程和产品。此标准适用于所有商业模型、软件类型以及软件生命周期的各个阶段。IEEE 1061 标准仅提供测度的示例,而不会正式指定要使用的测度。

图 3.3 说明了此质量模型中提出的主要概念的结构。在顶层可看到软件质量需要事先确定一定数量的质量属性,用于描述软件中所期望的最终质量。客户/用户所需的属性可用于定义软件质量需求。项目团队内部必须就这些需求达成共识,并且应在项目和技术规格说明中清楚地说明这些定义。

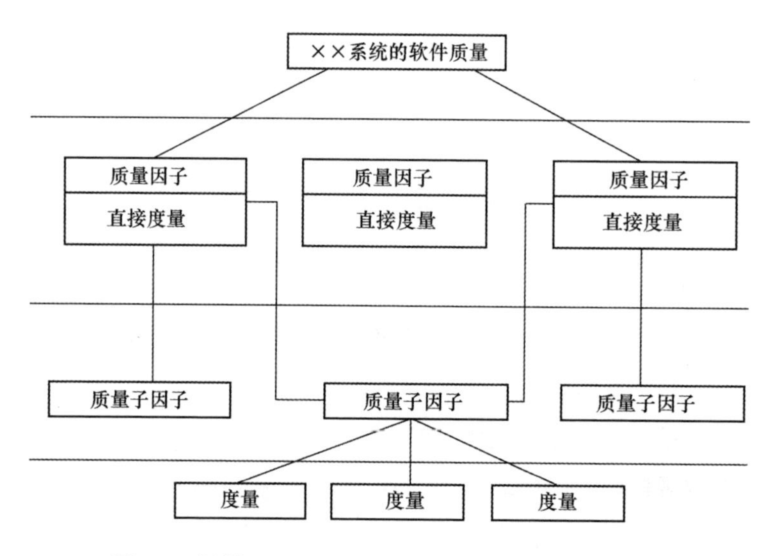

图 3.3 根据 IEEE 1061 [IEE 98b]的软件质量测量框架

该标准建议的质量因子在下一层被分配了属性,并且只有在必要时才可以给每个质量因子分配子因子。最后将测度与每个质量因子相关联,以便对质量因子(或子因子)进行定量评估。

该模型很有意义,因为它为以下情况提供了使用质量测度的明确步骤:

(1) 软件程序获取:目的是针对客户用户建立有关质量目标的合同承诺,并通过在改编和发布软件时允许测量来判断是否达到了承诺的要求。

(2) 软件开发:目的是阐明和记录设计人员和开发人员必须遵循的质量特性,以使他们能够尊重客户的质量需求。

IEEE 1061 模型中的质量测度

例如,用户选择可用性作为质量属性,并在需求规格中定义为当软件在特定条件下使用时维持指定服务水平的能力。团队进而创建质量因子,例如平均失效间隔时间(MTBF)。

用户希望规定软件不会频繁崩溃,因为它需要为组织执行重要的活动。为因素 A 建立的测量公式为 A=可用小时/(可用小时+不可用小时),为每个直接测量的因素确定目标值也是必要的。同时还建议提供一个计算示例以明确定义测量。例如,工作团队在编制系统规格说明时指出,MTBF 在 95%是可接受的(服务时间内)。那么如果必须在工作时间内(每周 37.5 小时)保持该软件可用,则每周关闭软件的时间最多不应超过 2 小时:37.5/(37.5+2)= 0.949%。

注意,如果未设置目标测度(目标),在实现或接受软件时就没有办法确定该因素是否已经达到质量水平。

(3) 质量保证/质量控制/审核:目的是使开发团队之外的人员能够评价软件质量。

(4) 维护:允许维护者了解在变更或升级软件时要维护的质量和服务水平。

(5) 客户/用户:允许用户在验收测试期间了解和评价产品的质量特性(如果软件不符合经开发人员同意的规格说明,则客户可以基于对其有利的条件予以协调以使其符合。例如,客户可以要求在特定时间段内的免费软件维护,或免费增加功能)。

IEEE 1061[IEE 98b]标准提出了以下步骤:

(1) 从获取规格说明开始,首先确定软件的非功能(质量)需求列表。要定义这些需求,必须考虑合同规定、标准和公司历史,为这些需求设置优先级,并且先不要解决任何有冲突的质量需求。确保所有参与者在收集信息时可以分享他们的意见。

(2) 确保与所有相关人员会面,讨论应考虑的因素。

(3) 列出清单,并确保解决所有相冲突的观点。

(4) 量化每个质量因子。标识评价该因素和所需目标的测度,以达到预期质量的阈值和水平。

(5) 审批测度和阈值。此步骤很重要,因为它将确定在组织内实现测量的可能性。该标准建议为特定项目定义并记录图 3.4。

(6) 执行成本—收益研究,以确定项目实现测量成本。这可能是必要的,因为有可能涉及原因如下:

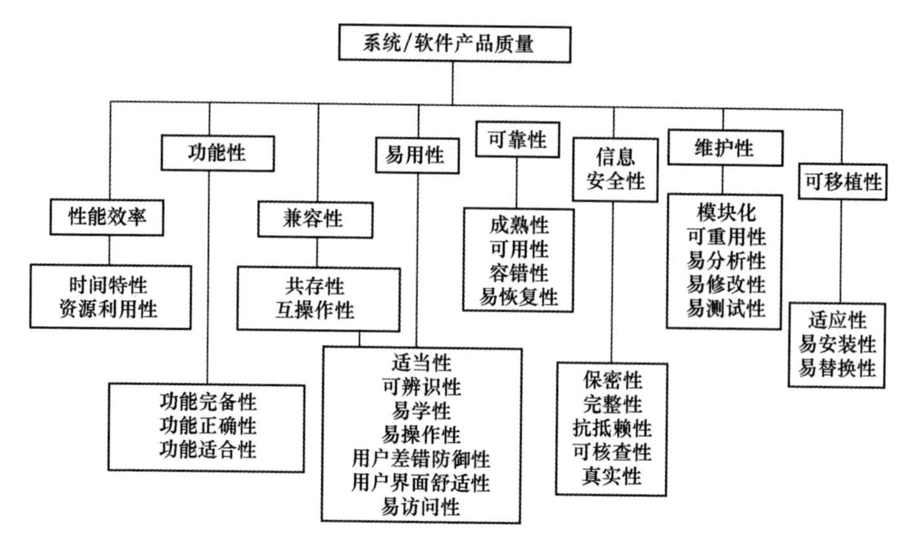

图 3.4 ISO 25010 软件产品的质量模型

（资料来源：ISO/IEC 25010。经加拿大标准委员会许可复制）

① 输入信息、自动计算、解释和显示结果所需的额外费用。

② 修改支持软件的费用。

③ 软件评估专家的费用。

④ 购买专用软件来测量软件应用程序。

⑤ 实现测量计划所需的培训。

（7）实现测量的方法：定义数据采集规程，描述存储库、职责、培训等。对测量过程进行原型设计，选择要在其上应用测量的软件部分，然后使用结果改进成本效益分析，最后收集数据并计算从质量因子观察到的值。

（8）分析结果：分析获得的测量值和期望值之间的差异。分析显著差异，确定超出预期极限的测度以进一步分析。基于质量做出决策（重做或继续）。在开发过程中使用经过确认的测度进行预测，并在测试过程中使用测度来确认质量。

（1）确认测度：必须确定可以预测质量因子值的测度，它是质量需求的数字表达。确认不是通用的，必须针对每个项目实施确认。为了确认测度，该标准建议使用以下技术：

① 线性相关：如果存在正相关，则该测度可以用作因素的替代。

② 变化的识别：如果因子从 F_1（时间 t_1）变化到 F_2（时间 t_2），则测度必须以相同的方式变化。该标准确保所选的测度可以检测质量的变化。

③ 一致性：如果 $F_1 > F_2 > F_3$，则 $M_1 > M_2 > M_3$。能够根据质量对产品进行分类。

④ 可预见性：$(F_a-F_p)/F_p<A$（F_a为时间 t 的实际因子，F_p为时间 t 的预期因子，A 为常量）。该因子用于评价测量公式是否能够预测具有所需精度（A）的质量因子。

⑤ 辨别能力：这些测度必须能够区分优质软件和劣质软件。

⑥ 可靠性：测度必须能表明，在 $P\%$ 中，相关性、可识别性、一致性和可预见性均有效。

IEEE 1061 [IEE 98b] 标准允许将测量运用到实践中，并将产品测度与客户/用户需求联系在一起。由于此标准被归类为指南，因此在军方之外不太受欢迎。其原因如下：

(1) 认为过于昂贵；

(2) 有些人没有看到它的用处；

(3) 业界尚未准备好使用它；

(4) 供方不希望客户用这种方式对其进行评估。

此美国标准影响了国际软件质量标准。接下来将介绍 ISO 25000 [ISO 14a] 标准。

3.2.3 当前的标准化模型：ISO 25000 标准集

ISO 25000 标准是 1980 年在荷兰海牙举行的第八次国际会议上提出的。日本提议成立一个 ISO 委员会，以确定一个国际公认的软件质量模型标准。随后成立了一个工作组（工作组 6），并将其交给 Motoei Azuma（日本东京早稻田大学的名誉教授）带领。Motoei Azuma 随即向国际社会寻求帮助，以研究这些建议和可能的解决办法。

1991 年，国际上首次发布了软件质量模型的国际标准，即 ISO 9126 标准[ISO 01]。从 McCall（1977）[MCC 77] 和 IEEE 1061 [IEE 98b] 标准使用的术语可以看出，它们重用了许多定义和术语。自 1991 年以来，ISO 9126 [ISO 01] 标准试图促进系统地使用软件质量测量。但是，它鲜为人知，也不常用于工业中，并被 ISO/IEC 25000 标准[ISO 14a]取代。由于想要避免该标准对质量和质量保证提出的各项要求，许多制造商、供应商和主要咨询公司通常避免正式地使用该标准。但是，该标准不可避免地成为软件专业人员必备的参考标准。

1993 年 2 月 11 日，加拿大财政部发布了内部指令（NCTTI 26），标题为"软件评价——软件的质量特性和使用指南"[CON 93]。建议在实践中应用 ISO 标准。这是财政部信息技术的内部标准，该标准支持政府改进信息技术管理的政策，要求采取质量管理措施，包括控制系统，以创新和节约成本的方式促进信息技术资源的获取、使用和管理。现在，软件已成为许多政府产品和服务的重要组成部分，因此必须考虑其质量。鉴于对软件质量和安全性的要求不断提高，将来应该使用 ISO

提出的质量模型来完成软件质量的评价。

财政部得出结论:基本上有评估开发过程的质量及评估最终产品的质量两种方法来确定软件产品的质量。ISO 25000 [ISO 14a]标准采用的是评价最终软件产品的质量。

在某些情况下政府部门和机构可能不使用该标准,尤其是以下四种情况:①优先考虑性能或成本问题会更有利;②为了加拿大政府的一般利益;③该部门或机构需要履行相关合同义务,④该部门或机构是国际条约(如北约)的成员。

自 2005 年以来,ISO 25000 [ISO14a]已提供了一系列软件质量评价标准。该标准的目的是提供一个框架和参考,以定义软件的质量需求以及评估这些需求的方式。ISO 25000 系列标准推荐以下四个步骤[ISO 14a]:

(1) 制定质量需求;

(2) 建立质量模型;

(3) 定义质量测度;

(4) 进行评价。

值得注意的是,ISO 25000 [ISO 14a]标准是由 SEI 选择的,用于为 CMMI©模型中描述的性能过程的改进提供有益的参考。CMMI 模型描述了软件工程模型和标准,将在第 4 章中介绍。

ISO 25010 标准标识了软件的 8 个质量属性,如图 3.4 所示。

软件质量特性

软件产品的属性集,通过该属性集可以描述、验证和确认该产品的质量。

ISO 25000 [ISO 14a]

为了说明如何使用该标准,本书将描述可维护性的特性,该特性具有模块化、可重用性、可分析性、可修改性和可测试性 5 个子特性,见表 3.1。根据 ISO 25010 [ISO 11i],可维护性定义为可以修改软件的效率和有效性的程度。变更可能包括软件更正、改进,以及环境、需求或功能规格说明的变化。

使用 ISO 25010 模型评价软件质量

ISO 25010 提出的质量模型与 IEEE 1061 [IEE 98b]模型类似。选择一个要评价的质量特性(在以下示例中使用了效率),选择一个或多个要评估的质量子特性(在以下示例中选择了时间行为),最后一步是明确指定一种测量,以免对结果产生误解。虚线表示必要时可以绕过的子特性。

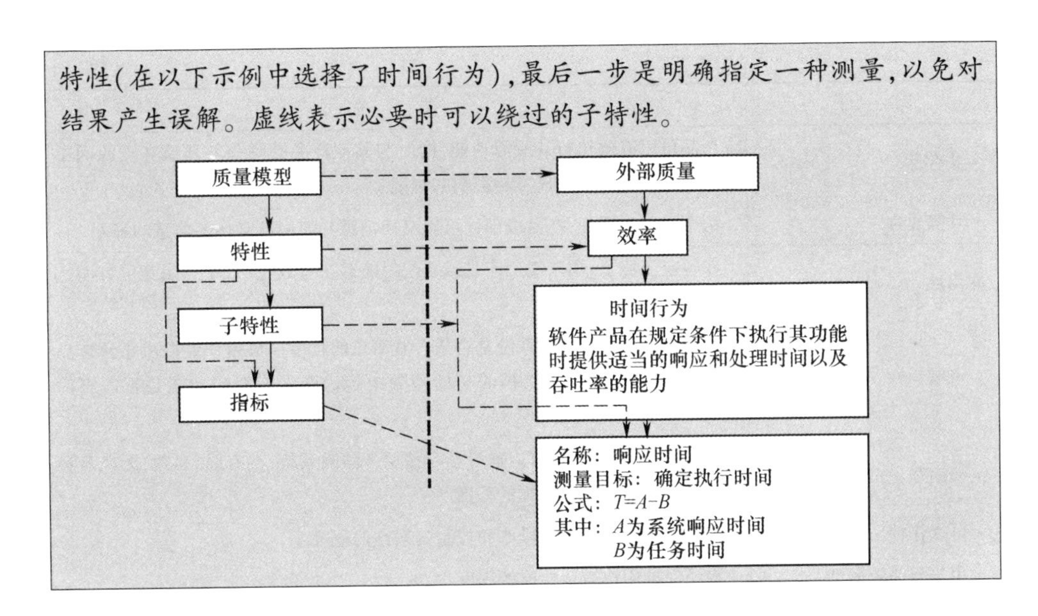

在软件工程出版物[LAG 96]中经常介绍软件可维护性的内部和外部两种视角。从外部视角来看,可维护性尝试测量对特定软件进行故障排除、分析和调整所需的工作量。从内部视角来看,可维护性通常涉及测量影响此类工作量的软件属性。可维护性的内部测量不是直接测量,也就是说不能使用软件的单一测量,必须测量多个属性才能得出有关软件内部可维护性的结论[PRE 14]。

表 3.1　ISO 25000 标准[ISO 14a]的质量因子

因　子	描　述
性能效率	与在规定条件下所使用的资源数量相关的性能
· 时间特性	产品或系统执行功能时,其响应和处理时间以及吞吐量满足需求的程度(基准)
· 资源利用性	产品或系统执行功能时,其使用的资源数量和类型满足需求的程度
· 容量	产品或系统参数的最大限值满足需求的程度
功能性	在特定条件下使用时,产品或系统所提供的功能满足规定和隐含需求的程度
· 功能完备性	功能涵盖所有指定任务和用户目标的程度
· 功能正确性	产品或系统以所需精度提供正确结果的程度
· 功能适合性	功能促进特定任务和目标完成的程度。例如,仅向用户显示完成任务的必要步骤,不包括任何不必要的步骤
兼容性	产品、系统或部件可以与其他产品、系统或部件交换信息和/或执行其所需功能,同时共享相同的硬件或软件环境的程度

(续)

因　子	描　述
·共存性	产品可以有效执行其所需功能,同时与其他产品共享公共环境和资源而不会对任何其他产品造成不利影响的程度
·互操作性	两个或更多系统、产品或部件可以交换信息并使用已交换的信息的程度
易用性	在特定情境下,用户使用产品或系统时能够在有效性、效率和满意度方面达到指定目标的程度
·可辨识性	用户可以辨识产品或系统是否适合其需求的程度。可辨识性取决于从产品或系统和/或任何相关文档的初始印象中辨识产品或系统功能是否适当的能力
·易学性	在特定情境下,用户可以通过学习使用产品或系统,在有效、高效、无风险和满意度方面达到特定目标的程度
·可操作性	产品或系统具有易于操作和控制的属性的程度
·用户差错防御性	系统保护用户避免错误的程度
·用户界面舒适性	用户界面可为用户带来令人舒适和令人满意的交互的程度
·易访问性	各种不同特性和能力的人员可以在特定的使用环境中使用产品或系统达到特定目标的程度
可靠性	系统、产品或部件在指定条件下、指定时间内执行指定功能的程度
·成熟度	系统正常运行时满足可靠性需求的程度
·可用性	系统、产品或部件在需要使用时可操作和可访问的程度
·容错性	尽管存在硬件或软件故障,系统、产品或部件仍可按预期运行的程度
·易恢复性	产品或系统在出现中断或故障的情况下,可以恢复直接受影响的数据并重新建立系统所需状态的程度
安全性	产品或系统保护信息和数据的程度,以便个人或其他产品或系统具有与其权限类型和授权级别相适应的数据访问程度
·保密性	产品或系统确保只有经过授权的人才能访问数据的程度
·完整性	系统、产品或部件防止未经授权对计算机程序或数据进行访问或修改的程度
·抗抵赖性	可以证明已发生的行为或事件,以便后期无法否认这些事件或行为的程度
·可核查性	可以将实体的行为精准地追溯到该实体的程度
·真实性	对象或资源的身份标识能够被证实符合其声明的程度
可维护性	产品或系统能够被预期的维护人员修改的有效性和效率的程度
·模块化	系统或计算机程序由离散部件组成,以使对一个部件的更改对其他部件的影响最小的程度
·可重用性	资产可在多个系统使用,或在构建其他资产时使用的程度

（续）

因　　子	描　　述
· 易分析性	以下方面的有效性和效率的程度：评估对一个或多个部件的预期更改对产品或系统的影响，或对产品的缺陷或失效原因进行诊断，或者确定需要修改的部件
· 易修改性	在不引入缺陷或不降低现有产品质量的情况下，可以有效修改产品或系统的程度
· 易测试性	对一个系统、产品或部件建立测试标准的有效性和效率，并可进行测试以确定这些标准是否已被满足的程度
可移植性	系统、产品或部件可从一种硬件、软件或其他操作或使用环境转移到另一种环境的有效性和效率的程度
· 适应性	产品或系统可以有效和高效地适应不同或不断发展的硬件、软件或其他操作或使用环境的程度
· 易安装性	可以在指定环境中成功安装和/或卸载产品或系统的有效性和效率的程度
· 易替换性	在相同环境中，为了相同的目的，一种产品可以被另一种指定产品替代的程度

ISO 25010 标准提出了多种可维护性的测度，如规模（修改代码的行数）、时间（软件实现的内部时间、客户接收的外部时间）、工作量（个人工作量或任务工作量）、单元（产品失效的数量、尝试纠正生产失效的次数）、等级（特性或测度类型的公式、百分比、比率等的结果，如修改软件时软件复杂性与测试工作量之间的相关性）。

从内部观点来看，为了提高软件的可维护性，设计人员必须注意其体系架构和内部结构。架构和软件结构的测度通常通过观察以图表形式表示的特性来从源代码中提取，这些图表描述了程序源代码的类、方法、程序和功能①。图形研究有助于确定软件的复杂程度，直到目前仍有大量研究关注于源代码的静态和动态评价。这些研究的灵感来自 20 世纪 70 年代 McCabe（1976）[MCC 76]、Halstead（1978）[HAL 78]和 Curtis（1979）[CUR 79]进行的研究。

目前有大量的商业软件程序和开源程序，例如 Lattix、Cobertura 和 SonarQube，它们可以测量源代码的内部特性。这些产品包含现有的测度，并且用户也能够根据其特定需求设计新测度。Boloix [BOL 95] 指出，对这些测度的解释是困难的，因为它们非常专业，并且没有很多机制来总结信息以进行决策。软件和 SQA 从业人员通常最终会采用高度技术性的测度，而缺乏可以直接与管理层或他们的客户沟通的附加价值。

---

① 程序与具有输入和输出的图形相关联，每个顶点对应于一组顺序指令。

April[APR 00]介绍了 Cable&Wireless 公司使用 Insure ++、Logiscope 和 Codecheck 三个商业程序来测量软件内部质量的经验，以及如何从源代码中量化某些可维护性特性。通过这种方式，一个设计良好的软件可以由独立的、模块化的、具有清晰边界和标准化接口的隐藏部件构建。

通过在设计软件时使用隐藏信息的原则，可以在测试期间或发布后需要变更时获得更大的收益。这种技术的另一个优点是在需要变更时保护应用程序的其他部分，因此，任何“副作用”都可以由于变更而减少[BOO 94]。

就常规耦合测度而言，它们有助于确定软件组件是否独立。正是这种代码测度有助于标识在修改源代码时是否会有“副作用”，使用这些工具和类似工具也可以自动执行对内部软件文档的测量。软件的内部文档可帮助维护程序员更详细地了解变量的含义以及一组指令后面的逻辑。一些测度指出了使用简单编程风格的必要性，某些测度将评价程序员是否随着时间的推移坚持编程标准。

维护成本的很大一部分用于功能调整，根据用户需求，功能调整是必要的。“根据我们的观察和数据还发现，结构良好的软件比设计不良的软件更容易进行变更。”[FOR 92]

结构化编程技术是基于将复杂的问题分解为较简单的部分，并强制每个部件具有单个输入和单个输出。常见的源代码测度可评价复杂性和规模，并帮助程序员对所需测试用例的数量以及源代码中决策的复杂性形成意见。

“单元测试的理想计划是彻底执行程序的所有控制流程路径。在现实中，因为可能的路径数量是非常多的，所以这几乎是不可能的。”

Humphrey(1989)[HUM 89]

值得注意的是，某些非功能性需求可能会彼此产生负面影响。例如，对于易用性和效率特性，为了执行额外代码以提高易用性，将占用更多的存储空间和更长的处理时间，可能会对代码的效率产生负面影响。

表 3.2 说明了其他质量特性的正(+)、负(-)或中性(0)交互作用。重要的是要向用户解释其需要做出选择，并且每个选择都会产生影响。

总之，所有软件质量模型都具有相似的结构且目标相同。但是，因子数量的多少并不能代表模型的好坏。软件质量模型的价值体现在它的实际应用中，重要的是要完全理解它是如何工作的以及因子之间的相互作用。当前使用的是 ISO 模型，它代表了国际共识。

对于软件开发人员和 SQA 而言，重要的是使用他们可以依赖的标准化模型。

与供方一起使用ISO 25010提出的模型定义非常重要。该模型的使用和定义是国际上发布的且无争议的,而并不是某位专家的建议。

表3.2　质量属性之间相互作用的示例[EGY 04]

需求属性	效　果							
	功能性	效率	易用性	可靠性	安全性	可恢复性	准确性	可维护性
功能性	+	–	+	–	–	0	0	–
效率	0	+/–	+	–	–	0	–	–
易用性	+	+/–	+	+	0	+	+	0
可靠性	0	0	+	+	0	0	0	0
安全性	0	–	–	+	+	0	0	0
可恢复性	0	–	+	+	0	+	0	0
准确性	0	–	+	0	0	0	+	0
可维护性	0	0	0	+	+	0	0	+

3.3　软件质量需求的定义

上面已经简单介绍了软件质量模型的使用,本节将继续介绍定义软件质量需求的过程(支持使用软件质量模型的过程)。在研究质量需求之前,首先讨论在软件开发项目中利益相关方表达的所有需求。

在工程中,特别是在公共和私人的RFP中,需求是对产品或服务应该是什么或应该提供什么的书面需求的表达。需求常被正式使用(正式指定),尤其是在系统工程和关键系统软件工程中。

为了定义待创建软件系统的高层问题领域和解决方案,可制定一个愿景文档或一个操作概念文档,或一个规格说明文档(需求定义)。通常,该文档使用以下要素描述应用程序的使用情境:利益相关方和主要用户的描述和业务目标;目标市场和可能的替代方案;假设、依赖和约束;开发产品的功能清单及其优先级;基础设施和文档的要求等。该文件应简明扼要,它可作为整个软件需求分析的指南和参考。

操作概念文档

一个面向用户的文档,从最终用户的角度描述系统的操作特性。

IEEE 1362 [IEE 07]

在传统的工程方法中,产品设计和开发阶段的先决条件是需求分析,需求开发阶段之前,可能已经进行了可行性研究,或者可能是项目的设计分析阶段。

一旦确定利益相关方后,软件规格说明的活动就可以分解为以下部分:

(1) 收集:收集利益相关方的所有愿望、期望和需要。

(2) 确定优先级:例如基于两个优先级(必要的或可取的),探讨需求的相对重要性。

(3) 分析:检查需求的一致性和完备性。

(4) 描述:写出各种需求,以便用户和开发人员容易理解。

(5) 明确:将业务需求转换为软件规格说明(数据源、值和时间、业务规则等)。

图 3.5 简单概括了软件的需求,通常分为三类:

(1) 功能性:描述了系统的特性或系统必须执行的过程,包括用户的业务需求和功能性需求。

(2) 非功能(质量)性:描述了系统所具有的属性,如将需求转换为质量特性和子特性、安全性、保密性、完整性、可用性、性能和可访问性。

(3) 约束性:开发方面的限制,如必须要在其上运行的基础设施,或实现系统需要使用的编程语言等。

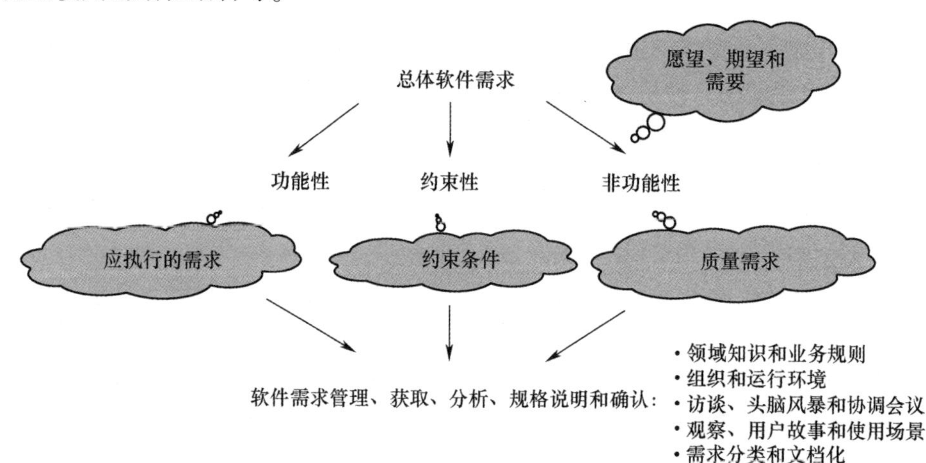

图 3.5 软件需求引出的关系图

众所周知,需求很难达到理想的程度。通常,专业的业务分析师经常负责连接软件用户和软件专家之间的鸿沟。这些分析师拥有培训、认证和与用户进行会议所需的经验,可以轻松地将需求转化为软件规格说明,也可以帮助用户理解需求。

近年来,一个营利性组织——国际商业分析师协会(international institute of business analysts)可以为商业分析师提供认证。

作为系统售票和充值通行证系统投标的一部分，一个大城市的运输公司列出了必须遵守的非功能性需求：

每台机器信息交换的最大处理时间必须控制在 1 秒；

读取或编码通行证的时间不得超过 250 毫秒；

读取和编码通行证的成功率必须为 99.99%；

在不连接中央系统的情况下，能够持续工作 4 天；

将设备停机时间减至最少，可以选择在失效保护模式下工作。

BABOK 描述了在软件项目期间清晰定义和管理业务需求所需的全部知识，可查阅相关网站以了解更多详情。

BABOK [BAB 15]

需求获取技术通常会优先考虑所有参与方的需要、愿望和期望。在此工作开始之前，必须确定所有利益相关方。首先，初步的分析活动旨在标识用户的业务需求。软件需求通常使用文本、图表和易于用户和客户理解的词汇表进行记录。业务需求描述了在执行业务过程期间发生的某些事件，并试图标识软件可以考虑的业务规则和活动。

用功能性需求来表达业务需求。功能性需求描述了为满足业务需求而设置的功能。这些功能必须表达明确并保持一致，任何需求都不应该是多余的或与其他需求相冲突。每个需求都必须唯一标识，客户必须容易理解，并记录在案。将不考虑的需求明确标识为已排除的需求并记录排除的理由。显然，对需求和功能规格说明及其质量的管理是提高客户满意度的重要因素。

敏捷规格说明和需求

传统的需求获取方法可能会生成大量的文档，与生成书面文档不同，敏捷规格说明和需求使用原型、快速迭代、图像和其他多媒体元素来验证功能性需求已得到满足。敏捷方法已在一些行业中使用，并且变得越来越流行。

可以定义需求的质量，好的软件需求将具有以下特性：

（1）必需：它们必须基于必要元素，即系统中的其他系统部件无法提供的重要元素。

（2）明确：它们必须足够清晰，只能用一种方式进行解释。

（3）简洁：必须以准确、简短且易于阅读的语言来陈述，传达所要求内容的实质。

（4）前后一致：它们不得与上下文中描述的需求相抵触。此外，它们必须在所有需求声明中使用一致的术语。

（5）完整：必须在一个位置完整地陈述，并且不需要读者参考其他文本来理解需求的含义。

（6）可访问性：就可用资金、可用资源和可用时间而言，它们在实现方面必须切合实际。

（7）可验证：它们必须允许根据审查、分析、演示或测试确定是否满足需求。

软件开发人员应参加有关软件需求的课程，SWEBOK® 指南中有一章专门针对这个主题。针对软件工程师本身也具有特定的标准，例如 ISO 29148 [ISO 11f] 或 IEEE 830 [IEE 98a]，标准描述了推荐的活动，并列出所有的详细要求，以便推进产品设计和质量保证（包括测试）的实施。这些标准提出了软件工程师必须执行的活动，例如软件的每个激励（输入）、每个响应（输出）和所有处理（功能）的描述。

ISO/IEC/IEEE 29148:2011-系统和软件工程-生命周期过程-需求工程

ISO/IEC/IEEE 29148:2011 包含与整个生命周期的系统和软件产品及服务需求工程相关的过程和产品的规定。它定义了一个好的需求结构，提供了需求的属性和特性，并讨论了整个生命周期中需求过程的迭代和递归应用。ISO/IEC/IEEE 29148:2011 为 ISO/IEC 12207:2008 和 ISO/IEC 15288:2008 中与需求相关的需求工程和管理过程的实施提供了额外的指南。定义了适用于需求工程及其内容的信息项。ISO/IEC/IEEE 29148:2011 的内容可以添加到 ISO/IEC 12207:2008 或 ISO/IEC 15288:2008 定义与需求相关的现有生命周期过程中，或者可以独立使用。

ISO 29148 [ISO 11f]

由于所有需求必须是可标识和可追溯的，这就需要一种新的格式，以基于软件关键性来编写文档。因此，软件工程师必须全面掌握业务分析，并确保针对软件需求执行以下活动：

（1）策划和管理需求阶段；

（2）提出需求；

（3）分析需求和相关文档；

（4）沟通并确保需求获得批准；

（5）评价解决方案并确认需求。

在软件需求领域中存在许多专门研究，本书并非试图重述这些知识，而是提供一个概述。接下来的部分展示了软件工程师为了标识质量需求必须进行的工作。

质量通常在RFP、需求文档或系统需求文档中被非正式地指定或描述。软件设计人员必须解释每个功能性需求和非功能性需求，从这些文档中得出最高质量需求。要做到这一点，必须遵循一个过程。质量需求规格说明过程要求：

（1）正确地描述质量需求；

（2）验证实践是否允许开发满足客户需求和期望的软件；

（3）验证或评估开发的软件满足质量需求。

为了标识质量需求，软件工程师将遵循图3.6中描述的步骤，这些步骤可以在定义功能性需求的同时完成。

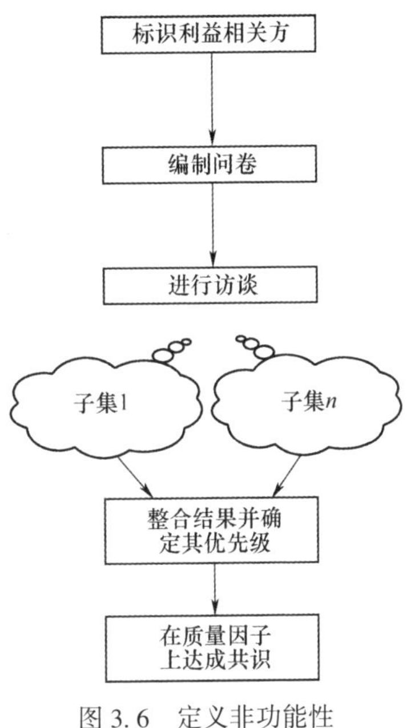

图3.6　定义非功能性需求的建议步骤

非功能性需求是必需的，但不会在业务过程中添加业务规则。非功能性需求的一些示例包括支持的用户和业务数量、业务响应时间、灾难恢复时间和安全性。因此，所有ISO 25010质量特性和子特性均属于非功能性需求或者性能需求。

这里重点介绍客户期望的质量方面，而在业务需求讨论期间业务分析师不会对这些方面进行讨论。

不能低估非功能性需求的重要性。在开发系统需求时，人们通常会更加重视业务需求和功能性需求，并描述系统应提供的处理过程，以便用户可以完成任务。但是，不稳定的系统或接口严重缺乏的系统虽然能完全满足功能性需求，但是失败的。

“定义系统的成败时，对于实际系统，满足非功能性需求比满足功能性需求更重要。”

Robert Charette

软件工程师有责任查看 ISO 25010 模型中的每个质量特性,并讨论在项目中是否应将其考虑在内。质量需求也应该是可验证的,并应与功能性需求一样清晰地陈述。如果质量需求无法验证,则可以由不同的利益相关方对它们进行不同的解释、应用和评价。如果软件工程师未阐明非功能性需求,则在软件开发过程中可能会忽略它们。

图 3.6 中的第一个活动描述的是标识利益相关方。实际上,利益相关方是对软件质量有合法利益的任何个人或组织。一定数量的利益相关方将根据各自的观点表达不同的需要和期望,这些需要和期望可能会在系统生命周期中发生变化,在发生任何变更时都必须进行检查。

利益相关方很少能够明确非功能性需求,因为他们对软件产品的真正质量只有模糊的了解。实际上,他们更多地将其视为一般成本。重要的是,利益相关方必须包含来自基础设施小组、安全小组以及公司中任何其他职能小组的代表。

对于分包项目,质量需求通常会出现在采购方和代表之间的合同协议中。

当需要特定等级的软件关键性并可能危及人类生命时,收购方还可能需要对产品质量进行特殊评价。

软件功能的评价

用户经常选择此特性。在规格说明中,它被定义为软件产品执行所有规定需求的能力。能力子特性由团队选择,并在规格说明文档中描述为必须交付的需求百分比(%E),该测度的计算公式为%E=(请求的功能数量/已交付的功能数量)×100。

必须为每个测度标识一个目标值,建议提供一个计算(测量)示例清楚地说明测度。例如,在编写规格说明期间,项目团队表示规格说明文档中所述需求的%E 应为 100%,并且在软件产品最终验收之前,这些需求已经以无缺陷的方式交付并发挥功能。

或者,由于缺乏可测量的目标,一般策略是接受具有必要功能的最稳定的代码版本。

ISO 25010 [ISO 11i]

图 3.6 中的第二项活动为编制问卷,以管理者容易理解的方式呈现外部质量特性。该问卷介绍了质量特性,并要求受访者选择一定数量的特性并标识其重要性(表 3.3)。

第三项活动为进行访谈,向利益相关方解释标识质量特性所涉及的内容。下一项活动为整合提出的不同质量需求,并将决策和描述合并到需求文档或项目质量计划中。并在汇总表中明确将质量特性的重要性指定为“必不可少的”“可取的”或“不适用的”。

表 3.3 质量标准文档示例

质量特性	重　要　性
可靠性	必不可少的
用户友好	可取的
操作安全	不适用的

测量质量等于用户满意度

满意度表示用户没有感到不适的程度,是他们使用产品的态度。满意度可以使用主观指标来确定和测量,例如是否喜欢该产品,产品使用过程中的满意度,执行不同任务时工作量的可接受性或达到使用目标的程度(如生产率或易学习性)。其他满意度测量指标包括使用过程中记录的正面和负面评论的数量。

可以从长期测量中获得更多信息,如缺勤率、可观测到的工作量以及有关软件“健康”问题的报告等。

满意度的主观测量是通过尝试量化用户表达的反应、态度或观点来进行的。可以通过不同的方法来完成此量化过程,例如,通过在使用产品时要求用户在任何给定时间给出与他们的感官度相对应的数字,要求用户按偏好顺序对产品进行分类或通过使用问卷中的态度量表。

ISO 25010 [ISO 11i]

对每个特性详细描述质量测度,并包括以下信息(另可参阅本章中描述的情况):

(1) 质量特性;

(2) 质量子特性;

(3) 测度(公式);

(4) 目的(目标);

(5) 示例。

定义质量需求的最后一步为通过协商来授权这些需求。在项目的不同里程碑上接受质量需求之后,在评估项目步骤时,通常将这些测度与规格说明中确定的、商定的目标进行评价和比较。

选择质量测度

在进行测量之前,最好考虑易于设置的测量。与同事、SQA 小组和基础设施小组检查已标识的测度是否可以从过程、管理软件和已安装的监控程序中获取。

ISO 25010 [ISO 11i]

为了实现这一点,必须执行测量。第 4 章将描述实施测量程序时面临的挑战。

3.4 软件生命周期内的需求可追溯性

在整个生命周期中,规格说明、体系架构、代码和用户手册等各类文档被用于记录和开发客户需求。此外,在系统的整个生命周期中,应预期客户需要会发生多次变更。每次需要变更时都必须确保所有文档均已更新。可追溯性是一种技术,可以帮助人们跟踪需求的发展及其变化。

可追溯性是两个或多个逻辑实体(例如需求和系统要素)之间的关联。双向可追溯性使人们能够跟踪需求在整个生命周期中如何变化和完善。可追溯性是将元素链接在一起的一个共同的主线:当一个元素在上游链接到一个元素,又在下游链接到另一个要素时,就会形成因果链。在有关审核和确认的章节中,将更详细地讨论这一主题(第 6 章和第 7 章)。

3.5 软件质量需求和软件质量计划

IEEE 730 标准在 5.4 节"评估产品是否符合既定需求"中规定,在购买软件的场景下,SQA 的作用应是确保软件产品符合既定需求。因此,有必要生成、收集和确认证据,以证明软件产品满足所需的功能性需求和非功能性需求。

此外,IEEE 730 的 5.4.6 节"测量产品"规定了所选的软件质量和文档测度准确地代表了软件产品的质量。IEEE 730 [IEE 14]要求完成以下任务:

(1) 标识必要的标准和程序;

(2) 描述所选择的测度和属性如何充分代表产品的质量;

(3) 使用这些测度并标识目标与结果之间的差距;

(4) 确保整个项目中产品测量规程的质量和效率。

IEEE 730 建议 SQA 计划定义产品质量的概念,以进行持续改进。该文档应解决特定实现所施加的功能、外部接口、性能、质量特性以及计算约束等基本问题。必须标识和定义每个需求,以便客观地确认和验证其实现。

3.6 成功因素

促进软件质量的因素:

(1) 对非功能质量有很好的了解。
(2) 定义、跟踪和沟通质量需求的良好过程。
(3) 在软件的整个生命周期中评估质量。
(4) 在开始项目之前确定软件的关键性。
(5) 利用软件可追溯性的好处。

可能对软件质量产生不利影响的因素:

(1) 不考虑质量需求。
(2) 不考虑软件的关键性。
(3) 找借口不关心质量(见下文)。

以下列出了不相信质量重要性的人的常用借口[SPM 10]:

“我不必担心质量。我的客户只关心成本和期限,质量与这些事情无关。”
“我的项目没有指定质量目标。”
“质量是无法测量的。我们永远不知道我们没有发现的 bug 数量。”
“放轻松,这不是控制核电站或火箭的软件。”
“客户可能需要更高的生产率或质量,但不一定要同时满足。”
“对我们来说,质量很重要。我们会不断进行审核。”
“我们遵循 ISO 国际标准,因此我们生产高质量的软件。”
“这不是差错,而是 bug。”
“我们必须交付高质量的软件产品,因此我们留出了很多时间对其进行测试。”
“这个项目的质量很高,因为质量保证人员会查看我们的文件。”
“这个软件的质量很高,因为它有 90%是我们从另一个项目中重用的。”
“什么是质量”……质量要如何测量呢?
“代码的复杂性与质量无关。”
“质量是指交付给客户端的软件中的 bug 的数量。”
“我们绝不应该为合同多做任何事情。合同并没有提及任何与质量有关的东西。”
“如果现在无法解决问题,我们将在以后的客户维修中解决。”

“此软件的质量非常高。在测试期间,我们发现了 1000 个 bug。”
“我们没有更多时间测试……。我们必须立即交付。”
“我们会让客户去发现 bug。”
“我们的进度很紧。我们没有时间进行审查。”

延伸阅读

Galin D. *Software Quality: Concepts and Practice*. Wiley-IEEE Computer Society Press, Hoboken, New Jersey, 2017, 726 p.

练习

1. 描述软件领域质量模型的定义以及必须让用户轻松完成的工作。

2. 对于 McCall 质量模型:

(1) 对从模型中删除可测试性属性有何看法?

(2) 是否应包括在可维护性中?

3. 可扩展性和生存性属性被认为等同于灵活性和可靠性。

(1) 保持两者是否会有额外的价值?

(2) 考虑到等效性,它们能否被整合?

4. 软件质量-折中:

(1) 下表说明对一个质量因子进行优化可能会对另一个质量因子造成损害。请判断以下因子间的关系。

	质量因子	质量因子	推断
1	可维护性	(执行)效率	
2	可重用性	完整性	

(2) 质量因子之间建立互补和相对立的联系是必要的。在下表中,对于每种可能的对应关系,指定它是互补(C)还是相对立(X),并提供示例来进行说明。

	完整性	可靠性	性能	可测试性	安全性	可维护性
完整性						
可靠性						
性能						
可测试性						
安全性						
可维护性						

(3) 建立软件类别和质量因子之间的联系。使用下表对每个软件类别给出一个特定的示例。例如,对于敏感数据,可以使用银行系统数据库,然后为软件类别和质量因子之间的关系分配一个重要性标准(必不可少的(I)或可取的(D));在适当的方框中提供支持这种关系的论据。同样,以银行数据库为例,数据完整性是必不可少的质量因子,因为无论执行的操作或外部操作(如服务器崩溃)如何,数据都必须始终正确。注:并非所有类别都与所有质量因子有关。

	举例	完整性	可靠性	人机工程学	可测试性	安全性	可维护性
生命危险							
长寿							
实验系统							
实时应用							
嵌入式应用							
敏感数据							
嵌入式系统							
归属范围							

5. 一项针对医疗实验室网络开发实验室管理软件的需求建议书包括质量因子规格说明的非功能性需求。下表中可找到从需求文档中摘录的文章。对于每个部分填写最符合需求的元素的名称(对于需求部分仅选择一个因子),使用以下质量因子的定义来填写表格:

(1) 可靠性:在操作环境中,程序能够在给定的时间内顺利地执行参考文档中指定的所有功能的能力。

(2) 安全性:软件的质量属性,其特性是在运行过程中不存在危害财产或人类生命安全的事件。

(3) 完整性:对系统和数据进行保护的等级,保护系统和数据不会遭到未经授权访问或恶意访问。

(4) 人机工程学:以最少的工作量使用系统的能力。

(5) 功效:软件优化使用可用物理资源(内存空间,中央单位时间)的能力。

(6) 可测试性:在系统运行过程中对软件进行适当验证的能力。

(7) 可维护性:在系统运行过程中软件便于定位和纠正差错的能力。

(8) 灵活性:软件适应规格说明变化的能力。

(9) 可重用性:软件部件可在不同应用程序中重用的能力。

(10) 可移植性:软件能够适应与先前应用程序不同的环境的能力。

(11) 兼容性:基于某些标准(如数据结构和内部通信的标准化),与给定功能相关的多个软件应用程序(或部件)的质量。

序号	质量需求说明	质量因子
1	“超级实验室”系统软件在正常运行时间(上午9点至下午4点)内发生故障的可能性必须小于0.5%	
2	“超级实验室”系统必须将实验室分析结果传输到患者档案软件	
3	“超级实验室”系统包括一项功能,可在整个住院期间准备详细的测试结果报告(该报告的副本也将为家庭医生所用)。执行时间(准备和打印)必须少于60秒;报告的准确性和完整性等级必须达到99%以上	
4	“超级实验室”软件功能面向公立医院实验室。它必须能够轻松适应私人实验室市场	
5	必须在不到3天的时间内对技术人员进行使用软件的培训,以使技术人员达到使用软件的C级技能水平。此技能水平必须允许他在1小时内处理20多个患者档案	
6	“超级实验室”存储访问数据。同样,它必须报告未授权人员的未成功访问尝试。该报告必须包括访问终端网络的标识、使用的系统代码、尝试访问的日期和时间	
7	“超级实验室”系统包括用于实验室测试的患者计费功能,该子系统将在理疗中心软件中重用	
8	“超级实验室”系统将处理医院各科室的所有月报,如合同附录B所示	
9	系统必须通过AS250中央服务器和CS25通信服务器为12个工作站和8台自动测试设备提供服务。CS25通信服务器将支持25条通信线路。系统(软件+硬件)必须满足或超过附录C中所述的可用性规格说明	
10	在Linux上开发的“超级实验室”软件也必须能够在Windows上运行	

6. 计算必须在工作时间(每周37.5小时)内可用的软件的MTBF,并且每周出现的故障不能超过15分钟。

7. 描述IEEE 1061标准提出的确定非功能性需求的良好定义的步骤。

8. 解释软件可维护性的内部视角和外部视角,并举例说明。

9. 描述需求的三个类别。

10. 业务需求和功能性需求之间有什么区别?

11. 描述定义非功能性需求的建议步骤。

12. 解释需求的双向可追溯性的含义。

第4章 软件工程标准和模型

学习目标:

(1) 了解软件工程标准的演变及其对 SQA 专家的重要性;

(2) 了解 ISO 9001、ISO/IEC 90003、ISO/IEC 20000 软件质量管理体系标准及 TickIT 认证过程[TIK 07];

(3) 了解 SQA 计划的 ISO/IEC/IEEE 12207 和 IEEE 730 软件工程标准;

(4) 了解其他改进模型、规范、标准和质量过程:软件过程的 CMMI®成熟度模型,S^{3m}、ITIL、CobiT IT 治理方法,ISO/IEC 27000 信息安全标准和适用于超小型组织的 ISO/IEC 29110 标准;

(5) 了解针对特定应用领域的存储库和标准:用于航空领域的 DO-178 和 ED-12,用于铁路领域的 EN 50128 和针对医疗设备(包含软件)的 ISO 13485;

(6) 了解标准对 SQA 的重要性。

4.1 引　　言

其他工程领域,例如机械、化学、电子或物理工程,都是基于科学家发现的自然规律,例如:

胡克定律:

$$\sigma = E\varepsilon$$

引力定律:

$$\boldsymbol{F}_{A\to B} = -G\frac{M_A M_B}{AB^2}\boldsymbol{u}_{AB}$$

牛顿定律:

$$x(t) = \frac{1}{2}at^2 + v_0 t + x_0$$

波马定律:

$$p_1 V_1 = p_2 V_2$$

欧姆定律:

$$V = RI$$

居里定律：

$$E = -\boldsymbol{\mu} \boldsymbol{B}$$

库仑定律：

$$F_{12} = \frac{q_1 q_2}{4\pi\varepsilon_0} \frac{r_2 - r_1}{|r_2 - r_1|^3}$$

折射定律：

$$\eta_1 \sin\theta_1 = \eta_2 \sin\theta_2$$

软件工程与其他工程学科不同，它并不是基于自然规律。这在某种程度上解释了在第 1 章中讨论的一些问题，例如缺陷软件的数量、软件相关的事故和伤亡、超出预算以及超过期限交付的项目、用户使用受阻等。

软件的开发完全建立在逻辑和数学规律的基础上。与其他学科一样，软件工程是通过定义良好的实践来确保其产品质量的。在软件工程中有一些标准，它们实际上是管理实践的指南。严格的管理过程是制定和颁布标准的框架，其中包括 ISO 标准和 IEEE 等专业组织的标准。

制定 ISO 标准的四个原则如下：

（1）ISO 标准满足市场需要。

（2）ISO 标准基于全球范围内的专业知识。

（3）ISO 标准是多个利益相关方过程的结果。

（4）ISO 标准建立在协商一致的基础上。

ISO 标准是基于共识而建立的，如下面的文本框所示，需要达成共识才能制定出一个能被利益共同体接受的标准。

共识

一种公认的协议，其特点是所有重要的利益相关方均不会对特别关注的实质性问题产生持续的反对，而且该协议包含了一个照顾各方意见并协调所有冲突的过程。

注：共识并不意味着全体一致。

ISO 指令，第一部分

共识是指（改编自 Coallier（2003）[COA 03]）：

（1）各方都能表达自己的观点；

（2）已充分考虑所有意见并解决所有问题（如对标准草案的所有意见进行表决）。

标准

通过基于共识并由公认机构维持的一套强制性要求，以强制性公约和管理规定一种严格统一的方法或指定一种产品。

ISO 24765［ISO 17a］

应注意的是，标准与其他指南性文件不同，标准是准法律文件。在法庭上，标准可以用来证明或反驳某些观点。当标准被政府和管理机构采用时，通常会成为法律要求，这时标准的认可尤为重要，因为组织随后将会用它来开发对人类生活、环境或业务产生重大影响的产品和服务。

"组织将行为规范化可以减少行为的可变性，从而能够预测和控制它。"

Mintzberg(1992)［MIN 92］

图 4.1　标准和模型的发展(资料来源：经系统和软件联盟公司许可，改编自 Sheard(2001)［SHE01］)

图 4.1 的右边显示了 20 世纪 70 年代美国国防部制定的"DoD-std-1679A"军事标准［DoD 83］的发展情况。当时，供应商得到一份开发软件的合同，耗时数月

甚至1年才完成了软件开发。由于客户完全没有看到整个过程的进展,只在最后收到了装着文件和磁带的箱子,这种形式的交付称为“大爆炸”。随后,国防部要求软件开发过程必须变得更加透明,以便对开发周期中产生的所有文件进行评价。军事标准要求供应商编制并送审一些必要的文档,以允许客户评审、评论和审批这些文档,而不是等到最后接收不满足他们需求的软件。文档的评审和审批活动与某些项目管理活动有关:这些文档的审批导致需要在合同中约定支付给供方大笔资金,以支持客户远程控制软件的开发。多年来,IEEE、ISO 和欧洲航天局(european space agency,ESA)等各个组织都制定了相关标准。在20世纪80年代后期,美国国防部决定使用商业标准而不是军事标准来开发软件,如 ISO/IEC/IEEE 12207 [ISO 17],军用软件工程标准随后被废止。

图4.1的左边是“能力成熟度模型”(CMM®),它是应美国国防部的要求由软件工程研究所(software engineering institute,SEI)开发的,目的是为提高开发、维护和服务供应过程的绩效提供工程实践的路线图。在接下来的章节中将对这个模型进行描述。

标准的不断发展

本书中介绍的标准在不断发展。这些标准均被定期评审,并在有必要时进行更新。部分标准大约每5年更新一次,其他的是在需要进行重大变更时进行更新。组织有可能会使用同一标准的不同版本。例如,签订协议或合同时,通常需要在合同中引用标准的最新版本。在一些组织中(如从事军事防御和航空航天领域业务的组织),项目的开发或维护通常需要数年甚至数十年。在这种情况下,顾客可能倾向于使用项目开始时使用的标准版本,而同一个组织的新项目则使用标准的最新版本。开发人员和 SQA 必须承担使用同一标准的不同版本的责任,并针对每个版本使用不同的模板和检查单。

图4.2说明了在软件工程和系统标准化过程、工具和支持技术小组委员会负责下维护和发布的标准的演变过程(ISO/IEC JTC1 SC7)。

ISO 名称

由于“国际标准化组织”这个名称在不同的语言中会产生不同的缩写(如英语是“IOS”,法语是“OIN”),创始人选择了“ISO”。这个名字来源于希腊语“ISOS”,意思是“平等”。因此,无论在哪个国家,使用哪种语言,这个组织名称的缩写形式均为 ISO。

ISO 网站

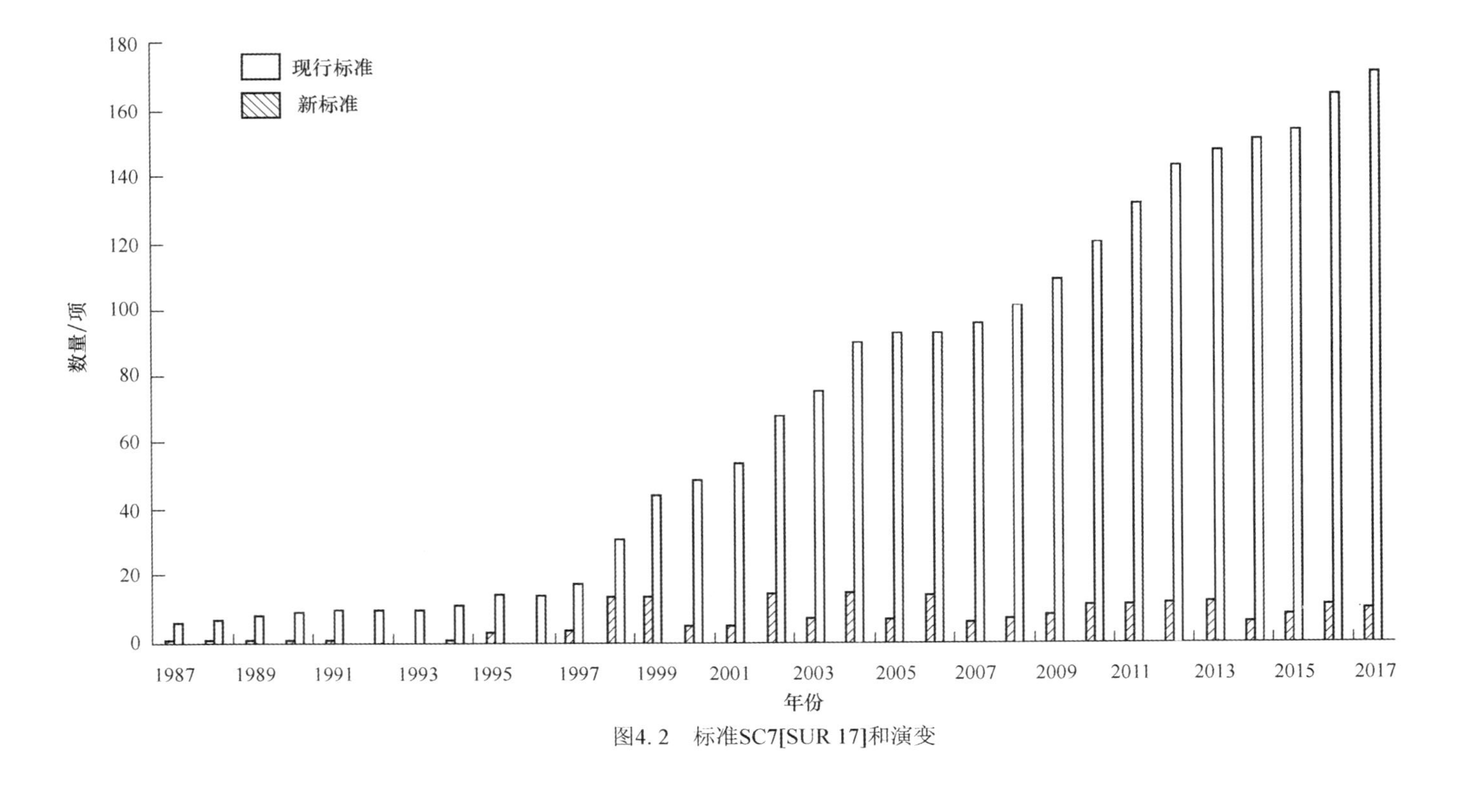

图4.2　标准SC7[SUR 17]和演变

在20世纪80年代，只有5项标准；2016年，第7小组委员会（SC7）的标准集合包含有160多项标准。这种快速增长是因为自80年代后期以来，越来越多的软件工程实践已经成熟并获得了广泛的共识。

共有39个国家积极参与了SC7标准的制定，并且有20个国家作为观察员参与。对于积极参与并有投票权的国家来说，希腊语“ISOS”一词意味着所有ISO成员国的投票权都是同等的，无论他们国家的大小、经济或政治影响力如何。

大多数的SC7软件工程标准描述的都是经过验证的实践，如配置管理和质量保证实践，一小部分标准（如第2章中介绍的ISO 25000）描述了产品需求。

本书大多数的定义参考ISO/IEC/IEEE 24765[ISO 17a][①]的术语表，如果某一术语未在ISO 24765中进行定义，则使用另一标准的定义，如ISO 9001、IEEE标准或面向开发的CMMI©模型[SEI 10a]。

近年来，SC7汇编的一些软件工程标准的适用范围扩大了，因为它们描述的实践可以应用到比软件工程更广泛的领域。例如，软件工程标准的验证与确认、风险管理和配置管理的范围已经扩展到了开发产品的系统工程领域，这些产品通常包括硬件（如电子、机械、光学硬件）和软件。因此，更多的工程师和开发人员使用相同的标准，促进了不同领域之间的沟通交流。

系统

为达到一个或多个既定目标而组织起来的、相互作用的元素的组合体。

注：（1）一个系统有时可被认为是一种产品或者是一种它所提供的服务。

（2）在实践中，对系统含义的解释通常使用一个联合名词来阐述，例如飞行器系统。有时候“系统”也可简单地由依赖语境的同义词来替代，例如飞行器，虽然这可能会使系统的视角不太明显。

（3）为使系统能够在预期环境中独立使用，一个完整的系统应包括所有相关的设备、设施、材料、计算机程序、固件、技术文档、服务和运行、支持所必需的人力。

ISO 15288 [ISO 15c]

① 译者注：本书在翻译过程中，部分术语参考GB/T 11457的术语表。该标准及本书附录3中所示的国家标准，均可通过中国标准信息服务网进行查阅。

4.2 标准、质量成本和商业模式

前面介绍了质量成本和商业模型的概念。站在质量成本的角度，标准成本是一种预防成本，是组织在开发或维护过程的不同阶段为防止差错发生而产生的成本。表4.1列出了不同的预防成本。采购、培训和标准实施也属于预防成本。

表4.1 预防成本(改编自 Krasner(1998)[KRA 98])

主要类别	子类别	定义	典型成本
预防成本	质量基础定义	定义质量，设定质量目标、标准和阈值的工作量。质量权衡分析	为验收测试和相关质量标准定义发布指标
	项目和过程导向的干预	预防不良产品质量和改进过程质量的工作量	培训、过程改进、测度收集和分析

软件行业的主要商业模型有(改编自 Iberle(2002)[IBE 02])：

(1) 签订合同的定制系统：组织通过向客户销售定制的软件开发服务来获利。

(2) 内部定制软件：组织开发软件的目的是提高组织效率。

(3) 商业软件：公司通过开发软件并将其出售给其他组织来获利。

(4) 大众市场软件：公司通过开发软件并销售给消费者来获利。

(5) 商业和大众市场固件：公司通过销售嵌入式硬件和系统中的软件来获利。

标准通常用于签订合同的定制系统、大众市场软件以及商业和大众市场固件，在这些商业模型中，标准用于优化管理开发以及最小化差错和风险。在"签订合同的定制系统"的商业模型中，由客户来决定是否需要实施标准。

本章将简要介绍一些标准，如工艺标准、产品标准和质量体系；同时还介绍CMMI模型，它的广泛使用已经使其成为一个事实标准。

4.3 关于质量管理的主要标准

本节描述了与软件质量管理相关的主要标准 ISO 9000[ISO 15b]和 ISO 9001[ISO 15]以及软件应用指南 ISO/IEC 90003 标准；同时，还简要概述了医疗领域的质量标准。

4.3.1 ISO 9000 系列

正如 ISO 官网上所描述的，"ISO 9000 系列标准涉及质量管理的各个方面，并包含了一些 ISO 著名的标准。这些公司和组织希望确保他们的产品和服务始终满足客户的要求,并不断提高质量,ISO 9000 系列标准则为其提供了指导和工具。”ISO 9000 系列包括 4 个标准。

ISO 9000 系列标准包括:

ISO 9001:2015——列出了质量管理体系的要求

ISO 9000:2015——涵盖了质量管理的基本概念和语言

ISO 9004:2009——关注如何使质量管理体系更有效

ISO19011:2011——为质量管理系统的内部审核和外部审核提供指导。

《质量管理原理》

ISO 9001 标准提供了质量管理体系(quality management systems,QMS)的基本概念、原则和词汇,是其他 QMS 标准的基础[ISO 15]。“质量管理原则”(quality management principles,QMP)是一套公平的价值观、规则、标准和基本理念,可作为质量管理的基础,每个 QMP 均应包含:

(1) 概述。

(2) 原则对组织的重要性的解释。

(3) 应用该原则的主要益处。

(4) 列举应用该原则提高组织绩效的典型措施示例。

ISO 9001 的 7 个 QMP 按优先级排列如下[ISO 15]:

(1) 原则 1:以顾客为关注焦点。组织依存于顾客,因此应了解顾客当前和未来的需要,满足顾客需求,努力超越顾客期望。

(2) 原则 2:领导作用。领导者建立一致的组织目标与方向。他们应该创造和维持良好的内部环境,让员工能够充分参与实现组织目标的活动。

(3) 原则 3:全员参与。组织内的各级人员是组织的根本,他们的充分参与是运用其能力为组织做贡献的必要条件。

(4) 原则 4:过程方法。将活动和相关资源作为过程进行管理,可以更有效地实现预期结果。

(5) 原则 5:系统管理方法。将相互关联的过程作为体系加以看待、理解和管理,有助于组织提高实现目标的有效性和效率。

(6) 原则 6:基于事实的决策方法。有效决策建立在数据和信息分析的基础上。

(7) 原则 7:与供方互利的关系。组织与供方相互依存,互利的关系可增强双方创造价值的能力。

以下详细描述了以顾客为中心的第一个原则,作为示例[ISO 15]:

(1) 概述:质量管理的主要目标是满足顾客的需求并努力超越顾客期望。

(2) 依据:组织只有赢得和保持顾客和其他相关方的信任才能获得持续成功。与顾客相互作用的每个方面,都提供了为顾客创造更多价值的机会。理解顾客和其他相关方当前和未来的需求,有助于组织的持续成功。

(3) 主要益处:

① 提升顾客价值;

② 提高顾客满意度;

③ 增进顾客忠诚;

④ 增加重复性业务;

⑤ 提高组织的声誉;

⑥ 扩展顾客群;

⑦ 增加收入和市场份额。

(4) 可开展的活动:

① 标识从组织获得价值的直接顾客和间接顾客;

② 理解顾客当前和未来的需要和期望;

③ 将组织的目标与顾客的需要和期望联系起来;

④ 在整个组织内沟通顾客的需要和期望;

⑤ 为满足顾客的需要和期望,对产品和服务进行策划、设计、开发、生产、交付和支持;

⑥ 测量和监测顾客满意度情况,并采取适当措施;

⑦ 确定有可能影响顾客满意度的相关方的需要和期望,并采取适当的措施;

⑧ 主动管理与顾客的关系,以实现持续成功。

ISO 9001 标准[ISO 15]适用于所有组织,无论其规模、复杂性或商业模型如何。ISO 9000 规定了质量管理体系的要求,如以下文本框所示,适用于内部集团和外部合作伙伴。

ISO 9001[ISO15]在世界范围内广泛应用于各种组织。每年,在近 187 个国家颁发约 100 万份 ISO 9001 合格证书。

ISO 9001 采用过程方法、策划—实施—检查—处置(plan - do - check - act, PDCA)循环和基于风险的思维方法[ISO 15]:

(1) 过程方法允许组织策划其过程及过程间的交互。

(2) PDCA 循环允许组织确保其过程有足够的资源并得到适当的管理,并且可以有标识和实施改进的机会。

(3) 基于风险的思维方法允许组织从预期结果的角度来判断哪些因素可能导致其偏离既定过程和质量管理体系,允许组织实施预防措施以降低负面影响,并在机遇出现时加以利用。

管理体系

在组织中相互关联或相互作用的一系列元素，用于制定方针和目标，以及实现这些目标的过程。

注：(1)管理系统可以适用于一个或多个学科，如质量管理、财务管理、环境管理等。

(2)管理体系的元素确立了组织的结构、角色和职责、策划、运营、方针、实践、规则、信念、目标，以及实现这些目标的过程。

(3)管理体系的范围可以包括整个组织、组织的特定和已确定的职能，组织的特定和已确定的部门，或跨组织的一个或多个职能。

(4)这是ISO管理标准的通用术语和核心定义之一。

质量管理体系

管理体系中关于质量的分支。

ISO 9001 [ISO 15]

ISO 9001 [ISO 15]标准指出，组织可以使用与持续改进相辅相成的改进方法，如大规模变更、创新、重组等。

图4.3显示了一个过程的要素以及这些要素之间的相互作用。注意，图中显示了“输入源”(前序过程)和“目标输出”(后续过程)之间的转换关系，以说明过程在组织中不是独立工作的。组织不仅要掌握过程的各个要素，还要掌握它们之间的相互作用和相互依赖关系，以提高整体绩效，如在质量成本相关章节中提到的减少返工。

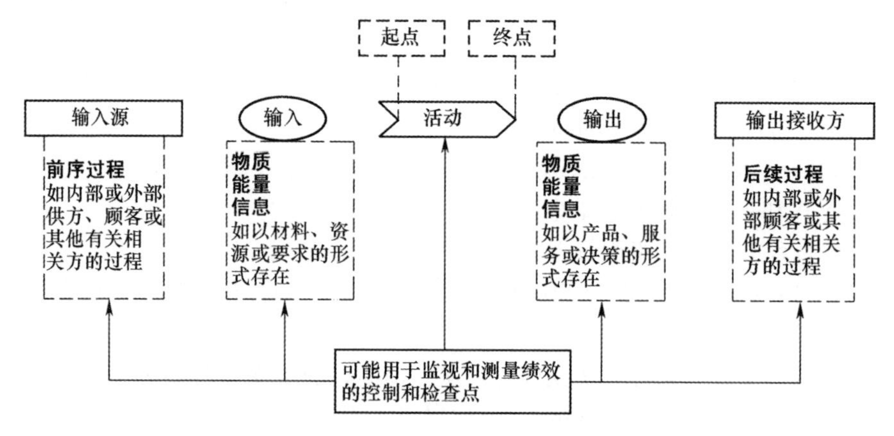

图4.3 过程的要素(资料来源：加拿大标准委员会)

还要注意,图 4.3 中的输出元素之一是服务。ISO 9000 定义服务是组织的一种输出,该输出中至少有一项活动必须在组织和客户之间进行。例如,在软件开发中,为其客户开发软件的组织可以提供实现服务和软件维护。

ISO 9001 对 PDCA 循环的要素进行了如下描述[ISO 15]:

(1) 策划:根据顾客要求和组织的方针,建立体系的目标及其过程,确定实现结果所需的资源,并标识和应对风险和机遇。

(2) 实施:执行所做的策划。

(3) 检查:根据方针、目标、要求和策划的活动,对过程以及形成的产品和服务进行监视和测量(适用时),并报告结果。

(4) 处置:必要时,采取措施提高绩效。

ISO 9001 的要求如下:

(1) 范围;

(2) 规范性引用文件;

(3) 术语和定义;

(4) 组织环境;

(5) 领导作用;

(6) 策划;

(7) 支持;

(8) 运行活动的实现;

(9) 绩效评价;

(10) 改进。

上面仅简要介绍了本标准的主要条款。关于第 4 条,ISO 9001 [ISO 15]要求组织应确定相关的外部和内部问题,比如与相关方的需要和期望、质量管理体系及其范围相关的问题。这些问题对实现质量管理体系预期结果的能力有很大的影响。本标准第 5 条指出,管理层必须确保其对质量管理体系的领导作用和承诺,制定、实施和保证质量方针,确保组织相关岗位的职责、权限得到分配、沟通和理解。第 6 条描述了应对风险和机遇的措施、质量目标及其实现的策划,以及变更的策划。第 7 条确定了建立、实施、保持和持续改进质量管理体系所需的资源、包括人力资源、基础设施、监视、测量和可追溯性资源,人员所必需的知识和技能,内部和外部沟通,以及文档(如文档的创建、更新)。第 8 条详细描述了组织运行活动的实施,如过程策划、产品和服务需求的确定和评审、设计和开发、外部供方的产品和服务过程、产品和服务的生产和发布,以及标识与需求不符的输出元素。第 9 条描述了绩效评价的要求,如监控分析和评价的范围、顾客满意度、内部审核和针对质量管理体系的管理评审。第 10 条规定了改进的要求,如提高顾客满意度、不符合项和纠正措施、质量管理体系的持续改进等。

关于 ISO 9001 的成见

ISO 9001 是大型组织的标准。

ISO 9001 标准的实施过于复杂。

ISO 9001 的实施成本高。

ISO 9001 仅适用于制造业。

ISO 9001 是管理负担。

ISO 9001——揭穿真相[ISO 15]

ISO 19011 标准[ISO 11g]建立了质量管理体系内部和外部审核的指南,这部分内容将在审核第 6 章中介绍。ISO 9004 [ISO 09a]将在有关方针和过程的第 6 章中介绍如何提高质量管理体系的效率和有效性。

4.3.2 ISO/IEC 90003 标准

ISO/IEC 90003 [ISO 14]标准为 ISO 9001 标准在计算机软件中的应用提供了指南,它为组织在计算机软件的获取、提供、开发、运行和维护等方面提供指导。以下文本框是 ISO 90003 标准简介的一部分。

本标准指出需要关注的问题,其应用与所采用的技术、生命周期模型、开发过程、活动顺序和组织结构无关。本指南及其所指出的问题力求全面,但并非一一列举毫无遗漏。当组织的活动范围除软件开发以外还包括其他领域时,应明确该组织的管理体系中的软件部分和其他部分之间的关系,整体纳入一个质量管理体系,并形成文档。

在 ISO 9001:2000 中,用“应”(shall)表示对双方或多方均具有约束力的规定,用“宜”(should)表示在诸多可能性中的一种推荐建议,用“可以”(may)指明在 ISO 9001:2000 限制下允许的做法。在本标准(ISO/IEC 90003)中“宜”和“可以”具有和 ISO 9001:2000 相同的含义,也就是,用“宜”表示在诸多可能性中的一种推荐建议,用“可以”指明在本标准限制下允许的做法。

基于本标准建立的软件开发、运行或维护的质量管理体系,可以选择并使用 ISO/IEC 12207 中的过程,以支持或补充 ISO 9001:2000 过程模型。

从 ISO 9001:2000 直接引用的条文放在方框内,以便于标识。

改编自 ISO 90003 [ISO 14]

举例来说,ISO 9001 标准的 7.3.5 节即是在 ISO 90003 标准中提出的。

ISO 9001:2008,质量管理体系–要求

设计和开发验证

为确保设计和开发输出满足输入的要求,应依据所策划的安排(见 7.3.1)对设计和开发进行验证。验证结果及任何必要措施的记录应予保存。(见 4.2.4)。

ISO 90003 标准中 7.3.5 节的解释性文本如下:

软件验证的目的是确保设计和开发输出满足输入要求。

验证应当在设计和开发的适当阶段进行。验证可包括对设计和开发输出的评审(如通过审查和走查)、分析、演示,其中又包括原型、模拟或测试。验证可以针对其他活动的输出进行,例如 COTS,购买的和顾客提供的产品。

验证结果和任何后续措施应予以记录并在措施完成时进行检查。

当软件产品的规模、复杂性或重要性得到保证时,应当采用特定的保证方法进行验证,如复杂性度量、同行评审、条件/决策覆盖率或形式化方法。

只有经过验证的设计和开发输出才应提交验收和后续使用。任何发现的问题都应当进行适当的说明和解决。

进一步信息见 ISO 12207。

改编自 ISO 90003 [ISO 14]

ISO 90003 标准的文本正确地解释了软件审核对于希望建立质量管理体系的组织和质量管理体系审核员来说意味着什么。

ISO 9001:2015 与面向开发的 CMMI®模型(1.3 版)之间的差异

ISO 9001 的范围比面向开发的 CMMI 模型的范围更广泛:

(1) 面向开发的 CMMI 模型适用于开发和维护活动。

(2) ISO 9001 适用于组织的所有活动。ISO 9001 已经开发了针对特定行业(如医疗器械、石油、石化和天然气行业)的应用。

内容详细程度不同:

(1) 面向开发的 CMMI 模型大约有 470 页,包含大量实践示例。

(2) ISO 9001 只有 29 页,而 ISO 9000 系列的所有标准只约有 180 页

面向开发的 CMMI 模型对其中的每个过程域都经过了详细的讨论,所以对面向开发的 CMMI 模型进行解读并不容易。ISO/IEC 90003 只有 54 页,能够为

申请 ISO 9001 认证的组织在计算机软件的获取、提供、开发、运行和维护过程中提供指导。

评估方式不同：

(1) CMMI：对组织的评估由一个经 CMMI 协会授权的首席评估师组成的团队进行，评估团队通常包含被评估组织的成员和外部评估人员。

(2) ISO 9001：组织的质量管理体系审核由经政府或非政府认证机构授权的审核小组（有技术专家支持的一个或多个成员）进行。认证认可机构通常由国家政府设立，它对认证机构进行评估，并证明其执行认证过程的技术能力。

CMMI 评估通常比 ISO 9001 审核持续时间更长，更深入：

(1) CMMI：评估的主要结果是列出启动改进过程的强项和弱项。对于使用 CMMI 等级表示的评估，评估团队对组织的成熟度级别进行评定。

(2) ISO 9001：审核通过后颁发 ISO 9001 证书，证明被审核组织符合标准要求。同时记录一份完整的审核结果（即收集的审核证据与审核标准的比对结果）。

下一节将讨论软件工程的 ISO/IEC/IEEE 12207[ISO 17]标准，该标准描述了完整的软件生命周期过程（从开始到结束）。

4.4 ISO/IEC/IEEE 12207 标准

第三版 ISO/IEC/IEEE 12207 标准[ISO 17]为软件生命周期过程建立了一个通用框架。它适用于系统、软件产品和服务的获取、供应、开发、运行、维护和报废，以及系统软件部分的开发，无论该系统的开发是否在组织内部进行。在该标准中，软件还包括固件。该标准对每个过程都进行了描述，包括以下属性[ISO 17]：

(1) 标题传达了整个过程的范围。

(2) 目的描述了执行过程的目标。

(3) 结果表示了过程成功执行后所预期的可观察结果。

(4) 活动是一个过程中的一组紧密相关的任务。

(5) 任务旨在支持实现结果的需求、建议或允许的活动。

ISO 12207 [ISO 17]定义了 4 组过程，如图 4.4 所示：

(1) 顾客和供方之间的两个协定过程；

(2) 6 个组织的项目使能过程；

(3) 8 个技术管理过程；

(4) 14 个技术过程。

图 4.4 ISO 12207[ISO 17]的四个生命周期过程组(资料来源:加拿大标准委员会)

由于大多数现代系统均由软件控制,ISO 12207 [ISO 17]标准已更新,从而与新版工程系统标准(ISO/IEC/IEEE 15288 [ISO 15])相匹配。

由于 ISO 12207 [ISO17]是一个重要的软件工程标准,下面简要描述其中一个过程(不描述每个任务的细节)。质量保证过程[ISO 17]:

(1)目的:

① 质量保证过程的目的是帮助确保组织的质量管理过程在项目中得到有效应用。

② 质量保证的重点是提供满足质量要求的信心。对项目生命周期过程和输出进行前瞻性分析,以确保生产的产品达到预期质量,并遵循组织和项目的方针和规程。

(2) 结果：

① 成功实施质量保证过程后，可实现：

a. 制定并实施项目质量保证规程。

b. 定义质量保证评价的准则和方法。

c. 项目的产品、服务和过程的评价是按照质量管理方针、规程和需求进行的。

d. 向利益相关方提供评价结果。

e. 事件已解决。

f. 优先事项已得到处理。

(3) 活动和任务：

① 项目应按照适用的组织方针和规程，执行与测量过程有关的活动和任务。

注：IEEE 730-2014 [IEE 14] 软件质量保证过程提供了更多细节。

a. 开展质量保证准备活动。此活动包括以下任务：

· 定义质量保证策略。

· 建立质量保证与其他生命周期过程的独立性。

b. 执行产品或服务评价。此活动包括以下任务：

· 评价产品和服务是否符合既定准则、合同、标准和法规。

· 监控生命周期过程输出的验证和确认是否符合规定的需求。

c. 实施过程评价。此活动由以下任务组成：

· 评价项目生命周期过程的符合性。

· 评价支持或自动化过程的工具和环境的符合性。

· 评价供方过程是否符合过程需求。

d. 管理质量保证记录和报告。此活动包括以下任务：

· 创建与质量保证相关的记录和报告。

· 维护、存储和分发记录和报告。

· 标识与产品、服务和过程评价相关的事件和问题。

e. 处理事件和问题。此活动包括以下任务：

· 记录、分析事件并对事件进行分类。

· 标识要与已知差错或问题相关联的选定事件。

· 记录、分析问题并对问题进行分类。

· 在可行的情况下标识问题的根本原因和处理方法。

· 优先处理问题(解决问题)并跟踪纠正措施。

· 分析事件和问题的趋势。

· 标识过程和产品的改进，以防止将来发生事故和问题。

· 将事件和问题的状态通知指定的利益相关方。

· 跟踪事件和问题直至结束。

读者可能已经注意到“项目应实施以下活动和任务”这句话中使用了“应(shall)”一词。在 ISO 工程标准术语中,“应(shall)”“应当(should)”和“可以(may)”的定义如下:本文件的要求用动词“应”标记;建议用动词“应当”来标记;许可用动词“可以”来标记。然而,尽管使用了动词,但符合性需求的选择如前所述。

换句话说,作为软件的供方,除非已经获得了客户的许可,否则所有的活动和任务都必须执行。这些活动和任务的实施可通过顾客或其代表进行的正式审核进行验证。本书第 6 章将对审核进行介绍。

ISO 12207 标准[ISO 17]可用于以下一种或多种模式:

(1) 针对组织:帮助建立预期过程的环境,这些过程可以由方法、规程、技术、工具和受过培训的人员组成的基础设施来支持;然后组织可以使用这种环境来实施和管理项目,并在软件系统的生命周期阶段中对软件系统进行改进。在这种模式下,该标准用于评估已声明的、已建立的环境是否符合相关规定。

(2) 针对项目:帮助选择、组织和运用一套成熟的生命周期过程的要素来提供产品和服务。

(3) 针对买方和供方:帮助制定有关过程和活动的协议。

(4) 针对组织和评估人员:作为执行过程评估的过程参考模型,用于支持组织的过程改进。

然而,ISO 12207 标准有其局限性。ISO 12207 标准对使用该标准的限制描述如下(改编自[ISO 17]):

(1) 它没有规定一个特定的系统或软件生命周期模型、开发方法、模型或技术。应用本标准的各方负责为软件项目选择一个生命周期模型,并把本标准中的过程、活动和任务映射到所选择的模型中。各方还有责任选择和运用执行适合于软件项目的方法、模型和技术。

(2) 它没有建立管理体系,或要求使用任何管理体系标准。它旨在与 ISO 9001 规定的质量管理体系、ISO/IEC 20000-1[ISO 11h]规定的服务管理体系以及 ISO/IEC 27000 规定的信息安全管理体系(ISMS)兼容。

(3) 它没有详细说明信息项的名称、格式、具体内容和记录媒介。ISO/IEC/IEEE 15289 规定了生命周期过程信息项(文档)的内容。

4.5 ISO/IEC/IEEE 15289 信息元素描述标准

随着定义信息元素内容和格式的军用标准的废止，国际上制定了 ISO 15289 [ISO 17b]标准，以支持 ISO 12207 [ISO 17]等标准，以便于描述要生成的不同类型的信息项。

信息项

为人们使用而产生、存储和交付的独立的可标识的信息体。

注：

1. 与"信息产品"是同义词。为满足信息需求而生成的文档可以是一个信息项，或者是一个信息项的一部分，或者是多个信息项的组合。

2. 在项目或系统生命周期中，一个信息项可以在不同版本中产生。

ISO 15289 [ISO 17b]

表 4.2 ISO 15298 中描述的信息项的一般类型

类型	目 标	样例输出
说明	表示计划或已有的功能、设计或项目	设计说明
方针	建立组织的高层意图和方法，以实现服务、过程和管理体系的目标，并确保对其及进行有效控制	质量管理方针
计划	定义执行特定过程和活动的时间、方式以及人员	项目计划
规程	详细定义执行活动和任务的时间和具体安排，包括需要用到的工具	问题解决规程
报告	描述调查、评估和测试等活动的结果。报告传达决策	问题报告 确认报告
申请	记录回复申请所需要的信息	变更申请
规格说明	提供所需要的服务、产品或过程的要求	软件规格说明

ISO 12207 [ISO 17]的条款列出了要产生的制品，但没有定义具体内容。ISO 15289 标准描述了 7 种类型的文档，包括说明、方针、计划、规程、报告、申请和规格说明，如表 4.2 所列。

例如，ISO15289 标准定义了规程文件是什么以及它必须描述什么，如下文本框所示[ISO 17b]。

规程

目的:详细的定义执行过程、活动和任务的时间和具体安排,包括需要用到的工具。

规程应包括以下要素:

(1) 签发日期和状态。

(2) 范围。

(3) 对应组织。

(4) 批准机构。

(5) 与其他计划和规程的关系。

(6) 权威的参考文献。

(7) 输入和输出。

(8) 有序描述每个参与者要执行的步骤。

(9) 差错和问题解决方案。

(10) 词汇表。

(11) 变更历史。

规程示例:

(1) 审核规程。

(2) 配置管理规程。

(3) 强化规程。

(4) 文件编制规程。

(5) 测量规程。

ISO 15289 [ISO 17b]

接下来将介绍用于 SQA 过程的 IEEE 730 [IEE 14] 标准,该标准基于 ISO 12207 [ISO 17] 和 ISO 15289 [ISO 17b]。

4.6 IEEE 730 SQA 过程标准

IEEE 730—2014 SQA 过程标准[IEE 14]的范围与以前的版本有很大不同,在之前的版本中,质量保证计划是 IEEE 730 的基石,而新版标准为软件项目的 SQA 活动的策划和实现建立了需求。根据 IEEE 标准,质量保证是一套用于确保软件产品质量的积极主动的措施。IEEE 730 为产品或服务的 SQA 活动提供了指导。

质量保证计划则是在该标准的条款和附件中给出的。

下面的文本框提供了 IEEE 730 [IEE 14] 中 SQA 的定义。

软件质量保证

一组定义和评估软件过程充分性的活动，以证明软件过程是恰当的，并产生符合预期目的的适当质量的软件产品。

IEEE 730 [IEE 14]

标准的发布者在制定新标准或修订已发布标准时，必须使用标准的正式版本，即最新发布的版本。IEEE 730-2014 [IEE 14] 标准与 2008 版 ISO 12207 [ISO 17]、2011 版 ISO 15289 [ISO 17b] 相协调。2014 年 IEEE 730 发布后，ISO 15289 在 2016 年进行了更新，同时开始了 ISO 12207 [ISO 17] 的修订。IEEE 730 使用了 2008 年版的 ISO12207 作为参考，如下所示：

IEEE 730 的结构如下 [IEE14]：

第 1 条描述了范围、目的和简介。

第 2 条确定了 IEEE 730 使用的规范性引用文件。

第 3 条定义了术语和缩略词。

第 4 条描述了 SQA 过程和 SQA 活动的适用环境，并涵盖了如何应用此标准的期望。

第 5 条规定了过程、活动和 SQA 任务，并描述了三类共 16 项活动，即 SQA 过程的实现、产品保证和过程保证。

12 个资料性附录 A~L，其中附录 C 提供了软件质量保证计划的编制指南。

ISO 标准的制定是在成员国及其技术专家的参与下完成的，而 IEEE 标准则是由专家个人来制定的。

发布标准的同时，IEEE 还会公布制定或更新标准的工作组成员名单，以及参会投票（如批准、不批准、弃权）的人员名单。Laporte 教授积极加入了 IEEE 730 的工作组，并投票赞成修订版本。他也是其中一个附录的作者，该附录描述了 IEEE 730 和 ISO 29110 之间的对应关系，旨在帮助开发软件或系统的小微组织。ISO 29110 将在本章的另一节中介绍。

以下内容摘自 ISO 12207-2008 第 7 条，描述了 SQA 过程的目标和结果。

软件质量保证过程

目的

确保工作产品和过程符合规定和预先定义的计划。

结果

在成功实施软件质量保证过程之后,可实现:

1) 制定实施质量保证的策略;

2) 产生并维护软件质量保证的证据;

3) 发现并记录问题和/或不符合需求的情况;

4) 检查产品、过程和活动是否遵循标准、规程和适用需求。

ISO12207-2008

IEEE 730 的 SQA 过程分为实施 SQA 过程、产品保证和过程保证 3 个活动,活动由一组任务组成。

IEEE730 [IEE 14]描述了一个项目必须要完成的事项,它假设组织在项目开始之前已经实现了 SQA 过程。接下来介绍 IEEE 730 的活动和任务。

该标准包括一个条款,描述了什么是合规性,下面的文本框定义了此术语。

合规性

根据规则或法律的要求执行被要求或命令的事(如遵守规则)。

IEEE 730 [IEE 14]

可以通过客户与开发软件的组织达成协议(如合同)来强制其遵守 IEEE 730 [IEE 14]的所有要求。然而,一个项目可能不需要使用该标准中的所有活动。标准的实施意味着选择一组适用于项目的活动,对于不会被执行的活动或任务,标准要求 SQA 计划将它们描述为不适用的,并给出不执行该活动或任务的理由。为了改进,组织可以选择逐步实施 IEEE 730 的活动和任务。

图 4.5 显示了项目需求和在项目期间产生的制品之间的关系。图中显示了过程保证和产品保证两类合规性。同时还描述了合规性的传递关系:如果过程需求与合同一致,并且过程和项目计划满足过程需求,项目过程和计划就符合合同。由于不需要根据合同检查项目的每个制品,这大大简化了 SQA 的工作,但是每个制品必须根据它的紧前工序进行验证。

IEEE 730 [IEE14]没有对执行活动的部门(如 SQA 部门)进行限定,而是要求将职责分配给 SQA 功能,并为执行 SQA 活动提供标准中描述的必要资源。

IEEE 730 的一个基本原则是,首先要了解软件产品的风险,以确保 SQA 活动

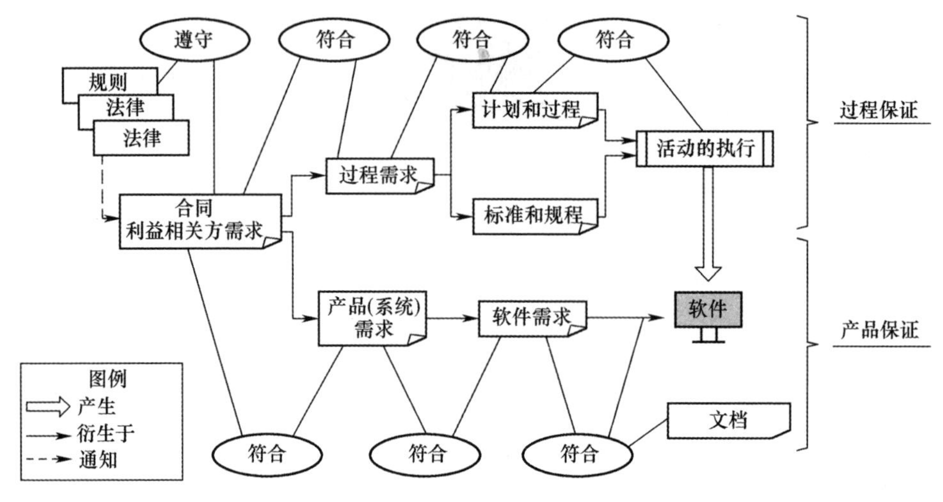

图 4.5　项目需求和制品间的关系[IEE 14]

适合于产品的风险。这意味着,在 SQA 计划中定义的 SQA 活动的范围和深度取决于与软件产品相关的风险。

1. SQA 过程实现活动

这些活动的目的是为实施软件质量保证、计划和执行活动以及产生和维护证据制定策略,共有 6 个 SQA 过程实现活动[IEE 14]:

(1) 建立 SQA 过程,以定义和建立独立于组织的文档化的 SQA 过程。

(2) 与相关软件过程协调,以协调活动和 SQA 任务与其他软件过程,如验证与确认、评审、审核,以及 ISO 12207 [ISO 17]中与项目目标实现相关的其他过程。

(3) 记录 SQA 策划,以记录适用于特定项目风险的活动、任务和结果。SQA 策划还包括使通用过程适应项目的特定需求和风险。该计划的结果记录在 SQA 计划中。图 4.6 显示了 SQA 计划的内容。这项活动涉及 13 个任务,以下只列出其中的主要任务:

① 使用本标准和附录 C 帮助编制适合项目的 SQA 计划,该 SQA 计划满足所有利益相关方的需求,并适用于产品的风险。

② 随着项目的发展,评审并更新 SQA 水平。

③ 通过约定的方式向管理层提供项目状态信息。

④ 估计执行 SQA 活动、任务和结果所需的 SQA 功能的资源(包括工作量、时间、人员、所需技能、工具和设备等)。

⑤ 分析可能影响质量的产品风险、标准和假设,并标识具体的 SQA 活动、任务和具体结果,以帮助确定这些风险是否得到有效缓解。

⑥ 分析项目并调整 SQA 活动,使其与风险相适应。

1 目标和范围

2 定义和缩写

3 参考文献

4 SQA计划概述

4.1 组织和独立性

4.2 软件产品风险

4.3 工具

4.4 标准、实践和约定

4.5 工作量、资源和进度

5 活动、产出和任务

5.1 产品保证

5.1.1 评价计划符合性

5.1.2 评价产品符合性

5.1.3 评价计划可接受性

5.1.4 评价产品生命周期支持符合性

5.1.5 测量产品

5.2 过程保证

5.2.1 评价生命周期过程符合性

5.2.2 评价环境符合性

5.2.3 评价子合同过程符合性

5.2.4 测量过程

5.2.5 评价员工技能和知识

6 其他考虑

6.1 合同评审

6.2 质量测量

6.3 豁免和分歧

6.4 任务重复

6.5 执行SQA的风险

6.6 沟通策略

6.7 不符合的过程

7 SQA记录

7.1 分析、标识、收集、文件化、维护和退役

7.2 记录的可用性

图 4.6 基于 IEEE730[IEE 14]的 SQAP 内容目录

⑦ 根据项目质量目标和组织质量管理目标,确定评价项目、软件质量、SQA 功能表现的具体测度。

⑧ 标识并跟踪需要 SQA 功能额外策划的项目变更,包括需求、资源、进度、项目范围、优先级和产品风险的变更。

⑨ 如果组织的质量管理部门没有充分处理过程域和活动,或者组织根本就没有质量管理部门,那么可以在 SQA 计划中记录这些过程域。

(4) 与项目经理、项目团队和组织质量管理部门协调执行 SQA 计划。

(5) 管理 SQA 记录,以创建 SQA 活动、任务和结果的记录;管理和控制这些记录,并将其提供给利益相关方。

(6) 评价组织的独立性和客观性,以确定负责 SQA 的人员在组织中的位置,从而与组织的管理层进行直接沟通。

以下是 IEEE730 的其余 10 项活动,将在本书的其他章节中进行描述,此处不再详细描述。

2. 产品保证活动

旨在评价是否符合需求的 5 项产品保证活动为[IEE 14]:

(1) 评价计划是否符合合同、标准和法规;

(2) 评价产品是否符合既定需求;

(3) 评价产品的可接受性;

(4) 评价产品支持的符合性;

(5) 测量产品。

3. 过程保证活动

验证是否符合标准和规程的 5 个过程保证活动为[IEE14]:

(1) 评价过程和计划的符合性;

(2) 评价环境的符合性;

(3) 评价子合同过程的符合性;

(4) 测量过程;

(5) 评估人员的技能和知识。

4.7 其他质量模型、标准、参考和过程

本节将介绍被世界各地许多组织所使用的、软件行业特有的质量模型、标准、参考和过程。首先介绍软件过程的成熟度模型;其次介绍 ITIL 参考模型及其 ISO/IEC 20000-1 标准[ISO 11h];然后介绍由 CobiT 参考模型提出的 IT 治理过程;最后介绍适用于信息安全的 ISO 27000 系列标准,以及用于超小型组织的 ISO/IEC 29110 标准。

4.7.1 SEI 的过程成熟度模型

SEI 开发了多个能力成熟度模型,本节将介绍其中用于开发产品(如软件和系统)和服务的 CMMI 模型。

面向开发的 CMMI 模型(CMMI-DEV)通过添加其他实践(如系统工程、集成过程和产品的开发等)覆盖更广泛的领域。它由软件能力成熟度模型(SW-CMM)

2.0 版、电子工业联盟（Electronic Industries Alliance）的“系统工程能力模型（Systems Engineering Capability Model）”[EIA 98]和“面向集成产品开发的 CMM 模型”的 0.98 版实践形成。

CMMI 模型被开发为初始阶段式版本和连续版本，这是第一个系统工程 CMM 模型（systems engineering CMM，SE-CMM）。CMMI 有多种语言版本：德语、英语、繁体中文、法语、西班牙语、日语和葡萄牙语。与 SW-CMM 模型一样，该模型的目标是鼓励组织去检查并持续改进他们的项目开发过程，并按照阶段式 CMMI 模型提出的 5 个级别评价他们的成熟度等级。

另外两个 CMMI 模型是基于体系架构开发的，即面向服务的 CMMI 模型（CMMI-SVC）[SEI 10b]和面向获取的 CMMI 模型（CMMI-ACQ）[SEI 10c]。面向服务的 CMMI 模型为对内部或外部提供服务的组织提供指导方针，而面向获取的 CMMI 模型为购买产品或服务的组织提供指导方针。这三个 CMMI 模型都使用了 16 个常用过程域。

每个成熟度等级都定义了一组过程域，每个过程域都包含一组必须满足的要求。这些要求定义了必须要生成的元素，而没有指定如何生成，从而允许组织自由选择自己的生命周期模型、设计方法、开发工具、编程语言和文档标准来实施过程。这种方法使许多公司能够在拥有与其他标准兼容的过程的同时来实施这一模型。

表 4.3 描述了成熟度等级以及面向开发的 CMMI 模型中每个能力等级的过程域。

表 4.3　阶段式表述的 CMMI 成熟度等级[SEI 10a]

面向开发的 CMMI 模型成熟度等级[SEI 10a]
模型实践被分为 22 个过程域，这些过程域进一步细分为 5 个成熟度等级。
成熟度等级 1：初始级
在成熟度等级 1，过程通常都是随意、无序的。组织通常不提供支持过程的稳定环境。在这些组织中，成功依赖其中人员的能力和勤奋，而不依赖使用经验证的过程。尽管是这种随意、无序的环境，成熟度等级 1 的组织常常仍能生产可用的产品，提供可接受的服务；不过，他们经常超出其项目的预算和进度。 成熟度等级 1 的组织的主要特性是过分承诺，在遇到困难时会放弃过程，并且不能重复他们以往的成功。
成熟度等级 2：已管理级
在成熟度等级 2，组织的项目已确保其过程按照方针进行策划并得到执行。这些项目聘用有专业技能的人员，这些人员拥有足够的资源，以便产生受控的工作产品。这些项目吸纳利益相关方；这些项目都受到监督、控制和评审；这些项目都受到评价，以保证符合其过程说明。成熟度等级 2 反映的过程纪律有助于确保在有压力的情况下保持现有的实践。在这些实践都到位的情况下，项目都能按照其文档化的计划进行实施和管理。

（续）

过程域：
· 需求管理 · 项目策划 · 项目监控 · 供方协议管理 · 测量与分析 · 过程和产品质量保证 · 配置管理
成熟度等级 3：已定义级
在成熟度等级 3，过程已经得到了很好的定义和理解，并用标准、规程、工具和方法进行了描述。作为成熟度等级 3 的基础，组织的标准过程集已经建立，并随着时间推移而不断改进。这些标准过程用于建立整个组织的一致性。项目按照剪裁指南剪裁组织的标准过程集，以建立项目的已定义过程。
过程域： · 需求开发 · 技术解决方案 · 产品集成 · 验证 · 确认 · 组织过程焦点 · 组织过程定义 · 组织培训和项目管理 · 风险管理 · 决策分析和决定
成熟度等级 4：已定量管理级
在成熟度等级 4，组织和项目为质量和过程绩效建立了定量目标，并将其用作管理项目的准则。这些定量目标是根据顾客、最终用户、组织和过程实现者的需要建立的。质量和过程绩效都按统计术语进行理解并在该项目生命周期间受到管理。
过程域： · 组织过程绩效 · 定量项目管理
成熟度等级 5：优化级
在成熟度等级 5，组织根据对业务目标和性能需要的定量理解持续改进其过程。组织使用定量的方法来理解过程中的固有变异以及过程结果的原因。
过程域： · 组织绩效管理 · 原因分析和决定

图 4.7 显示了 CMMI 模型结构的概述。每个过程域都有共用和专用目标、实

践和子实践。专用目标、实践和子实践是“专用”于过程域的(如需求管理),而共用目标、实践和子实践适用于给定成熟度等级的所有过程域。每个过程域还包括其他过程域的注释和对其他过程域的参考。如图 4.7 所示,模型部件包括必需的、期望的和资料性的三类部件。SEI 对这三种部件的定义如下[CHR 08]:

(1) 必需的部件描述的是组织为满足过程域必须达到的目标。

(2) 期望的部件描述的是组织为了实现必需的部件通常应实施什么。期望的部件指导实施改进或执行评价的人员。

(3) 资料性的部件提供了有助于组织开始考虑如何处理必需的部件和期望的部件的细节。

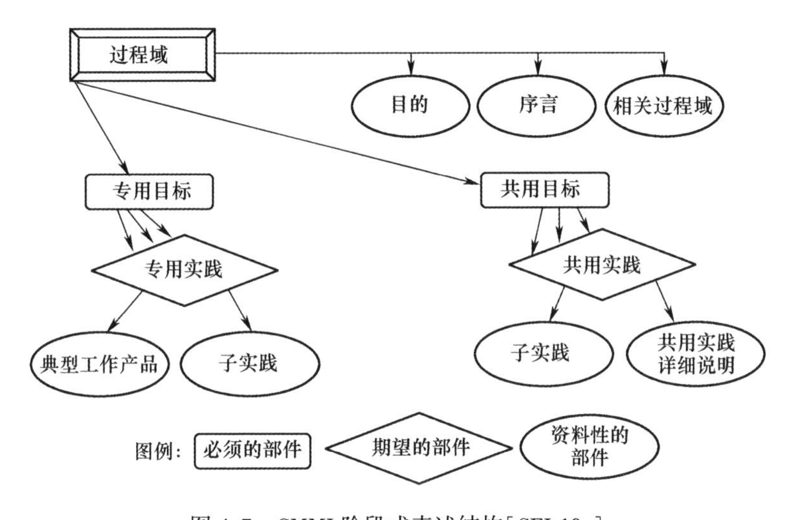

图 4.7　CMMI 阶段式表述结构[SEI 10a]

CMM 模型特性的共用目标和共用实践概念被转移到 CMMI 模型中。对于 CMMI 模型分阶段表述的等级 2,10 个共用实践如下[SEI10a]:

(1) 制定组织方针:建立和维护用于策划和执行过程的组织方针。

(2) 策划过程:制定和维护实施过程的计划。

(3) 提供资源:提供足够的资源,以实施过程、开发工作产品并提供过程服务。

(4) 指派职责:指派职责和权限,以实施过程、开发工作产品并提供过程服务。

(5) 培训人员:需要时,培训执行或支持过程的人员。

(6) 控制工作产品:将过程的选定工作产品置于适当等级的控制下。

(7) 标识并吸纳利益相关方:按计划标识和吸纳过程的利益相关方。

(8) 监督和控制过程:按执行过程的计划对过程进行监督和控制,并采取适当的纠正措施。

(9) 客观地评价遵循性:根据过程描述、标准和规程客观地评价过程和所选工作产品的遵循性,并处理不符合项。

(10) 与更高层管理者一起评审状态:与更高层管理者一起评审过程的活动、状态和结果,并解决异议。

图 4.8 展示了与阶段式版本的 CMMI 开发模型成熟度等级相关的过程域。CMMI 模型的路径流是逐步展开的。为了满足过程域的需求,组织必须满足给定过程域的所有目标。同样,为了在成熟度等级中向上提升,必须满足所涉及的过程域的所有目标,以及较低等级的过程成熟度中包含的过程域的所有目标。

等级	关注	关键过程域	
5 优化级	持续过程改进	组织绩效管理 原因分析和决定	质量生产力
4 已定量管理级	定量管理	组织过程绩效 定量项目管理	
3 已定义级	过程标准化	需求开发 技术解决方案 产品集成 验证 确认 组织过程焦点 组织过程定义 组织培训 集成项目管理 风险管理 决策分析和决定	
2 已管理级	基本项目管理	需求管量 项目策划 项目监控 供方协议管理 测量与分析 过程和产品质量保证 配置管理	风险返工
1 初始级			

图 4.8　CMMI®开发模型的阶段式表述(资料来源:改编自 Konrad(2000)[KON 00])

本节介绍了一个有助于软件开发组织的成熟度模型。“鉴于软件维护是软件工程的一个特定领域,因此有必要关注那些包含软件维护的具体特性的过程和方法。”[BAS 96]。下一节将介绍一个旨在改进软件维护过程成熟度模型。

4.7.2　软件维护成熟度模型(S^{3m})

软件维护成熟度模型 S^{3m} 提出了一种结构化方法来解决软件日常维护中出现的一些问题[APR 08]:

(1) 软件维护是一门主要源自工业实践的学科;

(2) 学术文献与行业实践之间存在较大差异;

(3) 改进建议的确认是由顾问完成;

(4) 相关术语的定义在不同的建议、方法、说明和出版物方面存在许多不一致、不清晰的问题；

(5) 缺乏并难以获得/适应特定的软件维护方法；

(6) 没有普遍的共识；

(7) 相关出版物经常过于乐观(提出未经证实的理论和神奇的工具)。

(8) 当软件和组织达到一定的规模时，问题就会完全暴露出来。

图 4.9 说明了 S^{3m} 模型的结构。

一些研究人员研究了软件开发和维护活动之间的异同。组织构建维护部门是为了应对完全不同的挑战，例如随机发生的日常事件和用户的申请，同时持续对其负责的软件提供服务。

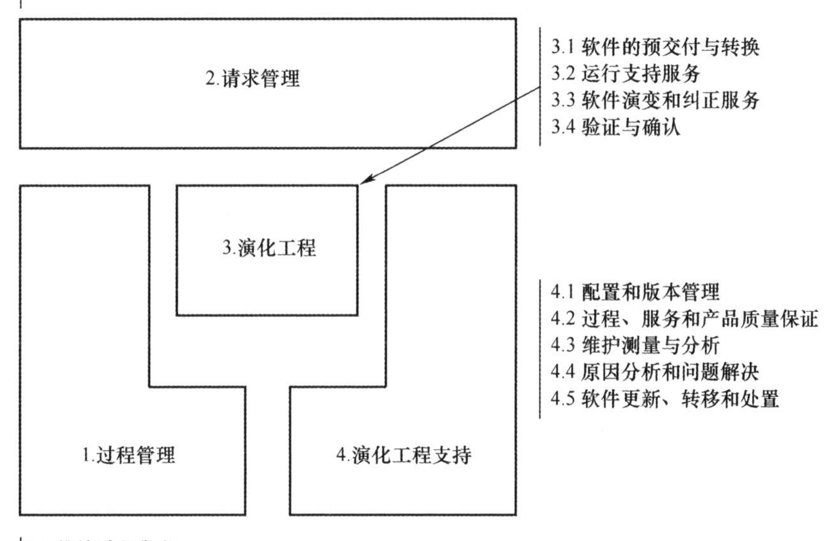

图 4.9 S^{3m}模型结构[APR 08]

S^{3m} 模型中的软件维护特指日常发生的操作支持活动、修改和软件演变。软件维护的特性包括[ABR93]：

(1) 修改申请(modification requests，MR)不定期出现，并且不能在年度预算策划过程中单独核算。

(2) 开发人员通常在操作级别评审和确定修改申请的优先级,大多数不需要高级管理人员的参与。

(3) 维护工作量不是用项目管理技术来管理的,而是用队列管理技术,有时也用 Helpdesk 软件来支持。

(4) 维护申请的规模和复杂度通常可以由一两个维护人员处理。

(5) 维护工作量是面向用户服务的,简单来说就是要确保操作软件每天平稳运行。

(6) 优先级可以随时(有时是每小时)切换,但是需要对软件进行即时修正的问题报告优先于其他任何正在进行的工作。

此外,在许多组织中维护通常是由组织内其他小组进行的,而不是由软件开发小组进行的。

软件维护成熟度模型:

(1) 与日常软件维护活动相关,而不是与应该使用项目管理中经过验证的技术来管理的大型活动有关(在这些特定的大型维护项目中,应该使用 CMMI 模型);

(2) 应基于顾客的角度;

(3) 与应用软件的维护有关,这些软件可以是内部开发和维护的,内部(或在分包商的帮助下)配置和维护的,以及外包给外部供方的;

(4) 为每个示范性实践提供参考和细节;

(5) 基于路径图和维护手册提供改进方法;

(6) 涵盖 ISO 12207 所述的软件维护生命周期标准;

(7) 涵盖适用于小型维护的 ISO 9001 中的大部分特性和实践,以及面向开发的 CMMI 模型的相关部分;

(8) 集成了在其他软件和质量改进模型中记录的软件维护实践,如下一节将介绍的 ITIL 模型。

加拿大部队中的一个保障团队(包括技术人员和程序员),支持着大约 20 个使用中的应用程序。程序员一直处于项目模式,并将他们从用户那里收到的申请按优先级顺序排列。他们所负责的项目都有交付期限,但是很难进行时间估计,因为团队可能会在几周内收到十几个申请,而这些申请可能要求所有的事情都停止,直到所有的问题都得到修复和确认。

团队必须制定严格的进度安排,每天 30%的时间处理申请,70%的时间处理项目。为了确保更好地服务客户,他们还制定了响应标准,要求必须在 72 小时内响应申请,如果该期限内没有完成,则必须每 14 天向客户报告一次。

以上是对改进软件开发和维护过程的模型的相关介绍。下一节将讨论改进IT运维和基础设施(也称为IT服务)过程的参考和标准。

4.7.3 ITIL框架和ISO/IEC 20000

基于良好的计算机服务管理实践,英国建立了ITIL框架。ITIL由5本书组成,为IT服务用户提供高质量的意见和建议。需要指出的是,IT服务部门通常负责保证基础设施的有效性和正常运行(包括备份副本、恢复、计算机管理、电信和产品数据)。ITIL的书籍系统地涵盖了公司计算机操作的各个方面,同时也指出它们并没有囊括所有的答案。

图4.10所示的指南包括:

(1) 策略;

(2) 设计;

(3) 转换;

(4) 运作;

(5) 持续改进。

ITIL中描述的支持过程侧重于日常运行,主要目标是在出现问题时解决问题,或者在计算机环境或组织运营方式发生变化时防止问题出现。

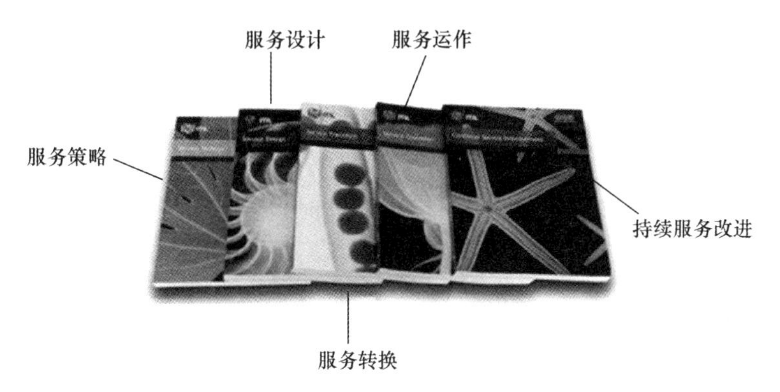

图4.10 主要的ITIL指南

ITIL描述了支持的核心功能和以下5个过程:

(1) 事件管理;

(2) 问题管理;

(3) 配置管理;

(4) 变更管理;

(5) 调试管理。

服务运营过程比支持过程更注重长期管理,其主要目标是保证 IT 基础设施满足组织的业务需求。ITIL 描述了以下 5 个服务运营过程:

(1) 服务等级管理;

(2) IT 服务的财务管理;

(3) 能力管理;

(4) IT 服务持续管理;

(5) 可用性管理。

ITIL 概括了优秀的实践,并汇总了业务过程描述,使人们能够从许多组织的经验中获益。ITIL 的基础是共享 IT 运营经验,并不包含任何实施指南。

由于 ITIL 在全球得到了广泛的认可,基于 ITIL 的国际标准:ISO/IEC 20000-1 [ISO 11h]应运而生。ITIL 的原则被成功地应用于不同规模的公司和几乎所有活动部门。ITIL 的 3 个主要目标是:

(1) 使计算机服务符合公司及其客户当前和未来的需求。

(2) 提高计算机服务质量。

(3) 降低提供服务的长期成本。

与 CMMI 和 S^{3m} 模型一样,ITIL 是一种基于过程的方法,它建立在 PDCA 循环的持续改进原则上。

20 世纪 80 年代,英国政府希望提高上市公司的效率,降低 IT 成本。最初,这意味着开发一种适用于所有公共组织的通用方法。这个项目开始于 1986 年,在 1988 年正式启动。研究完成后,很快促进了一般原则的定义和最佳实践的发展。这些成果也适用于私营企业。来自公共组织和私营企业的运营经理、独立专家、顾问和培训师聚集在一起,形成了工作小组。私营企业的参与以及接受竞争对手对他们工作方法的研究,确保了结论的客观性,同时也避免了被专有技术或系统影响的风险。ITIL 将服务作为了信息系统管理的核心,这一原则在 80 年代非常具有创新性,并促进了信息系统管理客户这一概念的产生。1989 年,ITIL 的第一个版本出版了 10 本书,涉及的领域即是服务支持和服务交付过程。随后陆续出版了 30 多本书籍,但 2000 年到 2011 年的一次更新将书籍的数量减少到现在的 5 本。

1. 管理 IT 服务

在计算环境中使用时,服务的定义类似于公司的会计部门,起着保障作用。这个概念还与信息系统向用户提供服务(如电子邮件、桌面支持服务等)有关。ITIL 的理念基于:

(1) 考虑客户对实现计算机服务的期望。

(2) 计算机项目的生命周期必须从一开始就包含了计算机服务管理的各个方面。

(3) 实施相互依赖的 ITIL 过程,以确保服务质量。

(4) 实施从用户的角度来测量质量的方法。

(5) 体现计算机部门与公司其他部门之间沟通的重要性。

(6) ITIL 必须保持灵活性才能适应所有的组织。

ITIL 处理的主要问题:

(1) 用户支持,包括事件管理,同时也是 Helpdesk 概念的延伸。

(2) 提供服务,包括专用于 IT 日常运营的管理过程(如成本控制、服务水平管理)。

(3) 生产环境基础设施的管理,包括网络管理和生产工具(如进度、备份和监控)的实施。

(4) 应用程序管理,包括操作程序的支持管理。

(5) 安全过程(security process,SP)的安全管理(如保密性、数据完整性、数据可用性等)。

这些指导方针可以帮助人们定义 IT 基础设施和 IT 运维组的过程。

2. ISO/IEC 20000 标准

ISO/IEC 20000 标准是第一个致力于信息技术服务管理的 ISO 标准,受前英国标准 BSI 15000(该标准基于 ITIL 开发)的启发,于 2005 年 11 月 10 日由 ISO 发布。ISO 20000 的主要贡献是在 ITIL 内容上达成了国际共识。

如图 4.11 所示,本标准由两部分组成。第一部分,ISO 20000-1[ISO11h]代表了标准的认证部分,定义了 IT 服务管理的需求,包括:

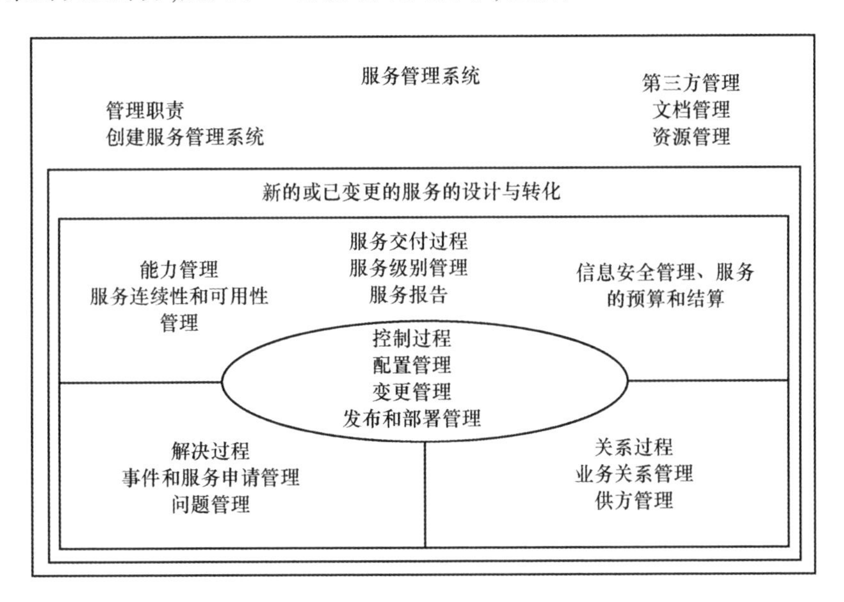

图 4.11 ISO 20000 服务管理体系过程[ISO 11h](资料来源:加拿大标准委员会)

(1) 服务管理的规格说明。
(2) 策划和实现服务管理。
(3) 策划和实现新的服务。
(4) 服务交付过程。
(5) 关系管理。
(6) 处置管理。
(7) 控制管理;
(8) 生产管理。

下一节将介绍 IT 治理的典型实践。该指南供专门从事 IT 工作的内部审核员使用,用于评估组织中建立的控制的质量。

4.7.4 CobiT 的过程

CobiT [COB 12]是由信息系统审计与控制协会(information systems audit and control association,ISACA)(IT 审计员)建立的 IT 治理最佳实践的知识库。CobiT 面向评审和管理评估信息系统,提供了内部控制有效性的风险分析和评估。该最佳实践知识库试图涵盖多个概念,例如业务过程的分析、IT 的技术方面、信息技术中的控制需要和风险管理。

CobiT 过程确保了技术资源与公司的基本目标相契合,有助于使 IT 实践得到适度的控制。该过程与 ITIL 参考、项目管理协会的 PMBOK ®指南[PMI 13]以及 ISO 27001 和 ISO 27002 标准相协调。

第五版 CobiT 覆盖了 34 个通用的指导过程和 318 个控制目标,分为 4 个过程域:

(1) 策划和组织;
(2) 获取和实施;
(3) 分配和支持;
(4) 监控。

该框架涵盖 4 个过程域的检查单,包括 34 个总体控制目标和 302 个详细控制目标。“策划和组织”过程域有 11 个目标,涵盖了与战略和战术相关的所有内容。这些目标确定了 IT 部门实现公司业务目标的最有效方式。“获取和实施”过程涵盖了实现 IT 战略的 6 个目标,包括 IT 解决方案的识别、获取、开发和实施,并将其集成到业务过程中。“分配和支持”过程域包含 13 个目标,包括将所需的 IT 服务的交付分配给不同的小组(即运行、安全、应急计划和培训)。“监控”过程域有 4 个目标,允许管理层评估过程控制需求的质量和合规性。实现工具包括相关案例的呈现,在这些案例中,公司使用 CobiT 技术快速、成功地实现过程。这些案例与业务目标密切相关,同时特别关注 IT。这将保证管理、标准化工作过程,并保证 IT

服务的安全性和可控性。

本指南的 CobiT 管理部分侧重于以下方面:IT 剖面的绩效测量和控制以及对技术风险的认识。该文档提供了关键目标指标、关键绩效指标、关键成功因素和成熟度模型。成熟度模型以 0~5 的等级评价过程的总体目标的实现情况:

(1) 0:没有实现;

(2) 1:实现了但缺乏组织(临时初始化);

(3) 2:可重复的;

(4) 3:已定义的;

(5) 4:已管理的;

(6) 5:已优化的。

审核指南允许组织评价并证明总体目标和详细目标的风险和缺陷,然后进一步实施纠正措施。本审核指南遵循四项原则:深入理解、评价控制、验证合规性和证明未达到控制目标的风险的合理性。

下一节介绍信息安全标准。

4.7.5 ISO/IEC 27000 信息安全系列标准

ISO 于 2000 年 12 月首次发布了 ISO 17799 标准[ISO 05d],引入了信息安全管理的最佳实践。该标准的第二版于 2005 年 6 月发布,并于 2007 年 7 月获得了新的标准编号,该标准现在称为 ISO/IEC 27002 [ISO 05c]。

ISO 27002 标准包含 133 个实施步骤,供负责实施或维护信息安全管理体系的人员使用。该标准将信息安全定义为“信息的保密性、完整性和可用性的维护”。

该标准对企业来讲不是强制性标准,然而,部分合同可能要求顾客与服务提供商遵守相关标准化实践。

ISO 27002 标准由 11 个主要部分组成。包括安全管理以及安全管理的战略和运营,每一部分即构成该标准的一章内容:

(1) 安全方针;

(2) 信息安全组织;

(3) 资产管理;

(4) 人力资源安全;

(5) 物理和环境安全;

(6) 通信和运营管理;

(7) 访问控制;

(8) 信息系统的获取、开发和维护;

(9) 与信息安全相关的事件管理;

(10) 活动连续性管理;

(11) 遵守法律和法规。

该标准中的各个章节都指定了需要达到的目标,并列举了实现这些目标的实践。该标准没有提供详细的实践,因为每个组织都应该先对其自身的风险进行评价,以确定其需求,然后再选择适用于每种可能情况的实践。

如图 4.12 所示,该标准基于 ISO 27000 系列标准。

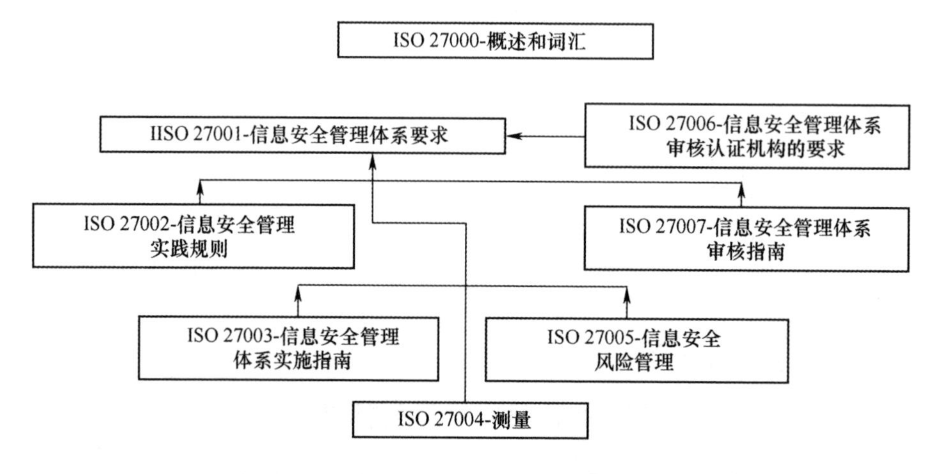

图 4.12 ISO 27000 系列标准[ISO 05c](资料来源:加拿大标准委员会)

请注意,基于 ITIL 的 ISO 20000 标准与关于信息安全的 ISO 27001 指南直接相关。

下一节将介绍专为开发软件或系统的小型组织编制的 ISO/IEC 29110 标准和指南。

4.7.6 适用于超小型实体的 ISO/IEC 29110 标准和指南

世界上有许多超小型实体(very small entities,VSE),即最多只拥有 25 人的企业、组织(包括公共组织和非营利组织)、部门或项目。在欧洲,超过 92.2%的公司拥有 1~9 名员工,只有 6.5%的公司拥有 10~49 名员工[MOL 13]。在美国,大约 95%的公司只有 10 名或不到 10 名员工[USC 16]。在加拿大蒙特利尔地区近 80%的软件公司员工人数不超过 25 人,50%的公司员工人数不超过 10 人[GAU 04]。在巴西,小型企业约占公司总数的 70%[ANA 04]。在北爱尔兰[MCF 03],一项调查显示,66%的组织雇佣人数少于 20 人。

然而,根据调查和研究,ISO 标准显然不是为超小型实体制定的,并不能满足它们的需要,因此在这种背景下,这些实体很难实施这些标准。为了帮助超小型实体,一个国际标准化项目开发了一套 ISO/IEC 29110 标准和指南[ISO 16f]。ISO 29110 标准是根据现有标准(如 ISO 12207 和 ISO 15289)中有关超小型实体的资料而制定的。这种“整合”叫作“剖面”。我们将在本章的最后简要介绍 ISO 15289。

2005 年，Laporte 教授被任命为 ISO 29110 标准和指南的项目编辑。自 2005 年以来，该工作组制定了一套 ISO29110 标准和指南，以帮助那些开发软件、开发涉及硬软件的系统，或为客户提供维护服务的超小型实体。ISO 29110 已经成功吸引了多个国家的兴趣，并已被翻译成捷克语、法语、德语、日语、葡萄牙语和西班牙语。一些国家（如巴西、日本和秘鲁），已经采用 ISO 29110 作为国家标准。

1. ISO 29110 剖面集

ISO/IEC29110 标准涵盖组织的基本特性是规模。然而，我们知道超小型实体的其他方面和特性可能会影响剖面的准备，例如商业模式、应用领域（如医疗）等情境因素、不确定性、关键性和风险等级。上述每个可能的特性组合都会产生大量难以管理的剖面。因此，剖面被设计为适用于多个特性。剖面组是一组与过程成分（如活动、任务）或能力等级，或与两者相关的剖面[ISO 16f]。例如，通用剖面组被定义为适用于不开发关键软件或关键系统的超小型实体。关键系统或关键软件是指由于安全、性能和安全性等因素，可能对用户或环境造成严重影响的系统或软件[ISO 16f]。通用剖面组是由 4 个剖面（准入、基础、中级和高级）组成的路线图，它为大量的超小型实体提供了一个进阶式的方法。表 4.4 描述了这 4 个剖面的主要特性。

表 4.4 通用剖面针对的超小型实体[ISO 16f]

剖面	每个剖面针对的超小型实体
准入剖面	适用于从事小型项目（例如，最多 6 个人月的项目）的超小型实体和初创企业
基础剖面	适用于在同一时间只有一支队伍并只开发一个项目的超小型实体
中级剖面	适用于与多个团队同时开发多个项目的超小型实体
高级剖面	适用于希望显著改善其业务管理和竞争力的超小型实体

表 4.5 说明了已编制完成的相关文档和预期受众。技术报告在标题中标记为“TR”（Technical Report），而其他文件为标准文件[ISO 16f]：

表 4.5 ISO 29110 文档及其目标受众[ISO 16f]

ISO/IEC 29110	标 题	目 标
第 1 部分	概述	超小型实体及其客户、评价人员、标准开发人员、工具和方法的供应商
第 2 部分	剖面准备框架	标准开发人员，工具和方法的供应商。该文件不适用于超小型实体
第 3 部分	认证和评估指南	超小型实体及其客户、评估人员、认证机构
第 4 部分	剖面规格说明	超小型实体，标准开发人员，工具和方法的供应商
第 5 部分	管理、工程和服务交付指南	超小型实体及其客户

(1) ISO/IEC TR 29110-1[ISO 16f]“概述”定义了超小型实体剖面的常用术语,介绍了过程、生命周期概念、标准,以及构成 ISO/IEC29110 的所有文档。它还描述了超小型实体的特性和需要,以及为超小型实体开发剖面、文档、标准和指南的原因。

(2) ISO/IEC29110-2-1“剖面准备框架”介绍了超小型实体系统和软件工程剖面的概念,它解释了定义和应用程序剖面背后的逻辑。该文件还规定了 ISO/IEC 29110 标准剖面的共同要素(如结构、符合性评估)。

(3) ISO/IEC 29110-3“认证和评估指南”为实现超小型实体定义的剖面目标,制定了过程评估指南和符合性要求的指南,同时包含对方法和评估工具的开发人员有用的信息。ISO/IEC TR 29110-3 适用于与评估过程有直接关系的人员,例如评估员和申请评估的人员,他们需要指导以确保满足实施评估要求。

(4) ISO/IEC 29110-4-m“剖面规格说明”根据相关标准的子集,提供了剖面组中所有剖面的规格说明。

(5) ISO/IEC 29110-5-m-n 为通用剖面组中的剖面提供管理、工程和服务交付指南。

当需要一个新的剖面时,只需要开发 ISO 29110 的第 4 部分和第 5 部分,而不影响其他文档。为了促进超小型实体应用 ISO 29110,受命开发 ISO 29110 的第 24 工作组可以免费提供 ISO 技术报告。

2. ISO 29110 软件基础剖面

软件基础剖面由两个过程组成:项目管理过程和软件实现过程。项目管理过程的目标是建立一种系统化的方法来实施软件项目的任务,从而在质量、进度和成本方面达到项目目标。软件实现过程的目的是根据具体需求对新的或修改过的软件产品进行系统的分析、设计、构建、集成和测试。

图 4.13 显示了项目管理过程和软件实现过程及其活动。活动由任务组成。

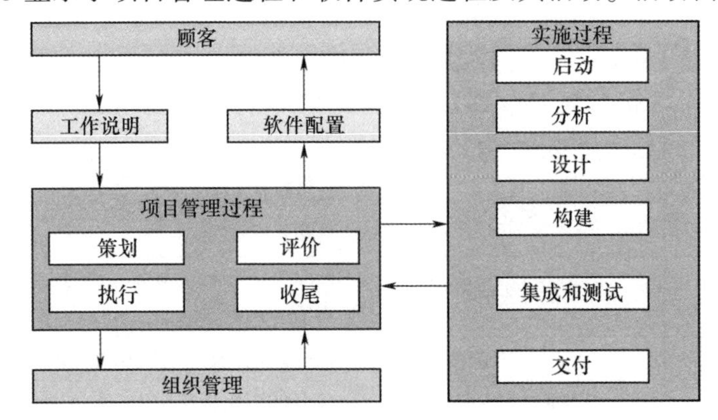

图 4.13 软件配置的管理和实施过程

项目管理过程的输入是一个名为“工作说明(SOW)”的文档,实现过程的输出是在项目早期定义的一组交付物(如文档、代码),称为软件配置。

接下来介绍 ISO 29110 软件基础剖面的管理和工程指南。请注意,标准描述了“做什么”,而管理和工程指南则描述了“如何做”。

1) 软件基础剖面的管理过程

项目管理过程的目标是建立一种系统化的方法来实现软件项目的任务,从而使其在质量、进度和成本方面达到项目目标。

如图 4.14 所示,管理过程使用工作说明制定项目计划。

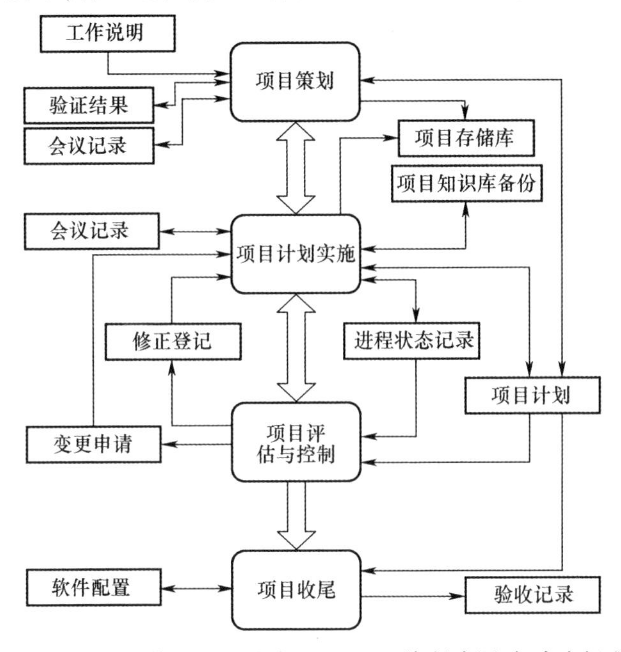

图 4.14 软件基础剖面管理过程活动[ISO 11e](资料来源:加拿大标准委员会)

此过程的评估和控制任务将使用项目计划来评估项目进度。如有必要,还会采取措施来消除与项目计划的差距,或将变更纳入计划。项目收尾活动向客户提供实现过程中产生的交付物,以供其批准,从而正式结束项目。项目知识库用于保存工作产品并在项目期间进行版本控制。

项目管理过程包括 4 项活动,共 26 项任务。

2) 基础剖面的软件实现过程

软件实现过程的目的是根据既定需求对新的或修改的软件产品进行系统的分析、设计、构建、集成和测试。实现过程由项目计划控制,如图 4.15 所示。项目计划指导软件需求的分析、详细体系架构和设计、软件的构建和集成,以及测试和交付的活动。为了消除产品中的缺陷,验证与确认活动以及测试任务都包含在这个过程的活动中。客户提供一份工作说明作为项目管理过程的输入,并接收一组在项目最初计划中明确的交付物作为实现过程的结果。

如图 4.15 所示,实现过程包括 6 项活动,可分解为共 41 个任务。为了说明在超小型实体中,管理和工程指南如何指导 ISO 29110 标准的实施,表 4.6 列举了一个需求分析任务(SI.2.4 确认并获得需求规格说明的批准)的案例。表的第一列列举了该任务涉及的角色,包括分析师和客户;第二列描述了任务,并提供了注释以帮助任务的执行;第三列描述了执行任务所需要的输入工作产品及其状态(如

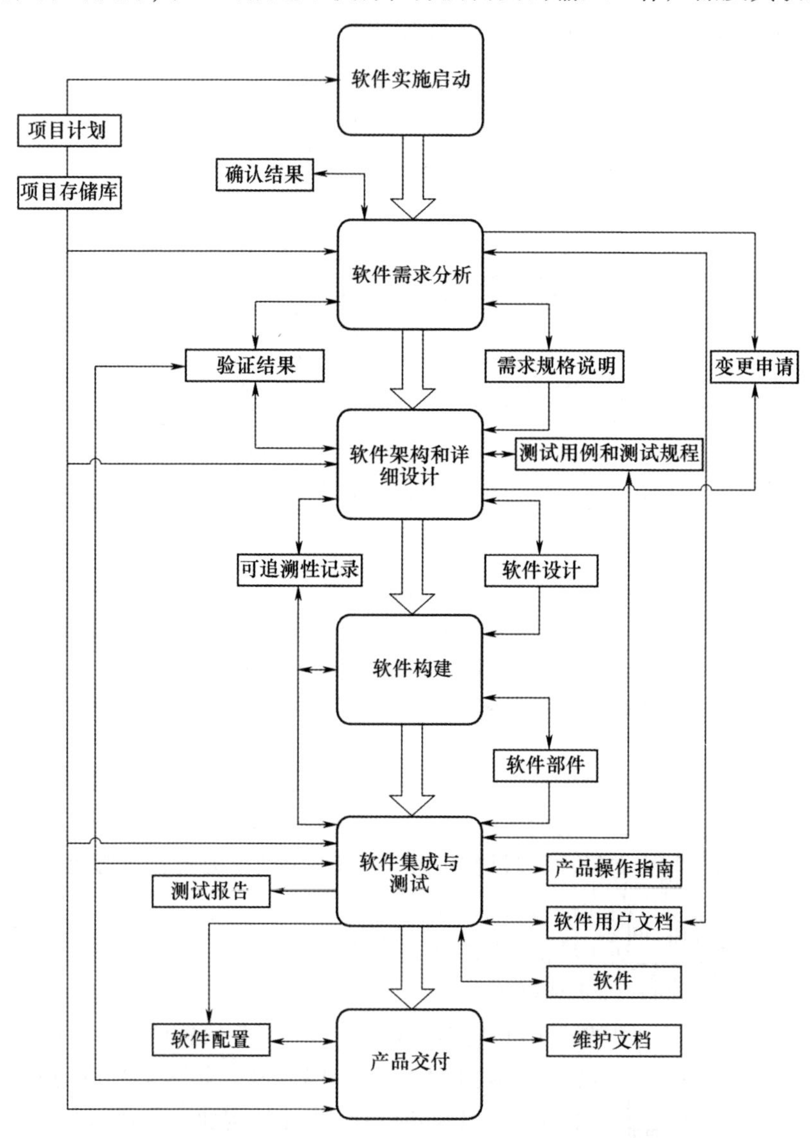

图 4.15 基础剖面软件实现活动(资料来源:加拿大标准委员会)

已验证的);最后一列描述了通过任务的执行所得到的输出工作产品及其状态。

表 4.6 一项需求分析活动的描述[ISO 11e]

角色	任务	输入工作产品	输出工作产品
客户 分析师	SI. 2.4 确认并获得需求规格说明的批准 确认需求规格说明是否满足需求和期望,包括用户界面的可用性。将结果记录在确认结果中,并进行修正,直到获得客户的批准	(已验证的)需求规格说明	验证结果 (已确认的) 需求规格说明

表 4.7 例举了由 ISO 29110 管理和工程指南提出的文档、变更申请和内容示例。请注意,指南并没有规定具体的内容,而是通过"可以"而非"应当"包含的内容的描述提供了可以进行分组的信息项。表的最右边一列显示了申请文档的来源。在这个例子中,变更申请是由客户、开发团队或项目管理人员起草的。我们可以注意到,在"说明"列的最后还标注了该文档的适用状态。

表 4.7 文档内容说明[ISO 11e]

名称	说明	来源
变更申请	标识软件和文档的问题或期望的改进,并申请修改。它可能具有以下特性: · 标识变更的目的 · 标识申请的状态 · 标识申请人的联系方式 · 受影响的系统 · 对现有系统运行的影响 · 对现有相关文档的影响 · 申请的关键性程度、截止日期 适用的状态:已启动的、已评价的和已接受的	客户 项目管理 软件实现

3. 部署包的开发

虽然 ISO 工作组创建了一个管理和工程指南,但许多超小型实体没有足够资源使用这两个过程。因此,在 2007 年莫斯科的一次会议上,Laporte 教授作为 ISO 29110 项目的编辑,向第 24 工作组的代表们建议,开发一套超小型实体可以"按原样"使用的材料[LAP 08a]。他根据管理和工程指南,配套开发了一套称为部署包的文档。

部署包是一组通过为超小型实体提供现成的过程来促进和加快推进实现 ISO 29110 标准的制品。表 4.8 描述了部署包的目录。请注意,为帮助超小型实体具体地实施标准,管理和工程指南中的任务被分解成了不同的步骤。

表 4.8　部署包目录[LAP 08a]

1. 技术说明 　文档的目的 　为什么这个话题很重要 2. 与 ISO/IEC 29110 的关系 3. 定义 4. 过程、活动、任务、角色和产品的概述 5. 过程、活动、任务、步骤、角色和产品的描述 　角色描述 　产品描述 　制品描述 6. 模板 7. 示例 8. 检查单 9. 工具 10. 其他标准和模型(如 ISO 9001、ISO/IEC 12207、CMMI) 11. 参考文献 12. 评价表

图 4.16 显示了为软件基础剖面开发的部署包。

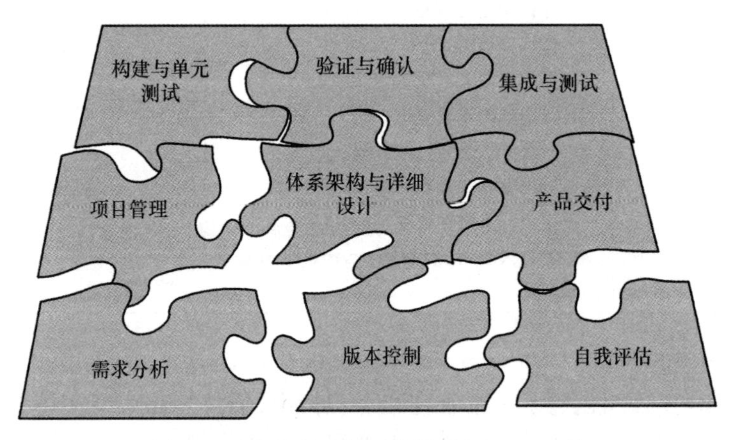

图 4.16　软件基础剖面的部署包[LAP 08]

网上免费提供了这些部署包的英语、法语和西班牙语版本,同时还提供了 ISO 29110 实施情况的模板、检查单和案例,例如下面的示例。

4. 软件基础剖面的实施案例

BitPerfectInc. 是一家由 4 个人组成的创业公司,位于秘鲁利马[GAR 15],以下文本框描述了该公司实施 ISO 29110 基础剖面的情况。

秘鲁的超小型实体-BitPerfect 创业公司(改编自[GAR 15])

BitPerfect 在它的第一个开发项目中使用了敏捷实践(例如 Scrum、测试驱动开发、持续集成)。ISO 29110 的基础剖面针对已经在使用的敏捷实践进行了剪裁。这一新过程已成功应用于该公司客户的一个项目:开发一个有助于秘鲁第二大保险公司的客户和司法顾问之间沟通的软件。

保险公司的项目管理和软件开发工作耗时约 900 个小时,其中用于预防、执行、评价和纠正的工作量如下表所示。

预防、执行、评价和纠正工作的工作量[GAR 15]

开发阶段	预防/小时	执行/小时	评价/小时	纠正/小时
准备环境(如服务器)	14			
制定项目计划		15	3	7
实施与项目控制		108		
实施(迭代)		90		
评估和控制(迭代评审)		18		
软件规格说明		107	28	58
工作说明		12	3	7
用例的规格说明		95	25	51
体系架构设计		35	18	14
制定测试计划		45	8	11
编码和测试		253	70	62
维护和操作指南		14	5	7
软件实现		6		
项目收尾		2		
总计(小时)	14	585	124	159

在整个项目中,投入在缺陷纠正(即返工)上的工作量仅占工作总量的 18%(159 小时/882 小时),这个占比可对应到 CMM 成熟度等级 3。下表显示了不同 CMM 成熟度等级的纠正工作量的百分比。

CMM 模型的成熟度等级和纠正的工作量[DIA 02]

CMM 成熟度等级	纠正工作百分比
2	23.2%
3	14.3%
4	9.5%
5	6.8%

值得注意的是,这个项目是超小型实体第一次在软件开发项目中使用基于 ISO 29110 的新过程。纠正百分比反映了一个与新过程和要生成的新文档之间相关的学习曲线。

该公司随后由一名巴西的认证审核员进行了审核。巴西标准局完成了 ISO 29110 符合性审核,并颁发了基础剖面的符合性证明。ISO/IEC 29110 认证有利于获得新客户和大项目。该公司获得的证书得到了国际认可论坛(international accreditation forum,IAF)成员国的认可。2016 年,该公司的雇佣人数超过 23 人。

这家秘鲁的超小型实体的认证过程将在审核一章中介绍。

4.7.7 用于超小型实体开发系统的 ISO/IEC 29110 标准

由于大量的超小型实体需要开发包括硬件和软件的系统,因此,SC7 国家的成员授权第 24 工作组为软件开发创建一套文档,其与现有的文档相似,是一个包括 4 个剖面(准入、基础、中级和高级)的路线图。系统开发和软件开发的剖面相似,因为系统剖面是使用已经发布的软件剖面作为基础来开发的。

图 4.17 显示了系统工程基础剖面的过程和活动。由于这是基于软件基础剖面,因此与上述软件基础剖面有相似之处:

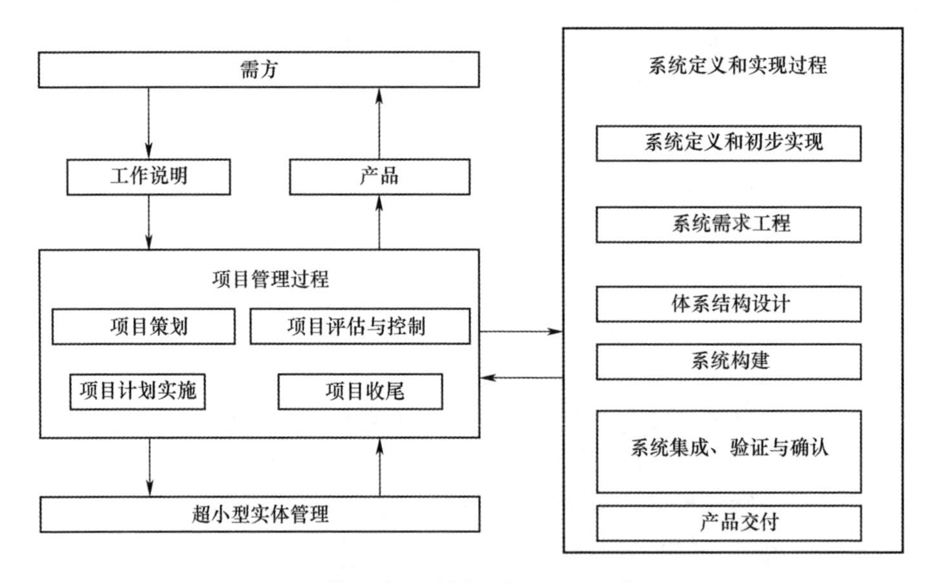

图 4.17　系统开发基础剖面的过程和活动[ISO 16f]

(1) 客户,又称为需方,为超小型实体提供工作说明。

(2) 项目管理过程,包括与软件基础剖面的项目管理过程类似的活动。系统工程的基础剖面中加入了一些任务,如硬件部件的采购管理。

(3) 技术过程,又称为系统定义和实现过程,其活动与软件实现过程相似。系统工程剖面中添加了几个新任务。在执行名为“系统构建”的活动中,超小型实体购买或制造硬件部件,以及开发软件部件。在系统集成过程中,对软件和硬件进行集成,并对系统进行验证和确认。ISO 29110 系统工程指南建议超小型实体使用软件基础剖面来开发系统的软件部件。

系统与软件管理和工程指南的法语版和英语版可以从 ISO 免费获取,德语版也可以在网上找到。

4.8 应用领域的特定标准

本节我们将举例说明应用于特定领域(如航空航天和铁路)的标准,以强调某些包含关键系统的领域已经制定了自己的标准。与 ISO 软件工程标准不同,以下标准并不是由成员国代表制定,而是由特定领域的组织(如航空航天公司和航空当局)制定的。一个值得注意的例子是 CobiT 指南[COB 12],它被内部审核员用来审核信息系统组织。

4.8.1 用于机载系统 DO-178 和 ED-12 指南

DO-178“机载系统和设备认证中的软件要求”是由航空无线电技术委员会(radio technical commissionfor aeronautics, RTCA)于 1980 年发起编制的。与此同时,欧洲民航组织(european organisation for civil aviation, EUROCAE)也制定了一份类似的文件。后来,这两个组织决定制定一个共同的指导文件。1982 年,欧洲民航组织出版了技术内容与 DO-178 相同的 ED-12。正如在 DO-178C 中所述,自 1992 年以来,世界各地的航空业和认证机构都将 DO-178B/ED-12B 作为评估机载系统和设备认证过程中软件审批合规性的合理方法。这两个标准的最新版本均发表于 2011 年[EUR 11, RTC 11]。

它们的目的是为机载系统和设备的软件生产提供指导。这些系统必须提供符合适航要求的高水平安全性。

读者可能想知道为什么这个文档被称为指南而不是标准。DO-178 [RTC 11] 中解释到:“本指南并非法律强制要求,而是航空界的共识。本指南认可申请人使用指南中方法的替代方法。因此,本指南避免使用‘应(shall)’和‘必须(must)’等词语。”

然而,DO-178 提供了一些文本,将该指南转变为该行业的事实标准[RTC 11]:“如果申请人采用本指南作为合规性方法,则申请人应满足所有适用目标。本指南应当适用于申请人,以及与软件生命周期过程和其输出相关的全部供方。

申请人有责任监督其所有供方。”

认证

认证机构对产品、服务、组织或个人符合要求的法律性认可。

此类认证包括对产品、服务、组织或个人进行技术检查的活动，以及通过颁发证书、许可证、批准书或国家法律和规程要求的其他文档，正式认可其符合适用要求。具体来说，产品认证涉及：

(1) 对产品设计进行评估的过程，以确保该产品符合适用于该类型产品的一系列要求，以证明其达到了可接受的安全程度；

(2) 对单个产品进行评估的过程，以确保其符合认证的型号设计；

(3) 颁发国家法律要求的证书，以认证其符合上述(a)或(b)项规定的要求。

DO-178 [RTC 11]

本指南的目标包括[RTC 11]：

(1) 软件生命周期过程的目标；

(2) 为实现这些目标所采取的行动；

(3) 生命周期数据形式的证据说明，以证明目标已经实现。

系统安全评估决定了系统软件部件的等级。软件等级甚至可以在系统需求中指定。DO-178 将软件分为 5 个等级[RTC 11]。

(1) A 级：软件的异常行为(如系统安全评估过程中所示)会直接或间接导致系统功能失效，从而导致飞机进入灾难性的失效状态。

(2) B 级：软件的异常行为(如系统安全评估过程中所示)会直接或间接导致系统功能失效，从而导致飞机进入危险的失效状态。

(3) C 级：软件的异常行为(如系统安全评估过程中所示)会直接或间接导致系统功能失效，从而导致飞机进入严重的失效状态。

(4) D 级：软件的异常行为(如系统安全评估过程中所示)会直接或间接导致系统功能失效，从而导致飞机进入轻微的失效状态。

(5) E 级：软件的异常行为(如系统安全评估过程中所示)会直接或间接导致系统功能失效，但不影响飞机运转能力和飞行员工作量。如果软件部件被认定为 E 级，并且认证机构对此进行了确认，那么本文中后续的指南对其不再适用。

 航空无线电技术委员会(radio technical commission for aeronautics,RTCA)

RTCA 是一家非营利性的公司,旨在促进航空和航空电子系统的艺术和科学的发展,造福民众。该组织的建议经常被用作政府和私营部门决策的基础,也是许多联邦航空管理局技术标准指令的基础。

欧洲民航组织(european organisation for civil aviation,EUROCAE)

欧洲民用航空设备组织是一个致力于航空标准化的非营利性组织。

4.8.2　EN 50128 铁路应用标准

EN 50128 标准通过以下方式描述了它的应用领域[CEN 01]:规定了适用于铁路控制和保护应用中可编程电子系统开发的规程和技术要求。它旨在用于所有与安全相关的领域,适用于所有用于开发和实施铁路控制和保护系统的软件,包括应用程序设计、操作系统、支持工具和微程序设计。它还适用于使用应用程序数据配置的系统的需求。

制定该标准的原因如下[CEN 01]:

(1) 定义铁路行业可靠性要求的规格说明和论证过程;

(2) 达成对可靠性管理的理解,并形成通用方法;

(3) 为铁路当局和铁路行业提供统一管理可靠性、可用性、可维护性和可依赖性的过程。

EN 50128 标准引入了 5 个软件安全完整性等级(software safety integrity levels,SWSIL),每个等级都与在使用软件系统时的风险程度相关。等级 0 表示与安全无关的软件,等级 4 级意味着非常高的风险。这个标准的一个特别之处在于,它对那些开发风险软件(即存在安全问题的软件)的组织推荐了一个组织结构。图 4.18 说明了基于软件安全完整性等级的不同组织结构。

该标准描述了利益相关方的角色和责任分担。对于等级 0,没有给出任何约束,设计人员/实施人员、验证人员和确认人员可以全部是同一个人。

对于软件安全完整性等级 1 和 2,验证人员和确认人员可以是同一个人,但不能是设计人员/实施人员。但是,设计人员/实施人员、验证人员和确认人员都可以通过项目经理进行报告。在软件安全完整性等级 3 和 4,有两种合理的安排:

(1) 验证人员和确认人员可以是同一个人,但是他们不能同时是设计人员/实施人员。此外,验证人员和确认人员不能像设计人员/实施人员那样向项目经理报告,并且他们必须有权阻止产品发布。

(2) 设计人员/实施人员,验证人员和确认人员必须是不同的人。设计人员/实施人员和验证人员可以向项目经理报告,而确认人员不能,确认人员必须有权阻止产品发布。

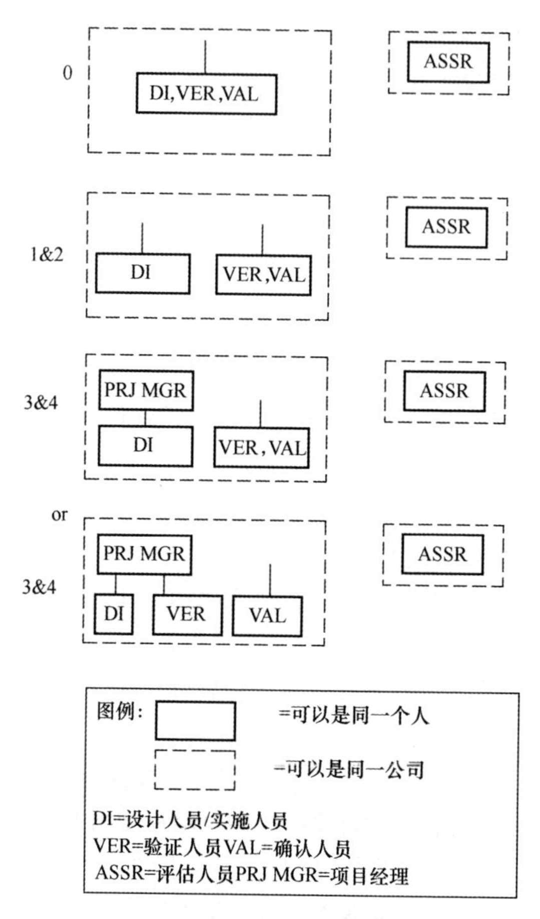

图 4.18 软件安全完整性等级与独立性[CEN 01]

此外,该标准还规定了能否使用某些开发技术的要求,并将其分为 5 个类别,从强制到不推荐,如表 4.9 所列。

表 4.10 对软件安全完整性等级的静态分析技术从 0~4 划分了 5 个类别。在这里,我们看到所有类别中,设计评审的要求都是高度建议使用(HR)。

在表 4.11 中,我们对于 5 个关键性等级,列出了是否应使用某些特定编程语言的要求,如 C 或 C++。

表 4.9 技术分类表示例(改编自[CEN 01])

类别	解释
技术的使用是强制性的(M)	
对于当前安全完整性等级,该技术为高度建议使用(HR)	如果不使用该技术或措施,则需要在 SQA 计划或其他 SQA 计划相关文档中详细说明不使用的理由
对于当前安全完整性等级,该技术或措施为建议使用(R)	
对于是否使用该技术或措施没有建议(-)	
对于当前安全完整性等级,该技术或措施为不建议使用(NR)	如果使用了这种技术或措施,那么应该在 SQA 计划或其他 SQA 计划相关文档中详细说明使用的理由

表 4.10 静态分析技术分类说明[CEN 01]

类别	SW	SW	SW	SW	SW
技术	IL 0	IL 1	IL 2	IL 3	IL 4
临界值分析	-	R	R	HR	HR
检查单	-	R	R	R	R
数据流分析	-	HR	HR	HR	HR
Fagan 审查	-	R	R	HR	HR
走查/设计评审	HR	HR	HR	HR	HR

表 4.11 编程语言分类说明[CEN 01]

类别	SW	SW	SW	SW	SW
技术	IL 0	IL 1	IL 2	IL 3	IL4
Ada	R	HR	HR	R	R
C 或 C++(无限制)	R	-		NR	NR
基于编码标准的 C 或 C++的子集	R	R	R	R	R

4.8.3 ISO 13485 医疗设备标准

ISO 13485 标准侧重于产品的质量保证、客户需求以及与质量管理体系相关的各种项目[ISO 16d]。该标准规定了可用于组织医疗设备的设计、开发、生产、安装和相关服务的质量管理体系要求,以及相关服务的设计、开发和供应要求。医疗设备的定义如下,描述了可能受到劣质软件影响的设备的范围。

医疗设备

制造商生产的旨在单独或组合用于人类使用的仪器、设备、机器、装置、植入物、体外用试剂、软件、材料或其他类似或相关的物品,用于以下一个或多个特定医疗目的:

(1) 诊断、预防、监测、治疗或减轻疾病;

(2) 诊断、监测、治疗、减轻或补救伤害;

(3) 研究、替换、修改或支持解剖和生理过程;

(4) 支持或维持生命;

(5) 控制受孕;

(6) 医疗设备消毒;

(7) 通过对人体标本进行体外检查来提供信息;

而且并不是通过药理学、免疫学或代谢手段在人体内或在人体上实现其主要预期作用,但可通过这些手段辅助其预期功能。

注1:在某些特定司法范畴内可被视为医疗设备的产品包括:

(1) 消毒物;

(2) 残疾人辅助用品;

(3) 包含动物和/或人体组织的装置;

(4) 用于体外受精或辅助生殖技术的装置。

ISO 13485 [ISO 16d]

虽然这个标准独立于 ISO 9001,但它是以 ISO 9001 为基础的。考虑到 ISO 13485 中排除了 ISO 9001 的某些要求,符合 ISO 13485 的质量管理体系的组织只有在其质量管理体系符合 ISO 9001 标准的所有要求时,才能称为符合 ISO 9001 标准。ISO 13485 的附录 B 提供了这两个标准之间的对应关系。

4.9 标准和软件质量保证计划

标准在项目的 SQA 计划中占据了核心位置。为了进行产品和过程保证活动,项目团队和 SQA 功能需要评估项目的过程和产品是否符合适用的协议(如合同)、法规和法律、组织标准和规程。组织软件过程的有效性需要反复进行评价和改进,标识并记录问题和不符合项。IEEE 730 标准定义了在项目 SQA 计划中必须描述的有关标准、实践和约定的要求。SQA 计划确定了项目所使用的所有标准、实践和约定，例如：

(1) 文档标准；

(2) 设计标准；

(3) 编码标准；

(4) 注释的标准；

(5) 测试标准和实践。

一旦确定了标准并对员工开展实施标准的培训，SQA 就有责任根据组织的质量保证方针和过程进行过程和产品保证评价。所有项目都必须进行过程和产品保证评价。过程保证包括以下活动[IEE 14]：

(1) 评价生命周期过程和计划的符合性；

(2) 评价环境的符合性；

(3) 评价分包商过程的符合性；

(4) 测量过程；

(5) 评估员工的技能和知识。

在许多组织中，顾客在协议中规定的标准要求在项目开始之前就嵌入到项目的过程中，并且开发人员需在接受有关这些过程的培训。

组织可以决定是否将已经嵌入到过程中的标准通知他们的开发人员。在过程的参考部分，组织通常列出用于记录过程的标准，如 ISO 12207 或 ISO 9001。

我们已经看到，软件工程师和系统工程师所使用的组织标准进行了本地化调整，以适应每个项目的特殊性。为了确保一致性和高质量，并降低项目风险，SQA 要求：

(1) 标识项目或组织建立的标准和规程。

(2) 对已标识的项目，分析可能影响质量的产品风险、标准和假设，并标识具体的 SQA 活动、任务和结果，以帮助确定项目是否能有效地缓解这些风险。

(3) 确定提议的产品测量是否与项目制定的标准和规程一致。

注意，对于使用敏捷方法的项目，剪裁时需要考虑标准的符合性、监管问题和顾客需求。同时，SQA 不能取代项目组对产品质量的责任。IEEE 730 标准严格规定所有实施 SQA 所需的资源和信息都必须进行标识、提供、分配，并在项目中使用。项目组应在项目策划阶段就标准、实践和约束提出以下问题：

(1) 本项目适用哪些政府法规和行业标准？是否标识了所有的法律、法规、标准、实践、约定和规则？

(2) 适用于本项目的具体标准是什么？是否在团队中标识和共享了所有项目计划评估所依据的具体指标和标准？

(3) 哪些组织引用文档(如标准操作规程、编码标准和文档模板)适用于本项目？

(4)是否确定并与项目团队共享了评价软件生命周期过程(如供应、开发、运行、维护和支持过程,包括质量保证)的指标和标准？

(5) 哪些引用文档适合包含在 SQA 计划中？

(6) SQA 是否应该评估项目与法规、标准、组织文件和项目引用文档的符合性？

在项目执行过程中,项目组必须验证：

(1) 项目对计划、产品质量、过程(如生命周期过程)和有关适用标准、规程和需求的活动的遵守程度。此外,还需要保存这些活动的质量记录,以备进一步验证；

(2) 应用在策划期间确定的适当编码标准和约定；

(3) 需要进行评审的软件工程实践、开发环境和库所要遵守的指标、标准和合同要求是否已进行了标识和记录；

(4) 报告、批准和记录对 SQA 计划的偏离。

4.10 成功因素

在实践中实施标准可能会得到推动或者受到阻碍,这取决于组织中发挥作用的因素。下面的文本框列出了其中一些因素。

促进软件质量的因素

(1) 了解所使用的标准；

(2) 告知用户有关标准的优势与劣势；

(3) 推广供高层管理人员使用的标准；

(4) 使用与应用领域相关的正确标准；

(5) 只有在标准能带来利益时才使用这些标准；

(6) 采用非强制性的标准。

可能对软件质量产生不利影响的因素

(1) 只关注标准字母含义而没有理解其本质；

(2) 使用了过多的标准。

延伸阅读

Glazer H., Dalton J., Anderson D., Konrad M., and Shrum S. *CMMI or Agile: Why Not Embrace Both!*. Software Engineering Institute, Carnegie Mellon University, Pittsburgh, USA, 2008, 41 p.

Moore J. *The Road Map to Software Engineering: A Standards-Based Guide*. Wiley-IEEE Computer Society Press, Hoboken, New Jersey, USA, 2006, 440 p.

Pfleeger S. L., Fenton N. E., and Page P. Evaluating software engineering standards. *IEEE Computer*, vol. 27, issue 9, 1994, pp. 71 - 79.

练　　习

1. 列举软件工程标准的 5 个优点和 5 个缺点。

2. 列举面向开发的 CMMI 模型的 5 个优点和 5 个缺点。

3. 如果一个组织实施了开发其软件产品所需的所有标准,这是否足以生产出高质量的软件?

4. 如果一个组织实施了开发其软件产品所需的所有标准,这是否足以生产软件并盈利或给组织带来其他利益?

5. 面向开发的 CMMI 模型是否可以用于拥有 10 个开发人员的组织?解释可以或不可以的原因。

6. 软件可以在采用敏捷实践和面向开发的 CMMI 模型的环境中开发吗?

7. 对于小型组织来说,使用 ISO 29110 有什么好处?

第5章　评　　审

学习目标：

（1）了解不同类型评审的价值；

（2）了解自查；

（3）了解同行评审的桌面检查形式；

（4）了解 ISO/IEC 20246 标准、CMMI®模型和 IEEE 1028 标准中描述的评审；

（5）了解走查和审查；

（6）了解项目启动评审和项目经验教训评审；

（7）了解与评审有关的测度；

（8）了解评审对不同商业模式的作用；

（9）了解 IEEE 730 标准中关于评审的要求。

5.1　引　　言

Humphrey(2005)[HUM 05]根据对数千名软件工程师多年的研究数据表明，工程师们在每千行代码中都会无意识地注入 100 个缺陷。他还指出，商业软件通常每千行代码中包含 1~10 个差错[HUM 02]。这些差错就像是隐藏的定时炸弹，随时可能被引爆。因此，在开发和维护周期的每个阶段，我们都必须采取行动标识和纠正这些差错。前文介绍了质量成本的概念，质量成本的计算公式为

质量成本=预防成本+鉴定或评价成本+内部和外部失效成本+保修索赔和声誉损失成本

检测成本是在开发过程的各个阶段对产品或服务进行验证或评价的成本，两项检测技术是评审和测试。应当注意，软件产品的质量始于开发过程的第一阶段，也就是在定义需求和规格说明的时候。评审将在开发的早期阶段检测并纠正差错，而测试仅在代码可用时才能使用。所以我们不应该等到测试阶段才开始寻找差错。此外，通过评审来检测差错要比用测试检测差错的成本低得多。这并不意味着我们应该忽略测试，因为它对于检测那些评审无法发现的差错至关重要。

然而，许多组织并不执行评审，而是仅仅依靠测试来保证交付产品的质量。所以事实上，由于整个开发过程中存在各种问题，导致项目进度和预算被压缩，测试

通常在开发或维护过程中被全部或部分取消。而且,我们无法全面测试一个大型软件产品。例如,对于只有 100 个决策(分支)的软件,有超过 184756 条可能的测试路径;对于有 400 个决策的软件,则存在 1.38E + 11 条可能的测试路径[HUM 08]。

"在一个需要定期参加同行评审的环境中工作一年的经验相当于在一个不使用这些评审的环境中工作三年的经验。"

Gerald Weinberg,SQTE 杂志,2003 年 3 月

本章将介绍一些评审,有许多类型,包括非正式的和正式的。

非正式评审的特点如下:

(1) 没有描述评审的文档化过程,并且评审由组织中的不同人员以多种方式来进行;

(2) 没有定义参与者的角色;

(3) 评审没有设置目标,如缺陷检测率;

(4) 评审不是计划好的,而是临时安排的;

(5) 没有收集缺陷数量等相关测度;

(6) 评审的有效性没有受到管理层的监督;

(7) 没有对评审进行描述的标准;

(8) 没有使用检查单来标识缺陷。

本章将按照下面文本框的定义来讨论正式评审。

评审

向项目人员、管理人员、用户、顾客或其他相关方阐述工作产品或工作产品集的过程或会议,以便进行评论或批准。

ISO 24765 [ISO 17a]

向项目成员、管理人员、用户、顾客、用户代表、审核员或其他相关方阐述软件产品、软件产品集合或软件过程的过程或会议,以便进行检查、评论或批准。

IEEE 1028 [IEE 08b]

本章介绍了 IEEE 1028 标准[IEE 08b]中定义的两种评审类型:走查和审查。

Laporte 教授参与了该标准的最新修订工作。我们还将描述该标准中没有定义的两种评审:自查和桌面检查。这些评审是所有评审类型中最不正式的,之所以在这里介绍它们是因为它们用起来简单且成本低,而且还可以帮助不进行正式评审的组织理解评审在整个过程中的重要性和好处,从而建立更正式的评审。

同行评审是指在开发、维护或运行过程中由同事进行的产品活动评审,以便提出替代方案、标识差错和讨论解决方案。之所以被称为同行评审是因为管理人员不会参与这一类型的评审。管理者如果参与常常会让参与者因为不愿发表对同事不利的意见而感到不自在,被评审的人也可能会担心提出的意见引起直接领导的负面看法。

图 5.1 显示了各种各样的评审及其在整个软件开发周期中的使用时机。注意其中的阶段结束评审、文档评审和项目结束评审,它们通常用于与供应商或顾客一同进行的内部会议或外部会议中。

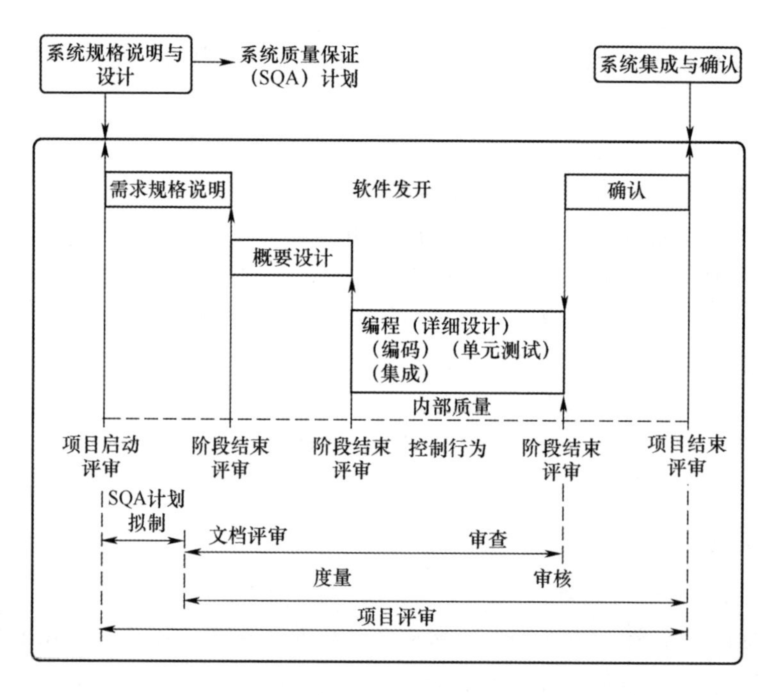

图 5.1 软件开发周期中使用的评审类型[CEG 90](1990 - ALSTOM Transport SA)

图 5.2 列出了评审目标。应当指出的是,每种评审类型并非同时针对所有目标,下一节将就每种评审的目标进行讨论。

根据 IEEE 730 标准[IEE14]的解释,在整个项目中进行的评审类型以及要评审或审核的文档和活动,通常在项目的软件质量保证计划中确定,或按照 ISO/

IEC/IEEE 16326 标准[ISO 09]的定义在项目管理计划中确定。IEEE 730 标准的要求将在本章最后进行介绍。

—标识缺陷
—评估/测量文档的质量（如每页的缺陷数量）
—通过纠正标识的缺陷来减少缺陷数量
—降低未来编制文档的成本（即通过总结每个开发人员产生的缺陷类型，就有可能减少注入到新文档中的缺陷数量）
—评估过程的有效性（如故障检测率）
—评估过程的效率（如检测或纠正缺陷的成本）
—估计剩余缺陷的数量（即软件交付给客户时未发现的缺陷）
—降低测试成本
—减少交付延迟
—确定触发过程的准则
—确定过程的完成准则
—评估继续执行当前计划的影响（如成本），例如延迟、恢复、维护或故障修复的成本
—评估组织、团队和个人的生产力和质量
—指导员工遵循标准和使用模板
—指导员工遵循技术标准
—激励员工使用组织的文档标准
—提示小组对决策负责
—通过评审激发创造力和贡献好的想法
—在投入大量时间和精力进行某些活动之前提供及时的反馈
—讨论替代方案
—提出解决方案和改进措施
—培训员工
—传递知识（例如从高级开发人员到初级开发人员）
—介绍并讨论项目的进展情况
—标识规格说明和标准上的差异
—向管理层提供准确的项目技术状态信息
—确定计划和进度的状态
—确认待开发系统中的需求及其分配

图 5.2　评审的目标(资料来源:Gilb(2008)[GIL 08]和 IEEE 1028 [IEE 08b])

如图 5.3 所示,要生成一个文档,即软件产品(如文档、代码或测试),源文档通常被用作评审过程的输入。例如,为了创建软件体系架构文档,开发人员应该使用系统需求文档、软件需求、软件体系架构文档模板,以及可能的软件体系架构样式指南等作为源文档。

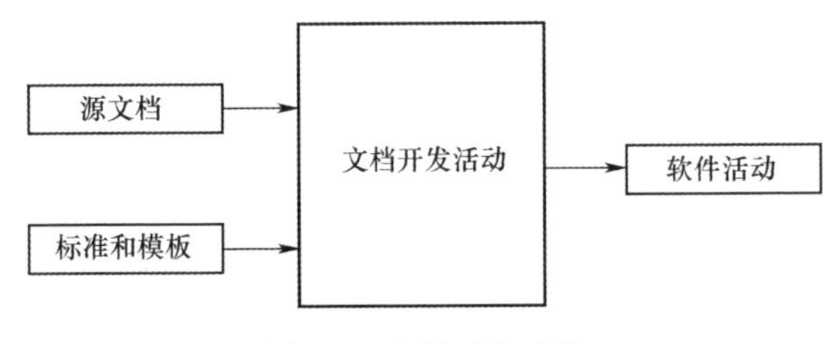

图 5.3　文档开发过程

仅由作者对软件产品(例如需求文档)进行的评审不足以检测出大量的差错。如图 5.4 所示,一旦作者完成了文档,他的同行会将软件产品与使用的源文档进行比较。在评审结束时,参与评审的同行必须确定作者生成的文档是否满足相应要求,是否需要做出重大更正,或者是否需要作者对文档进行更正后再次进行同行评审。只有在修订的文档对项目的成功非常重要时才会需要进行第二次同行评审。如下所述,当作者对文档进行过多更正时,会自然地产生其他差错。我们希望通过另一次的同行评审能够发现这些差错。

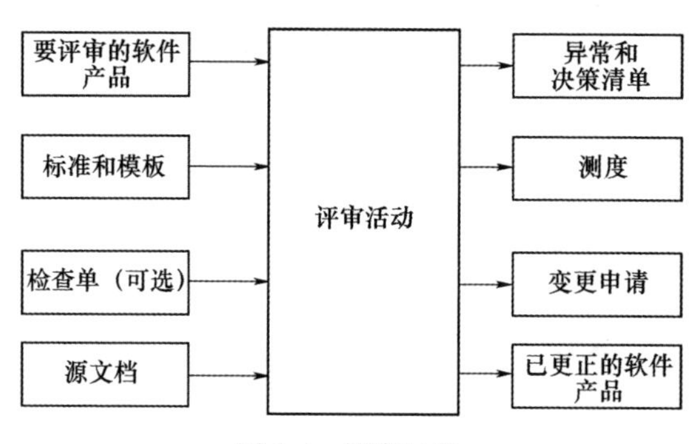

图 5.4　评审过程

评审的优势在于它们可以在项目的第一阶段使用。当把需求转换成文档时,测试只能在代码可用时进行。如果我们仅依赖测试,而在编写需求文档时就注入了差错,则只有在代码可用时这些差错才会显现出来。但是如果我们使用评审,那么我们也可以在需求阶段检测并纠正差错。在需求阶段差错更容易被发现,纠正的成本也更低。图 5.5 对仅使用测试和同时使用了审查评审的两种不同情况检测到的差错进行了比较。

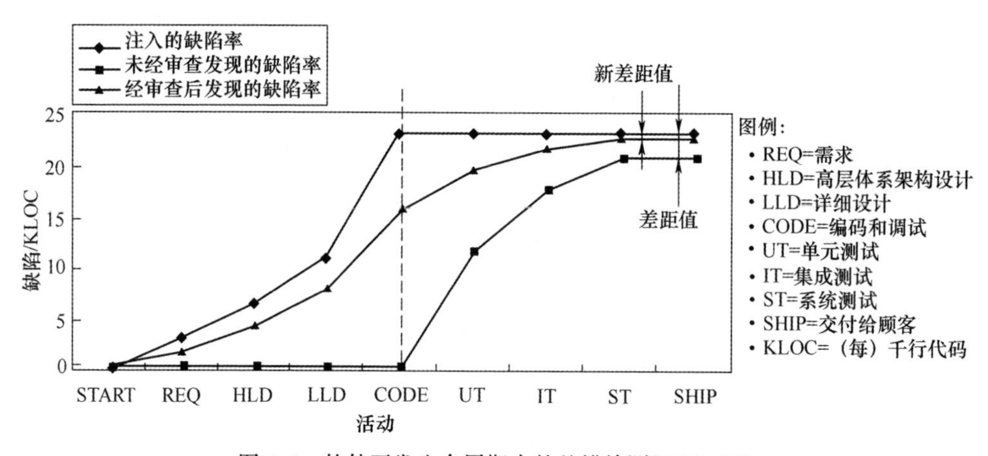

图 5.5　软件开发生命周期中的差错检测[RAD 02]

为了便于说明,我们以50%的差错检测率为基准。一些组织已经实现了更高的检测率,甚至超过80%。图5.5清楚地说明了在开发的早期开展评审的重要性。

5.2 自查和桌面检查评审

本节介绍两种低成本且易于执行的评审方式——自查和桌面检查。自查不需要其他评审人员的参与,桌面检查则需要至少一个开发人员以外的人来评审软件产品开发人员的工作。

5.2.1 自查

自查是由开发人员自己对照开发输入对软件产品进行审查,目的是发现并尽可能多地修复缺陷。自查应当在软件产品进行其他评审活动之前进行。

自查的原则是[POM 09]:

(1) 发现并纠正软件产品中的所有缺陷;

(2) 使用根据开发人员的个人数据编制的检查单,如果可以,使用已经了解到的缺陷类型;

(3) 遵循结构化的评审过程;

(4) 在评审中使用测度;

(5) 利用数据来改进评审;

(6) 使用数据来确定产生缺陷的位置和原因,然后变更过程以防止将来产生类似的缺陷。

检查单

检查单是用来辅助记忆的,包括一系列检验产品质量的准则,还可以确保任务开发的一致性和完整性。检查单的一个示例是有助于对软件产品中的缺陷进行分类(如疏忽、矛盾、遗漏)的清单。

要进行有效及高效的自查应当采取以下实践[POM 09]:

(1) 在软件产品的开发及其评审之间保留一定的时间间隔;

(2) 使用实物文档而非电子文档检查产品;

(3) 及时按照检查单上的条目进行检查;

(4) 定期更新检查单以适应个人数据；

(5) 针对不同的软件产品，建立和使用不同的检查单；

(6) 通过深入分析来验证复杂元素和关键元素。

图 5.6 概述了自查的过程。

准入条件

• 无

输入

• 要评审的软件产品

活动

1. 打印

• 要评审的软件产品的检查单

• 标准（如果适用）

• 要评审的软件产品

2. 使用检查单上的第一项评审软件产品，并在完成后将该项划掉

3. 使用检查单上的下一项继续评审软件产品，重复操作直到检查上的所有条目均已完成检查

4. 纠正所有发现的缺陷

5. 检查每个纠正是否造成其他缺陷。

出口准则

• 纠正过的软件产品

输出

• 纠正过的软件产品

测度

• 用于评审和纠正软件产品的工作，以人-小时来计算，精确度为+/-15分钟。

图 5.6 自查过程(资料来源:Pomeroy-Huff 等(2009)[POM 09])

正如我们所看到的，自查非常容易理解和执行。由于每个软件开发人员所犯的错误常常是不一样的，因此根据以前的评审中所记录的差错来更新个人的检查单会更有效。

5.2.2 桌面检查评审

桌面检查评审[WAL 96]是一种没有在标准中描述的同行评审，有时也被称为轮查评审[WIE 02]。介绍这种类型的同行评审非常重要的，因为它成本低且易于实施，可用于检测异常、遗漏，改进产品或提出替代方案。这种评审适用于低风险软件产品，或者某些在项目计划中没有安排更正式评审的项目。Wiegers 认为，桌面检查评审不像小组评审(如走查或审查)那样令人生畏。图 5.7 描述了此类评审的过程。

如图 5.7 所示，这种评审过程共有 6 个步骤。最初，作者通过标识评审员和检

查单来策划评审。检查单是评审的一个重要元素,因为它使评审员一次只关注一个指标,是组织经验的反映。然后,评审软件产品文档,并在作者提供的评审表上给出评审意见。完成评审后,评审表可用作审核过程中的“证据”。

本书列举了几种检查单。以下是检查单的一些重要特点:

(1)检查单是针对特定类型的文档(如项目计划、规格说明文档)而设计的;

(2)检查单的每一项都只针对一个验证准则;

(3)检查单的每一项都旨在检测重大差错。拼写错误等小的差错不应列入检查单;

(4)检查单不宜超过一页,否则不易于评审员使用;

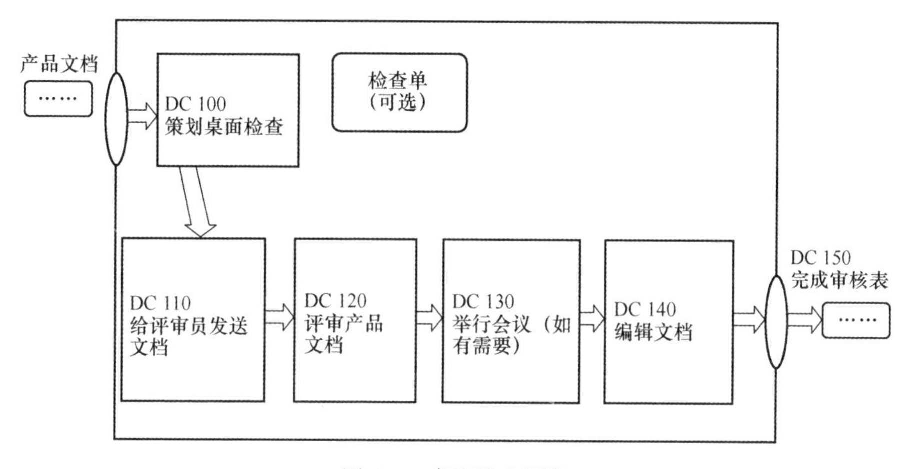

图 5.7　桌面检查评审

· 应更新检查单以提高效率;
· 检查单应包含版本号和修订日期。

在 Laporte 教授于瑞典开设的一门关于同行评审的课程中,某组织的一名员工自豪地分享了他开发的编码检查单,检查单上有 250 多个条目!

该员工与其他课程参与者分享了检查单中的一些条目后,参与者们发现检查单上的大量条目可以通过页面格式化工具和好的编译器检测到。参与者们还标识了仅能检测到细微差错的条目列表。经过讨论,检查单简化到了一页纸,只保留了用于检测重大差错的条目。

下面的文本框显示了一个通用检查单,几乎可用于任何需要评审的文档类型(如项目计划、体系架构)。对于不同类型的软件产品(如需求或设计),将使用特定的检查单。对于旨在帮助检测需求中的差错的检查单,我们可以使用“EX”作为标识符,如“EX 1(可测试的)——需求必须是可测试的”。对于验证测试计划的检查单,可以使用“TP”作为标识符。

通用检查单

LG 1(完整性)。所有相关信息均应包括在内或被引用。

LG 2(相关性)。所有信息都必须与软件产品相关。

LG 3(简要性)。信息必须简明扼要。

LG 4(明确性)。必须向文档的所有评审员和用户明确信息。

LG 5(正确性)。信息不包含错误。

LG 6(连贯性)。信息必须与文档及其源文档中的所有其他信息一致。

LG 7(唯一性)。观点必须描述一次,并在之后引用。

改编自 Gilb 和 Graham(1993)[GIL 93]

在桌面检查过程的步骤 3 中,评审员验证文档并在评审表上记录评审意见。作者对评审意见进行检查是步骤 4 的一部分。如果作者同意所有的意见,就会按照这些意见修改他的文档。如果作者不同意,或者他认为这些意见有很大的影响,那么他应该召集评审员开会讨论这些意见。会议结束后,应对意见做出回应:采纳、不采纳或部分采纳。接下来,作者可以进行修正并记录下评审和修改文档所耗费的工时,也就是评审员花费的时间以及作者修改文档和召开会议所花费的时间。图 5.8 描述了桌面检查(desk-check,DC)评审包含的活动。在最后一步,作者需要完成如图 5.9 所示的评审表。

图 5.9 展示了评审员用于记录评审意见和修改文档所投入的时间而使用的标准化表格。文档的作者负责收集这些数据,并加上纠正文档所花费的时间。这些表格将由作者作为“证据”保留,以供组织的 SQA 或顾客的 SQA 审核。

除了直接分发实物文档给评审员,还可以将文档、评审表和检查单的电子版放在内部网的共享文件夹中,邀请评审员在规定的时间内提供意见并在文档上进行注释。然后作者可以查看带注释的文档、查看意见并继续进行如上所述的桌面检查评审。

接下来的章节将描述更为正式的评审。

入口准则
该文档已准备好评审
输入
要评审的软件产品
DC 100：策划桌面检查
作者：
(1) 标识评审员
(2) 选择要使用的检查单
(3) 完成审核表的第一部分
DC 110：给评审员发送文档
作者：
向评审员提供以下文档：
  ①要评审的软件产品
  ②审核表
  ③检查表
DC 120：评审软件产品
评审员：
(1) 根据检查单检查软件产品
(2) 完成审核表的以下内容：
  ①意见
  ②进行评审的工作量
(3) 签字并将表单交回作者
DC 130：举行会议（如有需要）
作者：
处理评审意见：
  ① 如果作者同意所有的意见，则将意见整合到软件产品中
  ② 如果作者不同意所有的意见，或者认为某些意见具有重大影响，那么作者可以：
    1)召集评审员开会
    2)引导会议讨论这些意见并确定行动方针：
      ①将意见原样整合
      ②忽略意见
      ③修改意见后再整合
DC 140：纠正软件产品
作者整合收到的意见
DC 150：完成审核表
作者：
(1) 完成审核表，计算：
  ①评审软件产品所需要的（所有评审员的）总工作量
  ②纠正软件产品所需要的总工作量
(2) 审核表签字
出口准则
纠正后的软件产品
输出
(1) 纠正后的软件产品
(2) 完成并签字过的审核表
测试
评审和纠正软件产品所需的工作量（工时）

图 5.8　桌面检查评审活动

桌面检查评审表

作者姓名：______				评审日期（年-月-日）：______	
文档标题：______				评审员姓名：______	
文档版本：______					
版本	文档页码	行#/位置	意见	意见处理*	备注
1					
2					
3					
4					
5					
6					
7					
8					
9					
10					
11					
12					
13					
14					
15					
16					
17					
18					
19					
20					
21					
22					
23					
24					

意见处置：Inc, 按原样整合; NOT, 不整合; NOD, 经修改后

审评文档的工作量（小时）：______
纠正文档的工作量（小时）：______
评审员签名：______
作者签名：______

图5.9　桌面检查评审表

5.3 标准和模型

本节将介绍有关工作产品评审的 ISO/IEC 20246 标准、能力成熟度模型集成(capability maturity model integration,CMMI)和 IEEE 1028 标准,它们列出了软件评审的需求和规程。

5.3.1 ISO/IEC 20246 软件和系统工程:工作产品评审

ISO/IEC 20246 工作产品评审的目的是[ISO 17d]:"提供一个定义工作产品评审(如审查、评审和走查)的国际标准,适用于软件和系统生命周期的任何阶段。它可用于评审任何系统和软件工作产品。ISO/IEC 20246 定义了一个工作产品评审的通用过程,该过程可以根据评审的目的和评审组织的约束条件进行配置,从而任何组织都可以有效地将此过程应用到所有工作产品中。评审的主要目标是发现问题、评价备选方案、改进组织和个体过程,以及改进工作产品。在研发周期的早期应用评审,通常可以减少项目中不必要的返工。ISO/IEC 20246 中提出的工作产品评审技术可用于通用评审过程的不同阶段,以标识缺陷和评价工作产品的质量。"

工作产品

由过程产生的制品。

示例:项目计划、需求规格说明、设计文档、源代码、测试计划、测试记录、进度表、预算和事件报告等。

注:工作产品的子集将被基线化,以作为进一步工作的基础,且其中一些将构成项目交付物的集合。

ISO/IEC 20246

ISO 20246 包含一个附录,该附录描述了 ISO 20246 标准的活动与下面介绍的 IEEE 1028 标准的规程的一致性。

5.3.2 能力成熟度模型集成

面向开发的 CMMI(The CMMI® for Development,CMMI-DEV)模型[SEI 10a]广泛应用于众多行业。这个模型描述了工程中的优秀实践。在该模型中,其他验证活动将在后面的章节中进行更详细的讨论。图 5.10 简单描述了面向开发的 CMMI 模型中同行评审部分。

验证
成熟度等级3的工程类别中的过程域

目的
过程域"验证"的目的是确保所选择的工作产品满足它们指定的需求。

同行评审是验证的一个重要部分，而且是一种有效排除缺陷的成熟机制。一个重要的必然结果是更好地了解工作产品和产生工作产品的过程，因此能预防缺陷和标识过程的待改进项。

同行评审由生产者的同行系统地检查工作产品，以便标识缺陷和其他要求的变更。

同行评审方法有：
(1) 审查
(2) 结构化走查
(3) 精心设计的重构

配对编程
专用目标2 -进行同行评审
专用实践2.1准备同行评审
专用实践2.2开展同行评审
专用实践2.3分析同行评审数据

图 5.10　面向开发的 CMMI 的"验证"过程域中描述的同行评
（资料来源：改编自软件工程研究所(2010)[SEI 10a]）

过程和产品质量保证过程域提供了实施同行评审时需要解决的问题，如下所列[SEI 10a]：

(1) 对参加同行评审的人员进行培训，并分配角色。

(2) 指派没有参与生产该工作产品的同行评审成员执行质量保证角色。

(3) 采用包含过程描述、标准和规程的检查单用于支持质量保证活动。

(4) 将不符合项记录在同行评审报告中，并在必要时在项目外部进行跟踪和上报。

根据面向开发的 CMMI 模型，对选定的工作产品实施同行评审，以标识缺陷并提出变更建议。同行评审是一种重要而有效的软件工程方法，包括审查、走查或一些其他评审方式。

图 5.10 中列出的满足 CMMI 要求的评审将在下面的章节中进行描述。

5.3.3　IEEE 1028 标准

IEEE 1028-2008 软件评审和审核标准[IEE 08b]描述了 5 种类型的评审和审核，以及完成它们的规程（审核将在下一章中介绍）。根据该标准的引言，使用这些评审并不是强制性的，尽管如此，客户可以合同方式强制要求实施。

该标准的目的是为软件的获取、供应、开发、运行和维护定义评审和系统审核。

该标准不仅描述了“要做什么”,还描述了如何进行评审。其他标准也定义了执行评审的背景以及评审结果的使用方法,如表5.1所列。

表5.1　要求使用系统评审的标准示例

标准识别	标准名称
ISO/IEC/IEEE 12207	软件生命周期过程
IEEE1012	IEEE 系统和软件验证与确认标准
IEEE 730	IEEE 软件质量保证过程标准

IEEE 1028标准为系统评审和软件审核提供了可接受的最低要求,包括:

(1) 团队参与;

(2) 评审结果文档化;

(3) 评审规程文档化。

如果进行的评审(如审查)按照本标准实施了所有强制性(用“应”表述的)行为,那么可以说该评审符合IEEE 1028标准。

该标准还描述了该标准及其提示中包含的特殊类型的评审和审核,每一种评审都包含以下内容[IEE 08b]:

(1) 评审介绍:描述系统评审的目标,并概述系统评审规程;

(2) 职责:定义系统评审所需的角色和职责;

(3) 输入:描述系统评审的输入要求;

(4) 入口准则:描述系统评审开始前必须满足的准则,包括:

① 授权;

② 前提条件;

(5) 规程:详细说明系统评审的规程,包括:

① 策划评审;

② 规程概述;

③ 准备;

④ 检查/评价/记录结果;

⑤ 返工/跟进;

(6) 出口准则:描述系统评审完成前需要满足的准则;

(7) 输出:描述系统评审将产生的最小交付物集。

IEEE 1028标准中定义的规程和术语适用于需要进行系统评审的软件的获取、供应、开发、运行和维护过程。对软件产品的系统评审依据其他地方标准或规程要求进行。本标准中“软件产品”一词的含义非常广泛,包括规格说明、体系架构、代码、缺陷报告、合同和计划等。

异常

与根据需求规格说明、设计文档、用户文档、标准等建立的期望相偏离的情况,或者与人的感知或经验相偏离的情况。

注:异常可以在下述(但不限于)期间发现:软件产品或适用文档的评审、测试、分析、编译或使用。

IEEE 1028 [IEE 08b]

IEEE 1028 标准与其他软件工程标准的显著不同之处在于,它不仅列举了一组需要满足的要求(即"要做什么"),例如"组织应制定质量保证计划",而且还详细地描述了"如何做",以便能够正确地进行系统评审。对于组织而言,可以将该标准内容改编后纳入组织的过程和规程,将术语调整为组织常用的说法,并在使用一段时间之后进行改进。

该标准仅涉及评审的应用,而不涉及评审结果的需要或使用。评审及审核的类型有[IEE 08b]:

(1) 管理评审:由管理层或其代表对软件产品或过程进行的系统评估,用以确认计划和进度的状态,确认需求及其系统分配,或评价用于达到目的而采用的管理方法的有效性;

(2) 技术评审:由一组经认证的人员对软件产品进行的系统评估,用以检查该软件产品是否符合预期用途,并标识其与规格说明和标准的差异;

(3) 审查:对软件产品进行的一种规范性检查,用以发现和标识软件的异常,包括差错以及偏离标准和规格说明的程度;

(4) 走查:一种静态分析技术,设计师或程序员带领开发团队成员和其他相关方遍历软件产品,由参与者对任何异常、违反开发标准和其他问题提出疑问并发表意见;

(5) 审核:由第三方对软件产品、过程或一组软件过程进行的独立评估,用以确定其是否符合规格说明、标准、合同协议或其他准则。

表 5.2 总结了 IEEE 1028 标准中关于评审和审核的主要特性。这些特征将在本章和下一章中进行更详细的讨论。

下面将详细介绍走查和审查评审。描述这些评审是为了清楚地说明"系统评审"相对于临时和非正式评审的意义。

表 5.2 IEEE 1028 标准中描述的评审和审核的特性

项目	管理评审	技术评审	审查	走查	审核
目的	监控进度	评估与规格说明和计划的符合性	发现异常;验证产品质量验证解决方案;	发现异常,检查备选方案;改进产品;学习交流	独立评估与客观标准和法规的符合性
推荐团队人数	2 人及以上	2 人及以上	3~6 人	2~7 人	1~5 人
材料体量	中到高	中到高	相对较低	相对较低	中到高
领导者	通常是主管经理	通常是首席工程师	经过技术培训的引导师	引导师或作者	主任审核员
管理层是否参与	是	需要管理证据或解决方案时	否	否	否;但可能要求管理层提供证据
输出	管理评审文档	技术评审文档	异常表、异常总结、检查文档	异常清单、活动项目、决策、后续建议	正式的审核报告;观察,发现,缺陷

资料来源:改编自 IEEE 1028 [IEE 08b]。

5.4 走 查

"走查的目的是评价软件产品,也可以通过走查来发起对软件产品的讨论"[IEE 08b]。走查的主要目的是[IEE 08b]:

(1) 发现异常;

(2) 改进软件产品;

(3) 考虑备选方案的实施;

(4) 评价与标准和规格说明的符合性;

(5) 评价软件产品的可用性和可访问性。

其他重要目的包括技术交流、风格变化和参与者的培训。走查可以使弱点突出,例如效率和可读性问题、设计或代码中的模块化问题,或者非可测试性需求的问题等。图 5.11 显示了走查的 6 个步骤。每个步骤都由一系列输入、任务和输出组成。

5.4.1 走查的用处

实施走查过程有以下几个原因:

(1) 标识差错以减少其影响和纠正成本;

(2) 改进开发过程;

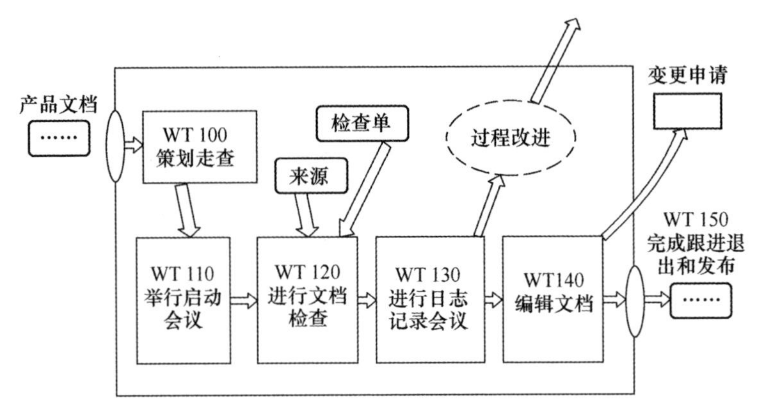

图 5.11　走查评审(资料来源:改编自 Holland(1998)[HOL 98])

(3) 提高软件产品的质量;

(4) 减少开发成本;

(5) 降低维护成本。

5.4.2　确定角色和职责

IEEE 1028 中描述了 4 种角色:走查组长、记录者、作者和走查组成员。角色可以由团队成员互相兼任,如领导者或作者可以扮演记录者的角色,作者也可以是领导者。但是,走查组应至少包括两名成员。

该标准对角色的定义如下(改编自 IEEE 1028 [IEE 08b]):

(1) 走查组长:

① 实施走查;

② 处理与走查有关的管理任务(如分发文档和安排会议等);

③ 制定目标说明,以指导走查组进行走查;

④ 确保走查组为每一讨论项做出一个决定或者确定一个已标识的措施;

⑤ 发布走查输出。

(2) 记录员:

① 记录在走查会议期间作出的所有决定和已标识的措施。

② 记录在走查期间针对发现的异常、风格问题、遗漏、矛盾、改进建议或备选方法所作出的所有评论。

(3) 作者:

在走查中陈述软件产品。

(4) 走查组成员:

① 做好足够准备并积极参与走查;

② 表示和描述软件产品中的异常。

IEEE 1028 标准列举了使用从走查过程中收集的数据进行的改进活动。这些数据应当[IEE 08b]：

(1) 定期进行分析以改进走查过程；

(2) 用于改进生产软件产品的活动；

(3) 标识最常遇到的异常；

(4) 包括在检查单或角色分配中；

(5) 定期使用以评估检查单中是否存在多余或易于误解问题；

(6) 包括准备时间、会议时间和参与人数，以确定准备时间、会议时间与发现异常的数量及其严重程度之间的关系。

为了保证走查的效率，这些数据不应被用于评价个人的绩效。

IEEE 1028 还描述了走查的规程。

5.5 审查评审

本节简要介绍了 Michael Fagan 在 20 世纪 70 年代在 IBM 为提高软件开发质量和生产力而开发的审查过程。

根据 IEEE 1028 标准，审查的目的是发现并标识软件产品中的异常，包括差错及与标准和规格说明的偏离[IEE 08b]。在整个开发或维护过程中，开发人员准备的书面材料可能会出错，越早发现和纠正错误越经济也越有效。审查是检测差错和异常的一种非常有效的方法。

A IBM 审查过程的历史

MichaelFagan 在 IBM 的电脑芯片设计和制造部门工作。由于测试不能充分检测差错，他开发了一种可以在芯片被转移到生产部门前检查设计的技术。这种方法可以检测出测试检测不到的缺陷，从而减少交付生产的损失和延迟。

1971 年，Fagan 被调到软件开发部门。上任后他发现软件开发过程一片混乱。即使没有测量，他也能确定开发预算的很大一部分被用于返工。他估算了返工成本，发现 30%~80%的开发预算被用于纠正开发人员无意中注入的缺陷。他决定采用与检测计算机芯片缺陷类似的方法，即通过评审来检测设计和编码差错。

与没有评审而需要大量的返工相比，执行评审的工作量很低，这推动了审查过程的发展。Fagan 建议减少缺陷注入的数量，并及时在缺陷产生的阶段中检测和纠正差错。

Fagan 为审查过程制定的目标是：

(1) 发现并修复产品中的所有缺陷；

(2) 在产生产品缺陷的开发过程中发现并修复所有缺陷（如消除产品缺陷的原因）。

在三年半多的时间里，Fagan 和数百名开发人员以及管理人员实施了审查。在此期间，审查过程不断改进。1976 年，他在《IBM Systems Journal》[FAG 76]上发表了一篇关于审查设计和代码的文章。随后，IBM 要求 Fagan 在公司的其他部门推进审查过程。由于帮助公司节省了大量成本，Fagan 获得了当时 IBM 颁发的最高个人贡献奖。

改编自《Broy and Denert》(2002)[BRO 02]

根据 IEEE 1028 标准，审查使我们能够（改编自[IEE 08b]）：

(1) 验证软件产品是否符合它的规格说明；

(2) 验证软件产品是否符合规定的质量属性；

(3) 验证软件产品是否遵循适用的规定、标准、指南、计划、规格说明和规程；

(4) 标识对(1)、(2)和(3)项规定情况的偏离；

(5) 收集软件工程数据，比如每个异常的详细信息以及与标识和纠正异常有关的工作量；

(6) 对于由审查裁定的违反标准的类型和范围，申请或批准豁免；

(7) 适当地使用数据作为项目管理决策的输入（如在额外的审查和额外的测试之间进行权衡）。

图 5.12 显示了审查过程的主要步骤。每一步都由一系列的输入、任务和输出组成。

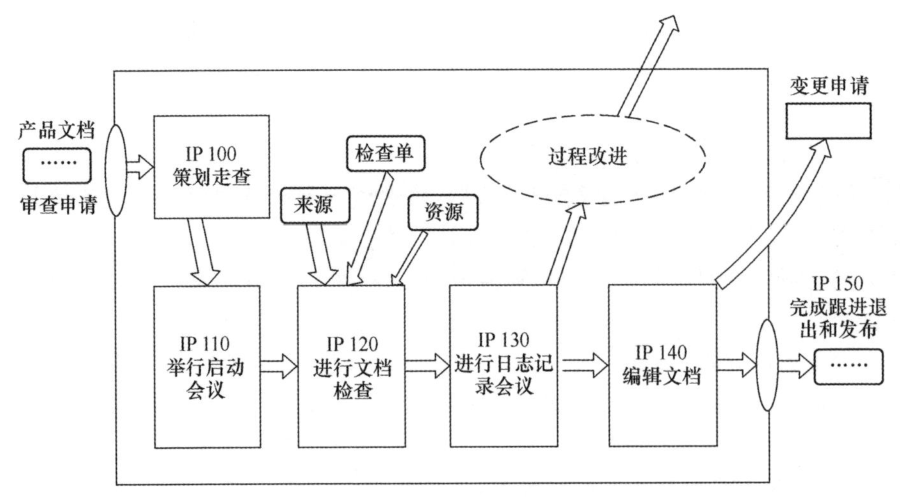

图 5.12　审查过程（资料来源：Holland(1998)[HOL 98]）

IEEE 1028 标准为不同类型的文档的典型审查速度提供了指南,例如以每小时页数或行代码数为单位的异常记录速度参考。例如需求文档的建议审查速度为每小时 2~3 页,源代码的建设审查速度为每小时 100~200 行代码。

刚开始实施正式评审(如审查)的组织,可以按照比 IEEE 1028 建议的审查速率更高的速率来评审文档。随着收集到的测度可靠性提高(如缺陷检测率和缺陷清除效率),组织可以决定降低评审速率以实现更高的检测率,从而降低缺陷逃逸率。5.8 节介绍了缺陷检测率计算的方法和示例。

最后,IEEE 1028 还描述了审查规程。

5.6 项目启动评审和项目评估

在项目的 SQA 计划中,许多组织策划开展项目启动会议以及项目评估评审,也称为经验教训总结。

5.6.1 项目启动评审

项目启动评审是一种管理评审,内容包括里程碑日期、需求、进度、预算、交付物、开发团队成员、供方等。对于周期比较长的项目(如周期长达几年),有些组织还会在项目的每个主要阶段开始时进行启动评审。

在项目开始之前,团队成员需要考虑以下问题:我的团队成员是谁? 谁将成为团队负责人? 我的角色和职责是什么? 其他团队成员的角色和职责是什么? 我的团队成员是否具备参与这个项目的所有技能和知识?

下面的文本框描述了庞巴迪运输公司软件项目的启动评审会议。

庞巴迪运输公司的案例研究(改编自 Laporte 等(2007)[LAP 07b])

项目启动会议通常在一个新项目或新阶段开始时进行。迭代开发项目也可以组织项目启动会议,以便为下一个迭代做准备。在本案例中,它被称为项目再启动会议。这种会议也非常适合需要改进项目或过程绩效的情况,以及需要重新整顿的项目。

根据项目的规模、复杂程度和类型(如新开发的项目,又或者是对关键软件开发的重用),一个典型的项目启动会议将耗时 1~2 天。在项目启动会议期间,所有团队成员都要完全投入到这项活动中。为了减少干扰(如电话干扰),项目启动会议可以在项目办公室或办公楼之外的地方举行。下表显示了一个会期一天的项目启动会议的典型议程。如表所示,软件管理项目(software management project,SMP)的主题、过程、角色和职责先后在议程的第 4 项和第 8 项中进行了讨论。角色和职责(roles and responsibilities,R&R)在“软件质量保证”和“验证与确认”的环节进行了讨论。

项目启动评审是一个研讨会,通常由引导师组织,并由项目团队成员定义项目计划,包括活动、交付物和进度。项目启动研讨会可以持续 1~3 天,但对于庞巴迪运输公司这个典型项目来说,一天的会议通常就足够了。

为了说明团队成员的角色,下面例举了在项目启动会议期间实施的项目策划。庞巴迪运输公司项目启动评审的目标是:

- 使用完整的团队方法来定义项目计划;
- 确保所有团队成员对目标、过程、交付物以及角色和职责达成共识。
- 促进信息交流,为项目成员提供及时的培训。

庞巴迪运输公司项目启动会议的典型议程

时间	议程
08:30	致辞,议程介绍并与参会人员讨论会议要求 分配会议角色:秘书和计时员
09:00	庞巴迪运输公司的软件工程过程概述
10:30	软件项目管理过程: 1. 项目输入 2. 项目范围、约束条件和假设 3. 项目迭代及其相关的目标(如里程碑) 4. 项目团队的结构和角色分配 5. 高层体系架构 6. 交付物的裁剪(如每次迭代) 7. 人员需求 8. 与其他小组的关系和相关的角色/职责 9. 风险识别与分析
12:00	午间休息
13:00	软件项目管理过程(续)
14:30	休息
14:45	软件开发过程: · 定义需求及其属性 · 可追溯性的描述

时间	议程
15:00	软件配置管理过程: · 过程概述 · 配置项识别 · 迭代基线的识别 · 审核和版本控制
15:45	软件质量保证以及验证与确认过程: · 角色和活动的识别
16:00	软件基础建设和培训 · 开发环境 · 测试和确认环境 · 鉴定环境 · 项目培训需求
16:30	总结与结论
17:00	结束

5.6.2 项目总结评审

如果说软件工程与质量保证天生一对,那么质量保证评审就与项目总结评审密不可分。具有讽刺意味的是,像软件工程这样一门学科,既依赖于相关人员尽可能丰富的知识,却又不重视对组织成员学习和充实知识储备的机会。项目总结评审通常在项目结束或大型项目阶段性结束时进行。我们主要是想知道在这个项目中哪些工作做得好,哪些工作做得不太好,以及下一个项目有什么可以改进的地方。经验教训、事后剖析、事后评审通常表达了同样的意思。

事后剖析

一种针对项目或其阶段性结束或项目完成组织的集体学习活动。其主要目的是反思在项目中发生的事情,以改进参与该项目的个人和组织的实践。事后剖析的结果需形成报告。

Dingsøyr(2005)[DIN 05]

经验教训

项目过程中获得的知识,说明曾怎样处理某个项目事件或今后应如何处理,以改进未来绩效。

PMBOK® Guide [PMI 13]

Basili 等(1996)[BAS 96]发表了第一个获取经验的对照实验。这种方法被称为“经验工厂”,即从软件开发项目中获取经验,“打包”并存储在经验数据库中。“打包”是指经验的通用化、适应化和规范化,以达到能够重用的程度。在这种方法中,产生经验与获取经验的组织是独立的。

在项目阶段性结束或项目结束时进行的事后剖析,可以提供如下所示有价值的信息[POM 09]:

(1) 更新项目数据,如周期、规模、缺陷和进度;

(2) 更新质量或绩效数据;

(3) 计划执行情况评审;

(4) 更新数据库的规模和生产力;

(5) (如有必要,)根据数据(如过程改进的记录、设计或代码的变更、默认控制清单等)调整过程(如检查单)。

项目总结评审可有多种方法进行,Kerth(2001)[KER 01]在他的书中列举了19 种技术。

有些技术着重于在项目中营造讨论氛围,有的是对过去的项目进行回顾,有的旨在帮助项目团队为下一个项目标识和采用新技术,还有一些侧重分析项目失败产生的后果。Kerth 建议举办一个为期 3 天的会议来对一个组织进行持久的变革[KER 01]。本节介绍了一种不那么严格且成本更低的方法来获取项目成员的经验。

项目总结评审会议的引导师不应是项目经理。为了保持中立,最好是不直接参与项目的人员。

由于项目总结评审可能会产生一些压力,特别是对于没有完全取得成功的项目,因此建议制定一些行为规则,以保证会议的有效性,包括:

(1) 尊重参会人员的想法;

(2) 保密;

(3) 不进行指责;

(4) 在头脑风暴期间不以口头的或肢体形式表达意见;

(5) 保留意见时不发表评论;

(6) 针对某些特定想法了解更多细节。

以下引用描述了评估会议成功的基础。

一个成功经验教训会议的经验法则

"不管我们发现了什么,我们都坚信每个人都尽了最大努力,贡献出了他的资质、能力、资源和项目背景。"

Kerth(2001)[KER 01]

在项目总结评审期间,主要议程有:

(1) 列出主要事件并查明主要原因;

(2) 列出项目所需的实际成本和实际时间,并分析与估计值的差异;

(3) 评审项目所使用的过程、方法和工具的质量。

(4) 为将来的项目提出建议(如为了将来的项目,指出要重复或重用的方法、工具,要改进的内容,以及要放弃的东西等)。

在许多组织中,知识和经验教训的转移不一定是从一个项目到另一个项目的顺序。例如,在一家国际运输公司的一个部门的经验教训会议中,针对部分参会人员提出的在刚结束的项目中遇到的好几个问题,其他人都表示在过去的项目中有同样的问题。

项目总结评审通常包括3个步骤:首先引导师与发起人一起说明会议的目标;然后介绍项目总结评审的内容、议程和行为规则;最后,会议正式开始。

项目总结评审的过程如下:

第一步

(1) 发起人介绍引导师。

(2) 介绍参与者。

(3) 陈述假设:不管我们发现了什么,我们都坚信每个人都尽了最大努力,贡献出了他的资质、能力、资源和项目背景。

(4) 进行典型的项目总结评审会议的时间一般为3个小时:

① 简介;

② 开展头脑风暴,找出进展顺利的和可以改进的地方;

③ 优先级排序;

④ 标识原因;

(5) 制定一个小型行动计划。

第二步——项目总结评审的介绍

(1) 什么是项目总结评审?

(2) 什么时候才能真正吸取教训?

① 什么是个人学习和团队学习?

② 什么是在组织中学习?

(3) 为什么要进行项目总结评审?

(4) 项目总结评审的潜在难题。

(5) 会议规则。

(6) 头脑风暴是什么? 头脑风暴的原则是:

① 不允许口头的或肢体的评论;

② 保留意见时不展开讨论。

第三步——主持项目总结评审会议

(1) 描述项目历史进展(时间线)(15~30 分钟)。

(2) 进行头脑风暴(30 分钟):

① 在便利贴上分类记录:

(a) 项目期间进展顺利的(例如需要保留的内容);

(b) 需要改进的;

(c) 计划外收获的;

② 收集想法并将它们发布在项目时间线中。

(3) 阐明想法(如有必要)。

(4) 对相似的想法进行分组。

(5) 对想法进行优先级排序。

(6) 用“五个为什么”方法找出原因:

① 在项目过程中进展顺利的是哪些方面?

② 还有什么是可以改进的?

(7) 最后的问题:

① 对于这个项目,说出你想改变什么?

② 对于这个项目,说出你想保留什么?

(8) 制定一个小型行动计划:

任务、人物、时间。

(9) 结束会议:

① 确保实现行动计划的承诺;

② 对发起人和参会人员表达感谢。

“那些不从历史中吸取教训的人注定要重蹈覆辙。”

Santayana(1905)

“愚蠢就是重复做同样的事情,却期望得到不同的结果。”

爱因斯坦

“一个组织不断从各个渠道学习并迅速将学习转化为行动的渴望和能力是其最终的竞争优势。”

Jack Welch,通用电气公司前 CEO

“成功最快的方法就是重复失败!”

Thomas Watson,IBM 前总裁

理论上,进行项目总结评审或经验教训会议对组织有利,但仍有一些因素会阻碍其进行:

(1) 经验教训会议需要时间,而管理层常常希望降低项目成本;

(2) 吸取的教训只能使未来的项目受益;

(3) 责备文化(相互指责)会大大减少这些会议的好处;

(4) 参与者可能会感到尴尬或持怀疑态度;

(5) 维护员工之间的社会关系有时比事件的分析判断更重要;

(6) 人们不愿意参加可能导致抱怨、批评或指责的活动;

(7) 有些人的信念使他们倾向于直接接受经验教训,他们相信“有经验就够了,无须学习”或“如果没有经验,将学不到任何东西”;

(8) 某些组织文化似乎不提供或不鼓励学习。

魁北克司法部的案例研究

1999 年,魁北克司法部决定将罚款部门和犯罪部门的管理活动集中起来。他们处理了超过 70 万起案件,每年收取 1.1 亿美元。但是,虽然应收账款有所增加,收入却下降了。这些部门由两个计算机系统支持,一个是 20 世纪 90 年代初设计的犯罪管理系统,另一个是 1983 年设计的用于收税员追踪罚款支付情况的收入控制系统。司法部的项目涉及开发一个新系统,即犯罪管理和罚款征收系统,以协助新部门的活动。该项目整体净节省 4670 万美元,减少成本 35.9%,获得了多个奖项。

项目总结评审

2006年12月,项目总监召开会议并进行了一系列项目总结评审。共进行了3次3小时的会议。三组人员参加了项目总结评审会议:用户和项目负责人(12人)、经理(5人)和开发人员(6人)。项目总结评审的议程如下:总监介绍会议的目标和引导师;宣布会议旨在改进未来在项目上的工作方式;明确会议的目的并不是责备犯了错误的人;指出会议应该帮助标识在项目过程中进展顺利和仍需改进的方面。然后,总监祝大家参会愉快并退席。

在描述完项目的时间线后,开始了第一个议题,收集"进展顺利"的内容。刚开始,参会人员似乎有些羞于表达自己的想法。然后,当他们了解到引导师不会对他们的想法提出批评时,他们开始敞开心扉,自由地表达自己的想法。紧接着开始收集"需要改进"的内容。在项目总结评审结束时,参会人员非常热情,并对该次会议表达了充分的肯定。同时,他们对耗时多年完成的项目的总体情况有了更深刻的理解,并对未来的项目有了很多想法。

译自 Laporte(2008)[LAP 08]

5.7 敏捷会议

近年来,敏捷方法已经在行业中得到运用。其中一种名为"SCRUM"的方法提倡频繁举行简短的会议。这些会议每天或每隔一天举行,时长约15分钟(不超过30分钟),目的是总结和讨论问题。这些会议与IEEE 1028标准中描述的管理评审类似,但没有它那么正式。

在团队中,我们根据敏捷方法来工作,在每个"冲刺"结束时,会有一个项目总结评审会议,会议中每个成员都需要标识在冲刺期间自认为做得好的和不好的地方。会议最终会确定一个事项列表,包含每个成员都真正想改进的事项。然后,根据优先级将投票数最多的问题纳入到待办事项列表中。

在这些会议期间,"敏捷专家"通常会问参与者3个问题:

(1) 自上次会议以来,待办任务列表中的任务你完成了哪些?

(2) 是什么阻碍了你完成任务?

(3) 下次会议之前应完成哪些任务?

A

Acme 公司开发了管理促销活动及其投资回报计算系统,采用敏捷开发方法给公司带来了许多好处。招聘新员工之后,借助每天进行的敏捷会议和代码审查,知识转移变得更加容易。在迭代的最后一周,所有的开发人员、新成员和专家都要参与代码评审。评审的目的并不是质疑老开发人员的技能,而是要概括原理并培训新开发人员。在迭代结束时,项目总结评审会议将检查为下一个迭代保留和改进的元素。这些技术的应用缩短了项目研发周期,提高了软件质量。

这些会议使所有参与者都可以了解项目的状态、优先级以及团队成员需要执行的活动。这些会议的有效性取决于"敏捷专家"的技能。他应该扮演引导师的角色,并确保所有参与者都回答了这 3 个问题,而不是直接进入解决问题的环节。

"众人拾柴火焰高!"

Gerald Weinberg

5.8 测　　度

整个章节都是在介绍测度,而本节仅描述与评审相关的测度。测度主要用于回答以下问题:

(1) 进行了多少次评审?

(2) 评审过哪些软件产品?

(3) 评审的效果如何(如评审几个小时,检测到多少差错)?

(4) 评审的效率如何(如每次评审的时间)?

(5) 软件产品中的差错密度是多少?

(6) 在评审中投入的工作量有多少?

(7) 评审有什么好处?

使我们能够回答这些问题的测度有:

(1) 进行评审的次数;

(2) 修改后的软件产品的鉴定;
(3) 软件产品的规模(如代码行数、页数);
(4) 在开发过程的每个阶段记录的差错数量;
(5) 用于评审和纠正检测到的缺陷的工作量。

“如果刚开始进行审查,那么应该检测到软件产品中大约50%的缺陷(这个数字从20%到90%~95%不等)。如果审查有优秀的项目管理、设计和编码标准支撑,并公开了过程测度,就有可能获得大约90%的缺陷检测率。”

Ed Weller

在一个软件从业者会议上,展示了可以收集的数据的两个表格(见表5.3和表5.4)。表5.3显示了在一个项目过程中的评审次数、文档类型和记录的差错。

表5.3 公司的同行评审数据[BOU 05]

产品类型	审查次数	审查行数	运行缺陷检测数	千行代码平均运行缺陷密度	次要缺陷检测数	千行代码平均次要缺陷密度
计划	18	5903	79	13	469	79
系统需求	3	825	13	16	31	38
软件需求	72	31476	630	20	864	27
系统设计	1	200	—	—	1	5
软件设计	359	136414	109	1	1073	8
代码	82	30812	153	5	780	25
测试文档	30	15265	62	4	326	21
过程	2	796	14	18	27	34
变更申请	8	2295	56	24	51	22
用户文档	3	2279	1	0	89	39
其他	72	29216	186	6	819	28
总计	**650**	**255481**	**1303**	**5**	**4530**	**18**

根据收集的数据能够估计开发过程中的剩余差错数和缺陷检测率,如表5.4所列。例如,在需求分析活动中检测到25个缺陷,概要设计开发过程中检测到2个缺陷,详细设计过程中检测到1个缺陷,编码和调试活动中0缺陷,测试和集成活动中有1次失效,交付后有1次失效。

表 5.4　开发过程中的差错检测[BOU 05

相关活动	检测活动							活动后逃逸	活动后逃逸
	RA	HLD	DD	CUT	T&I	发布后	总计		
系统设计	6	1	1	0	3	2	13		15%
RA	25	2	1	0	1	1	30	17%	3%
HLD		32	7	2	8	3	52	38%	6%
DD			43	15	5	7	70	39%	10%
CUT				58	21	4	83	30%	5%
T&I					8	2	10	20%	20%
总计	**31**	**35**	**52**	**75**	**46**	**19**	**258**		**7%**

图例:相关活动,发生差错的项目阶段;检测活动,发现差错的项目阶段;RA—需求分析;HLD—概要设计;DD—详细设计;CUT—编码和单元测试;T&I—测试和集成;发布后,交付后发现的差错数量;活动逃逸,在此阶段未检测到的差错百分比(%);活动后逃逸,在交付后检测到的差错百分比(%)。

我们可以计算在需求阶段进行的评审的缺陷检测效率为

$$(30-5)/30\times100 = 83\%。$$

我们还可以计算来自需求阶段的缺陷百分比:

$$30/258\times100 = 12\%。$$

有了这些数据后,我们就有可能对未来的项目做出不同的决策,例如:

(1) 为了减少在需求阶段注入的缺陷数量,我们可以研究已检测到的 25 个缺陷,并尝试消除。

(2) 可以减少单位时间内审查的页数,来提高缺陷检测率。

(3) 在概要设计和详细设计活动中有大量缺陷没有被检测到:分别占 38%和 39%,可以通过对这些缺陷进行因果分析来减小这些百分数。

实施测度而没有验证其效果或使其适配环境的案例

在蒙特利尔的一家医院,一位来自法国的著名医生成为一个临床研究项目的经理。他试图在整个开发过程中引入验证测度。尽管他的想法不错,但他用来评估软件产品和他的员工的数据是来自航空业的一个团队,该团队的经验比其自己的团队要丰富得多。

由于他们的团队只是一个 CMMI 成熟度不到 2 级的临床研究小团队,在验证测度还没有来得及适应该团队之前,许多开发人员就被解雇了,这位医生又回到了医学领域。

5.9 选择评审的类型

为了确定评审的类型及其频率,需要考虑以下因素:开发软件相关的风险、软件的关键度、软件的复杂度、团队的规模和经验、交付期限以及软件的规模。

表5.5是用于选择评审类型的支持矩阵的示例。

表5.5 选择评审类型的矩阵示例

产　　品	技术驱动——复杂度		
	低	中	高
软件需求	走查	审查	审查
设计	桌面检查	走查	审查
软件代码和单元测试	桌面检查	走查	审查
鉴定测试	桌面检查	走查	审查
用户/操作手册	桌面检查	桌面检查	走查
支持手册	桌面检查	桌面检查	走查
软件文档,例如:版本说明(VDD)、软件产品规格说明(SPS)、软件版本说明(SVD)	桌面检查	桌面检查	桌面检查
策划文档	走查	走查	审查
过程文档	桌面检查	走查	审查

"产品"一栏显示了要评审的产品,"复杂度"一栏显示了分类准则和要使用的评审类型。在这个示例中,复杂度定义为理解和验证一个文档的困难程度,包括低、中和高三个等级,低复杂度表示文档简单或易于检查,而高复杂度表示文档难以进行验证。表5.5只是一个示例。选择评审类型和评审产品的准则应记录在项目计划或SQA计划中。在第1章中,我们简要介绍了飞机发动机制造商Rolls-Royce的软件质量的例子,下面是该公司进行代码审查的具体案例。

飞机发动机制造商Rolls-Royce的代码审查

Rolls-Royce公司的一个小组开发了用于飞机发动机控制器的嵌入式软件。显然,这些程序是关键型的,而且软件和开发应满足上一章中提出的DO-178事实标准。

该公司大大提高了审查过程的效率。在将软件交付给系统工程团队之前,开发人员已大大减少了软件中的差错数量。

公司在没有修改工艺或工具,也没有增加额外的审查工作量的情况下就做到了这一点。在公司中,测试工作占验证工作的52%,而同行评审占总工作量的24%。

Rolls-Royce所制定的方法以测量开发人员和参与审查人员的能力为基础,根据相关的数据来选择对特定开发人员的产品进行审查的人员。

该公司评估了每位作者和评审员的工作有效性。作者的工作有效性是以每千行代码中注入的差错数量来测量的。该公司发现不同作者注入的差错数量之间差异很大(每千行代码注入的缺陷数在0.5~18个之间不等)。该公司还测量了每个评审员的检测效率。一些评审员只能检测到36%的差错,而最优秀的评审员能检测到90%的差错。另一个开发团队指出评审员之间的系数是10。该公司注意到最好的作者不一定是最好的评审员。

Rolls-Royce开发了下表来描述作者和评审员的工作有效性。左侧表示开发人员A到F的差错注入率数据。例如,开发人员A通常每千行代码注入0.5个差错,而开发人员F注入18个差错。表格右侧为评审员A到F的检测率。注意评审员A的检测率为75%,评审员F的检测率为30%。

			评审员工作有效性 缺陷检测率					
			C	B	A	E	D	F
			94%	80%	75%	50%	45%	30%
作者工作有效性	A	0.5	0	0.1	0.1	0.3	0.3	0.4
	B	1.0	0.1	0.2	0.3	0.5	0.6	0.7
	C	3.0	0.2	0.6	0.8	1.5	1.7	2.1
	D	4.0	0.2	0.8	1.0	2.0	2.2	2.8
每千行代码产生的缺陷数	E	10.0	0.6	2.0	2.5	5.0	5.5	7.0
	F	18.0	1.1	3.6	4.5	9.0	9.9	12.6

作者和评审员的工作有效性

此表可用于分配一个或多个有效的评审员,以检测那些出错较多的作者的差错。Rolls-Royce说最好的组织(世界一流组织)所生产的软件每千行代码只有一个残余缺陷(缺陷逃逸率)。在Rolls-Royce,他们成功地将每千行代码中残余缺陷的数量减少到 0.03。

虽然这种方法已用于代码审查,但它也可以用于项目的其他制品(如需求和体系架构)。

摘自 Nolan 等(2015)[NOL 15]

5.10 评审和商业模式

在第 1 章中,我们介绍了软件行业的主要商业模式[IBE 02]:

(1) 签订合同的定制系统:组织通过向客户销售定制的软件开发服务来获利。

(2) 内部定制软件:组织开发软件的目的是提高组织效率。

(3) 商业软件:公司通过开发软件并将其出售给其他组织来获利。

(4) 大众市场软件:公司通过开发软件并销售给消费者来获利。

(5) 商业和大众市场固件:公司通过销售嵌入式硬件和系统中的软件来获利。

每一种商业模式都有其自身的一组属性或因素:关键度、用户需要和需求(需要与期望相对比)的不确定性、环境范围、纠错成本、法规、项目规模、沟通和组织文化。

商业模式帮助我们了解软件实践方面的风险和各自的需要。评审是一种检测差错从而降低与软件产品相关风险的技术。项目经理与 SQA 合作,在整个生命周期中选择要执行的评审类型和要评审的文档或产品,以便对这些活动进行计划和预算。

以下章节解释了 IEEE 730 标准中关于项目评审的要求。

5.11 软件质量保证计划

IEEE 730 标准定义了在项目 SQA 计划中评审活动的相关要求。当要评估交付软件的质量时,评审是至关重要的。例如,SQA 人员参与的产品保证活动可能包括项目技术评审、软件开发文档评审和软件测试。因此,评审将同时用于软件项目的产品和过程保证。IEEE 730 建议在项目执行过程中回答以下问题[IEE 14]:

(1) 是否定期进行了评审和审核以确定软件产品完全满足合同要求?

(2) 是否根据定义的准则和标准对软件生命周期过程进行了评审?

(3) 是否评审了合同,以评估与软件产品的一致性?

(4) 是否根据项目的需要对利益相关方、指导委员会、管理层和技术进行了评审?

(5) 是否支持需方进行验收测试和评审?

(6) 是否跟踪了评审产生的活动项直至项目结束?

该标准还描述了如何在使用敏捷方法的项目中进行评审。它指出“可以每天进行评审”,这反映了实施日常活动的敏捷文化。

我们知道在软件项目过程中需要记录 SQA 活动。这些记录可以用作项目执行活动的证明,也可以在被询问时提供。评审结果和完整的评审检查单是很好的证据来源。因此,建议项目团队保留其所有技术评审和管理评审的会议记录。

最后,组织应该基于正在进行的和已完成的项目结果,收集经验教训以及正在进行的 SQA 活动(如过程评估和评审)的结果来支撑过程改进活动。评审在组织范围内的软件过程改进中发挥着重要作用。采取预防性措施以防止将来可能发生的问题。不符合项和其他项目信息可用来标识预防措施。SQA 评审提出预防措施并标识有效措施,一旦实施了预防措施,SQA 会对其活动进行评价并确定预防措施是否有效。预防措施过程可以在 SQA 计划或组织质量管理体系中定义。

5.12 成功因素

评审是相对简单且高效的技术,有些因素可以极大地提升其有效性和效率,也有许多因素会影响评审以至于组织不再使用评审。

下面列出了一些与组织文化有关的因素,这些因素可以促进高质量软件的开发。

促进软件质量的因素

(1) 可视化的管理承诺

- 提供实施评审(如审查)所需的资源和时间;
- 确保在项目计划或质量保证计划中策划评审;
- 即使进度紧张,也要坚持评审(如审查);
- 时常更新评审的整体结果,并考虑改进过程的建议;
- 参加培训课程;
- 与同事一起进行评审(如审查项目计划、软件质量保证计划等)

(2) 良好的团队精神

- 由团队成员开展评审(如审查),以互相帮助和提高产品质量。

以下是与组织文化有关且可能对软件质量产生不利影响的因素。

可能对软件质量产生不利影响的因素

(1) 使用评审来评价开发人员的绩效;

(2) 当作者不接受其文档中发现的异常时

-我不需要帮助,因为我是最好的!

-我不需要比我资历浅的人来帮助我。

(3) 参与者没有为会议做好准备;

(4) 团队成员没有为执行评审(尤其是审查)接受过培训;

(5) 想要报复。

-缺乏业务能力强的引导师;

-引导师必须确保评审员不会以贬损的言论或肢体语言使文档作者感到难堪。

5.13 工 具

以下是进行有效评审的一些工具。

评审工具

便于代码评审的免费软件工具:

(1) Idutils:一种索引工具,允许创建程序中使用的标识符数据库;

(2) Egrep:在文本文件中搜索正则表达式模式的工具;

(3) Find:允许查看系统文件;

(4) Diff:比较两个文件并显示差异;

(5) Cscope:一种 C 代码浏览器;

(6) LXR:可在线浏览源代码并提供交叉引用的网络界面。

延 伸 阅 读

Wiegers K. The seven deadly sins of *software reviews*. Software Development, vol. 6, issue3, 1998, pp. 44-47.

Wiegers K. A little help from your friends. *Peer Reviews in Software*, Pearson Education, Boston, MA, 2002, Chapter2.

Wiegers K. Peer review formality spectrum. *Peer Reviews in Software*, Pearson Education, Boston, MA, 2002, Chapter3.

练　　习

1. 为体系架构文档制定一个检查单。

2. 标识质量保证必须执行的活动。

3. 从以下主要参与者的角度列出走查或审查的好处:

(1) 开发经理;

(2) 开发人员;

(3) 质量保证人员;

(4) 维护人员。

4. 列举不进行审查的理由。

5. 列举不能作为审查目标的例子。

6. 根据以下材料计算剩余差错:在 36 页的文档中发现了 16 个差错。差错检测率是 60%,并且对检测到的差错进行修正时,会注入 17%的新差错。请算出完成评审后文档中每页剩余的差错数。解释您的计算过程。

7. 根据 Java/C++编程指南制定一个检查单。

8. 以下主要参与者可以从评审中得到什么好处:

(1) 分析师;

(2) 开发人员;

(3) 经理;

(4) 软件质量保证(SQA)人员;

(5) 维护人员;

(6) 测试人员。

9. 描述正式评审的优点和缺点。

10. 描述非正式评审的优点和缺点。

11. 列举评审类型的选择标准。

12. 为什么要做项目总结评审?

13. 通过在适当栏中填上“X”来完成以下表格。

同行评审的目的	桌面检查	走查	审查
发现缺陷/差错			
验证是否符合规格说明			
验证是否符合标准			

续表

同行评审的目的	桌面检查	走查	审查
检查软件是否完整和正确			
评估可维护性			
收集数据			
测量软件产品的质量			
培训人员			
知识转移			
确保差错得到纠正			

第6章 软件审核

学习目标：

(1) 了解软件审核的效用；

(2) 了解管理体系的审核；

(3) 根据 ISO 12207 标准进行软件审核和解决问题；

(4) 了解 IEEE 1028 标准推荐的软件审核过程；

(5) 了解 CMMI®模型推荐的审核类型；

(6) 了解纠正和预防过程；

(7) 了解 IEEE 730 标准建议的 SQA 计划的审核部分。

6.1 引　　言

第 5 章介绍了不同类型的评审。本章专门介绍审核,这是最正式的评审类型之一。我们首先给出审核在一些标准中的定义。

不同类型的合格认证(如审核)响应不同的需要,例如开发软件产品的组织或软件产品供方客户的需要。审核类型决定了审核员的独立性水平和审核成本的不同。以下文本框中“审核”定义的注释表明,存在内部审核和由第二方和第三方执行的外部审核。

管理体系

建立方针和目标并实现这些目标的体系。

ISO 19011 [ISO 11g]

审核准则

用于与客观证据进行比较的一组方针、程序或要求。

ISO 9000 [ISO 15b]

审核证据

与审核准则有关并能够证实的记录、事实陈述或其他信息。

ISO 9000 [ISO 15b]

审核

为获得审核证据(3.3)并对其进行客观的评价,以确定满足审核准则(3.2)的程度所进行的系统的、独立的并形成文件的过程。

注1:内部审核,有时称为第一方审核,由组织自己或以组织的名义进行,用于管理评审和其他内部目的(如确认管理体系的有效性或获得用于改进管理体系的信息),可作为组织自我合格声明的基础。在许多情况下,尤其是在中小型组织内,可以由与正在被审核的活动无责任关系、无偏见以及无利益冲突的人员进行,以证实独立性。

注2:外部审核包括第二方和第三方审核。第二方审核由组织的相关方,如顾客或其他人员以相关方的名义进行。第三方审核由独立的审核组织进行,如监管机构或提供认证或注册的组织。

ISO 19011 [ISO 11g]

审核有不同的类型:

(1) 审核以验证是否符合标准,如国际标准化组织(ISO)标准(如ISO 9001及IEEE 1028)中描述的审核。

(2) 对诸如CMMI之类的模型进行的合规性审核,用于在签订合同前选择供方或在合同期间评估供方。

(3) 组织的管理团队要求的审核,用于根据其批准的计划验证项目的进展。

可以委托外部顾问或不参与当前项目的组织人员完成以下任务:规定审核应回答的问题、审核进度、审核参与者以及审核报告(如发现和建议)的格式。

9.2 内部审核

1. 组织应按照策划的时间间隔进行内部审核,以提供有关质量管理体系的下列信息:

(1) 是否符合:

① 组织自身的质量管理体系要求;

② 本国际标准的要求;

(2) 是否得到有效的实施和维护。

2. 组织应:

(1) 依据有关过程的重要性、对组织产生影响的变更和以往的审核结果,策划、制定、实施和保持审核方案,审核方案包括频次、方法、职责、策划要求和报告;

(2) 规定每次审核的审核准则和范围;

(3) 选择审核员并实施审核,以确保审核过程客观公正;

(4) 确保将审核结果报告给相关管理层;

(5) 及时采取适当的纠正措施;

(6) 保留成文信息,作为实施审核方案以及审核结果的证据。

注:相关指南请参阅 ISO 19011。

ISO 9001 [ISO 15]

我们以项目管理协会(project management institute, PMI®)提出的审核定义来结束本节,因为审核通常是由项目经理自己要求实施的。

质量审核

质量审核是一种用于确定项目活动是否遵循了组织和项目的方针、过程与程序的结构化且独立的过程。质量审核的目标可能包括:

(1) 标识所实施的全部良好和最佳实践;

(2) 标识所有不合规做法、差距及不足;

(3) 分享所在组织和/或行业中类似项目引进或实施的良好实践;

(4) 积极、主动地提供协助,以改进过程的执行,从而帮助团队提高生产力;

(5) 强调每次审核都应对组织经验教训知识库的积累做出贡献。

质量审核可事先安排,也可随机进行;可以由内部审核员或外部审核员进行。

质量审核可以确认已批准的变更修改(如缺陷纠正措施)的实施情况。

PMBOK®指南[PMI 13]

除了验证合规性之外,还应注意该审核定义强调了这样一个事实,即审核也可以用来提高组织绩效。

在质量成本模型中,审核是一种评价实践,也称为检测活动,是产品或服务在开发生命周期的不同阶段的验证和评价成本。

表 6.1 列出了检测成本的组成部分。

第 1 章介绍了主要的软件商业模式。审核可以检测缺陷,从而减少软件产品开发的风险。签订合同的定制系统、内部定制系统、商业软件和大众市场软件都广泛使用审核。

软件审核可以从以下几个角度进行:

(1) 外部认证机构。审核质量体系,以评估该体系是否符合 ISO 9001 认证要求;

(2) 外部审核员。审核是否符合政府标准,例如医疗行业的美国食品药品监督管理局(food and drug administration,FDA)标准,或认证其达到的 CMMI 成熟度等级;

表 6.1 软件质量成本类别(改编自 Krasner(1998)[KRA 98])

主要类别	子类别	定 义	典型的基础成本
检测成本	识别产品状态	确定不符合等级	测试,SQA,审查,评审
	确保达到规定的质量	质量控制机制	产品质量审核,新版本交付决策

(3) 内部审核员。审核项目或软件过程,以确保充分的内部控制。这种形式的审核可以集中在安全性检测和欺诈性检测上,或者仅仅标识低效问题。这是一种确保信息系统的强制性过程得到有效应用的方式。这些审核还可以促进组织遵守法律和外部法规,例如 2002 年的 Sarbanes-Oxley 法案[SAR 02];

(4) SQA。代表管理层审核项目和过程,以确保团队遵循规定的生命周期过程,此审核主要涉及过程的有效性和改进。

(5) 管理团队或项目经理也可要求进行审核,以确定分配给外部供方的内部活动或项目是否遵守合同规范和约定/规定条款。此审核在特定的时间或里程碑进行,以验证工作是否按照计划推进。

(6) 专业机构(如加利福尼亚的专业工程师委员会)可以审核专业人员,以确定其工作满足其承诺的道德规范,并且该工程师的服务体现了对保障生命、健康、财产、经济利益、公共利益及环境的关切。

为什么要审核?无论组织的商业模式是签订合同的软件开发、内部软件开发、商业软件开发、大众市场软件或嵌入式软件开发,所有的组织,甚至公共组织,都希望实现他们的目标。确保实现其目标的一种方法是确保过程保持其合规性并持续改进。审核活动通常是针对组织中最重要的项目及其外部供方的活动。例如,April 教授[APR 97]发表了在加拿大贝尔公司进行的为期一年的 SQA 审核及其发现。在内部审核中,SQA 能加强缺陷的预防,并鼓励团队在遵守内部规则的同时始终履行对其顾客的承诺。软件项目审核通常由管理人员提出申请,以确保软件团队和合同供方:

(1) 了解他们对公众、雇主、顾客和同事的责任和义务;

(2) 使用公司建议的过程、实践、技术和规范化方法;

(3) 发现日常运营中的缺陷和不足,并尝试标识所需的纠正措施;

(4) 鼓励制定个人专业技能培训计划;

(5) 在公司重要项目的工作过程中接受监管。

任何项目经理或软件开发人员都可能在其职业生涯的某个时候接受审核。因此,有必要理解这种正式的评审过程,做好随时接受审核的准备。或者,也有可能作为审核小组的成员参与审核工作。软件项目审核在 ISO12207、ISO9001、CobiT [COB12]和 CMMI 中都有描述。

6.2 审核类型

6.2.1 内部审核

内部审核(也称为第一方审核)对于希望获得 ISO 9001 认证的软件供方非常有用。这是与国际标准相符合的成本最低的方法。

ISO/IEC 17050-1 [ISO 04a]描述了供方符合性声明的要求,该声明表明产品(包括服务)、过程、管理体系、个人或组织需满足源自标准、过程模型、法律法规的指定要求。供方符合性声明表应标识:声明的出具方、声明的主题、标准或规定要求以及声明的签署人。图 6.1(摘自 ISO 17050-1)为供方符合性声明表格示例。

ISO/IEC 17050-2 [ISO 04b]规定,声明符合性的组织必须提供与此表格相关的支持文档。

符合性声明的扫描版可以在组织的网站上公示。组织还应当制定规程,以便在开发过程或所使用的标准有任何修改的情况下,在必要时重新评价声明的有效性。

6.2.2 第二方审核

我们已经定义了什么是第二方审核。例如,客户可以要求供方证明其符合标准。顾客还可以对供方进行审核,以验证其符合性。审核员可以是顾客的员工(如 SQA 部门的成员),或者是具备顾客的业务领域相关知识的外部顾问。

审核费用(如审核员的差旅费)通常由顾客方产生,供方将承担其员工参与审核的费用。

6.2.3 第三方审核

如本章前文所述,第三方审核通常由独立组织进行。需要强调的是,ISO 不提供认证服务,也不发放证书。ISO 19011《管理体系审核指南》和 ISO/IEC 17021-1《合格评定-管理体系审核认证机构要求-第 1 部分:要求》都用于评估是否符合 ISO 9001 等标准。

ISO19011 中有一节描述了审核员必要能力,以及建议的评价过程。

A.2 符合性声明表格示例

供方符合性声明(依据ISO/IEC 17050-1)

1) 编号 ....

2) 出具方名称: ....

出具方地址: ....

....

3) 声明的对象: ....

....

....

4) 以上所描述的声明对象符合下列文件的要求:

	文件号	标题	版本/发布日期
5)	....	....	....
	....	....	....
	....	....	....

附加信息:

6) ....

....

....

签字所代表的组织为:

....

....

(出具地点和日期)

7) ....

(出具方授权的签字人姓名和职务) (出具方授权的签字或等效标记)

图 6.1 符合性声明表格示例[ISO 04a](资料来源:加拿大标准委员会)

国际认证协会(international accreditation association,IAF)

IAF 主要发挥两个方面的职能,首先,要确保其认证机构成员仅认证能够胜任其承担的工作的组织,与有认证需求的组织不存在利益冲突;其次在其认证机构成员之间建立相互认可的协议,称为多边认可协议(multilateral recognition arrangement,MLA),确保认证证书在世界范围内都有效,以降低企业及其顾客的风险。

ISO 17021 指出:“认证机构应为一个法律实体,或一个法律实体内有明确界定的一部分,以便认证机构能够对其所有认证活动承担法律责任。”

需要注意的是,除非顾客要求,否则标准认证不是一项义务。未经认证的组织也可以是完全可靠的。

6.3 基于 ISO/IEC/IEEE 12207 的审核和软件问题解决方案

ISO 12207 定义了审核要求和决策管理过程。

6.3.1 项目评估和控制过程

项目评估和控制过程的目的是[ISO 17]:评估计划是否一致和可行;确定项目的状态以及技术与过程的效果;指导计划的执行,以确保项目符合计划和进度要求,且在经费预算之内,满足技术目标的要求。该过程的一项重要的强制性任务是进行管理和技术评审、审核和审查。

6.3.2 决策管理过程

决策管理过程需进行审核,并将审核报告分发给建议启动纠正措施的利益相关者。

决策管理过程的目的是[ISO 17]:提供一个结构化的分析框架,以便为生命周期中任何时候的决策客观地标识、描述和评估一组备选方案,并从中选择最有益的行动方案。这个过程的主要活动为“制定和管理决策”,包括以下强制性任务[ISO 17]:

(1) 为每个决策确定首选方案;

(2) 记录解决方案、决策依据和假设;

(3) 记录、跟踪、评价和报告决策;

注 1:根据协定或组织规程的规定,以允许审核和从经验中学习的方式,对问题和机遇及其处置进行记录。

ISO 12207 还描述其他类型的审核,例如将在“配置管理”一章中介绍的配置审核。

6.4 根据 IEEE 1028 标准进行审核

在第 5 章中,介绍了 IEEE 1028 中不同类型的评审和审核及其执行程序。该标准介绍了如何进行审核,但没有解释实施审核的原因,也没有说明应如何使用审核报告。

审核

为评估与规格说明、标准、合同协议或其他准则的合规性而由第三方实施的对软件产品、软件过程或软件过程集合所作的一种独立检查。

注:审核应对是否已达到审核准则给出一个明确的指示。

IEE 1028 [IEE 08b]

表6.2总结了IEEE 1028标准中的审核特性,本节将对这些特性进行详细说明。

表6.2 符合 IEEE 1028 [IEE 08b]的审核特性

特性	审　　核
目标	独立评价与客观标准和条例的一致性
决策	被审核组织、发起人、需方、顾客或者用户
变更验证	被审核组织的责任
推荐的小组规模	1~5人
小组成员	审核员,可要求被审核组织提供证据
组长	主任审核员
材料数量	中到高,取决于具体的审核目的
陈述者	审核员收集并检查被审核组织提供的信息

IEEE 1028标准的目的是定义适用于用户的软件获取、供应、开发、运行和维护过程的系统评审和审核。该标准描述了如何进行审核以及软件审核的最低要求,并说明了:

(1) 被审核小组参与情况;

(2) 审核记录的结果;

(3) 文档化的审核规程。

为了进行审核,审核员必须阅读审核时提供的文档(如软件过程、产品)。IEEE 1028标准列举了最有可能被审核的软件产品,部分如表6.3所列。

表6.3 可被审核的软件项目产品示例(改编自 IEEE 1028 [IEE 08b])

合　同	备份和恢复计划	软件设计说明	软件需求规格说明	软件测试文档
软件项目管理计划	客户或用户代表的投诉	单元开发文件夹	走查报告	招标书

续表

合 同	备份和恢复计划	软件设计说明	软件需求规格说明	软件测试文档
操作和用户手册	安装规程	风险管理计划	适用标准、规定、计划和规程	防灾计划
维护计划	应急计划	开发环境	系统构建规程	软件体系架构描述
报告和测试数据	源代码	验证与确认计划	配置管理计划	软件用户文档

该标准还涉及软件项目过程的审核。组织宜针对每一个被审核的过程或产品准备检查单。

6.4.1 角色和职责

软件审核的角色和职责有(改编自 IEEE 1028 [IEE 08b]):

(1) 发起人:应负责以下活动:

① 确定审核的需要;

② 确定审核的目的和范围;

③ 确定待审核的软件产品或过程;

④ 确定评价准则,包括规定、标准、指南、计划、规格说明和规程;

⑤ 决定实施审核的人员;

⑥ 评审审核报告;

⑦ 确定必要的后续措施;

⑧ 发布审核报告。

发起人既可以是被审核组织的管理者,也可以是被审核组织的顾客或用户代表,还可以是第三方。

(2) 主任审核员:应对审核负责,其职责包括管理与审核有关的任务,确保活动以有序的方式进行并满足它的目标,主要包括如下:

① 编制审核计划;

② 组建和管理审核组;

③ 领导审核组并记录观察结果;

④ 编制审核报告;

⑤ 注意所有偏差;

⑥ 推荐纠正措施。

(3) 记录员:应将审核组提出的异常、措施项、决定和建议形成文档。

(4) 审核员:应按照审核计划的定义对产品进行检查。他们应将其观察结果形成文档。审核员应不带任何偏见且不施加任何影响,以免降低其做出独立且客观评价的能力,或者应标识自己的观点,并在得到发起人的认可后再进行其余活动。

(5) 被审核组织:应为审核员提供一名联络员,并提供审核员需要的所有信息。在审核完成后,被审核组织应当实施纠正措施和建议。

6.4.2 IEEE 1028 审核条款

与 IEEE 1028 的其他评审方式一样,审核的条款信息如下[IEE 08b]。

(1) 评审简介:说明系统评审的目标,并概述系统评审规程。

(2) 职责:定义系统评审所需的角色和职责。

(3) 输入:描述系统评审所需的输入要求。

(4) 入口准则:说明在开始系统评审之前需要满足的准则,包括:

① 授权;

② 前提。

(5) 规程:详细说明系统评审的规程,包括:

① 策划评审;

② 规程概述;

③ 准备;

④ 检查/评价/结果记录;

⑤ 返工或后续工作。

(6) 出口准则:说明在系统评审完成之前要达到的标准。

(7) 输出:描述系统评审所产生的最低交付物。

6.4.3 根据 IEEE 1028 进行审核

IEEE 1028 标准建议在审核开始之前,发起人已指定好一名审核员并明确了审核范围。被审核组织应向每个项目组传达审核的规程和规则。确认情况后,审核员必须证明自己在审核范围内经验丰富、受过培训并获得认证。

如图 6.2 所示,审核过程建议了以下几种活动(改编自 IEEE 1028 [IEE 08b])

(1) 策划审核:准备审核计划,并经发起人审批;

(2) 筹备并组织首次会议:首次会议由审核员和被审核组织参加,目的在于介绍审核范围、审核过程以及待审核的软件过程和产品、审核进度安排、被访谈人员的预期贡献、相关资源(如会议室、质量记录访问权限)以及将要审核的信息和文档;

(3) 准备审核:在审核开始前评审拟完成的审核计划、被审核组织的准备情况、待审核过程和产品的初步评审结果的可访问情况、组织的生命周期和相关标准以及评价准则;

(4) 收集客观证据:这是审核的核心,需要收集和分析证据。主要发现将提交给被审核组织,然后编制一份最终报告并通知审核发起人;

(5) 审核后续工作:审核发起人与被审核组织进行沟通,确定所需的纠正措施。

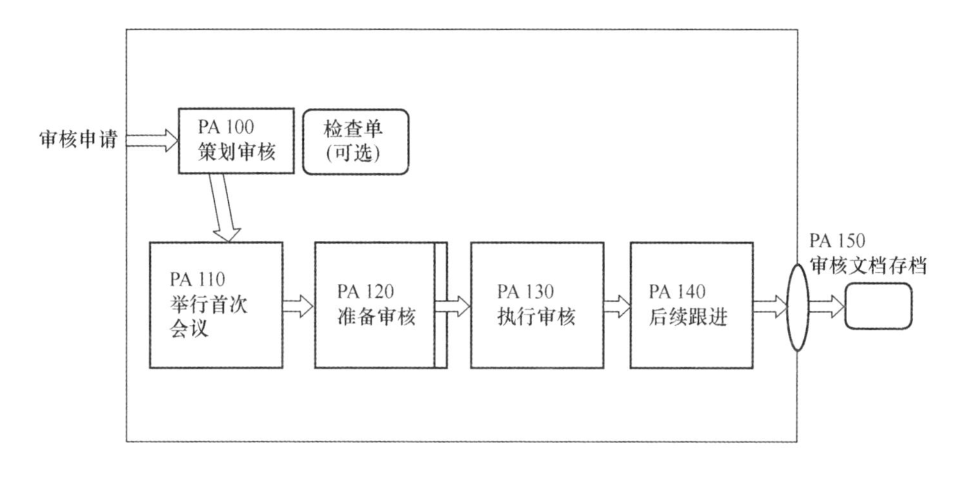

图 6.2　根据 IEEE 1028 进行的审核过程活动
(资料来源:改编自 Holland(1998)[HOL 98].)

在图 6.2 中,将"归档审核文档"活动添加到 IEEE 1028 的当前活动列表中,以确保妥善保管所有与审核相关的文档。事实上,审核文档可作为组织进行了 ISO 9001 审核和改进的证据,或者用于将来的外部审核。归档的文档包括:

(1) 批准的审核要求;

(2) 审核计划;

(3) 参与者的标识;

(4) 会议记录(包括首次会议和末次会议文档);

(5) 审核员的检查单;

(6) 审核报告;

(7) 改进清单;

(8) 纠正措施及其审核问题跟踪。

请注意,同所有其他软件生命周期活动一样,审核活动也可以被审核。在大型组织中,许多审核员根据年度审核计划进行软件项目审核。

下面的文本框摘自一个审核报告。

Acme 公司审核报告

日期(年-月-日):____________________

发起人:____________________

审核员:____________________

为了支持 Acme 的过程改进,软件质量保证部门对软件开发生命周期过程进行了过程审核。

目的

验证软件活动和获得的结果是否符合文档化过程和规程的要求,并在执行时评估其有效性。

范围

审核于 2017 年 1 月 15 日在工程部门进行。审核的项目名称是“可持续环境”,审核的开发生命周期方法是 1.6 版本。

审核员: Mary Peters 和 John McCullen

参与人员: Michael Phillips,Phillip Cordingley,Julia Perth(软件工程部门)

审核员认为参与人员在审核期间积极配合。

定义

发现:不符合质量标准、设计、过程、规程、方针、工作指令、合同或其他标准的情况或条件,需要提出改进申请。

注:审核员提供给受访者的预防措施和建议不需要正式的改进申请。相关问题可以在后续审核中进行详细验证。

总结

总体而言,审核员注意到:项目没有一个结构化的计划,导致需要进行最后的干预。客户需求没有明确定义。

完成该审核后,记录了 1 个过程变更申请,产生了 4 个注释,并提出了 8 个改进申请。本次审核的合格率为 75.8%。

改进申请

申请编号	说　明	分配部门
ETS-2017-015	需求跟踪矩阵在开发过程中没有更新。需要经常更新需求跟踪矩阵	软件工程
ETS-2017-016	在项目期间没有完成源代码检查	软件工程

发现

(1) 开发过程-步骤 SD-120-编写软件需求和测试计划。在软件开发项目执行期间,需求跟踪矩阵没有更新。该矩阵只在项目结束时完成。需求跟踪矩阵应该经常更新,以确保所有需求得到了分配和满足。

(2) 开发过程-步骤 SD-130-规格说明评审和审批。自 2016 年 11 月 21 日以来,规格说明文档仍未获得批准。这增加了项目风险,因为该制品的基线尚未正式确定。

注:开发过程-步骤 SD-160-测试规程开发。

测试计划没有在规定的时间内完成,在测试就绪评审时才提交给客户。测试计划应当在设计评审时完成。拖延的原因是时间紧迫和策划不当。

6.5 审核过程和 ISO 9001 标准

ISO 9001 标准普及了质量体系审核的概念,是世界上最家喻户晓的标准。最早使用 ISO 9001 标准的是生产型工厂,他们意识到独立的质量认证会带来竞争优势。随着供方开始要求在签合同之前获得认证,该标准越来越流行。

虽然 ISO 9001 标准在生产型组织中日益普及,但在服务型组织(如软件开发人员)中却并非如此。这些组织很难将最终产品从开发生命周期过程中分离出来[MAY 02]。在这种情况下,IT 行业需要进一步理解 ISO 9001 条款。

解释指南正是为了为方便包括软件行业在内的服务行业应用 ISO 9001 而产生的。针对软件,ISO 9001 [ISO 15]有两种常见的解释:

(1) ISO/IEC 90003 是 ISO 9001 标准[ISO 14]针对软件行业的解释指南;关于内部审核,ISO 90003 提供了以下信息:

① 当软件组织策划开发项目时,组织通常会协调审核策划,以选择项目和质量管理体系。审核策划会尝试选择项目以覆盖每个阶段的所有生命周期过程。

② 这可能需要按产品开发的生命周期的不同阶段审核各个项目,或者对同一个项目在其整个生命周期阶段演变期间进行审核。如果审核项目的进度安排发生了变化,内部审核的时间也应当做相应调整,或者考虑审核另一个项目。

(2) 解释性材料(TickIT 指南版本 5.5 [TIK 07])开发的目的是培训和认证 ISO 9001 软件质量体系的审核员。

WWW

在英国,TickITplus 是一项认证程序,可以使一个认证安排覆盖多种 IT 标准,需了解更多情况可查阅相关网站。

这些 ISO 9001 解释指南阐明了 ISO 9001 的每项条款如何应用于开发、维护和运营软件产品的组织。还有一点很有意思，ISO 90003 [ISO 14] 解释指南与 ISO 12207 协调一致。

我们已经讨论过，改进和符合性评估是针对组织当前的过程的评估。组织所使用的软件过程将与标准条款或过程模型实践（如 CMMI 中的实践）进行比较。Capers Jones 将评估比作软件组织的“体检”以确定什么是正确的和什么是必须改变的。这种“体检”以行业最佳实践作为基准。在软件行业，这种检查用于基准测试或启动过程改进程序。

为了获得 ISO 9001 认证，必须进行独立审核，认证方为此需要使用审核过程。

图 6.3 展示了为获得对组织软件过程状态的客观评估所需要执行的关键步骤模型。

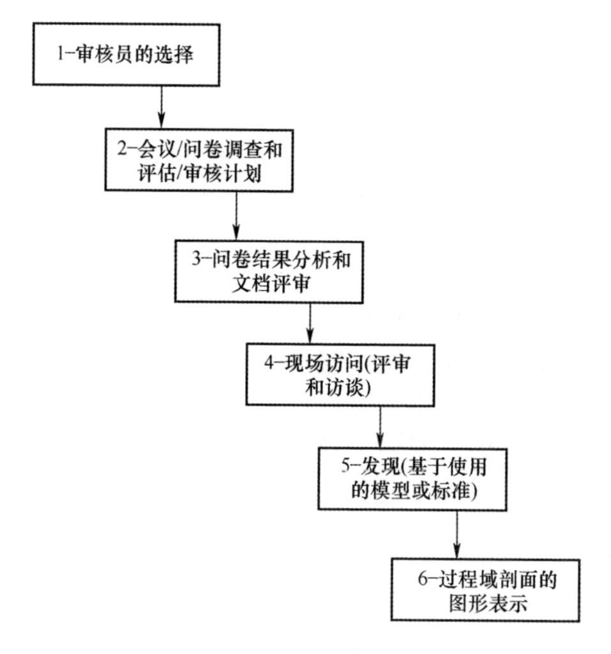

图 6.3　软件审核或评估的主要步骤[APR 08]

第一步，包括寻找和面试审核团队的成员。这些人可能需要培训和认证才能加入评估团队。

第二步，团队成立后，通过会议或初步调查问卷与被审核组织进行初步接触。随后召开会议，确定审核范围、要评审的过程、时间安排和涉及的人员数量。这一步的主要目的是让每个人都做好审核准备以防让人措手不及。然后要求项目经理反馈初步的符合性评估，并提供访问项目文档的安全许可。问卷调查结果和对项目文档（如项目管理文档和技术文档）的初步评审将使审核员能够帮助选择受访者,并确定审核的时间安排。

然后,我们需要为审核做准备,审核通常持续1~2天。这一步包括访问现场、进行演示、采访个人以及评审制品。在审核期间,对访谈和文档的清单进行更新,获取调查结果并进行评级。

接受审核和访谈时的行为提示

(1) 直接、诚实地回答。

您的责任是提供所要求的信息。如果不理解问题,请直接说明。如果问题不适用于角色或项目,请直接说明。诚实是应对审核的最佳方法。

(2) 不要擅自提供没有被提问的信息。

直接回答所提的问题。拒绝讨论与指定问题无关的其他话题。

(3) 携带并展示工作实例。

提供评审主题的相关示例来说明执行、沟通和跟踪过程的方式。

(4) 必要时向他人寻求帮助。

接收审核的是项目,而不是个人。如果不知道问题的答案,请咨询其他人。

[OBR 09]

信息系统审核与控制协会(information systems audit and control association, ISACA)发布了可用于审核软件项目的CobiT指南

利用收集到的信息,得出初步发现,并向参与者进行验证。此时需要专业判断来确定实践的执行是否满足参考的标准或模型。一旦发现得到验证和评级,便会生成最终报告,这一过程大约需要10天的时间。最终报告会根据审核计划中的分发列表发送给相关的人员。最后一步(如需要)是帮助团队实现合规性。

最后,打包和归档所有审核信息,以供将来参考。同时分析和保存所有合规性数据。

审核发现

将收集的审核证据对照审核准则进行评价的结果。

注1:审核发现指明符合要求还是不符合要求。

注2:审核发现可导向改进机会或记录良好实践。

注 3：如果审核准则是选自法律法规或其他要求，审核发现可表述为合规或不合规。

注 4：改编自 ISO 9000:2005，定义 3.9.5。

ISO 19011 [ISO 11g]

符合

满足要求。

ISO 9000 [ISO 15b]

不符合

未满足要求。

ISO 9000 [ISO 15b]

所有类型的审核都应该公布过程，并保持其可用性。

过程审核应该定期进行，主要有两个原因：第一，确保从业人员会使用组织的过程；第二，在过程应用中发现错误、遗漏或误解。过程审核还用于评估从业人员对过程的使用和理解程度。例如，引入一种新的文档管理过程后，邀请从业人员使用这种新过程，从而生成和更新文档。众所周知，工程师不太愿意记录他们的工作，他们经常将文档视为“必要之恶”。下面是为评价开发人员对组织文档管理过程的符合性进行审核的示例。

文档管理过程审核

一个国防工业组织给工程师们部署了一项文档管理过程的文档编制任务。几个月后，质量管理部门对该过程的符合性进行了一次审核。

如下表所示，结果并不是很好。审核报告公布后，管理层指示，要求所有人员都应遵循该指南，并计划进行第二次审核，以再次检查符合性。结果可以看到，第二次审核的符合性较高。

审核员在进行第二次审核时，收集了工程师们的反馈意见。过程的所有者使用这些信息对过程进行了改进，提高了符合性水平，并在后续的审核中使符合性提高到了 80%。

两次过程符合性审核的结果

记录的过程活动	第一次审核结果	第二次审核结果
评审员的结论	38%	78%
文档审批矩阵表完成	24%	67%
工作量检查单完成	18%	33%

记录的过程活动	第一次审核结果	第二次审核结果
文档评审检查单完成	5%	44%
配置管理检查单完成	5%	27%
文档分发列表完成	38%	39%
文档正式批准	100%	100%

Laporte 和 Trudel(1998)[LAP 98]

6.6 根据 CMMI 进行审核

软件工程研究所(software engineering institute,SEI)已经开发了与其过程模型结合使用的评估方法,如软件过程评估和软件能力评价(software capability evaluation,SCE)模型[BYR 96],适用于供方选择,以验证合同条款得到满足。

使用 SCE 进行供方评价

某美国机构在与其主要供方签订的地铁运输合同中规定,所有涉及的承包商(例如推进子系统承包商)都要通过 SCE 进行评估,并达到 CMM 成熟度 2 级的最低要求。随即进行了初步评估,并制定了行动计划,以使所有不合格供方在合同签订后 24 个月内达到这一要求。每个行动计划都要通过顾客的评审和批准。之后进行了第二次评估以验证供方的符合性。

2000 年初,SEI 升级发布了面向开发的 CMMI 模型后,SCE 审核就很少被使用了。在 CMMI 中,审核活动被描述为“过程和产品质量保证”的一部分。该过程域旨在为管理层提供项目软件过程和产品的客观状态。对于 CMMI,审核是用来进行客观评估的一种方法,就像审查和走查一样。CMMI 阐明了在“过程和产品质量保证”过程域中,什么是客观评估。为了确保客观性,必须解决以下问题[SEI 10a]:

(1) 描述 SQA 的报告结构,以显示其独立性;

(2) 建立并维护明确的评估准则:

① 评估对象;

② 评估过程的时间和方法;

③ 评估的步骤;

④ 评估的参与人员；

⑤ 评估的产品；

⑥ 评估产品的时间和方法。

（3）使用制定的准则来评估过程说明、标准和规程与产品评估的符合性。

SEI 开发了自己的评估方法：过程改进的标准 CMMI 鉴定方法（standard CMMI appraisal method for process improvement，SCAMPI）以支持其 CMMI 模型的实施。这种方法适用于内部过程改进，以及外部供方的选择和过程的监管。针对过程的改进，该评估方法可用于[SEI 06]：

（1）为当前过程的强项和弱项建立基线；

（2）确定当前过程的成熟度等级；

（3）测量最近一次过程评估的进展情况；

（4）为过程改进计划提供输入；

（5）为组织准备顾客评估；

（6）审核生命周期过程。

以下文本框摘录了使用 SEI 软件评估方法的评估报告的部分内容。

摘自 ACME 公司的正式评估报告

发现

关于需求管理过程域：

（1）将系统需求转换为软件需求的过程不一致；

（2）设计和编码通常是在定义软件需求之前就开始了；

（3）软件需求的定义不一致。

发现的说明

需求定义是软件开发项目的第一步。项目的成功取决于需求的质量及其传递方式。如果在生命周期中（如系统需求、软件需求、概要设计、详细设计、编码、单元测试、集成以及系统测试和维护）使用了错误的需求，那么在生命周期的每个阶段，纠正措施的成本都会增加。

评价团队了解到，ACME 公司的工程师没有遵循标准过程来定义需求，并且需求在生命周期各个阶段之间的传递也存在沟通不畅的问题。评价团队还了解到，过程应当在开发过程中确保文档的传递，以避免对软件人员的过度依赖。同时，过程还应当确保需求的完整性、清晰性和准确性，其详细程度应与定义需求的文档等级相适应，即在系统性能规格说明中定义的软件需求应在系统层面可验证，在系统设计规格说明中定义的软件需求应在系统集成层面可验证，而在详细设计规格说明中定义的软件需求应在代码层面可验证。

设计和编码活动通常是在需求被定义之前进行的。评价团队听说了在编写代码之后才开发需求的情况。监控过程的方式高度依赖于项目经理和项目工程师。他们必须意识到策划项目时考虑必须要遵循的过程是非常重要的。

下面的文本框展示了电信公司过程改进的另一个示例。

加拿大贝尔公司的监控过程示例

当审核活动是用于过程改进时,很少单独执行。下图所示为20世纪90年代,加拿大贝尔公司学习、过程改进以及确保项目符合工具支持的本地化方法之间的所有交互。项目团队可以依靠指导服务来帮助他们更好地理解如何正确地使用内部方法和工具。

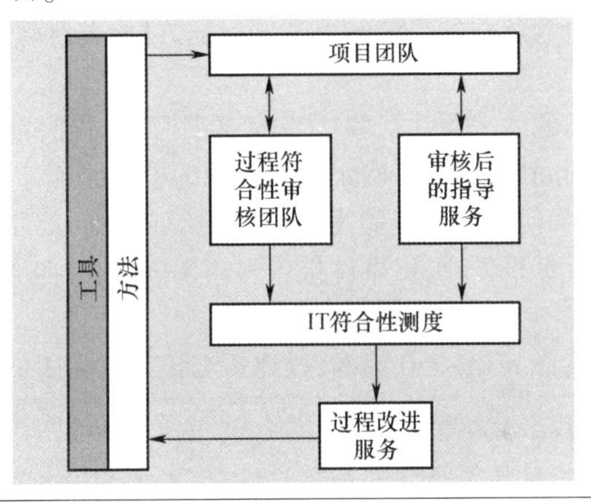

下一节介绍在软件审核后实施的纠正措施。

6.7 纠 正 措 施

在内部或外部审核后,组织必须执行纠正措施来纠正观察到的缺陷。还可以使用纠正措施过程来处理预防措施、事件报告和顾客投诉。

纠正措施

为消除不合格的原因并防止再发生所采取的措施。

注1:不合格的产生可以有若干个原因。

注 2:采取预防措施是为了防止发生,而采取到正措施是为了防止再次发生。

ISO 9000 [ISO 15b]

为使项目工作绩效重新与项目管理计划一致而进行的有目的的活动。

PMBOK®指南 [PMI 13]

预防措施

为确保项目工作的未来绩效符合项目管理计划,而进行的有目的的活动。

PMBOK®指南 [PMI 13]

纠正措施旨在消除不符合、缺陷和其他不良事件的潜在原因,以防止其再次发生。尽管纠正问题的重点在于纠正具体的案例,但纠正措施消除了问题的根本原因。CMMI 有一个名为“原因分析和决定”的过程域来标识和消除根本原因。此过程域的目的是标识产生结果的原因,并采取措施改进过程绩效[SEI 10a]。

在开发或运行包含软件的系统时出现的问题,可能来自软件、开发过程本身或系统硬件中的缺陷。

为了便于标识问题的来源并采取适当的纠正措施,我们希望开发一个集中式系统来跟踪问题直到问题解决,并确定产生问题的根本原因。

由于确认、监控和问题解决可能需要协调组织内不同的小组,因此 SQA 计划应指定专门的小组负责报告/提出事件报告和纠正措施,并向管理层上报未解决的问题。

下面的文本框摘自 IEEE 730 标准,描述了与该过程相关的要求。

纠正和预防措施过程

在项目计划中定义的解决软件问题的过程,或者 SQA 计划或组织质量管理计划中定义的独立过程。项目团队使用已定义的纠正措施过程来处理不符合项,该过程可记录在项目计划、SQA 计划或组织质量管理计划中。对于不符合项,首先由项目团队提出纠正措施,然后 SQA 评审提出的所有纠正措施,确定它们是否能解决相关的不符合项。如果提出的纠正措施确实能解决不符合问题,SQA 将进一步确定措施的有效性测度,用于判断纠正措施是否能有效地解决不符合问题。一旦实施了纠正措施,SQA 将对相关活动进行评价,并确定实施的纠正措施的有效性。

IEEE730 [IEE 14]

组织必须在进行内部或外部审核后实施纠正措施过程。这个过程应该覆盖软件产品、协议和软件开发计划。

一个闭环的纠正措施过程可能包括以下元素。

(1) 输入:例如审核报告、不符合项或问题报告。

（2）活动：

① 组织使用问题跟踪工具登记不符合项；

② 分析和确认问题，以确保不浪费组织资源；

③ 对问题进行分类并确定优先级；

④ 分析问题并进行趋势分析，以标识和解决问题；

⑤ 提出解决问题的方案；

⑥ 解决问题，并确保解决方案不会引起其他问题；如果不符合项的问题无法在项目内部解决，应向相关管理层报告；

⑦ 验证问题的解决方案；

⑧ 告知利益相关方问题的解决方案；

⑨ 归档问题文档；

⑩ 更新问题跟踪工具中的信息。

为便于不符合项的管理，最好使用软件工具，比如电子表格或数据库。在小型组织中，可以使用像 Bugnet 这样的免费问题跟踪工具。在大型组织中，则需要开发自己的数据库或购买商业工具。

（3）输出：例如解决方案文件、软件的修订版本等。

图 6.4 描述了问题解决的过程。

某些组织的问题报告模板中还包含一部分内容，其中负责服务的人员作为开发组织的负责人，必须提出一个可能的解决方案来纠正问题，并给出计划的解决日期（见图 6.5）。

一旦这些信息录入工具，SQA 就可以跟踪每一个问题直到问题解决。有时也可能进行干预，提醒责任人他有未解决的问题已经超过了所登记的日期。

作为一个独立的体系，SQA 在组织内采用一种上报机制，可以在问题没有得到解决时将问题上升到更高的等级。以下是一个三级上报机制的示例：

（1）第一级上报：如果没有按照承诺执行纠正措施，SQA 代表会与软件项目负责人会面，检查拟实施的计划，确定纠正措施、纠正措施的状态以及无法完成纠正措施的风险。双方就纠正措施和实施纠正措施的截止时间进行协商并达成一致。协议由 SQA 代表草拟，并由软件项目负责人审签。

（2）第二级上报：如果软件项目的负责人不接受纠正措施或截止时间，那么 SQA 经理会与软件项目经理会面，评审实施纠正措施的计划、纠正措施的状态和无法完成纠正措施的风险。相关决策由 SQA 经理记录，并由软件项目经理审签。

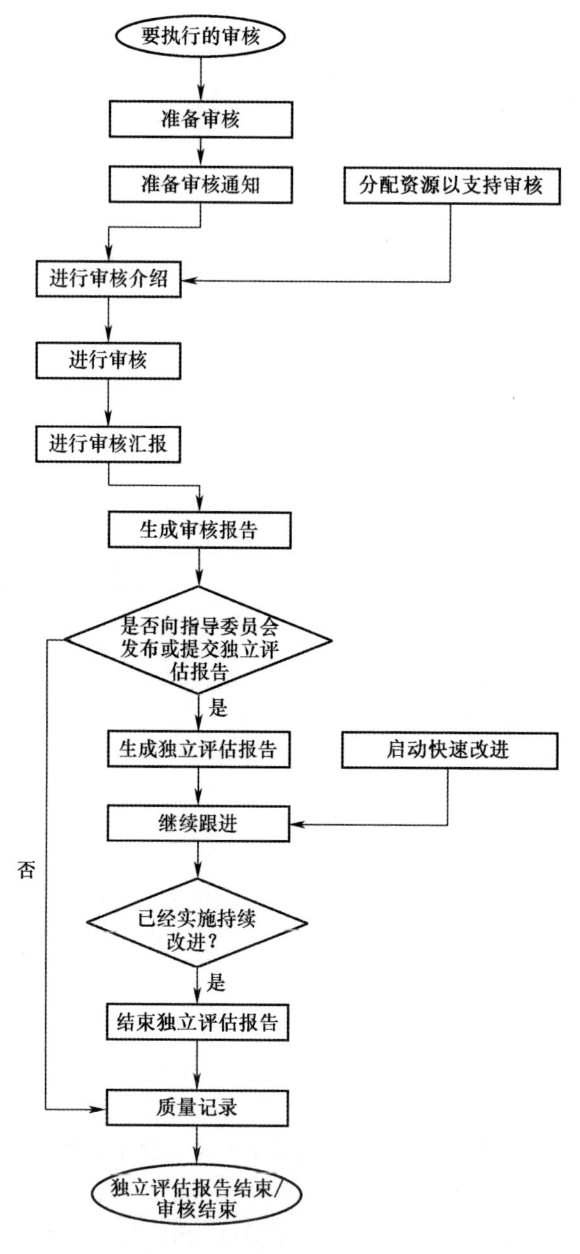

图 6.4　问题解决过程的示例

(3) 第三级上报:如果软件项目的经理不接受纠正措施或截止时间,那么 SQA 经理会与高层管理人员讨论启动纠正措施的计划。相关决策由 SQA 经理记录,并由高层管理人员审签。

问题报告

优先级: ________　　项目名称: __________　　日期: ______

过程名称: ____________　　阶段编号: ___　提出人: ____________________

应答天数: ____________________________　　结束日期: ________

解决此问题的天数: _________________________

发现: ____

受到影响的需求/标准:

____

建议的快速解决方案:

____

根本原因: ____

建议的长效解决方案:

____

长效解决方案的采用日期: ________________________________

后续行动(如有必要):

____

图 6.5　问题报告和解决方案建议表

6.8　对超小型实体的审核

超小型实体用于审核的方法和时间都非常有限。然而,许多超小型实体都希望接受审核或评估,以满足客户的需求,或提升品牌在国内和国际上的知名度。这样,一个超小型实体就可以从众多超小型实体中脱颖而出,成为一个客户愿意与其发展业务关系的组织。

ISO 工作小组在开发 ISO 29110 前,对超过 32 个国家的超小型实体进行了调研。在参与调研的超小型实体中,有 74%的超小型实体表示获得认证以改善形象对他们来说非常重要,有 40%的超小型组织要求获得正式认证[LAP 08]。

在关于标准的一章中,我们介绍了 ISO 29110 标准。如该章所述,超小型实体可以按照 ISO 17050 进行内部审核。如果组织符合 ISO 29110,那么只要审核员的独立性可以通过不存在平行审核活动、分歧或利益冲突来证明,组织就可以宣称自己符合该标准。

超小型实体还可以采用第二方和第三方的外部审核。由第二方进行的审核可以由外部审核员执行。这样,超小型实体可以通过经认证的外部审核员证明其符合 ISO 29110。超小型实体可以实施成本较低的该种审核。

第三方审核是由独立的审核组织进行的,例如监管机构,或授权注册和认证的机构。认证过程如图 6.6 所示,当公司联系认证机构开始认证过程时认证就开始了。一旦审核员确定超小型实体愿意接受审核,审核员就会启动审核,包括审核的准备工作(如文档评审、策划、准备审核),审核的实施(如进行首次会议、评审文档、收集和验证信息、产生发现和结论,进行末次会议等),准备和发布审核报告并结束审核。签发审核证书后,认证机构通常每年进行一次监督审核,以确保该组织依然符合要求。有时,也需要进行认证续期审核,以确认组织持续维持其符合性。

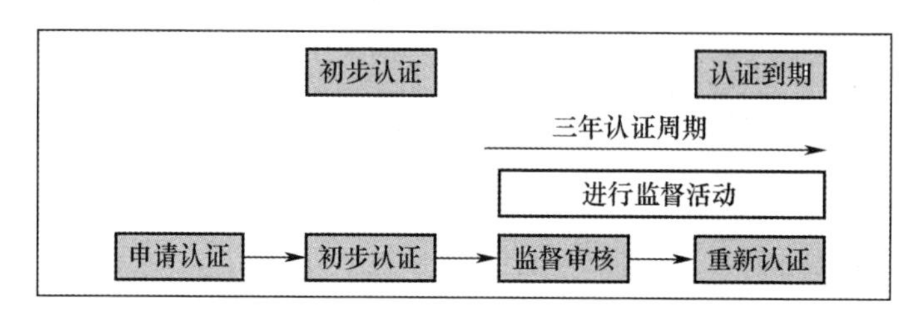

图 6.6 ISO/IEC 29110 认证方法

秘鲁一家初创企业在实施 ISO 29110 时,只有 4 个人。该超小型实体创建于 2012 年。在实施基础剖面后,在一个工时为 900 小时的顾客项目中执行了两个过程[GAR 15]。整个过程中,返工所占用的工作量只有 18%。下面的文本框描述了他们依据 ISO 29110 进行的第三方审核。该超小型实体在 2014 年获得认证时,员工已经超过 10 名。

秘鲁的 ISO 29110 符合性审核

认证过程分两个步骤:①评估软件开发过程的现有文档;②审核 ISO/IEC 29110 的基础剖面中项目管理和软件实施过程。每个步骤结束时,巴西注册机构都会发表一份观察报告。

该超小型实体收到了审核员的意见,并采取了纠正措施。由技术团队处理意见,更新规程后将其分发给开发团队成员。

该超小型实体在步骤①中花费了 1000 美元(不包括审核员的差旅费),耗费了 22 个工时。

在步骤②中,审核员费用为 1200 美元,耗费了 63 个工时。

本次审核的步骤①和步骤②是在 2014 年 4 月进行的。2014 年 7 月,巴西注册机构为该超小型实体颁发了有效期为 3 年的 ISO/IEC 29110 基础剖面的项目管理和软件实施合格证书。2015 年和 2016 年分别进行了监督审核,2017 年将开始重新认证。

Garcia 等(2015)[GAR 15]

秘鲁的该超小型实体成功通过审核后，当地一家报纸对此事进行了报道。随后秘鲁的很多公司联系了该企业，希望了解该过程的更多信息并讨论合作。后来，秘鲁一家大型保险公司将一份软件开发合同交给了这个超小型实体。2017 年，该超小型实体拥有了 23 名员工。

6.9 审核和 SQA 计划

IEEE 730 标准[IEE 14]要求项目的 SQA 活动需要与审核和其他生命周期过程相协调，以确保过程和产品的符合性和质量。它要求 SQA 确保已经向项目团队详细解释了审核的关注点，同时，SQA 需要定期审核软件开发活动，以确保其与定义的软件生命周期过程的一致性。为此，必须提前将组织过程发布给组织。

它还规定，为确定与定义的项目计划的符合性，需要独立于项目团队的 SQA 定期审核项目，评估项目的技能和知识需求，并将其与组织员工的技能和知识进行比较，以确定两者的差距。如果项目涉及外部供方，最好至少进行一次符合性审核，并在合同中对此进行规定。

对于项目的审核活动，IEEE 730 标准要求项目团队回答以下问题：

(1) 合同是否包含分包商或外部供方？如果包含，是否定期进行了评审和审核，以确定软件产品是否完全满足合同要求？

(2) 是否对供方审核中出现的问题及其影响进行了评审和评估？

(3) 对供方审核中发现的不符合项，是否制定了纠正/预防措施计划？

(4) 是否记录并妥善解决了项目不符合项？

(5) 对不满足系统需求的项目是否制定了纠正措施计划？

对于 SQA，应针对组织审核计划中标识的每个项目回答以下问题：

(1) 有否为项目制定了适当且有效的审核策略？

(2) 有否为项目实施了适当及有效的审核策略？

(3) 是否根据审核策略，确定了选定的软件工作产品、服务或过程与需求、计划、协议的符合性？

(4) 审核是否由适当的独立机构进行？

(5) 是否记录了审核结果？

(6) 在审核中发现的所有问题是否都被记录为不符合项？

(7) 是否为所有的不符合项考虑了纠正措施？

(8) 是否通过有效性测度证实了所实施的纠正措施的有效性？

(9) 是否为每个不需要纠正措施的不符合项给出了适当的理由？

6.10 审核案例研究展示

本节将介绍一个项目的符合性审核的结果,该项目是在庞巴迪运输公司位于美国的一个系统开发地点完成的,Laporte 教授参与了该项目。

庞巴迪运输公司的软件工程性能改进[LAP 07a]、[LAP 07b]

2003 年至 2006 年间,外部评估人员对一个地铁信号软件开发项目进行了两次评估。2003 年的评估用作 2006 年评估所遵循进度的基线或参考点。两次使用了相同的评估方法来评价软件过程、项目绩效和组织变更管理。本文介绍了被评估的组织,解释了用于评估的多维方法,以及组织实现的业务目标和量化改进。

背景

当时,庞巴迪运输公司拥有 30 多个软件开发地点和 950 多名软件工程师。总运输系统(total transit systems,TTS)部门为城市和机场提供运输解决方案。产品组合包含一系列自动运输系统、单轨电车、轻轨列车和地铁。匹兹堡分公司有近 100 名软件工程师在当地工作,有 30 名在印度海得拉巴的庞巴迪运输公司工作。

软件工程能力中心

能力中心旨在降低公司的技术风险和成本。软件工程能力中心支持战略计划,它进行产品评审并提出降低风险的建议措施。能力中心还应要求评估匹兹堡软件开发组织。

评估方法

过程维度重用了经过行业验证的 CMM 评价方法的定制版本。根据业务需求(组织和项目列表)和评价范围,CMM 的过程域被划分为高、中、低三个优先级。然后,使用庞巴迪的软件工程过程角色名称创建评价议程。接着与项目中涉及相关角色的人员沟通对议程进行更新。为确保顺利参与过程和管理期望,需要事先进行沟通。在收集证据的步骤中,评估表用于记录收集/分析的数据,以及创建现场发现中使用的成熟度指标。

现场评价

现场评价的三个阶段:

策划阶段:

(1) 组织范围的确立

(2) 访问准备(议程)

(3) 信息收集(仅限扩展版本)

(4) 团队建设

现场阶段:

(1) 开幕致辞

(2) 收集证据(访谈、文档评审)

(3) 发现(优势与劣势)的文档化

(4) 与管理层代表进行现场汇报

评估报告撰写阶段:

(1) 撰写现场发现和建议报告

(2) 撰写中期和最终报告

过程评价

下表总结了 CMM®的关键过程域及其与成熟度等级的关系。要达到某个成熟度等级,组织必须成功地完成较低等级的实践。本次评价对 CMM 等级 2 的 6 个过程域进行了评价。

CMM 模型[PAU95]

			结果
等级	特性	关键过程域	生产力和质量 / 风险
优化级(5)	过程能力的持续改进	过程变更管理 技术变更管理 缺陷预防	
已管理级(4)	产品质量策划;跟踪测量的软件过程	软件质量管理 量化过程管理	
已定义级(3)	软件过程定义和制度化,以提供产品质量控制	同行评审 团队协调 软件产品工程 集成软件管理 培训计划 组织过程定义 组织过程焦点	
可重复级(2)	项目的管理监督和跟踪;稳定的策划和产品基线	软件配置管理 软件质量保证 软件分包管理 软件项目跟踪与监督 软件项目策划 需求管理	
初始级(1)	临时安排(成功取决于个人能力)	个人能力	

评价指标可以表示以下结果：过程域符合、部分符合或不符合 CMM。第一次评价的结果如下表所示。

第一次评估的结果

过 程 域	符合性等级
需求管理	符合
软件项目计划	部分符合
软件项目跟踪和监督	部分符合
软件配置管理	符合
软件质量保证	符合
软件分包商管理	部分符合

在第二次评价中，团队没有对过程进行评价，因为几个月前，匹兹堡的软件过程已经被正式评价为符合 CMM 等级 3。

绩效评价

使用挣值技术对组织软件过程进行绩效测量有助于实现业务目标。实施挣值技术的第一步是标识组织中正在使用的绩效测度。然后，对这些技术进行确认，以评估其适用性、有效性和准确性。最后，将收集到的数据用于绩效评估。评估过程中需考虑的要素如下。

(1) 成本绩效指数(CPI)；测量绩效，必要时采取纠正措施，并与过去项目的绩效进行比较。这一指标的计算方法是将已完成工作量的预算成本除以已完成工作量的实际成本。

(2) 进度绩效指数(SPI)；测量绩效，并根据需要采取行动以调整项目进度。它的计算方法是将已完成工作量的预算成本除以计划工作量的预算成本。

(3) 临界比率(CR)的计算公式为：SPI×CPI。

① 0.9< CR <1.2 表示项目已得到控制；

② 0.8< CR <0.9 或 1.2 < CR <1.3 表示有必要采取纠正措施；

③ CR < 0.8 或 CR >1.3 表示项目的范围和预算都需要重新进行评审。

第一次绩效评价的结果

项目 ID	CPI	SPI	CR
项目 A	0.72	0.97	0.7
项目 B	0.93	0.86	0.8
项目 C	1.0	1.0	1.0

第二次绩效评价的结果

项目 ID	CPI	SPI	CR
项目 D	0.88	0.67	0.59
项目 E	1.22	0.96	1.17
项目 C	0.93	1.01	0.94
项目 F	1.04	0.75	0.78

组织变更管理评价

下表描述了一份问卷，是美国 IMA 公司用于评价涉及技术变更的项目中的变更管理实践。

变更管理问卷调查表

问卷名称	描　　述
文化评估	评估所需变更与实际组织文化之间的契合度，以发现潜在的障碍并利用实际的文化优势
组织压力水平	评估组织中资源的优先级
实施历史	评估障碍因素和从以前的变更项目中汲取的经验教训（由于过去的问题很可能会再次发生，因此使用该工具标识需要管理的问题，从而确保变更项目获得成功）
发起人评估	评估变更项目的发起人做出的和展示的资源、激励因素（例如动机）和沟通承诺
变更负责人的	评估负责推动组织变更实施的人员的技能和动力技能
个人准备	评估人们可能抵制组织变更的原因

下表描述了经过两次现场评价后获得的结果。

两次评价的结果

问卷名称	理想结果	结果（第一次评估）	结果（第二次评估）
文化评估	100	54	65
组织压力水平	小于 200	752	700
实施历史	100	62	64
发起人评估	100	未评估	90
变更负责人技能	100	未评估	66
个人准备	100	70	68

下表描述了组织绩效指标的趋势。

组织绩效指标

指标	2003	2006	增量
收入	1960 万美元	3590 万美元	+84%
生产力	19.4 万美元	26.4 万美元	+36%
盈利能力	270 万美元	550 万美元	+104%
员工人数	101	136 136 + 32(印度)	+34% +66%

评估小组得出的结论是,在 2003 年至 2006 年间,该组织开发和部署了许多软件过程,提高了其对变更的管理能力,并证明了它的过程绩效对组织的业务绩效有显著的影响。

建议

(1) 为新项目部署一个制度化的软件规模定量方法

共享的软件规模定量技术是必不可少的。计算代码行数并不总是适用的,有时需要一个软件规模测度来衡量项目的绩效,从而未来可以使用这些信息来更好地估算项目工作量,这样可以提高未来项目的可预测性和盈利能力。

(2) 吸收组织过程中的经验教训

获取经验教训并存储在组织的局域网中,以便于管理人员在需要时查阅。但是一个项目的经验教训很少用于其他项目。为了促进它们的使用,建议在产生经验教训的最终评审中更新过程、规程和检查单。此外,还可以将学到的经验教训用作同行评审的一部分。

(3) 改进同行评审过程

为了提高同行评审的有效性和缺陷检测率,建议部署一个审查过程。众所周知,审查可以标识缺陷。建议在匹兹堡分公司采用庞巴迪运输公司的“BES 软件同行评审”的规程。该规程符合 IEEE 1028《软件评审和审核》。采用审核过程可以相对简单,因为匹兹堡分公司已经进行了一种不太正式的同行评审。而且审查也符合庞巴迪运输公司的“六西格玛”计划,可以降低不符合项的成本。

6.11 成功因素

以下文本框列举了影响软件审核质量的因素。

促进软件质量的因素

(1) 相较于进度和预算,组织优先考虑质量。

(2) 记录和公开审核过程。

(3) 事先对人员进行审核培训。

(4) 拥有经过培训和认证的审核员。

(5) 采用专业的审核方法进行长期改进。

(6) 组织根据审核建议采取行动。

(7) 具备有助于实施纠正措施的资源。

可能对软件质量产生不利影响的因素

(1) 对已经陷入困境的项目进行计划的审核。

(2) 审核规则不清晰,没有人能够考虑和理解它们。

(3) 将审核用于个人利益和政治。

(4) 开发生命周期过程不明确,工作人员未经培训(如在组织过程上)。

(5) 经理们通过他们的决策和声明来传达这样的信息:必须先完成实际的交付工作,如果有时间,再来考虑审核建议。

(6) 管理层篡改报告或向审核员施压以减轻审核报告结果的影响。

(7) 内部审核通常用“质量保证警察”来让员工措手不及,而不是齐心协力来改进过程。

(8) 管理层在 ISO 9001 年度审核前一个月才开始关注审核报告。

延伸阅读

April A., Abran A., and Merlo E. Process assurance audits: Lessons learned. In: Proceedings of ICSE 98, Kyoto, Japan, April 19-25, 1997.

Crawford S. G. and Fallah M. Software development process audits—A general procedure. In: Proceedings of the 8th international conference on Software engineering, London, UK, 1985, pp. 137-141.

Helgeson J. W. *The Software Audit Guide*. ASQ Quality Press, Milwaukee, WI, 2010.

Ouanouki R. and April A. IT process conformance measurement: A Sarbanes-Oxley requirement. In: Proceeding of the IWSM Mensura, Palma de Mallorca, Spain, November 4-8, 2007.

Van Gansewinkel V. Making quality assurance work (Audits), Professional Tester, April, 2003.

练　　习

1. 一位经理收到通知，审核员要来视察一个软件包采购项目组。应如何做好充分准备？

2. 假设您已经晋升为 Acme 公司的 SQA 专家。经理要求解释如何定量评估软件项目的质量。请首先说明需要实施什么，然后说明可以使用的评估方法。

3. 列出在审核期间可以评审的交付物。

4. IEEE 1028 标准为软件过程和产品的审核提供了指南。组织应为每一个被审核的过程和产品都准备好现成的检查单。请为下列产品和过程制定检查单：

(1) SQA 计划；

(2) 审查过程；

(3) 设计文档；

(4) 走查报告；

(5) 源代码。

5. 描述审核和审查之间的不同特性。

6. 在软件审核中担任主要质量审核员的角色，需要哪些培训、教育和经验？

7. 说出最受欢迎的 ISO 9001 软件解释指南，并解释它们为什么是必要的。

8. 绘制一个图表，描述软件评估和审核的典型步骤。

9. 列出软件审核所需的支持工具并解释其中两个最复杂的工具。

10. 列出审核的关键成功因素。

11. 在交付物的定量评估中，解释什么是质量属性。

12. 经理要求评估需求阶段的质量，请解释在这个生命周期阶段，如何使用符合性评估的概念。

第7章 验证与确认

学习目标：

(1) 了解验证与确认(verification and validation,V&V)的含义；

(2) 了解应用验证与确认技术的收益和成本；

(3) 了解可追溯性技术及其作用；

(4) 了解IEEE 1012验证与确认标准和工业上使用的模型；

(5) 了解验证与确认的过程和活动；

(6) 了解软件确认阶段的活动；

(7) 了解如何为项目开发和使用验证与确认检查单；

(8) 了解如何为项目编制验证与确认计划；

(9) 学习可用的验证与确认工具；

(10) 了解验证与确认与软件质量保证计划之间的关系。

7.1 引 言

Leveson [LEV 00]在一篇有关安全的文章中很好地解释了现代基于软件的系统所面临的风险，以下文本框总结了她的想法。

> 新技术的引入，加上设计的复杂性不断增加，导致意外事故的性质发生了改变。尽管与设备失效有关的事故减少了，但系统崩溃越来越频繁。系统事故发生在部件之间的交互过程中(如机电的、数字的和人为的)，而不是由单个部件的失效引起。由于软件通常控制着部件之间的交互，从而使部件之间的交互实际上具有无限的复杂性，因此软件的频繁使用与系统崩溃频率的增加密切相关。
>
> 这些事故通常涉及正确执行了特定行为的软件，但是人们对这种行为存在误解。与软件相关的事故通常是由软件需求不足引起的，而不是编码错误或软件设计问题。
>
> 确保软件满足需求或试图加强其可靠性并不会使它变得更安全，因为一开始可能就存在需求不足。在以下情况中，软件可以是高度可靠、正确的，但不安全的：
>
> (1) 软件正确地实现了需求，但是从系统的角度来看，其行为并不安全；

(2) 软件需求并没有明确系统安全所需的特定行为,因而造成需求的不完整;

(3) 软件具有超出需求之外的(危险的)意外行为。

[LEV 00]

随着创新型软件产品功能的增加,计算机处理单元数量和软件规模也在快速增长。在汽车领域,许多车型中使用了 60 多个小型计算机(即电子控制单元(ECU)),包括来自不同供方的 1 亿多行代码[REI 04],并通过联网,控制着点火、制动、娱乐系统以及自动驾驶和自动停车等功能。其中某些单元的失效会导致召回、客户不满意或车辆性能下降,而自动驾驶、方向、加速或制动系统的失效则可能会导致事故、伤害或死亡。

"在一个典型的商业开发组织中,确保原型开发、测试和验证活动(即确保该系统在其运行环境中能够满足功能性需求和非功能性需求的活动)的成本可能占总开发成本的 50%~75%。"

Hailpern 和 Santhanam(2002)[HAI 02]

根据 IEEE 1012 标准[IEE 12],验证与确认在软件项目中的目标是帮助组织在整个软件生命周期中都将质量问题考虑在内。验证与确认过程提供了对软件产品和过程的客观评价。在开发过程中解决质量问题相对简单,而不是在产品制造完成后再提高质量。

通常,在软件的开发和维护阶段,检查所有的细节是不可能的,也几乎是不合理的,尤其当时间和预算并不充分的情况下。因此,所有组织都必须做出一定的妥协,这也是软件工程师应该严格遵循的论证和选择过程。软件团队必须在项目策划阶段建立验证与确认活动,以便为项目选择相应的技术和方法,以使产品得到适当水平的验证与确认。应基于对其风险因素及其潜在影响的评估,选择验证与确认活动,确定其优先级,并将其添加到项目的开发阶段中,以将风险降低到可接受的水平。

本章介绍验证与确认在软件中的应用。首先,解释验证与确认的概念及其预期的收益和成本,然后介绍定义验证与确认活动的,或在特定情境中应用验证与确认活动的国际标准和模型,接着说明各种可用的验证与确认技术,及其在解决软件工程师特别关注的问题方面发挥的作用。然后介绍验证与确认过程的典型内容,简要讨论独立验证与确认在关键项目中的重要性,并详细阐述了在解决安全性需求时经常讨论的一项验证与确认活动:可追溯性。最后,我们将说明如何制定和使用检查单。

验证

通过提供客观证据证明对规定的要求已得到满足的认定。

ISO 9000

评价系统或组件以确定给定开发阶段的产品是否满足该阶段开始时给定条件的过程。

提供客观证据证明系统、软件、硬件及相关产品在每个生命周期过程(获取、供应、开发、运行和维护)中,所有生命周期活动都遵循需求(如正确性、完备性、一致性、准确性等)的过程;在生命周期过程中,满足标准、实践和惯例;成功完成每个生命周期活动,并满足启动下一步生命周期活动的所有准则。中间工作产品的验证对于正确理解和评估生命周期阶段产品是必不可少的。

IEEE 1012 [IEE 12]

验证旨在表明一项活动已根据其实施计划正确完成或执行,并且没有在其输出中引入缺陷,可以在产品生产过程中完成。

确认

通过提供客观证据证明对特定的预期用途或应用要求已得到满足的认定

注1:确认所需的客观证据可以是试验结果或其他形式的确定,如:变换方法进行计算或文件评审。

注2:“已确认”一词用于表示相应的状态。

注3:确认所使用的条件可以是真实的或模拟的。

ISO 9000

在开发过程中或开发过程结束时对系统或组件进行评估以确定其是否满足指定要求的过程。

提供证据证明系统、软件或硬件及相关产品在每个生命周期活动结束时,满足分配给它们的需求、解决恰当的问题(如正确建立自然规律和执行商业规则,并使用适当的系统假设)并满足预期用途和用户需求的过程。

IEEE 1012 [IEE 12]

确认由一系列活动组成,这些活动从开发生命周期的早期确认客户需求时就已经开始了。最终用户及其代表还将评价软件产品在目标环境中的行为,无论是真实的、模拟的还是书面的。

确认通过确保需求的充分性和完备性,最大程度地减少开发错误项目的风险。随后,还将确保经确认的需求将在接下来的阶段(尤其是规格说明阶段)中进行开发。确认还可以确保软件不会执行不应执行的操作,从而避免产生意外行为。

如果在软件开发中,质量保证不受重视,那么在验证与确认中,确认也会同样不受重视。验证实践(例如测试)在学术界和行业中占有非常重要的地位,但对于确认技术却并非如此。开发人员和受委托的开发过程通常缺少或忽略确认技术。一些组织在项目早期就确认了需求,但也只会在最后才进行部分确认。有时候,我们发现确认实践嵌入了开发周期的不同阶段,如图 7.1 所示,图的上方展示了执行确认活动的开发周期阶段。

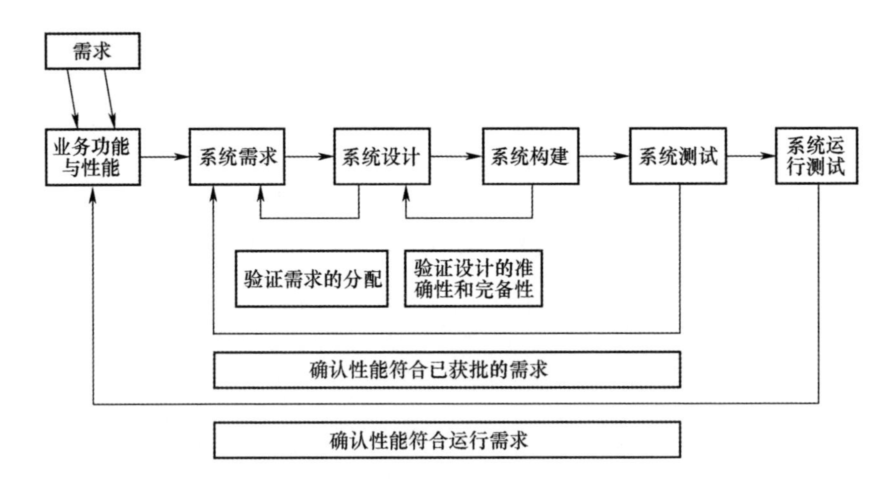

图 7.1　软件开发生命周期中的 V&V 活动

一些组织在其软件开发过程中,明确有“软件确认”的阶段。如果软件会集成到系统中,那么还会明确“系统确认”的阶段。图 7.2 通过一个软件的 V 形开发生命周期过程描述了这个阶段。如图,使用中间箭头说明了将在确认阶段执行的系统确认计划和软件确认计划开始于系统和软件的规格说明阶段。这些计划在整个开发阶段持续更新,在确认阶段应用于图片右侧逐级上升的活动。

在开发生命周期的早期即着手准备这些计划的原因是,针对包含软件的系统实施确认活动可能需要特殊的设备或环境,甚至可能需要另外建立一个测试环境。例如,对空中交通管制系统的确认可能需要在繁忙的机场附近进行,因为它需要在空中同时飞行数十架飞机的条件下运行,这样才能确认系统的一些功能性需求和非功能性需求。

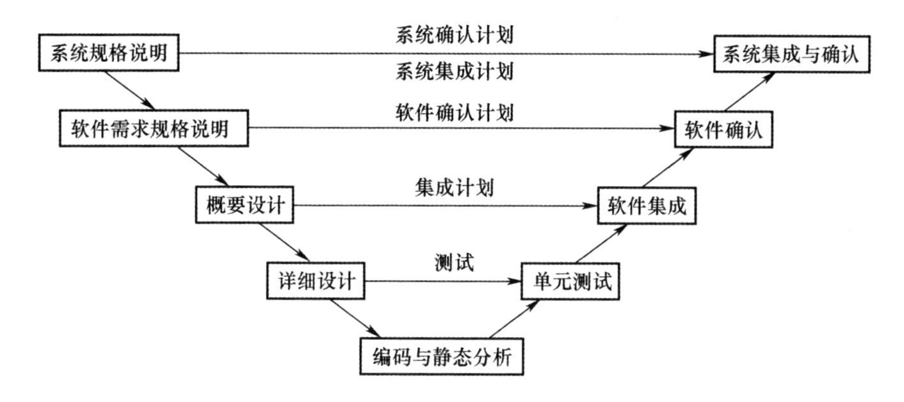

图 7.2　描述何时执行系统和软件确认的 V 形软件生命周期

如图 7.2 所示,在 V 形开发周期图左侧,系统和软件确认计划即已编制并用于后续的开发阶段,以根据需要对系统需求和软件需求进行确认。在 V 形开发周期图右侧,系统和软件计划确认计划则对软件进行确认。如果软件是系统的组成部分,那么它将与硬件和其他软件集成在一起,进行系统确认活动。

验证与确认之间的区别

以设计一个图形用户界面为例,如果目的是要求界面显示的颜色指标能够反映某些连接设备的功率水平,那么“验证”是检查必要的指标是否已经全部显示,而“确认”的目标则包括明确这些颜色指标是否正确地反映了这些设备的实际功率水平。例如,如果协议要求,当设备电量不足需要充电时显示红色,但实际显示的颜色是绿色,那么这个应用程序就没有实现它需要的功能。它可以执行这些操作,但是并不正确!

可以看到,只有在验证活动成功完成之后才能进行确认活动,从而避免在过程中过早地投入精力来确认不完备的或差错太多的软件产品。

部分验证与确认技术具有相似的性质,例如用于执行验证与确认的测试,其他技术还包括分析、审查、演示、仿真等。应该以最低的成本挑选最合适的技术。

标识风险和所需的验证与确认技术后,需要策划验证与确认活动。在某些项目中,验证与确认活动是由来自组织不同部门的人共同策划的,例如系统工程师、软件开发人员、供方人员、风险管理人员、验证与确认或 SQA 人员、软件测试人员、配置管理人员等,它的主要目标是为项目制定详细的验证与确认计划。

7.2　验证与确认的收益和成本

如上所述,验证与确认的目标是在软件构建的早期即将质量问题考虑在内,而不仅仅是在测试阶段进行修复。图 7.3 显示了某家美国公司软件过程中的缺陷注入率。该图表明,在编码之前,就已经注入了大量缺陷(约 70%)。因此,有必要在软件生命周期中使用特定技术,以尽早地发现和消除缺陷。而且,良好的检测技术将大大减少与纠正相关的返工成本,而返工也是进度延迟的重要原因。

图 7.4 描述了一家美国公司中的缺陷检测效率[SEL 07]。这些结果来自 Northrop Grumman 收集的 14 个系统的数据,共包含 25,000~500,000 行代码,相应的团队开发人员数量在 10~120 之间,它们在 731 次评审中共检测到 3418 个缺陷。这项研究表明,不仅可以检测差错,而且可以在产生差错的阶段同时消除差错。如图 7.3 所示,50%的缺陷是在需求阶段注入的,而图 7.4 表明了其中的 96%可以在同一阶段被消除。

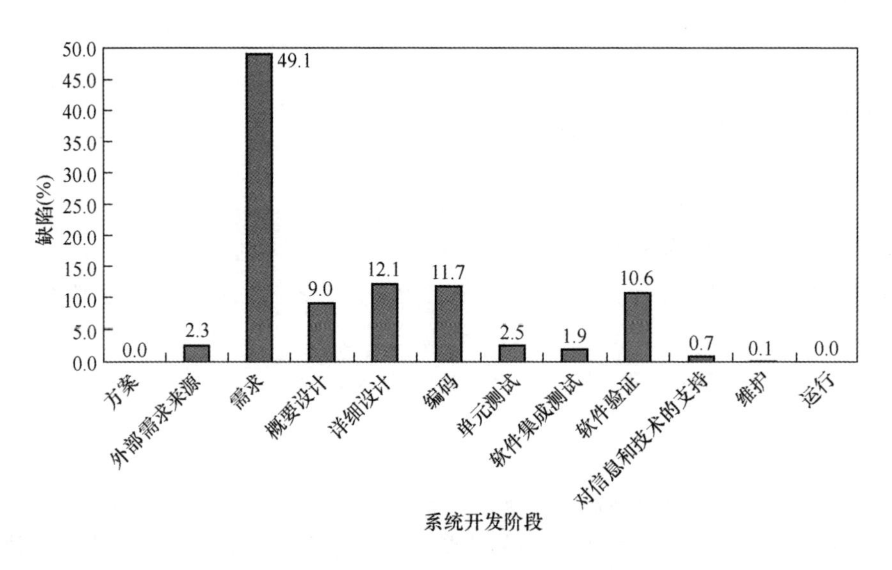

图 7.3　缺陷注入的软件过程阶段示例[SEL 07]

从图中可以了解到,我们可以估计注入缺陷的百分比,并且发现和纠正其中的一大部分,从而防止它们传递到下一个阶段,这个过程被称为差错遏制过程。因此,可以在项目的质量计划中,针对项目每个阶段的缺陷消除目标制定定量的质量标准。

在注入缺陷的同时立即进行纠正是很重要的。如第 2 章的图 2.2 所示,如果在缺陷注入阶段没有进行纠正,则会产生额外的成本。对于缺陷,我们本应在注入

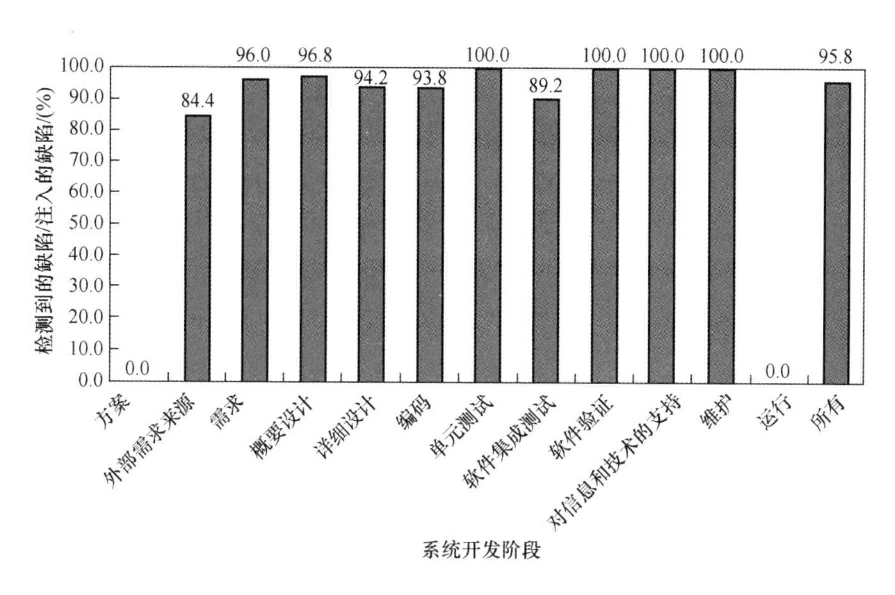

图 7.4　开发过程阶段检测到的缺陷百分比[SEL 07]

阶段就进行纠正,否则,在汇编阶段再纠正所花费的成本将多出 3 倍;在测试和集成阶段进行纠正,成本将增加到 7 倍;在试验阶段将增加 50 倍;在集成阶段更会增加 130 倍之多。对客户来说,如果造成了失效并在运行阶段才进行纠正,成本还会再增加 100 倍。

针对基于复杂软件的系统,我们只能测试其所有可能状态的一小部分。例如,嵌入在现代飞机上的用于飞机防撞系统的软件包括大约 1040 个状态,那么只使用测试技术来检测缺陷的能力将非常有限,我们必须使用其他方法和技术来确保包含软件的系统的安全运行。

Leveson(2000)[LEV 00]

首先回顾一下在第 1 章中介绍的软件行业使用的主要商业模型[IBE 02]:

(1) 签订合同的定制系统:组织通过向客户销售定制的软件开发服务来获利,如 Accenture、TATA 和 Infosys。

(2) 内部定制软件:组织开发软件的目的是提高组织效率,如组织内部的 IT 部门。

(3) 商业软件:公司通过开发软件并将其出售给其他组织来获利,例如 Oracle 和 SAP。

(4) 大众市场软件：公司通过开发软件并销售给消费者来获利，例如微软和Adobe。

(5) 商业和大众市场固件：公司通过销售嵌入式硬件和系统中的软件来获利，如数码相机、汽车制动系统和飞机引擎。

这些商业模型有助于我们了解与之相关的风险，使用验证与确认技术可以检测缺陷并降低风险。在SQA的支持下，项目经理将根据其面临的风险，选择和策划适当的验证与确认实践并为其制定预算。大众市场商业模型和嵌入式系统广泛地使用了这些技术。

7.3 验证与确认的标准和过程模型

本节介绍描述验证与确认所需过程和实践的最重要的标准和过程模型，包括：ISO 12207 [ISO 17]，IEEE 1012 [IEE 12]和CMMI®模型。对于关键软件，有些标准甚至会建议避免使用某些编程语言，例如铁路控制软件标准禁止程序员使用"GoTo"编程指令，并要求在最终交付产品之前删除"死代码"。下一节将重点说明IEEE 1012标准，然后简要介绍其他标准。

7.3.1 IEEE 1012 验证与确认标准

IEEE 1012——《系统和软件验证与确认标准》[IEE 12]适用于系统、软件和硬件的获取、供应、开发、运行和维护，适用于所有类型的生命周期。

1. IEEE 1012 的范围

IEEE 1012适用于系统和软件的所有生命周期过程和所有类型的系统。在该标准中，验证与确认过程评估开发活动完成的产品是否满足其预期用途和最终用户的需求，可以包括对产品和开发活动的分析、评价、评审、审查和测试。

验证过程提供客观证据，证明系统、软件或硬件及相关产品[IEE 12]：

(1) 在每个生命周期过程(获取、供应、开发、运行和维护)中，都遵循需求要求，例如正确性、完备性、一致性、准确性等(参考第1章1.3.1中列出的需求的质量特性)；

(2) 在生命周期过程中，满足标准、惯例和公约；

(3) 成功完成每个生命周期活动，并达到启动下一步生命周期活动的所有准则。

确认过程提供证据证明，系统、软件或硬件及其相关产品[IEE 12]：

(1) 在每个生命周期活动结束时，满足分配的需求；

(2) 解决恰当的问题(如正确建立自然规律模型和执行商业规则，并使用恰当的系统假设)；

（3）满足预期用途和用户需要。

2. IEEE 1012 的目的

该标准的目的在于[IEE 12]：

（1）为支持所有的系统、软件和硬件的生命周期过程而建立一个验证与确认过程、活动和任务的公共框架；

（2）定义每个生命周期过程中的验证与确认任务、要求的输入和要求的输出；

（3）标识对应于四级完整性方案的最低限度验证与确认任务；

（4）规定验证与确认计划的内容。

3. 应用领域

IEEE 1012 适用于所有类型的系统。系统、软件或硬件元素执行验证与确认时，需要特别注意与系统的交互。

系统能够通过组合过程、硬件、软件、设施和人力资源来满足需要或目标，它们之间的关系要求验证与确认过程需要考虑与所有系统元素的交互。由于软件将数字系统的所有关键元素关联在一起，因此验证与确认过程还将检查软件与系统中每个关键部件的交互，以确定每个元素对软件的影响。验证与确认过程需要考虑以下系统交互[IEE 12]：

（1）环境：确定系统正确地说明了所有条件，自然现象、自然规律、商业规则、物理性质和系统运行环境的全部范围。

（2）操作员/用户：确定系统向操作员/用户传达系统正确的状态/条件，正确处理所有操作员/用户的输入，以产生所需结果。对于错误的操作员/用户输入，确保系统受到保护免于进入危险状态或失控状态。确认操作员/用户策略和规程（如：安全性、接口协定、数据表现、系统假设）得到一贯应用并在每个部件接口中使用。

（3）其他软件、硬件和系统：确定软件或硬件部件依据需求与系统中的其他部件正确对接，并确定错误不会在系统部件之间传播。

4. 验证与确认的预期收益

验证与确认预期有以下收益[IEE 12]：

（1）促进异常的早期监测和纠正；

（2）加强管理，发现过程和产品的风险；

（3）支持生命周期过程，以确保符合程序执行、进度和预算要求；

（4）提供性能的早期评估；

（5）提供符合性的客观证据以支持正式认证过程；

（6）改进获取、供应、开发和维护过程的产品；

（7）支持过程改进活动。

7.3.2 完整性等级

IEEE 1012 使用完整性等级来标识应依据风险执行的验证与确认任务。完整性等级高的系统和软件需要更加重视项目的验证与确认过程,并严格执行相关任务。

完整性等级

代表项目的独有特性(如复杂性、关键性、风险、安全级别、预期性能、可靠性)的值,表明系统、软件或硬件对用户的重要性。

IEEE 1012

表 7.1 列出了 IEEE 1012 中 4 个完整性等级中每个级别的定义及其预期后果。

表 7.2 展现了一个考虑风险概念的四级完整性等级的框架。它以风险的可能后果和风险缓解为基础。

表 7.3 说明了一个基于风险的框架,使用表 7.1 和表 7.2 中所述的四级完整性等级框架和可能的后果。表中的每个单元格基于缺陷可能带来的后果及其在运行状态下发生(会导致失效)的可能性指定了一个完整性等级。一些单元格中不止一个完整性等级,说明可以由项目团队选择项目所匹配的最终完整性等级,以反映系统需求和缓解风险需要。

表 7.1 后果的定义[IEE 12]

后果	定　　义
灾难性的	人员丧生、任务完全失败、系统安全性丧失、重大财务或社会损失
严重性的	重大和永久性伤害、部分任务失败、系统严重损坏、重大财务或社会损失
轻微的	严重的伤害或病症、次要任务降级、某种程度的财务或社会损失
可忽略的	轻微的伤害或病症、对系统性能有轻微影响、造成操作人员的不便

生成或转换源代码的工具(如编译器、优化器、代码生成器等)与其使用的软件具有相同的完整性等级。通常,项目的完整性等级应该与系统所有部件中的最高的完整性等级相同,即便系统只有一个关键部件。

完整性等级的分配过程应在整个项目开发生命周期中持续进行并反复评估。项目中验证与确认和文档化活动的严格性和强度都应与其完整性等级相适应,随着项目完整级别的降低,验证与确认的严格性和强度也应相应降低。例如,完整性等级为 4 的项目进行的风险分析需要正式记录,并在模块级开展失效调查;而完整性等级为 3 的风险分析则只需要评估重要的失效情况,并在设计评审过程中进行非正式的记录即可。

表 7.2　完整性等级和后果

完整性等级	描　　述
4	一种功能或系统特征的错误,将导致以下情况: (1) 合理判断将会、很可能会或偶尔会出现导致错误的运行状态,如出现会对系统造成灾难性的后果; (2) 合理判断将会或可能会出现导致错误的运行状态,如出现会造成严重的后果
3	一种功能或系统特征的错误,将导致以下情况: (1) 偶尔会或极少会出现导致错误的运行状态,如出现会造成灾难性的后果; (2) 很可能会或偶尔会出现导致错误的运行状态,如出现会造成严重的后果; (3) 合理判断将会或可能会出现导致错误的运行状态,如出现会造成轻微的后果
2	一种功能或系统特征的错误,将导致以下情况: (1) 极少会出现导致错误的运行状态,如出现会造成严重的后果; 或 (2) 很可能会或偶尔会出现导致错误的运行状态,如出现会造成轻微的后果; 或 (3) 合理判断将会或可能会出现导致错误的运行状态,如出现会造成可忽略的后果
1	一种功能或系统特征的错误,将导致以下情况: (1) 极少会出现导致错误的运行状态,如出现会造成严重的后果; 或 (2) 偶尔会或极少会出现导致错误的运行状态,如出现会造成轻微的后果; 或 (3) 很可能会、偶尔会或极少会出现导致错误的运行状态,如出现会造成可忽略的后果

表 7.3　完整性等级和后果的可能组合

错误	导致该错误的运行状态出现的可能性			
后果	合理判断将会	很可能会	偶尔会	极少会
灾难性的	4	4	4 或 3	3
严重性的	4	4 或 3	3	2 或 1
轻微的	3	3 或 2	2 或 1	1
可忽略的	2	2 或 1	1	1

四级完整性框架主要用于 IEEE 1012 中建议的验证与确认实践。下一节举例说明了针对软件需求活动的验证与确认实践。

7.3.3 针对软件需求的验证与确认活动[IEE 12]

针对软件需求的验证与确认活动适用于功能性和非功能性的软件需求、接口需求、系统鉴定需求、安全性、数据定义、用户文档、安装、验收、运行以及软件的持续维护。验证与确认测试计划与针对软件需求的验证与确认活动同时启动,并跨越多个验证与确认活动。

软件需求的验证与确认活动的目标是确保软件需求的正确性、完备性、准确性和可测试性,并且与系统软件需求一致。对于任何完整性等级,软件需求的验证与确认工作都应涵盖:

(1) 需求评价;

(2) 接口分析;

(3) 可追溯性分析;

(4) 关键度分析;

(5) 软件合格测试计划验证与确认;

(6) 软件验收测试计划验证与确认;

(7) 危险分析;

(8) 安全分析;

(9) 风险分析。

鉴定

证明实体是否能够满足指定要求的过程。

ISO 9000

IEEE 1012 中展示了以下表格,指出了在每个完整性等级中必须执行的最低限度验证与确认任务,以"X"标记。例如,关于可追溯性分析任务,在完整性等级为 2~4 时都必须执行,而安全分析只在第 3 和第 4 级别执行。

表 7.4 完整性等级中的最低限度验证与确认任务

最低限度验证与确认任务	完整性等级			
	1	2	3	4
可追溯性分析		X	X	X
安全分析			X	X

资料来源:改编自 IEEE(2012)[IEE 12]。

表 7.5 描述了软件需求的可追溯性分析中建议的验证与确认任务。

表 7.5 可追溯性任务的描述[IEE 12]

验证与确认需求(过程:开发)		
验证与确认任务	要求的输入	要求的输出
可追溯性分析 追溯软件需求(SRS 和 IRS)到系统需求(概念文档),系统需求到软件需求。 分析标识关系的正确性、一致性、完备性和准确性的关系。标准如下: (1) 正确性 确认每个软件需求与其系统需求之间的关系是正确的。 (2) 一致性 验证软件和系统需求之间的关系是否按一致的详细程度来规定。 (3) 完备性 ① 验证每个软件需求充分详细地追溯到一个系统需求,以表明与系统需求的符合性。 ② 验证与软件有关的所有系统需求可追溯到软件需求。 (4) 准确性 确认可追溯的软件需求准确规定了系统性能和运行特性。	概念文档(系统需求) 软件需求规格说明(SRS) 接口需求规格说明(IRS)	任务报告——可追溯性分析 异常报告

7.4 基于 ISO/IEC/IEEE 12207 的验证与确认

ISO12207[ISO 17]标准也介绍了验证与确认过程的需求,本节不再过多赘述其细节,仅在宏观层面介绍该标准中验证与确认的过程、目标和输出。

7.4.1 验证过程

验证过程的目的是提供客观证据来证明系统或系统元素满足其特定需求和特性。

验证过程通过使用恰当的方法、技术标准或规则来标识任何信息项(如系统/软件需求或架构描述)、实施系统元素或生命周期过程中的异常(如差错、缺陷和故障)。该过程提供必要的信息来为已标识的异常制定解决方案。

验证过程成功实施后,结果如下[ISO 17]:

(1) 标识了影响需求、架构或设计的验证约束;
(2) 提供了验证过程所需的所有使能系统或服务;
(3) 验证了系统或系统元素;
(4) 报告了提供纠正措施信息的数据;
(5) 提供了证明已实现系统满足需求、体系架构和设计的客观证据;
(6) 标识了验证结果和异常;
(7) 建立了验证的系统元素的可追溯性。

7.4.2 确认过程

确认过程的目的是提供客观证据,证明系统在使用时能够符合其业务或使命目标,以及利益相关方的需求,并在其预期的运行环境中实现其预期的使用。

对系统或系统元素进行确认的目标是相信其有能力在特定的运行条件下完成其预期任务或用途。确认过程应当由项目的利益相关方批准。此过程提供了必要的信息,使得在发生异常时,能够采用合适的技术过程来解决已标识的异常情况。

确认过程成功实施后,结果如下[ISO 17]:
(1) 定义了针对利益相关方需求的确认准则;
(2) 确认利益相关方要求的服务的可用性;
(3) 标识了影响需求、架构或设计的确认约束;
(4) 确认了系统或系统元素;
(5) 提供了确认过程所需的所有使能系统或服务;
(6) 标识了确认的结果和异常;
(7) 提供了证明实现的系统或系统元素满足利益相关方需要的客观证据;
(8) 建立了所确认的系统元素的可追溯性。

7.5 基于 CMMI 模型的验证与确认

在 CMMI 这样的过程模型中,可以看到验证与确认的另一个方面。面向开发的 CMMI 模型[SEI 10a]的分阶段表示在成熟度 3 中,有两个专用于验证与确认的过程域。CMMI 建议的第一步是验证的准备工作,包括为每种产品选择生命周期阶段的输出和方法,以便根据项目的特定需求准备验证活动和环境。此外,并建议在进行产品设计活动的同时,制订验证的成功准则和迭代规程。

验证的目的是确保所选择的工作产品满足指定的需求。该验证过程域包括以下专用目标(SG)和专用实践(SP)[SEI 10a]:

SG 1 准备验证

SP 1.1 选择要验证的工作产品

SP 1.2 建立验证环境

SP 1.3 建立验证规程准则

SG 2 实施同行评审

SP 2.1 准备同行评审

SP 2.2 实施同行评审

SP 2.3 分析同行评审数据

SG 3 验证所选的工作产品

SP 3.1 实施验证

SP 3.2 分析验证结果

如上一章所述,面向开发的 CMMI 模型建议对同行评审进行审查和走查。

确认的目的是证实产品或产品部件被置于其预定的环境中时,可以满足预期的使用需求,该过程域包括以下专用目标和专用实践 [SEI 10a]:

SG 1 准备确认

SP 1.1 选择要确认的产品

SP 1.2 建立确认环境

SP 1.3 建立确认规程和准则

SG 2 确认产品或产品部件

SP 2.1 实施确认

SP 2.2 分析确认结果

确认可用于产品在预期环境中的所有方面,诸如运行、培训、维护、支持等。确认应在具有实际数据量的真实运行环境中进行。

推荐的 CMMI 确认方法示例

(1) 与最终用户进行讨论,有可能是在正式评审的背景下;

(2) 原型演示;

(3) 功能演示,如系统、硬件单元、软件、服务文档、用户界面等;

(4) 培训材料试用;

(5) 最终用户和其他利益相关方对产品和产品部件的测试;

(6) 逐步交付有效的和潜在可接受的产品;

(7) 产品和产品部件的分析,例如仿真、建模、用户分析等。

软件工程学院(2010) [SEI 10a]

验证与确认活动通常一起执行,可使用相同的环境。通常会邀请最终用户参加确认活动。

7.6 ISO/IEC 29110 和验证与确认

针对超小型实体的 ISO 29110 标准已经在前文有过介绍,ISO 12207 标准中验证与确认过程的元素已用于 ISO 29110 的标准和指南的制定。本节介绍超小型实体如何使用推荐的 4 个剖面之一:ISO 29110 基础剖面,实施验证与确认。该剖面描述了项目管理(PM)和软件实现(SI)两个过程。

项目管理过程的 7 个目标之一是为针对特定客户开发软件的活动和任务制定项目计划。任务和资源会在早期确定规模并进行估算。在此计划中,验证与确认任务将在开发团队和顾客间进行描述和评审,然后获得批准。

目标之一是针对每个已标识的工作产品,按规定的出口准则执行验证与确认任务,以确保开发任务在输出和输入间的一致性,标识和纠正缺陷,并在验证与确认报告中记录质量。

表 7.6 列出了验证与确认任务,显示了执行任务的人员的角色、任务的简要说明、输入和输出,以及输入输出的状态(括号内)。缩写词分别代表的角色是:TL 代表技术主管,AN 代表分析师,PR 代表程序员,CUS 代表顾客,DES 代表设计师。表 7.6 详细描述了第一个任务,对于后续任务,仅列出了其名称。

表 7.6 ISO 29110 实施过程的验证与确认清单

角色	任务清单	输出共工作产品	输出工作产品
AN	SI.2.3 验证需求规格说明并获得批准	需求规格说明	验证结果
TL	验证需求规格说明的正确性和可测试性,以及与产品描述的一致性。此外,评审需求是否完整、清晰且不矛盾。 结果发现记录在验证结果中,并且持续修正直到获得 AN 的批准。 如果需要重大变更,需要发起变更申请。	项目计划	(已验证的)需求规格说明 (初始的)变更申请
CUS	SI. 2. 4 确认需求规格说明并获得批准。	(已确认的)需求规格说明	确认结果
AN	确认需求规格说明满足需要(包括用户界面的可用性),并且符合预期。 结果发现记录在确认结果中,并且持续修正直到获得 CUS 的批准。		(已确认的)需求规格说明
AN	SI. 3. 4 验证软件设计并获得批准。	软件设计	验证结果

(续)

角色	任务清单	输出共工作产品	输出工作产品
DES	验证软件设计文档的正确性、可行性,及其与需求规格说明的一致性。 验证可追溯性记录包含了需求与软件设计元素之间的充分关系,其结果发现记录在验证结果中,并且持续修正直到获得 DES 的批准。 如果需要重大变更,需要发起变更申请。	可追溯性记录 (已确认的、基线化的)需求规格说明	(已验证的)软件设计 (已验证的)可追溯性记录 (初始的)变更申请
DES	SI. 3. 6 验证测试用例和测试规程,并获得批准。	测试用例和测试规程	验证结果
AN	验证需求规格说明、软件设计、测试用例和测试规程之间的一致性。结果发现记录在验证结果中,并且持续修正直到获得 AN 的批准。	(已确认的、基线化的)需求规格说明 (已确认的、基线化的)软件设计	(已验证的)测试用例和测试规程
PR	SI. 5. 8 验证产品操作指南并获得批准。	* 产品操作指南	验证结果
DES	验证产品操作指南与软件的一致性。结果发现记录在验证结果中,并且持续修正直到获得 DES 批准。 *(可选)	(已测试的)软件	*(已验证的)产品操作指南
AN	SI. 5. 10 验证 * 软件用户文档等并获得批准	* 软件用户文档	验证结果
CUS	*(可选)。	(已测试的)软件	*(已验证的)软件用户文档
DES	SI. 6. 4 验证维护文档,并获得批准。	维护文档	验证结果
TL	验证维护文档与软件配置的一致性。结果发现记录在验证结果中,并持续修正直到获得 TL 批准。	软件配置	(已验证的)维护文档

ISO 29110 基础剖面规定了验证与确认的最少任务,以确保即使在预算很小的情况下最终产品也能满足客户的需求和需要。

ISO 29110 还建议更新验证结果文件以记录验证与确认活动结果。表 7. 7 举例说明了该重要项目质量记录的一种建议格式。

表 7.7　验证结果文件示例[ISO 11e]

名称	描　　述
验证结果	记录验证执行情况,可能包括: 参与人员 日期 地点 持续时间 验证检查单 已通过的验证条目 未通过的验证条目 待核实的验证条目 验证过程中发现的缺陷

7.7　独立验证与确认

独立验证与确认是由独立组织进行的验证与确认活动,用于补充内部验证与确认,常用于非常关键的软件,如医疗设备、地铁和铁路控制系统,以及飞机导航系统等。

独立验证与确认(IV&V)

由技术上、管理上和财务上独立于开发组织的组织执行的验证和确认。

IEEE 1012 [IEE 12]

技术独立性要求验证与确认活动不牵涉系统或系统元素的开发人员;管理独立性要求将独立验证与确认活动的职责赋予独立于开发组织和程序管理组织的组织;财务独立性要求将独立验证与确认预算控制的职责赋予独立于开发组织的一个组织。

7.7.1　SQA 的独立验证与确认优势

SQA 和验证与确认是主要的组织过程,是确保过程、产品和服务质量的"监督者"。由于软件开发面临交付的压力,因此需要平衡,以保持对质量的关注。内部政治会干扰 SQA 和验证与确认,所以需要独立验证与确认。

由于 SQA 是开发组织过程的一部分,在存在进度和成本压力的情况下,它的作用有时并不明显,而独立验证与确认过程就像一个外部监督程序,代表了客户的利益,而不是开发人员的利益。

图7.5描述了顾客、供方和独立验证与确认之间的关系。

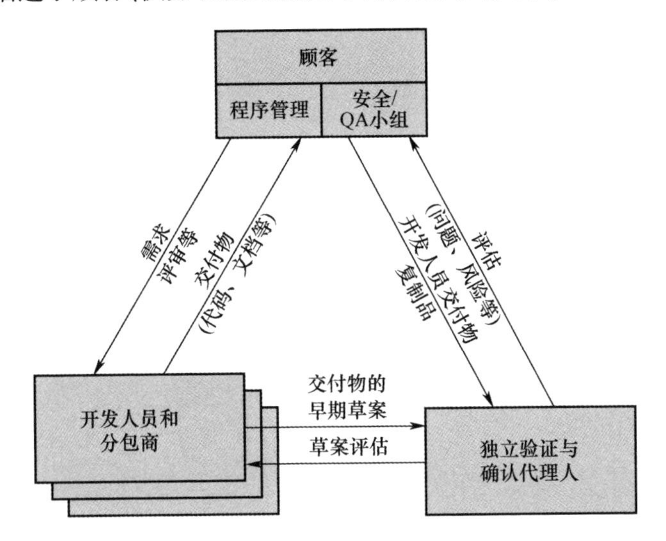

图7.5 独立验证与确认、供方和顾客之间的关系[EAS 96]

7.8 可追溯性

软件可追溯性是一种简单的验证与确认技术,可确保所有的用户需求都:

(1) 记录在规格说明中;

(2) 开发并记录在设计文档中;

(3) 在源代码中实现;

(4) 经过测试;

(5) 被交付。

可追溯性有助于测试计划和测试用例的开发,确保实施的测试涵盖了所有经批准的需求。它专注于检测是否存在:没有进行规格说明的需要、没有设计元素的规格说明、没有源代码和测试的设计元素。

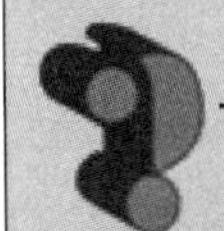

可追溯性

跟踪对象的历史记录、应用程序或位置的能力。

注:考虑产品或服务时,可追溯性可能涉及:

(1) 材料和零件的来源;

(2) 加工历史;

(3) 交付后产品或服务的分布和位置。

ISO 9000

在两个或多个开发过程的产品,特别是相互之间有前任与后任或主次关系的产品之间,能建立关系的程度。

ISO 24765 [ISO 17a]

两个或多个诸如需求、系统元素、验证或任务等逻辑实体之间的一种可辨别的关联。

CMMI

双向可追溯性

在两个或多个逻辑实体之间的一种关联关系,这种关系在两个方向上均可辨别(即到实体去和从实体来)。

CMMI

需求可追溯性

在需求与相关需求、实现和验证之间的可辨识的关联性。

CMMI

7.8.1 可追溯性矩阵

软件的可追溯性矩阵是一种可以加强可追溯性的简单工具,需要在开发生命周期的各个阶段完成,并需要明确定义、记录和评审用户需求以突出矩阵信息的使用价值。在项目进行期间,需求会不断变化,如增加、删除和修改。组织必须使用过程管理来确保矩阵持续更新,否则就失去了它的效用。面向开发的 CMMI 在需求开发和需求管理这两个独立的过程域中解释了需求的可追溯性,您可以从中参考阅读更多有关可追溯性的信息。

可追溯性矩阵

记录两个或多个开发过程中产品之间关系的矩阵。

示例:记录给定的软件部件的需求和设计之间关系的矩阵。

ISO 24765 [ISO 17a]

对于只有 20 个需求的小型项目,开发这样的矩阵很容易。对于大型项目,可以使用诸如 IBM Rational DOORS 之类的专用工具来支持。

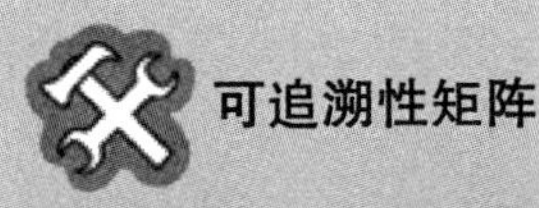

可追溯性矩阵

完成需求可追溯性必须具备：

(1) 针对每个需求的唯一标识；

(2) 解释需求(如操作概念)的文档的链接；

(3) 需求的描述性文字；

(4) (对于衍生的需求)到父需求的链接；

(5) 在开发过程中指向架构或设计的正向链接；

(6) 需求验证方法(如评审、测试、演示等)的说明；

(7) 连接到测试计划、测试场景和测试结果的链接；

(8) 最终验证结果的日期；

(9) 负责该需求质量的专家姓名。

INCOSE 手册[INC 15]

表 7.8 给出了一个基本的可追溯性矩阵的示例，包含 4 列：需求、源代码、测试、测试成功指标。

为了说明可追溯性的重要性，以下文本框描述了 1999 年“火星极地登陆器”登陆火星任务的失败。NASA 故障报告指出，失败产生的原因是距离火星表面 40 米前，推进发动机过早关闭[JPL 00]。

表 7.8 可追溯性矩阵的简单示例

需求	源代码	测试	测试成功指标
Ex001	CODE001	Test001	通过
		Test002	通过
		Test003	未通过
Ex001	CODE002	Test004	……
		Test005	……
Ex002	CODE003	Test006	……
		Test007	……
Ex003	CODE004	Test008	……
		Test011	……

火星极地着陆器失败分析

极地着陆器的引擎必须在着陆时自动停止。着陆器三个腿上的传感器在着地时会发送信号,然后计算机则应立即关闭下降的引擎。

系统工程师写下了如下表中描述的需求,表的左侧为系统需求,右侧为软件需求。可以看到,系统需求1的最后一部分指出,在距火星457米(1500英尺)的腿部展开过程中,应注意不要读取传感器,因为在此过程中传感器可能会错误地发出已降落信号。

但是,最后一个系统需求没有追溯到软件需求,相应的软件检查就未遵守不考虑当时的信号这一原则,而原本满足这个需求只需要开发者添加一行代码来反映展开腿时着陆传感器产生的瞬态信号。

系统需求		飞行器软件需求	
标识编号	描述	标识编号	描述
1	着陆传感器应每秒采样100次。	3.7.2.2.4.1a	着陆器飞行软件应循环检查三个着陆传感器的状态(分别在进入、下降和着陆期间)。
	取样过程应在着陆器进入前启动,以保持处理器需求不变。	3.7.2.2.4.1b	着陆器飞行软件应能够在启用或不启用着陆事件发生的情况下循环检查着陆事件状态。
	但是,着陆传感器数据在距地面12米之前不能启用。(注:高度后来从距地面12米改为40米。)		

这个例子说明了跟踪软件需求对设计和编码的重要性。飞行控制软件中缺少的这一行代码从未经过设计、编程和测试。根据美国国家航空航天局的报告,这很可能是导致极地着陆器关闭下降发动机的原因,导致它以每秒22米而不是每秒2.4米的速度撞向火星。

[JPL 00]

7.8.2 实现可追溯性

首先要记录可追溯性过程,以表示“谁在做什么”,接着分配记录和更新项目矩阵内容的任务,然后,如本章所示,使用需求标识编号来创建矩阵,最后当生产出与需求相关的其他部件(如设计、代码或测试)时,将它们添加到矩阵中,直到成功完成所有测试。

可追溯性的使用

(1) 认证

在关键应用(如商用飞机)中进行认证需要高度的安全性。为了证明所有需求均已得到实施和验证,可追溯性有助于进行认证。

(2) 开发和维护期间的影响分析

有助于快速查找系统中可能需要修改的相互关联的元素。如果没有可追溯性,那么经验不足的程序员可能意识不到变更的连锁反应。

(3) 项目管理

由于矩阵中的空白部分意味着工作产品和交付物还没有创建或最终确定,因而使得项目的状态更为准确。

(4) 顾客跟进开发

① 通过查看供方的可追溯性矩阵来促进对项目进度的监督。

② 顾客可以在矩阵中查看变更申请对项目的潜在影响(如工作量、进度和成本),从而有助于其更好地了解该影响。

(5) 减少损失和延迟

① 防止开发不需要的部件或遗漏部件。

② 有助于检查在交付给客户之前所有部件是否都经过测试,以及所有文档的准确性是否都已经过验证。

(6) 重用

通过清楚地标识需求、设计、测试和其他文档,促进对已记录和已测试软件部件的重用。

(7) 降低风险

记录制品之间的关系可以降低关键人员(如架构师)流失导致的有关风险。

(8) 再工程

① 便于标识所有已开发的功能、需求、系统架构、代码部件和测试。

② 当需求文档不可用时,您需要阅读源代码以查找其反向可追溯性。有了可追溯性矩阵,系统再工程将变得更加容易。

改编自 Wiegers(2013)[WIE 13]

一旦开发团队接受了这种新做法,便可以将其他信息添加到可追溯性矩阵中。例如,在表 7.8 的左侧,我们可以添加一列用以粘贴客户需要的原始文本,在最右边,添加验证需求所使用的技术,即测试(T)、演示(D)、仿真(S)、分析(A)或审查(I)。

7.9 软件开发的确认阶段

在某些组织中,确认活动已重新分组到单独的开发生命周期阶段。它通常位于过程的结尾,用以证明该软件符合最初的需求,如开发了正确的产品。软件将由最终用户进行测试,确保软件可以在真实环境中使用。确认计划场景和测试用例将在集成和测试阶段开发并基线化。

图7.6是使用本书前面所述的“入口-任务-验证-出口(entry-task-verification-exit,ETVX)”表示法描述的确认过程。在某些情况下,确认阶段将分多个步骤进行[CEG 90]:

(1) 在顾客或其代表在场的情况下进行测试;

(2) 在操作环境中安装软件;

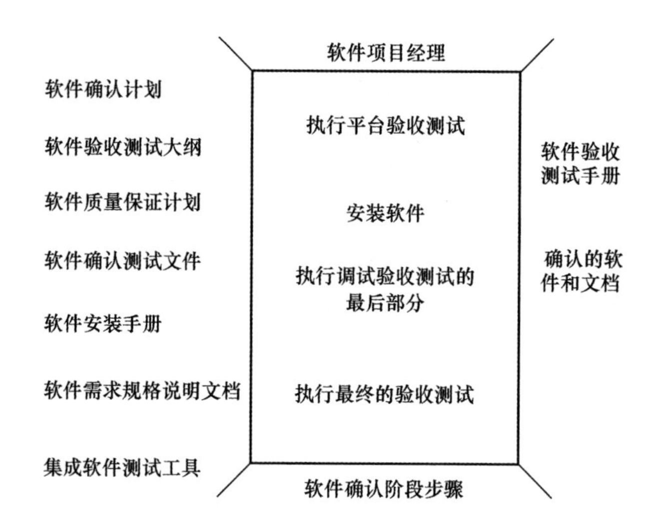

图7.6 使用ETVX过程表示法进行的过程确认[CEG 90]
(© 1990 - 阿尔斯通轨道交通股份有限公司)。

(3) 用户验收测试,其结果可能是按原样接受软件、在缺陷得到纠正后接受软件或不接受软件。如果是在缺陷得到纠正后接受软件,则必须纠正测试期间发现的差错,并在顾客接受该软件之前再次对其进行测试;

(4) 最终用户试用测试:在生产中以试用模式使用软件;

(5) 保修期,系统交付和使用期间纠正缺陷并处理变更申请;

(6) 软件最终验收。

确认阶段对于组织而言非常重要。实际上,只有成功实施该阶段后才会将软件交付给客户,尤其当涉及合同时,确认完成后才会付款给供方。对于开发人员而言,通常需要进行最终的项目评审,并总结经验教训用于过程改进。

确认的结束还意味着会在生产中使用该软件,进而开始支持阶段。向维护的过渡也是生命周期的重要阶段,小的缺陷将在维护阶段得到解决。

确认阶段将开展一系列测试,检测到异常并进行小规模变更的情况并不少见。事实上,必须进行变更或纠正,也必须对纠正后的部件进行测试和回归测试,同时使用配置管理过程来确保变更反映在了所有文档中。在这种情况下,可追溯性矩阵可以确保过程中的所有文档均已得到纠正。

在某些领域,确认还可以证明产品合格,以及得到外部认证,例如在某些情况下,美国食品药品监督管理局(FDA)要求在发布软件之前向 FDA 提交上市前的相关文件。

由项目经理编写的软件确认计划列举确认软件所需的组织和资源,应当在软件规格说明评审期间得到批准。软件确认计划描述:

(1) 策划的确认活动以及分配的角色、职责和资源;

(2) 测试迭代、步骤和目标的分组。

为了制定确认计划,项目经理可以使用的源文档包括:合同文档、项目计划、规格说明文档、系统确认计划(如果适用)、软件质量计划、组织的确认计划模板,以及确认计划检查单。图 7.7 为确认计划的典型目录。

参与制定确认计划的个人的角色和职责可以归纳如下(改编自[CEG 90]):

(1) 项目经理:

① 编写确认计划;

② 在软件规格说明阶段结束时获得客户的批准;

③ 在后续阶段中根据需要更新计划;

④ 监督确认计划的执行;

(2) 测试人员:

① 执行确认计划;

② 组织并主持测试迭代;

③ 生成测试迭代报告;

④ 形成缺陷报告并就缺陷严重性达成一致;

(3) 执行测试的支持人员:

① 准备和配置测试环境;

② 从配置管理人员处获取测试文档;

③ 执行测试规程;

④ 发现缺陷;

⑤ 纠正缺陷;

⑥ 更新受到缺陷纠正影响的所有文档;

标题页(文档标题、项目名称、客户名称等)

列出计划演变的页面(版本和变更)

摘要

1. 简介
 1.1 目标
 1.2 软件确认说明
 1.3 确认步骤(如安装、鉴定)
 1.4 参考文件

2. 验证活动的组织
 2.1 “活动名称”活动
  2.1.1 活动定义
  2.1.2 活动时间表
  2.1.3 活动结果

3. 测试迭代的组织
 3.1 参与者
 3.2 测试迭代议程
 3.3 缺陷报告过程及缺陷严重程度方案
 3.4 缺陷迭代报告和决策

4. 验证资源
 4.1 工具
 4.2 环境

5. 角色和职责
 5.1 计划的批准
 5.2 顾客或其代表
 5.3 软件质量保证
 5.4 软件配置管理
 5.5 试验人员
 5.6 支持人员

6. 验证计划的批准
 6.1 顾客或代表签字
 6.2 项目经理或管理人员签字
 附件1: 验证术语指南

图 7.7 确认计划的典型目录[CEG 90]

(4) 顾客:

① 批准并签署软件确认计划;

② 批准并签署测试迭代记录;

③ 批准缺陷纠正清单；

(5) SQA 人员：

① 评审软件确认计划并给出评审意见；

② 验证是否使用了正确的文档版本；

③ 协助测试迭代；

④ 协助项目团队总结经验教训；

(6) 配置管理人员：

① 提供测试所需文档的最新经批准版本；

② 发现差错或有较小的变更申请时，协助测试团队的工作；

③ 准备合同和项目计划中确定的交付物；

④ 根据指南归档项目制品。

确认计划不一定需要形成独立的文档，根据项目的规模，它可以作为 SQA 计划或项目计划的一部分。

7.10 测试

测试是软件验证与确认的核心部分，有开发测试、合格测试、验收测试和运行测试 4 种类型，定义如下。

测试

一种活动，在此活动中，系统或部件在规定的条件下执行工作，观察或记录结果，对系统或部件的某些方面进行评价。

ISO 24765 [ISO 17a]

开发测试

在系统或部件开发期间实施的正式或非正式的测试活动，通常由开发者在开发环境中实施。

ISO 24765 [ISO 17a]

验收测试

确定系统是否符合其验收准则，以及使顾客能确定是否接受此系统的测试。

IEEE 829 [IEE 08a]

合格测试

由开发方进行并由需方见证(如合适)的测试，以证明软件产品符合其规格说明，并可以在其目标环境中使用或与包含它的系统集成。

ISO 12207 [ISO 17]

运行测试

测试系统或部件,以在运行环境中对其进行评价。

IEEE 829 [IEE 08a]

7.11 检 查 单

检查单是可以帮助验证软件产品及其文档的一种工具,包含验证过程、产品或服务质量的一系列准则和问题,还可以确保任务执行的一致性和完备性。

有一种检查单有助于缺陷的检测和分类(如属于疏忽、矛盾或遗漏)。检查单也可以用于确保所有待完成的任务已经完成,如“待办事项清单”。针对不同的文档、活动和过程,检查单的元素也不同。例如,用于评审计划的验证检查单与代码评审检查单不同。本节介绍了以下内容:

(1) 如何制定检查单;

(2) 如何使用检查单;

(3) 如何改进和管理检查单。

本章还提供不同类型的检查单的示例。以下文本框讲述了一则轶事,告诉大家第一个检查单是怎样诞生的。

A **检查单的历史——1935 年 10 月 30 日,美国俄亥俄州代顿军事机场**

在对美国国防部的 3 架新飞机模型进行评价的最后阶段,波音 299 飞机刚刚起飞,它缓缓地爬升,然后突然从天空坠落,最后撞向地面爆炸起火。据调查,是飞行员的失误导致了此次事故。飞行员不熟悉这架新型飞机,在起飞前忘记打开升降舵的锁。飞上天空后,飞行员意识到了问题,并试图操纵升降舵的锁,但为时已晚。

这次事故发生后,飞行员们在一起讨论,想寻找方法确保飞行前一切准备就绪而没有任何遗漏。于是诞生了所谓的“飞行员检查单”。他们制定了 4 个检查单,分别用于起飞前、飞行中、降落前和降落后。

波音 299 飞机太复杂了,没有人能够记住所有东西。有了检查单和培训,国防部购买的 12 架飞机在 180 万英里的里程中都没有发生任何严重事故。美国国防部接受了 299 型飞机,并最终订购了 12000 多架。这种机型更名为 B-17,在第二次世界大战期间被广泛使用。

飞行员检查单广受欢迎,基于飞行员检查单,也产生了很多为机组人员和其他飞机开发的检查单。

Schamel [SCH 11]

A 宇航员检查单

宇航员是训练有素的专业人员，他们花费数年时间学习如何操作复杂设备以及如何执行各种活动，例如驾驶宇宙飞船。然而仅有这些培训是不够的，宇航员也需要检查单。下图显示的是在“阿波罗”11 号飞船任务中宇航员 Buzz Aldrin 使用的缝在手套袖筒上的检查单。

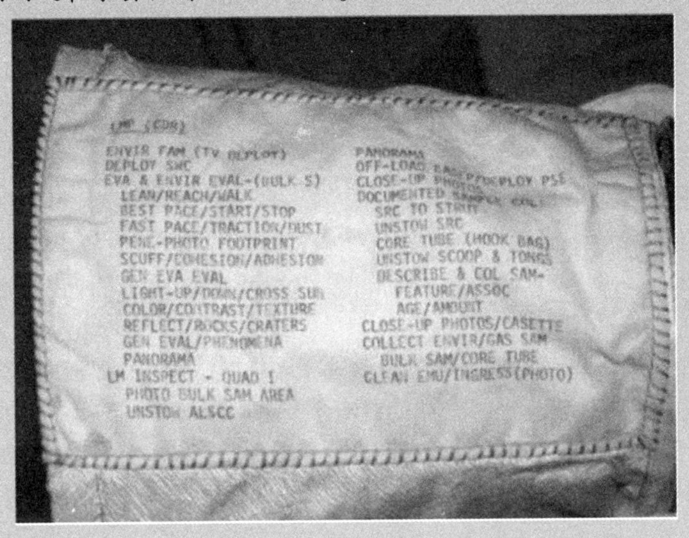

7.11.1 如何制定检查单

制定检查单有两种较常用的方法：第一种是利用现有列表，如本书中可用的或在互联网上找到的列表，再根据自己的需求进行调整；第二种是根据在文档评审和经验教训总结中已经注意到的差错、遗漏和问题列表来制定检查单。下面介绍如何改进这些检查单。

Gilb 认为，制定检查单需要遵循一些规则[GIL 93]。

(1) 检查单必须来自过程规则或标准。

(2) 检查单应当包含对相关规则的引用，检查单基于这些规则编制，并对这些规则进行解释。

(3) 检查单不应超过一页，因为一旦待检查条目超过 20 个，记住并有效使用检查单就变得非常困难。

(4) 检查单应使用关键字来描述列表中的每个条目，以便于保留。

(5) 检查单必须包括版本号和最后更新的日期。

(6) 在阐述检查单的条目满足某条件时，应使用肯定句式。例如，关于需求的明确性,应使用“需求明确”的说法而不是“需求不模糊”。

(7) 检查单可以包含分类,如缺陷的严重性:重大和轻微。

(8) 检查单不应当包含所有可能的问题或细节,因为检查单应当简洁,侧重于需要按顺序执行的关键问题和步骤。

(9) 应当持续更新检查单,体现组织及其开发人员所获得的经验。

Laporte 教授在一家大型瑞典公司开设的同行评审课程中,一位软件工程师自豪地介绍了自己制定的代码评审检查单,上面有 250 多个条目!

他向其他课程参与者介绍了检查单中的部分内容,而参与者们认为,该检查单中的大量条目可以通过源代码格式化工具和设置编译器选项就可以检测到,并且其中还有一些条目所针对的问题并不重要。经过讨论,检查单被缩减为一页,只包含了开发人员应避免的,并可以检测到的重要问题。

最后,个人用户的培训应包含检查单,但不能代替执行任务所需的知识。表 7.9 描述了用于对缺陷进行分类的检查单。

图 7.8 例举了一个验证软件需求的检查单,该检查单的缩写为 REQ。注意,该检查单的每一个条目都设置了一个关键字,极大地促进了检查单内容的记忆。

表 7.9 缺陷分类检查单

缺陷类别编号	缺陷类型	描　述
10	文档	注释、信息
20	句法	拼写、标点符号、指令格式
30	构建、包	变更管理、库、版本管理
40	分配	声明、名称重复、范围、约束
50	接口	过程调用、输入/输出(I/O)、用户格式
60	确认检查	错误信息、验证不充分
70	数据	结构、内容
80	函数	逻辑、指针、循环、递归、计算、函数调用缺陷
90	系统	配置、定时、内存
100	环境	设计、编译、测试等系统支持问题

· REQ1(可测试)——所有需求都必须是客观可验证的。
· REQ2(可追溯)——所有需求必须可追溯到系统规格或合同条款或方案。
· REQ3(唯一)——每个需求应当陈述一次。
· REQ4(基本)——需求应当分解为最基本的形式。
· REQ5(高级)——要求应以必须满足的最终需求的形式陈述,而不是可感知的手段(解决方案)的形式。
· REQ6(质量)——定义了它们的质量属性。
· REQ7(硬件)——(如有必要)要完整定义其硬件。
· REQ8(坚实的)——需求是设计的坚实基础。

图 7.8 一个软件需求检查单[GIL 93]

7.11.2 如何使用检查单

有两种使用检查单的方法:一种是在评审文档的同时牢记检查单中的所有元素;另一种是每次仅使用检查单中的一个元素来评审整个文档。

第二种方法执行步骤如下:

(1) 使用检查单中的第一项来全面评审文档。完成后,在检查单上勾选该条目,然后移至下一项;

(2) 使用检查单的第二项继续进行评审,完成后在检查单上勾选该条目;

(3) 继续评审文档,直到核对完检查单上的所有条目;

(4) 在评审过程中,注意文档的缺陷和错误;

(5) 完成对整个文档的评审后,纠正列出的所有缺陷;

(6) 纠正缺陷后,打印更新后的文档并检查所有纠正措施,确保没有遗漏;

(7) 如果有许多重要的变更,则再次评审整个文档。

表 7.10 例举了一个用于代码评审的检查单,并说明了这种方法的使用过程。在评审过程中,使用左侧列中的内容评审文档的相应章节。例如,对于程序源代码,先考虑检查单上的第一项,即程序的初始化步骤。检查完这一项后,勾选,然后移至下一项。

表 7.10 使用检查单验证部件 1 的示例

名称	描　述	1	2	3	4
初始化	变量和初始值: · 程序启动时; · 每个循环开始时	√			
接口	· 内部接口(过程调用); · 输入/输出(如显示、打印、交流); · 用户(如模板、内容)	√			
指针	指针初始值设置为空	√			

这种方法的典型出口准则或完成准则是确保检查检查单中的所有条目均已核对完毕。

对于这两种方法,除非要评审的文档非常短(少于一页),否则建议不要在电子屏幕上评审文档,而应使用纸质文档以突出显示已标识的缺陷。在评审过程中,纸质文档更易于跨页浏览,有助于标识大型文档中可能出现的遗漏和矛盾。

7.11.3 如何改进和管理检查单

任何专业人士都可能因为培训、经验或写作风格的问题而导致犯错。想从错误中吸取教训,必须定期更新检查单。

使用检查单的缺点是,评审员只会将注意力集中在检查单上的条目上,而忽视了检查单之外的缺陷。因此,根据获得的结果更新检查单是十分必要的,而不仅仅是盲目地照做。

7.12 验证与确认技术

工具和技术可以辅助验证与确认活动,工具的使用在很大程度上取决于应用程序的完整性等级、产品的成熟度、公司文化以及各个项目的开发类型、建模和仿真范式。

验证活动的自动化程度直接影响验证与确认工作的整体效率。由于没有正式的工具选择过程,因此选择正确的工具非常重要。理想情况下,在设计和开发阶段使用的建模和仿真工具应与验证工具集成在一起,但确认过程不允许与建模和仿真过程进行详细匹配。

验证工具的市场很大,在互联网上很容易找到至少上百个供方的名单,这些工具分为以下两类。

(1) 支持确认的数据结果的通用工具:

① 数据库管理系统;

② 数据处理工具;

③ 数据建模工具。

(2) 形式化方法:

① 形式化语言;

② 机械化的推理工具(自动定理证明);

③ 模型验证(检查器)工具。

7.12.1 验证与确认技术介绍

Wallace 等[WAL 96]撰写了一篇出色的技术报告,该报告介绍了不同的验证与确认技术,并沿用至今。本节首先介绍 3 种类型的验证与确认技术;然后简要描述这些技术;最后为每个开发生命周期阶段推荐相应的技术。

验证与确认任务包括 3 种技术:静态分析、动态分析和形式分析[WAL 96]。

(1) 静态分析技术不需要执行软件,而是直接分析产品的内容和结构。评审、审查、审核和数据流分析是常用的静态分析技术。

(2) 动态分析技术涉及执行或模拟开发的产品,输入相关要素后通过分析输出来寻找差错/缺陷。对于这些技术,必须知道输出值或期望值的范围。黑盒测试是使用和流传最广泛的动态验证与确认技术。

(3) 形式分析技术使用数学来分析产品中执行的算法。有时可以使用形式化的规格说明语言(如 VDM、Z)来编写软件需求,进而可以使用形式分析技术对其进行验证。

7.12.2 验证与确认技术

1. 算法分析技术[WAL 96]

算法分析技术通过结构化语言或格式对算法进行转录来检查软件配置的逻辑和准确性,涉及重新推导方程式或评价特定的数值技术的适用性。算法分析技术检查算法是否正确、恰当、稳定,并且符合精度、时间和规模要求,主要检查方程和数值技术的准确性、舍入和截断的影响。

2. 接口分析技术[WAL 96]

接口分析用于证明程序接口不包含有可能导致失效的差错。分析的接口类型包括软件的外部接口、部件之间的内部接口,以及软件和系统之间、软件和硬件之间、软件和数据库之间的接口。

3. 原型开发技术[WAL 96]

原型开发展现了实现软件需求(尤其是用户界面)的可能结果。评审原型可以帮助标识不完备或不正确的软件需求,还可以判断需求会不会导致不良的系统行为。对于大型系统,原型开发可以防止不适当的设计和开发所造成的极大浪费。

原型开发

一种硬件和软件开发技术,其中,会开发硬件或软件的部分或整体的最初版本,允许用户反馈,确定可行性、研究时间安排或其他问题,以支持开发过程。

ISO 24765 [ISO 17a]

原型

系统最初的类型、形式或例子,它可作为系统的以后阶段或最后的完整的版本的模型;

注:原型用于从用户获得反馈,从而改进和明确复杂的人机界面、进行可行性研究,以及标识需求。

ISO 24765 [ISO 17a]

在实际制造预期产品之前,先造出其实用模型,并据此征求对需求的早期反馈的一种方法。

PMBOK® 指南

4. 仿真技术[WAL 96]

仿真用于评价由硬件、软件和用户组成的大型复杂系统之间的交互。仿真使用“可执行的”模型检查软件的行为，可用于测试操作员的规程并找出安装问题。

7.13 验证与确认计划

验证与确认计划从根本上回答了以下问题：我们需要验证和/或确认哪些内容？验证与确认活动将在何时何地由谁进行，需要什么资源？

IEEE 1012 规定，验证与确认工作从为解决以下问题制定计划开始。如果存在不相关的内容，项目计划中无须涵盖此内容，则最好声明“此部分不适用于该项目”，而不是从计划中直接删除这部分内容，这样 SQA 可以清楚地看到项目团队是否有遗漏的项。当然，也可以添加其他内容。如果计划的要素已经记录在其他文档中，那么计划应引用相关文档，而不是重复描述。验证与确认计划必须在整个软件生命周期中得到维护。IEEE 1012 提出的验证与确认计划包括以下内容（没有列出系统和硬件的验证与确认元素）[IEE 12]：

1. 目的
2. 引用文件
3. 定义
4. 验证与确认概述
   - 4.1 组织
   - 4.2 主进度表
   - 4.3 完整性等级方案
   - 4.4 资源综述
   - 4.5 职责
   - 4.6 工具、技术和方法
5. 验证与确认过程
   - 5.1 通用的验证与确认过程、活动和任务
   - 5.2 系统验证与确认过程、活动和任务
   - 5.3 软件验证与确认过程、活动和任务
     - 5.3.1 软件概念
     - 5.3.2 软件需求
     - 5.3.3 软件设计
     - 5.3.4 软件构建
     - 5.3.5 软件集成测试

5.3.6 软件合格测试

5.3.7 软件验收测试

5.3.8 软件安装与检验(交付)

5.3.9 软件运行

5.3.10 软件维护

5.3.11 软件退役处置

5.4 硬件验证与确认过程、活动和任务

6. 验证与确认报告需求

6.1 任务报告

6.2 异常报告

6.3 验证与确认最终报告

6.4 专项研究报告(可选)

6.5 其他报告(可选)

7. 验证与确认管理要求

7.1 异常解决方案和报告

7.2 任务迭代策略

7.3 偏差策略

7.4 控制规程

7.5 标准、实践和约定

8. 验证与确认测试文档要求

7.14 验证与确认的局限性

没有一种技术可以预防所有的差错和缺陷,关于验证与确认,我们应注意以下局限性[SCH 00]。

(1) 无法测试所有数据:对于大多数程序而言,由于可能的组合众多,几乎不可能尝试用所有可能的输入来测试程序。

(2) 无法测试所有分支条件:对于大多数程序而言,同样由于存在多种可能的组合,测试软件所有可能的执行路径是不切实际的。

(3) 无法获得绝对证明:除非有正式的规格说明可以证明软件系统是正确的,并能准确反映用户的期望,否则就没有证据证明基于软件的系统是绝对正确的。

在很多时候,测试计划都是由系统开发人员设计,然后由验证与确认人员批准。这种做法远非保证高质量的理想方法。尽管验证与确认岗位不应当属于开发团队,但有时开发人员会评价自己开发的软件,所以验证与确认角色必须由对系统有丰富知识和经验的人员组成,以便对最终产品的质量进行合理的评价。

7.15 SQA 计划中的验证与确认

IEEE 730 标准讨论了验证与确认,并在一开始就声明 SQA 活动需要与验证、确认、评审、审核和其他生命周期过程相协调,以确保最终产品的一致性和质量,此处无须赘述进而避免重复工作。该标准要求项目团队确保在验证与确认或 SQA 计划中充分说明验证与确认问题。

对于验证活动,该标准列出了项目团队成员应当考虑的以下问题[IEE 14]。

(1) 是否已经在系统需求和系统架构之间进行了验证?

(2) 是否制定了软件项目的验证准则,以确保符合分配给该项目的软件需求?

(3) 是否制定并实施了有效的验证策略?

(4) 是否为所有工作产品标识了适当的验证准则?

(5) 是否为所有软件单元针对需求定义了验证准则?

(6) 是否通过对比需求和设计完成了软件单元的验证?

(7) 是否为所有软件工作产品标识了恰当的验收准则?

(8) 是否充分执行了所需的验证活动?

(9) 验证活动的结果是否已提供给客户和其他相关方?

为了确认软件,该标准建议根据产品风险选择和评估用于确认的工具,并建议项目团队评估这些工具是否需要进行确认(如果它们经过确认,则需要保留确认记录),它还要求团队回答以下问题[IEE 14]。

(1) 在使用前是否已对所有需要确认的工具进行了确认?

(2) 是否制定并实施了有效的确认策略?

(3) 是否为所有工作产品标识了恰当的确认准则?

(4) 是否充分执行了所需的确认活动?

(5) 是否已经标识、记录和解决了问题?

(6) 是否有证据证明所开发的软件工作产品满足其预期用途?

(7) 确认活动的结果是否已提供给客户和其他相关方?

在 SQA 计划中,项目团队特别关注验收过程以及如何对缺陷进行分类,直到满足出口准则。明确项目的最终测试过程非常重要,因为这是投产之前的最后一道防线。

7.16 成 功 因 素

由于组织因素的影响,验证与确认的执行可能获得支持或受到阻碍,以下文本框描述了相关的影响因素。

促进软件质量的因素：

(1) 提供了包含验证与确认任务的文档化过程；

(2) 在项目的早期策划了验证与确认任务，并在整个过程中执行；

(3) 开发人员受过验证与确认培训。

可能会对软件质量产生不利影响的因素：

(1) 管理层强调工作的完成速度而非工作的完成充分程度；

(2) 个人没有价值感；

(3) 培训不足；

(4) 缺少软件质量原则；

(5) 针对最终产品的看法与客户的看法不符；

(6) 没有改进过程；

(7) 生命周期过程没有正式化；

(8) 没有将质量问题视为第一要务；

(9) 缺少同行评审或同行评审流于形式。

延 伸 阅 读

Schulmeyer G. G. (DIR.) *Handbook of Software Quality Assurance*, 4th edition. Artech House, Norwood, MA, 2008.

Wiegers K. *Software Requirements*, 3rd edition. Microsoft Press, Redmond, WA, 2013.

练 习

1. 列出验证需求规程的关键活动。

2. 将表 7-11 中的验证与确认技术按以下 3 种类别进行分类[WAL 96]。

(1) 静态分析：不需要执行产品，而是直接分析产品的内容和结构；

(2) 动态分析：以检测缺陷为目标，执行或模拟开发的产品，在输入情境下分析其输出；

(3) 形式分析：使用数学方法和技术来严格分析产品中执行的算法。

表 7-11　练习 2 表

技　术	静态分析	动态分析	形式分析
算法分析			
边界值分析			
代码读取			
覆盖分析			
控制流分析			
数据库分析			
数据流分析			
决策(实情)表			
桌面检查			
差错植入			
软件故障树分析或软件失效模型			
有限状态机			
功能测试			
审查			
接口分析			
接口测试			
性能测试			
离散并行系统的数学表示(PN)			
原型法			
回归分析与测试			
评审			
仿真			
规模估计和时序分析			
软件失效模型、影响和关键性分析			
压力测试			
结构测试			
符号执行			
测试认证			
走查			

3. 为独立验证与确认服务供方提供一个选择准则示例。

4. 您的经理要求您为关键型软件产品的验证与确认工程师制定一份工作说明,请列举该岗位所需的典型资质/经验和职责。

5. 对于某些关键系统,标准强制性要求开发人员向客户证明最终产品中没有死代码,请解释为什么顾客要提出该需求?

6. 请为每个开发生命周期阶段列举 3 种验证与确认技术。

第8章　软件配置管理

学习目标：

(1) 了解ISO 12207、IEEE 828和CMMI®模型推荐的软件配置管理活动；

(2) 了解如何使用变更控制过程；

(3) 了解代码控制及其分支策略；

(4) 了解如何在超小型的项目或组织中进行配置管理；

(5) 列出配置管理计划中包括的内容；

(6) 了解IEEE 730标准对项目软件质量保证计划的建议。

8.1　引　　言

在许多行业中,生产过程的结果是可以看到、触摸和测量的产品。在软件行业中,代码是最重要的交付物,而对于大多数人来说,它是无形产品。为最大程度地使软件可视化,在开发的每一步均有必要记录并传递软件特性。同样,在其生命周期中,也可以基于开发产品时产生的变更申请、遗漏、缺陷和遇到的问题,对软件进行评审、改进,以及扩展其支持文档。此外,当软件必须安装在接收数据和控制过程的处理器上时,对硬件的变更可能会导致对软件的变更申请。同样,如果软件支持的是组织的业务流程,那么为了使它跟上业务规则和技术的发展,也必须保持软件的持续改进。

所有的文档活动和持续变更都可能需要花费大量成本。在大型项目中,这些活动所占的工作量不可忽视,因此熟悉这些活动并优化相关工作非常重要。本章将阐释软件配置管理中的各种活动。由于软件配置管理经常被审核,因此为确保项目团队了解其重要性并接受其引导,软件工程师必须掌握这个知识域,并且软件质量保证应贯穿其中。

我们已经讨论了在项目文件中创建、更新和管理质量记录以跟踪随时间发生的所有变更的重要性。目前,这些信息可以在文档、电子邮件、Wiki、票务系统和团队聊天中找到,并且包含了丰富的组织知识。有人甚至认为,驾驭这些知识将能取得战略上的优势。无论是出于知识转移、项目管理、法律法规,还是有义务遵守标准的需要,组织都必须能够协调一致地管理所有这些信息。

8.2 软件配置管理

系统的配置[BUC 96]包括许多方面,同产品随附文档中所说的那样,包括了由软件、固件和/或物理硬件来实现的功能。

系统

为达到一个或多个既定目标而组织起来的、相互作用的元素的组合体。

注1:一个系统有时可被认为是一种产品或者是一种它所提供的服务。

注2:在实践中,对系统含义的解释通常使用一个联合名词来阐述,如飞行器系统。有时候"系统"也可简单地由依赖语境的同义词来替代,如飞行器,虽然这可能会使系统的视角不太明显。

注3:为使系统能够在预期环境中独立使用,一个完整的系统应包括所有相关的设备、设施、材料、计算机程序、固件、技术文档、服务和运行、支持所必需的人力。

ISO 15288 [ISO 15]

本节中介绍了ISO 12207、IEEE 828和CMMI推荐的软件配置管理过程。

配置管理

对如下活动实施技术和管理的指导及监督的一种行为:

(1) 标识并记录配置项的功能特性和物理特性;

(2) 控制对这些特性的变更;

(3) 记录并报告变更的处理和实施状态;

(4) 验证是否满足特定需求。

IEEE 828 [IEE 12b]

本质上,软件配置管理回答了以下问题[STS 05]:

(1) 谁可以进行变更?

(2) 进行了哪些变更?

(3) 变更有什么影响?

(4) 变更是什么时候发生的?

(5) 为什么要进行变更?
(6) 当前环境下使用了哪个版本?
(7) 在项目中使用哪种分支方法?

8.3 良好配置管理的效益

良好的配置管理将带来以下效益[STS 05]:
(1) 减少混乱,更好地组织并管理软件项;
(2) 组织必要的活动,以确保多数软件产品的完整性;
(3) 确保产品配置可追溯以及保持最新状态;
(4) 降低开发、维护和售后支持的成本;
(5) 促进软件根据需求进行确认;
(6) 提供稳定的开发、维护、测试和生产环境;
(7) 改进质量和与软件工程标准的符合度;
(8) 减少返工成本。

8.3.1 基于 ISO 12207 的配置管理

根据 ISO 12207 标准,配置管理的目的是[ISO 17]:在生命周期内管理和控制系统元素以及配置,并管理产品及其相关配置定义之间的一致性。软件配置管理是 SQA 实践的一部分。SQA 必须通过策划、使用和执行活动来确保在软件的生产过程中已将质量整合到最终产品,从而保证开发生命周期中使用的过程和产品满足需求。软件配置管理活动可帮助 SQA 实现软件质量保证目标以及项目目标。建议每个软件项目、维护活动及其基础设施都进行软件配置管理。

ISO 12207 将配置管理的需求定义为软件开发人员应实施的基本过程。本书未对配置管理过程的需求进行详细描述,只简要介绍该过程的主要内容,并重点关注使用该过程的预期结果。

成功实施配置管理过程的结果如下[ISO 17]:
(1) 标识并管理需要进行配置管理的条目;
(2) 建立配置基线;
(3) 配置管理项的变更受到控制;
(4) 提供配置状态信息;
(5) 完成所需的配置审核;
(6) 系统的发布和交付受到控制并获得批准。

ISO 12207 配置管理过程的 6 个活动是[ISO 17]:
(1) 策划配置管理;
(2) 执行配置标识;

(3) 执行配置变更管理;

(4) 执行发布控制;

(5) 执行配置状态统计;

(6) 执行配置评价。

ISO 12207 的 6 个配置管理活动由 19 个任务组成,本书不作详细描述,仅在后面章节对最后一个包含审核配置任务的活动进行介绍。

ISO 12207 中的配置管理也适用于维护现有的硬件和基本软件。维护人员将实现或使用配置管理过程来管理对现有系统的改进。该标准还建议策划和记录对基础设施的配置:基础设施(如软件工具)应视需要进行维护、监测和修改。必须定义对基础设施实施的配置管理活动,作为基础设施维护活动的一部分。

8.3.2 基于 IEEE 828 的配置管理

IEEE 828 是 IEEE 系统和软件工程系列标准中的配置管理标准[IEE 12b],提供了有关软件配置管理过程的需求和详细信息,并支持 ISO 12207 标准。它规定了系统和软件中配置管理的最低可接受需求,因此适用于所有类型的系统和软件。

IEEE 828 描述了在生命周期实施配置管理活动的时机,并介绍了配置管理策划和所需的资源。该标准详细说明了配置管理计划中应包含的条目,并与 ISO 12207(用于软件工程)、ISO 15288(用于系统工程)和 ISO 15939(在后续章节中描述的测量标准)保持一致。根据 IEEE 828,配置管理的目的如下[IEE 12b]:

(1) 标识并记录产品、部件、输出或服务的功能特性和物理特性;

(2) 控制对这些特性的变更;

(3) 记录并报告每项变更及其实施状态;

(4) 支持对产品、结果、服务和部件的审核,以验证其是否符合需求。

IEEE 828 还规定[IEE 12b]在产品或产品部件的整个生命周期中,配置管理应建立并保护其完整性,从确定目标预期用户的需求和定义产品需求,到产品的开发、测试和交付过程,再到其安装、运行、维护和最终退役。这样,配置管理过程可与产品生命周期中涉及的所有其他过程进行对接。

8.3.3 基于 CMMI 的配置管理

面向开发的 CMMI 模型包含一个名为"配置管理"的过程域,该过程域的目的是[SEI 10a]利用配置识别、配置控制、配置状态统计和配置审核来建立和维护工作产品的完整性,并描述了需要实施的后续活动如下[SEI 10a]:

(1) 标识所选择的工作产品,这些工作产品在给定的时间点上构成基线;

(2) 控制对配置项(CI)的变更;

(3) 构造或提供规格说明,以便从配置管理系统构造工作产品;

(4) 维护基线的完整性;

（5）向开发人员、最终用户和顾客提供准确的状态和现行的配置数据。

这些 CMMI 活动适用于系统工程和软件工程。以下文本框描述了此 CMMI 过程的专用目标（SG）和专用实践（SP）。

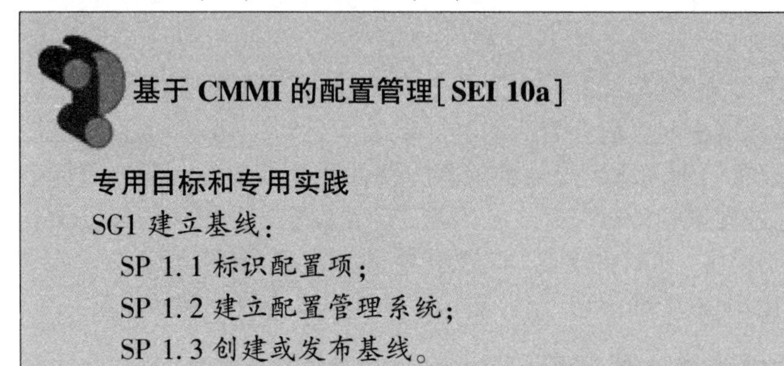

基于 CMMI 的配置管理[SEI 10a]

专用目标和专用实践

SG1 建立基线：

- SP 1.1 标识配置项；
- SP 1.2 建立配置管理系统；
- SP 1.3 创建或发布基线。

SG 2 跟踪和控制变更：

- SP 2.1 跟踪变更申请；
- SP2.2 控制配置项。

SG 3 建立完整性：

- SP 3.1 建立配置管理记录；
- SP 3.2 执行配置审核。

图 8.1 用图形化的方式描述了针对配置管理的 CMMI 建议。

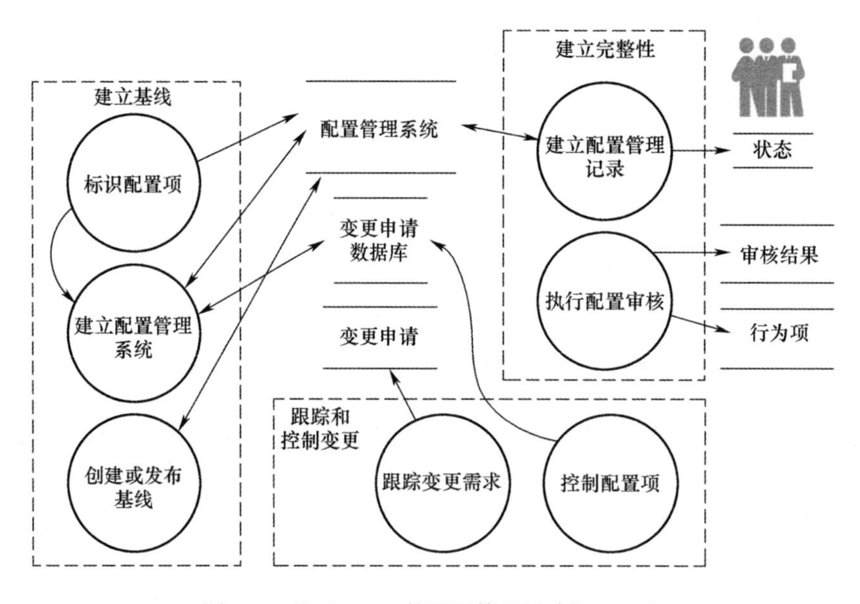

图 8.1　基于 CMMI 的配置管理活动[SEI 00]

8.4 软件配置管理活动

8.4.1 软件配置管理的组织环境

在大型组织中,软件配置管理通常由一个单独的部门负责,在小型组织中,软件配置管理任务可由执行软件开发任务的开发人员兼顾。软件通常作为系统(包含硬件、软件和文档)的一部分进行开发。项目团队职责中的软件配置管理活动需要与基础设施配置管理(如硬件和软件)保持一致。本章只关注软件配置管理。

许多情况下,软件配置管理约束可能导致难以履行这些义务。已发布的策略和过程可能会影响在项目中使用软件配置管理。在采购软件的情况下,协议或合同可能包含特定的软件配置管理条款。

当计划开发的软件产品可能出现安全问题时,外部监管部门和标准可能会要求强制使用软件配置管理。

第2章中介绍了医疗设备领域的案例(Therac-25),实际上,在其他领域也可能发生类似的问题,如航空电子、核能、汽车和银行业等。

8.4.2 制定软件配置管理计划

软件配置管理计划通常是在项目策划期间制定的,并应该在项目的软件规格说明阶段结束时准备就绪并获得批准。在策划过程中,应考虑与软件配置管理相关的活动、工作和角色分配、所需的资源和进度安排、工具的选择和安装,以及对供方职责的明确。

软件配置管理策划活动的输出将放在一个独立的软件配置管理计划中,或者作为敏捷项目策划文档的一部分,并且通常可供SQA评审或审核。IEEE 828[IEE 12b]定义的需要放在软件配置管理计划中的6类软件配置管理信息如下(改编自[IEE 12b]):

(1) 计划简介,包括目的、范围和术语;

(2) 软件配置管理的管理,包括组织、职责、权限、适用方针、指南和规程;

(3) 软件配置管理活动,包括配置识别、配置控制和其他活动;

(4) 软件配置管理进度,包括在项目进度表中标识软件配置管理活动;

(5) 软件配置管理资源,包括工具、服务器和人力资源;

(6) 软件配置管理维护和更新。

IEEE 828在规范性附录中描述了软件配置管理计划的内容。软件配置管理计划的典型目录结构如下:

(1) 引言;

(2) 目的;
(3) 范围;
(4) 与组织和其他项目的关系;
(5) 引用文件(例如方针、指南、规程);
(6) 纳入配置管理的软件元素的标识准则;
(7) 要管理的配置的描述;
(8) 开发和测试配置;
(9) 交付配置;
(10) 配置识别和分配;
(11) 版本号和修订号的编号规则;
(12) 源代码分支策略;
(13) 标记规则;
(14) 存储库的内容和位置;
(15) 项目库管理规则;
(16) 体系架构;
(17) 创建库的规程;
(18) 项目库中元素的记录;
(19) 访问规则;
(20) 备份;
(21) 存档;
(22) 项目库控制;
(23) 策划的基线和状态。

如果软件已历经多年的开发和维护(如铁路和飞机的控制软件),则必须补充以下内容:

(1) 修改的来源;
(2) 正式的修改规程;
(3) 软件开发工具;
(4) 验证记录。

必须明确须参与软件配置管理过程的组织单位。表 8.1 例举了涉及许多参与者的某复杂项目,说明了软件配置管理的角色分配。

表中所列举的任务,根据项目的规模,可以由项目经理管理,针对小型项目,也可以直接由一个或多个不同的人负责。

在开发过程中,必要时可以批准对计划的更新。根据项目的重要性,可以开展 SQA 工作以确保计划的正确执行。在涉及更多方面的项目中,可以发起软件配置管理合规性审核以确保对计划的遵循。

第一次制定软件配置管理计划可能不知从何着手。大多数组织都有可用于启动软件配置管理过程的示例和模板,重用组织中现有软件配置管理计划中的大部分条目也是很常见的。因此,SQA 应当确保引用文档的质量,以便将来可以重复使用。表 8.1 展示了一个项目的软件配置管理任务分配示例。

表 8.1　软件配置管理任务分配的示例[CEG90a]
(© 1990,阿尔斯通轨道交通股份有限公司)

任　务	软件配置管理经理	项目经理	参与者	SQA	执行经理
收集并汇总变更申请	产生				
管理变更申请过程	主导和申请	参与		参与	当系统需要修改时,参与
管理访问权限	产生	参与			
部件命名			产生		
标识关系	参与	产生			参与
标记配置项			产生		
存储配置项	保持配置项可用并申请归档				
组织库	产生				
控制库的变更	产生(框架)	产生(内容)			
控制库的完备性和一致性	产生(框架)	产生(内容)			
提供副本	产生				
报告配置状态	产生				

8.4.3　要控制的配置项的识别

本活动的目的是在项目的开发和维护生命周期中,明确需要控制的软件元素,以避免创建没有正确标识或没有与其他已标识元素进行链接的元素。

配置项的标识要求:①已经建立的配置项分类参考命名法;②在整个项目进度中策划并分配了唯一标识基线的预定义列表。

配置项

为了进行配置管理而指定的,在配置管理的过程中作为单一实体对待的工作产品的集合。

ISO 24765 [ISO 17a]

配置项识别

配置管理的一个元素,包括为系统选择配置项并在技术文档中记录其功能特性和物理特性。

ISO 24765 [ISO 17a]

基线的定义意味着文档或软件产品在经过正式评审后被批准,然后可供客户使用,或用于后续的开发过程。此外,基线还用于产生新版本。

基线

业已经过正式审核与统一,可作为下一步开发的基础,并且只有通过正式的修改管理过程方能加以修改的规格说明或产品。

ISO 24765 [ISO 17a]

不同的项目制品通常位于文档或项目服务器上的文件夹中(图 8.2 中的示例)。这种文件结构通常作为适用于所有项目的优秀实践,由 SQA 或项目办公室负责管理。在 8.8 节中我们将看到,配置管理存储库的所有分支都可以重复此结构。建议开发人员不要更改这种层次结构,以便在项目过程中保持一致,并可以与其他项目进行比较。

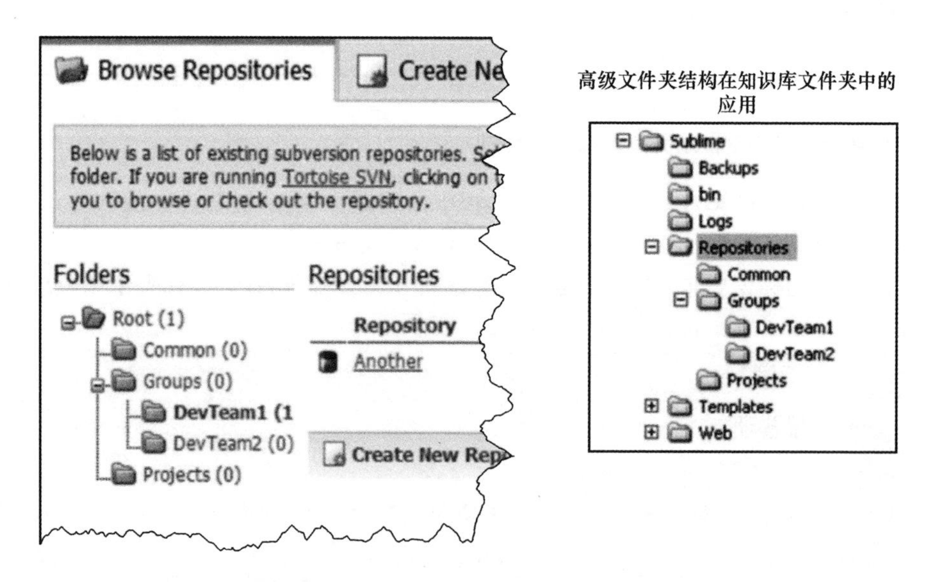

图 8.2　使用配置管理工具 Subversion 进行配置控制的目录结构示例

1. 配置项的识别

应该为每个配置项分配一个唯一的标识符，以帮助标识配置项随时间的变化，并且使得项目中的每个人都可以标识该配置项。

标识符由固定部分和可变部分组成，固定部分是配置项的名称，可变部分反映了其演变。当项目的演变没有增加价值时，我们称为修订，即在未改变其功能、界面或操作约束的情况下对配置项进行的纠正或改进。

如何为软件版本进行编号？

软件版本控制是为特定基线的初始软件及其文档以及后续发布的软件分配名称和唯一版本编号的过程。版本编号中的数字通常随某一类变更（重大变更或微小变更）而递增。目前有各种各样的版本控制方法。本书使用顺序标记法，例如当软件的3.4版进行较小的变更或修正时，它将升级到3.4.1版；如果发生重大功能变更，编号将变为3.5。在初次发布之前（软件仍处于alpha或beta测试时）版本号以0开始（如版本0.5）。

为了表明配置项的演变会影响其向下兼容性，并确保它仍可与其他配置项的先前版本一起使用，我们使用新的发布版本。当没有修改现有功能和接口，但添加了新接口和功能时适用这种情况。

版本控制

建立和维护基线，标识和控制对基线的变更，使得可以返回到先前的基线。

ISO 24765 [ISO 17a]

以针对某基于软件的雷达显示系统为例，我们可以使用以下命名约定：合同标识-系统标识-软件部件标识-演变标记（版本号/修订版本号）。例如，雷达显示文档的体系架构文档版本1修订版2：C001-Rad-Aff-DA-01-02。

2. 配置项标记和标签

标记用于标识配置项，如软件或需求规格说明文档。

可以借助以下信息（如元数据）来标识软件项：软件部件标识信息、作者、创建日期、功能描述、修改历史（包括修订日期、修订原因和作者）和设计摘要。对于文档，可以使用以下结构保存该元数据：说明页、解释文档演变的章节、正文以及可能的附件。

说明页可以包括的信息如下：

(1) 组织的名称和地址;
(2) 文档作者姓名;
(3) 文档创建日期(年-月-日);
(4) 文档版本;
(5) 安全等级(如机密、限制发行、秘密)。

修订文档后,将更新解释文档演变的章节,包括的信息如下:

(1) 版本标记;
(2) 变更日期(年-月-日);
(3) 修订的章节或页码;
(4) 修订的简要说明。

描述文档演变的章节通常采用表 8.2 所列的格式。

表 8.2 描述文档演变的表格示例

修订版本	日期 /(年-月-日)	修改的页码或章节	作者	修改说明
00			C. Laporte	第 1 版
1.1	2006-03-01	P5	A. April	增加 2.1 节
1.2	2007-02-13	3.1 节	A. Abran	更正了一个参考文献

3. 选择配置项

软件配置项(SCI)是标识用于配置管理的软件部件的集合,被软件配置管理过程视为一个整体(如一个实体)。除了源代码外,还有许多软件工作产品可以纳入软件配置管理,如计划、需求、规格说明和设计文档。项目经理和他的团队必须决定软件配置管理过程需要控制哪些配置项。

在保持足够可见性从而严格控制元素与完全不进行管理之间,软件配置项的选择始终采取某种折中的形式,以合理的成本严密管理软件项目的所有元素是不可能的。一旦选定一个配置项,它将受到许多人的正式评审和验收。例如,在本书评审一章中所看到的,有些评审并不正式,正式评审则要求遵循一定的过程、发布会议纪要,并跟踪、纠正和验证缺陷。这就解释了为什么选择适当数量的配置项是一项重要任务。以下文本框列举了有助于选择配置项的准则。

帮助选择软件配置项的准则:

(1) 预期的变更数量;
(2) 复杂度和规模;
(3) 关键性;

(4) 安全性；
(5) 对开发进度的影响；
(6) 对实施进度的影响；
(7) 未经修改的商业品配置项；
(8) 客户提供的配置项；
(9) 由不同供方负责维护；
(10) 涉及多个供方；
(11) 位置(部件在多个地点开发时)；
(12) 多次使用(部件用于多个系统时)。

8.5 基　　线

软件开发生命周期模型可以唯一地定义每个开发过程,并将它们集成在一起。每个步骤都被定义为一组连贯的活动,并以一个主导活动为特性。为了保证质量,通常在每个阶段或迭代的结尾都要进行一次评审。

基线是一组经过仔细预选择的配置项,并在整个项目中与特定里程碑一起被确定。基线只能通过变更控制规程进行变更。给定的基线以及后续批准的所有变更,均代表了该基线的当前配置。这很重要,因为我们希望我们的员工在正确的版本上开展工作并知道他们所处的位置。团队成员经常使用并在典型的配置管理计划中列出的关键项目里程碑的基线如下:

(1) 规格说明;
(2) 设计;
(3) 构造;
(4) 集成;
(5) 确认;
(6) 交付。

图 8.3 例举了一个包含硬件和软件的产品的开发周期,虚线表示里程碑。如图 8.3 所示,系统需求分析阶段会产生软件和硬件需求文档,然后与客户一起对该文档进行评审,即“系统需求评审”。获得批准后,该需求文档将纳入项目的功能基线。然后,开发团队对软件需求文档进行评审后,提交给客户进行正式的“软件规格说明评审”并获得批准。获批后,该文档将存储在称为“分配基线”的存储库中。可能进行的其他软件评审包括:概要设计评审、详细设计评审(关键设计评审)以及确保软件部件已准备好进行测试的评审(测试就绪评审)。

一旦对配置项进行了测试和纠正,便将其集成到硬件中。最后,系统经过生产测试,与客户进行确认。

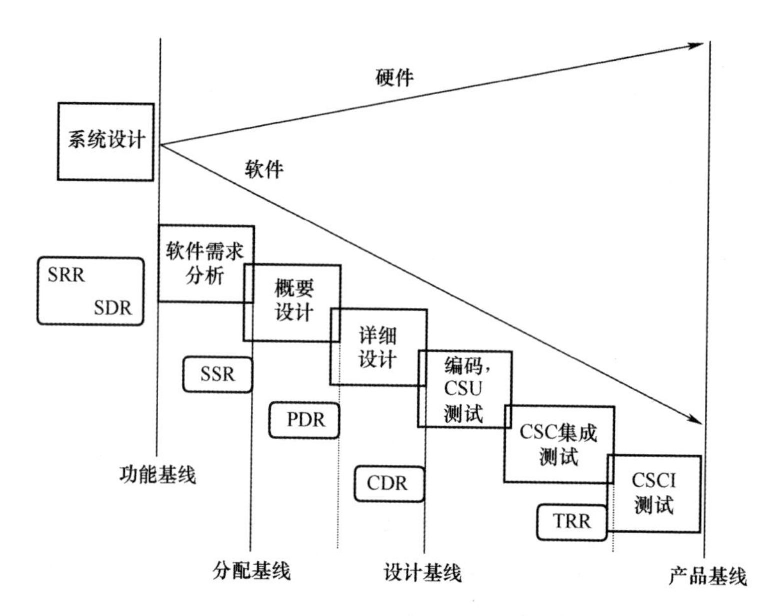

图 8.3　项目生命周期中计划基线的示例

图 8.4 使用前面章节中介绍的入口-任务-验证-出口(entry-task-verification-exit,ETVX)过程表示法[RAD 85]表现了在项目的规格说明阶段的元素。注意,配置管理计划是输入的一部分。在整个软件生命周期中,其他配置项也将添加到基线中。

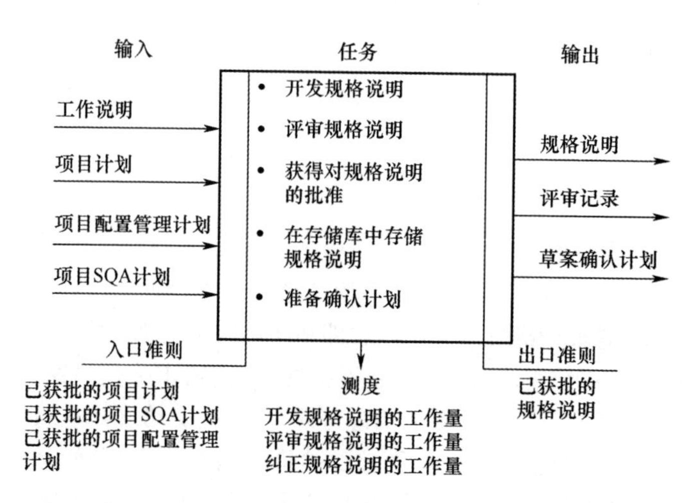

图 8.4　使用 ETVX 表示法的规格说明步骤描述

软件配置项纳入软件配置管理存储库后，后续发生的所有变更均需按照软件配置管理计划中描述的那样获得批准。获批后，该软件配置项将被纳入到项目存储库中的适当位置。

交付

向客户或目标用户发布系统或部件。

发行版

应用程序的交付版本，其中可能包括全部或部分的应用程序。

新的和/或变更的配置项的集合，这些配置项将一起进行测试并部署到真实环境中。

版本

与计算机软件配置项的完全编纂或重编纂相关的计算机软件配置项的初始发行或再发行。

文件的初始发行或完全再发行，不同于针对之前版本发布变更页而形成修订版本。

ISO 24765 [ISO 17a]

8.6 软件存储库及其分支

软件配置管理存储库工具有很多选择，通常称为版本控制软件或软件存储库。创建它们的目的是为了促进在软件开发、维护和生产上的团队工作，从而可以共享、更新代码和文档。

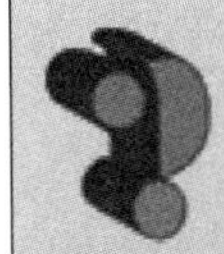

软件存储库

为软件和相关文档提供永久性存档的软件库。

ISO 24765 [ISO 17a]

软件存储库对于项目期间的开发/维护和发布管理活动至关重要。表 8.3 列出了软件存储库的某些功能。可以部署几种类型的库，有以下三种类型的库可以使用。

（1）私有库：由开发人员在开发和单元测试时用于创建或修改配置项。

（2）项目库：项目的所有成员均可访问，其中包含团队成员可能使用的元素。项目库是有关该项目的所有信息的官方来源，它的访问通常受到控制。

（3）公共库：通常包含多个项目共有的库元素，例如通用工具和可重用部件。

表 8.3　软件配置管理存储库的功能示例

软件存储库的功能
• 支持软件配置管理的不同级别，如经理、开发人员、SQA、系统工程等； • 实现配置项的存储和检索； • 实现小组和开发人员之间共享和传输配置项； • 实现配置项的存档版本的存储和恢复； • 提供状态和所有要素存在性的验证，并允许将变更集成到新的基线中； • 确保产品的正确构建和正确版本； • 提供软件配置管理记录的存储、更新和检索； • 支持生成软件配置管理列表和报告； • 在整个生命周期中支持需求的前向和后向可追溯性； • 提供配置项的安全存储和限制访问，以防止未经授权的变更

资料来源：改编自[CEG 90a]。

在配置软件配置管理存储库时，库管理员必须做出许多决策。第一次决策时可能会有点混乱（图 8.5），但是使用一段时间后，就会变得自然而然。软件配置管理计划的一项重要内容是提出适合该项目的分支策略。几乎每个软件存储库工具都由某种形式的分支支持。分支意味着脱离开发的主线（也称为干线），并在不影响主线的情况下继续工作。这被称为“自我隔离”。在许多工具中，它的成本相对较高，通常需要手动创建源代码目录的新副本。对于大型项目而言，这可能会花费

图 8.5　选择一个差劲的分支策略
（资料来源：来自 Shutterstock.com，经授权使用）

很长时间。网上有许多其他相关资源。下文总结了软件开发项目中使用的典型分支的基本策略。

干线、分支、提交和同步

标签:分配给特定发布版本或分支的符号名称。

干线:软件的开发主线;大多数分支结构的主要起点。

冲突:文件的一个版本中的变更与要应用该变更的文件版本无法协调。注:冲突可能在合并来自不同分支的版本,或者在两个提交者同时处理同一文件的情况下发生。

分支:

(1) 一种计算机程序结构,在此结构中,从程序语句的两个或多个可替换集中选择一个执行;

(2) 计算机程序中的一点,在该点,从程序语句的两个或多个可替换集中选择一个执行。

注:每个分支均由一个标签标识。通常,分支会将已经或将要发布的文件版本标识为产品发行版本。分支可以指发散的箭头,即对象类型从对象类型集中分离出来。分支还可以指从根箭头段拆分出来的箭头段。

提交:将开发人员源代码私有视图的变更集成到可通过版本控制系统存储库访问的分支中。

开发分支:产品主动开发所在的分支。

稳定分支:不支持破坏稳定性的变更的分支。

同步:

(1) 将父分支中所做的变更拉取到其(正在演变的)子分支(例如特征分支)中;

(2) 使用相应分支中文件的当前版本更新视图。

ISO 24765 [ISO 17a]

在介绍不同的分支策略之前,需要注意,每个分支都会产生一定的管理成本。因此,选择对特定项目影响最小的策略非常重要。添加新分支可能会在后续的集成和测试阶段中产生额外的成本。考虑到这一点,给出软件项目常用的一些分支策略(如模式)如下:

(1) 简单:2~3 个开发人员共同完成一个项目;

(2) 典型:4 个或更多的开发人员共同完成一个项目,该项目需要多个版本;

(3) 高级:5 个或更多开发人员共同完成一个项目;

(4) 功能:5 个或更多开发人员从事特定功能的开发,从而产生多个版本。

这些策略的元素是迭代的,因此可以从简单的策略开始,逐步向高级的策略过渡。同样,开发过程中尽可能将项目的复杂度降至最低是软件配置管理成功的关键。

多个人开发一个软件时,需要将他们彼此分开,以便他们可以独立工作。主分支必须始终作为分支的出发点和返回点。也就是说,创建分支是为了与主分支脱离,产生变更后还需要将这些变更反馈回主分支。要避免长时间脱离主分支或从分支中再创建分支,因为这种模式不是很好,可能会造成混乱。通常,只有备份分支会使用这种方法而不带来明显的影响。

8.6.1 简单的分支策略

这种策略适用于简单的情况(如用于网站开发),并且需要创建两种类型的分支结构(图 8.6):

(1) 主分支;

(2) 版本分支。

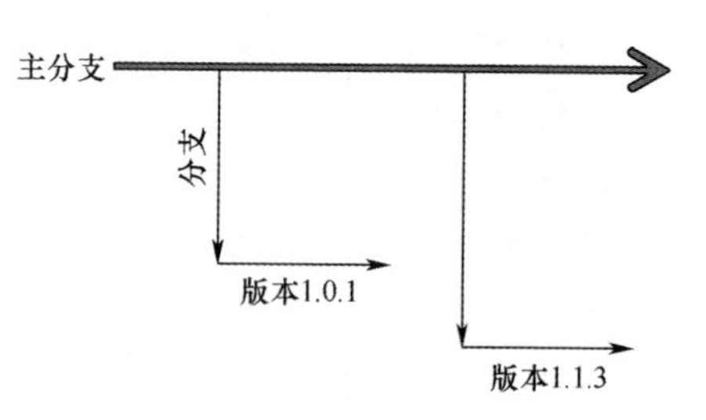

图 8.6　版本分支的最简单分支策略

这种简单的分支策略建议主分支由软件开发人员使用。这意味着主分支必须始终保持稳定,因为我们一直在用它进行工作。一旦软件已经比较成熟并且团队希望向其客户交付一个版本,便会创建一个版本分支(如版本 1.0.1),其中将包含来自初次生产版本的所有制品的完整版本。在主分支上,团队可以继续工作并改进软件。随着时间的推移,开发团队将准备交付后续发布版本并创建新的版本分支(如版本 1.1.3),以作为客户的新产品版本。先前的分支可以作为历史分支保存,也可以在向客户提交新版本的同时进行存档。

简单策略适用于以下多种情况:

(1) 一个很小的团队,在同一地点工作,易于沟通;

(2) 对生产软件的纠正需要融合到主分支。这些纠正必须严密控制,因为它们直接在开发分支中进行;

(3) 主分支发布的新版本包含该分支先前的所有变更。

8.6.2 典型的分支策略

这种策略可满足软件项目中超过80%的软件配置管理需求。它需要建立3个分支(图8.7):

(1) 主分支;

(2) 开发分支;

(3) 生产分支。

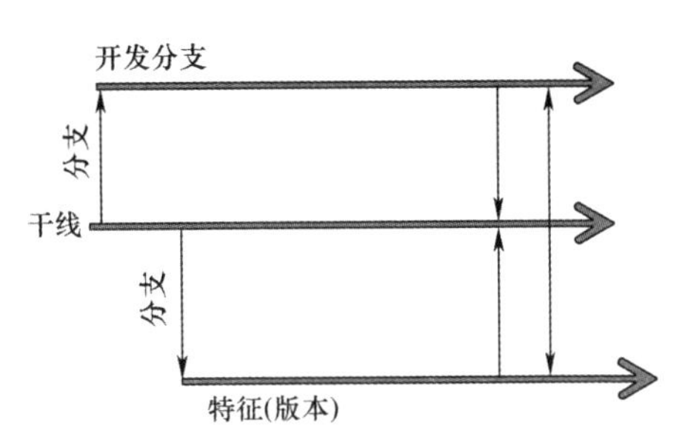

图8.7 开发和生产分支的典型策略

在这种策略中,没有人直接在主分支中工作。它仅用于集成团队成员提交的部件。该策略将强制团队成员在开发分支中开展工作,大部分活动和变更都将在开发分支中进行,开发团队必须控制这个分支的内容。作为一般原则,分支中的部件应始终能够正确编译。主分支会不时收到一个标明了进展情况并可用于演示的中间版本,它的变更速度将取决于来自开发分支的合并次数(通常间隔几天,但至少每周一次)。最后,版本分支也将非常稳定,因为它包含生产分支。生产分支可用于修复生产中的问题,但是如果发生了变更,也必须将这些变更合并到开发分支中以确保同步保存。可以在以下情况中应用典型分支策略。

(1) 交付唯一的主要版本;

(2) 以固定的周期交付主要版本;

(3) 交付的每个新版本(来自版本分支)都包含对先前版本的所有变更。

下面是一个使用GIT配置管理工具的简单示例,它描述了同时使用两个分支的情况。假设开发团队创建了一个文件“mytext. txt”,并已准备好给维护人员评审。开发团队将新文件发送到远程服务器GIT分支“master”上。

```
%git add mytext. txt
%git commit-m “Create file mytext. txt”
%git push origin master
```

开发团队希望,在不影响维护团队的情况下进行变更,于是为后续变更专门创建了一个分支。

```
%git checkout -b "Development"
%git push origin Development
```

同时,维护人员通过下载GIT服务器文件来评审开发人员创建的文件。

%git pull origin master

完成变更后,维护人员将更新服务器上的文件:

%git commit -a -m "Correction done by maintainers"

%git push origin master

与此同时,开发人员进行了几处变更,并准备重新确认文件。下图是当时 GIT 服务器的状态。

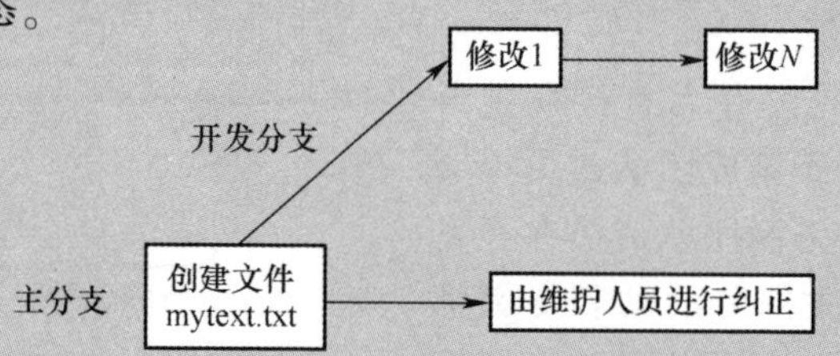

为了要重新确认变更,开发人员必须在"master"分支中更新变更。第一步是将变更保存到分支"master"服务器。

%git checkout master

%git pull origin master

然后,开发人员将两个分支合并。

%git merge Development -no-ff

GIT 提醒开发人员无法进行自动合并,因为已对文件进行了变更。开发人员必须变更产生冲突的文件,然后将变更重新提交给服务器。

%vim mytext. txt

%git commit -a -m "Fusion of the Development branch"

%git push origin master

下图是两个分支合并后的结果。

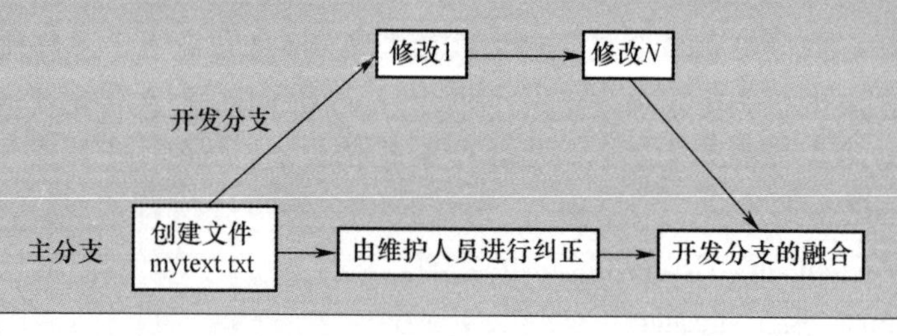

8.7 配 置 控 制

配置控制(也称为变更控制)与项目生命周期中的变更管理有关。变更控制可标识并记录产品准备要做的变更和需要做的变更的相对重要性,并明确何时进行部署以及由谁批准(除了需要走快速通道的紧急缺陷修复)。

配置控制

配置管理的一种元素,它由对配置项的评价、协调、批准或不批准以及变更实现组成,用以在配置项的配置标识正式建立以后进行配置管理。

CMMI [SEI 10a]

对软件的变更可能有以下几种来源:

(1) 来自开发团队、维护团队或顾客的问题报告(PR)或故障报告(TR);

(2) 由于环境变化或增加新特性而产生的修改/演化申请(MR);

(3) 来自维护和基础设施(预防和完善)的请求,旨在提高软件的可维护性。

在某些组织中,这些类型的变更要求在集中式系统中提交工程变更申请(又称变更报告或变更单)。图 8.8 描述了涉及软件及其中间产品的变更申请的影响。

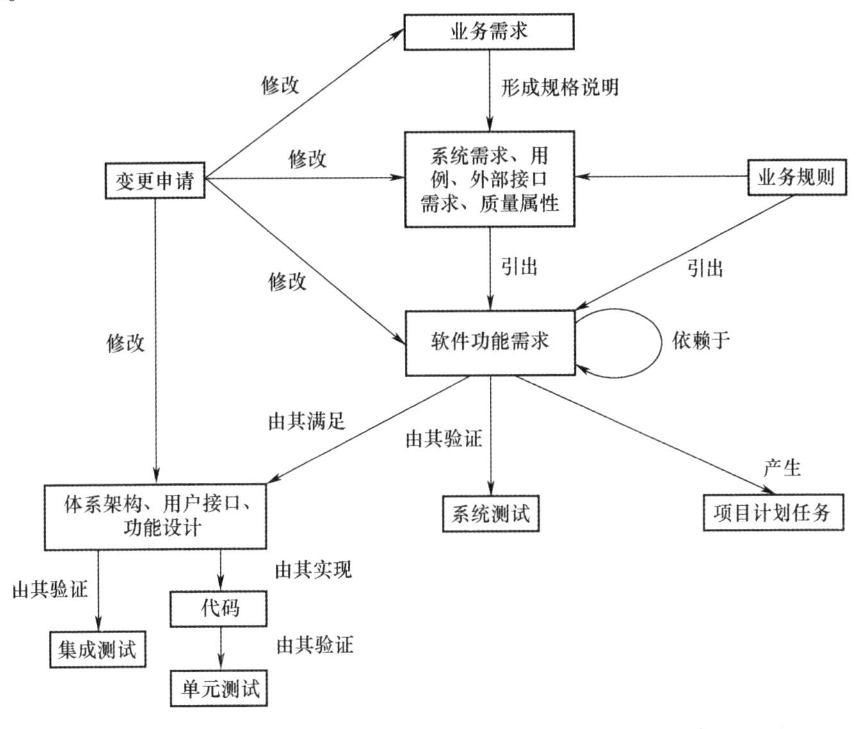

图 8.8　软件变更请求的影响[WIE 13]

8.7.1 变更的申请、评价和批准

如图 8.9 所示,变更申请管理过程描述了处理变更申请(在某些场景下又称变更单)的典型步骤,包括:

(1) (内部或外部)顾客或团队成员提交申请;

(2) 维护人员评价其优先级、影响和成本;

(3) 变更控制委员会(CCC)或配置控制委员会(CCB)评审并批准变更;

(4) 对软件和相关文档进行变更;

(5) 由最终用户测试和批准该变更;

(6) 将变更加载到生产环境或系统中,然后进行验证;

(7) 关闭变更申请或变更单,然后存档。

注意,在上述过程的每个阶段,变更申请的状态都会有所变化(图 8.9)。

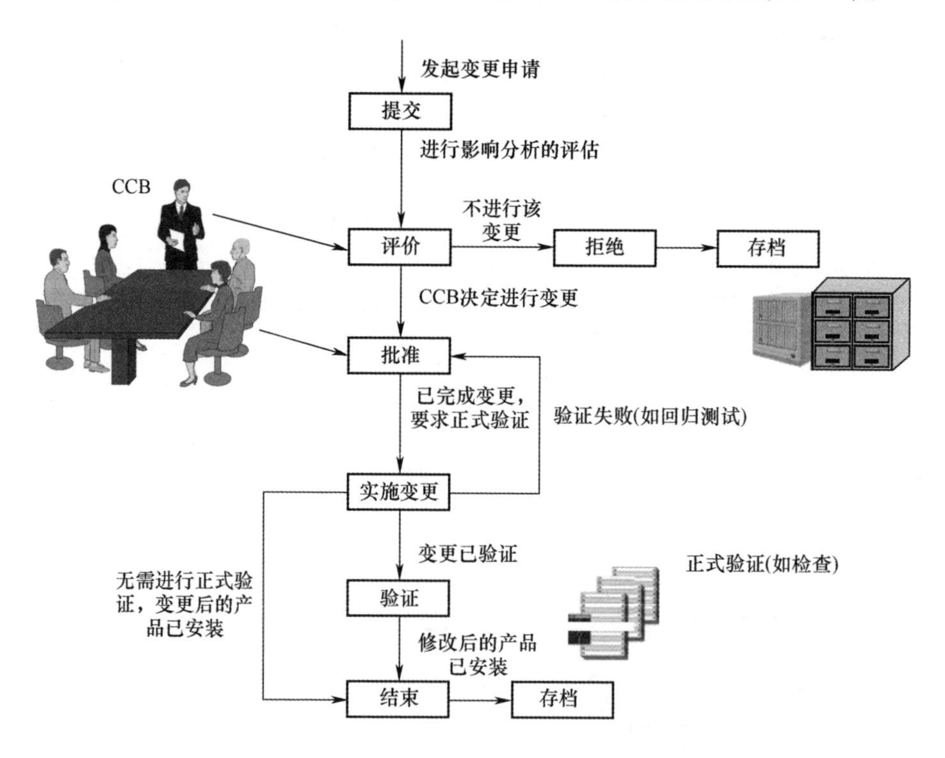

图 8.9 变更申请变更管理的工作流程

(资料来源:改编自 Wiegers(2013)[WIE 13])

在验证活动中,开发和维护人员通常还将执行一系列回归测试,以确保变更不会影响其他特性。也可以使用一些自动化服务器来加速回归测试,如 Jenkins。

变更管理

采用科学的方法合理地实施对产品或服务的变更或建议的变更。

CMMI [SEI 10a]

对于关键软件,通常会对每个拟进行的变更的风险级别进行评估,需要邀请能够进行这种风险评估的个人帮助对该变更申请进行影响分析。

可追溯性的概念已在前面的章节中介绍,它还可用于软件配置管理,促进对变更申请的影响分析。

8.7.2 配置控制委员会

通常,将有权接受或拒绝软件变更的机构称为配置控制委员会(configuration control board,CCB)或变更管理办公室。在较小的项目中,该权限可以直接授权给项目经理或维护人员。根据组织过程、软件的关键等级、变更的性质(如对预算或进度的影响)或项目生命周期的当前阶段,变更权限可能有多个等级。

配置控制委员会(CCB)

负责对配置项的提议的变更进行评价、批准或驳回,并确保实现所批准变更的一组人员。

ISO 24765 [ISO 17a]

对于特定项目,配置控制委员会的组成会根据每一个变更的关键程度的不同而不同。根据项目的规模和关键程度,可以要求项目专家在配置控制委员会会议上发表意见。除项目经理外,软件配置管理代表,甚至 SQA 代表也可出席配置控制委员会会议,验证变更过程和配置管理计划得到遵守。

配置控制委员会的主要任务是:做出通过或不通过的决策,分配优先级,将变更分配给后续版本,回应申请提出人,确定对库的访问权限,以及根据决策制定变更单。变更申请包括以下信息:受影响的软件的识别,基线中需要修改的配置项清单,以及确保质量检查的 SQA 任务。

8.7.3 豁免申请

为了确保项目成功,在开发活动中施加约束条件时,可能需要放宽某些约束,例如过程不足以满足项目的需要或申请没有遵循过程要求等。在这样的情况下，可以在项目计划或义务（如协议或合同）中对已批准的生命周期过程提出豁免生命周期。豁免是一种脱离义务的授权，获批准后也可用于已完成的配置项，即使该项目不能满足所有需求。

豁免书

一份书面授权书，用以接受配置项或其他指定的项，这些项在生产期间或提交审查后发现偏离规定的需求，但仍被认为是可用的或经某种批准的方法返工后可用。

ISO 24765 [ISO17a]

提交和批准豁免的规程应在组织过程中加以说明。

8.7.4 变更管理方针

方针规定了必须遵循的一般原则，并反映在组织的过程和规程中。变更管理方针的元素如下：

（1）不得更改变更申请的原始文本，也不会从组织存储库中删除；

（2）每个已变更需求都将追溯至相应的获批的变更申请；

（3）所有的需求变更均应遵循软件配置管理过程。如果变更申请没有文档化，则不能实施该变更；

（4）为每个项目创建一个配置控制委员会；

（5）所有项目团队成员均可获取变更申请库的内容；

（6）除配置控制委员会要求进行的探索和可行性研究外，不得为未审批的变更启动设计或开发/维护工作。

8.8 配置状态统计

配置项的状态记录描述了软件配置管理所需的所有记录和报告活动。

配置状态记录

配置管理的一个元素，它由为有效管理某一配置所需信息的记录和报告组成。此信息包括经批准的配置清单、对配置拟议变更的状态和经批准变更的实现状态。

CMMI [SEI 10a]

8.8.1 配置项状态的相关信息

必须标识、收集和维护配置元素状态的相关信息。管理人员和开发人员应获得以下信息:已批准的配置识别,以及变更、偏离、豁免获批的识别和它们的当前状态。软件配置管理项记录应足够详细,以便在需要时可以恢复到以前的版本。可以通过 CI 状态了解以下问题:

(1) 配置项 X 的状态如何?

(2) 变更申请 X 是否已由配置控制委员会批准或驳回?

(3) 该配置项的新版本有哪些变更?

(4) 上个月发现了多少缺陷,并且纠正了多少缺陷?

(5) 产生此变更申请的原因是什么?

使用微软公司的 Team Foundation System 2010 [GHE 09]的状态控制信息的示例

想象一下有一个主分支和一个隔离分支,分支 1 的特征源自主分支。现在,让我们假设一个成员对分支 1 的配置项进行了一些变更。这些变更被合并(向后融合)到主分支,并且该团队在一个新的版本分支(已连接到了主分支)中将这个新分支命名为版本 1.1。使用注释功能,我们可以看到该变更的状态的详细信息。例如,Y 员工在 Z 时间更改了行 X。现在的问题是:对于给定分支,我们想要查看或报告哪个详细信息?答案当然是要查看未实施这些变更前的那个分支。

TFS 2010 的 Tooltip 功能可以查找发生在分支上的所有活动。我们可从 1.1 版分支中看到,图的第一部分是一个时间视图,可以跟踪 74 号变更(Changeset 74)的合并历史,图的第二部分是一个分层视图,可以跟踪分支间的层级依赖关系。

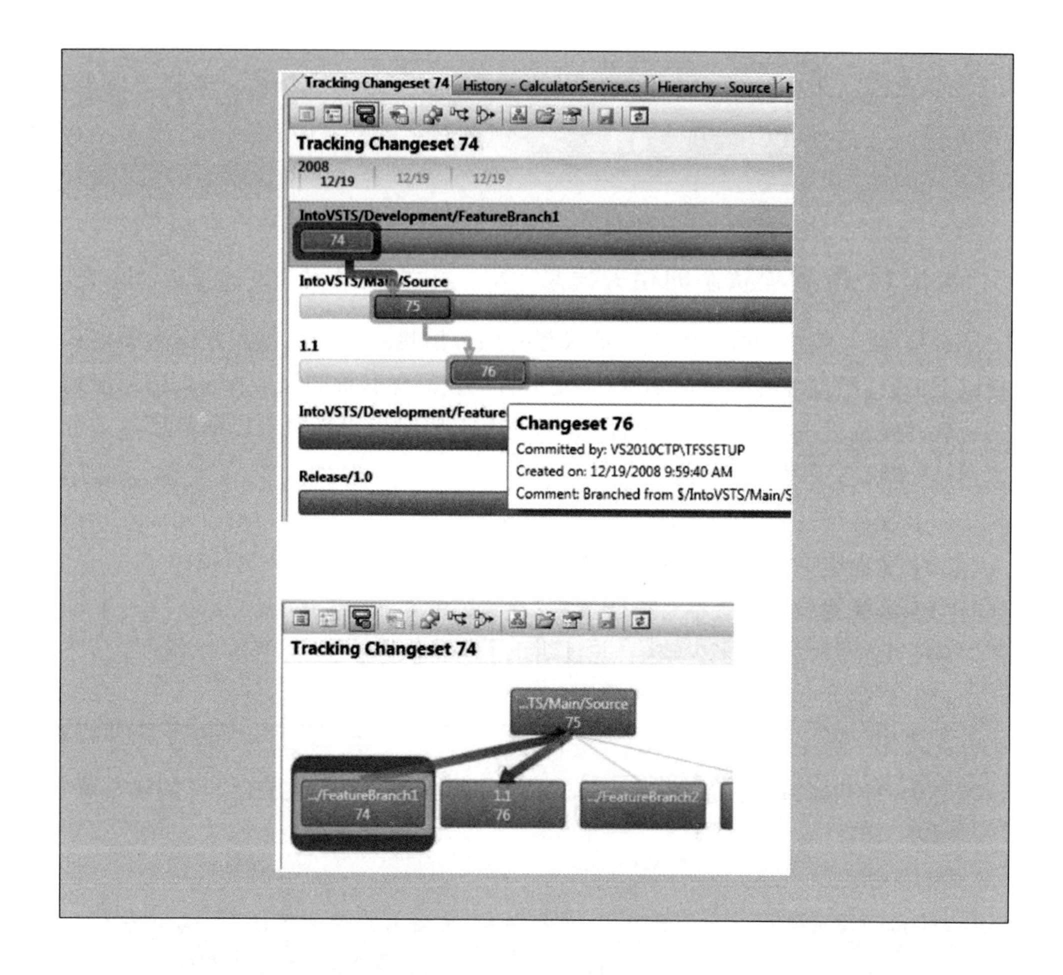

8.8.2 配置项状态报告

报告的信息可由各个组织单位和项目团队使用。CMMI 指出，配置项状态报告通常包含的内容如下[SEI 10a]：

(1) 变更管理委员会的会议记录；

(2) 变更申请的摘要和状态；

(3) 问题报告(包括纠正措施)的摘要和状态；

(4) 软件存储库的变更摘要；

(5) 配置项的修订历史；

(6) 软件存储库的状态；

(7) 软件存储库的审核结果。

图 8.10 为某种工具输出的配置项报告。

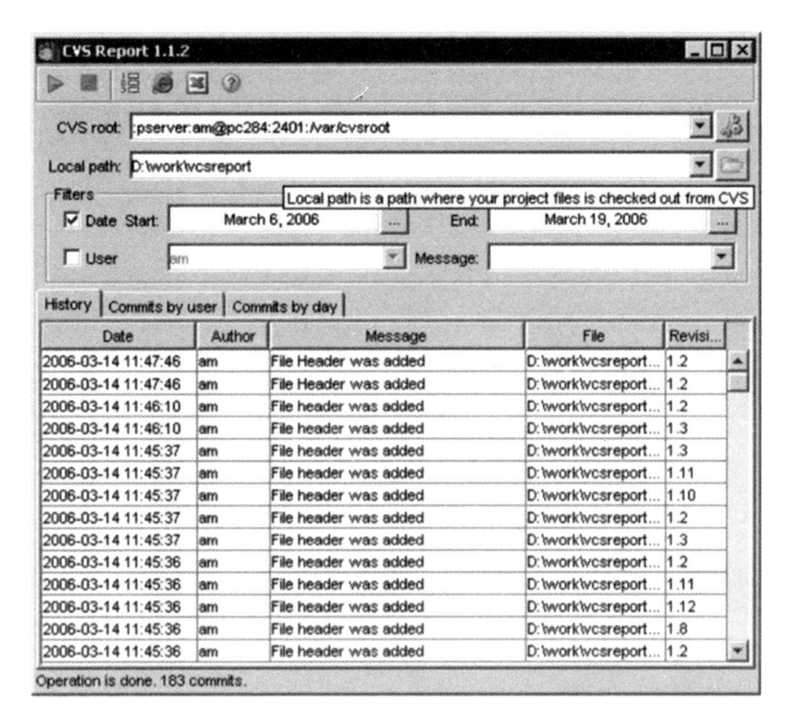

图 8.10　工具 Commit Monitor 产生的状态报告示例[COL 10]

8.9　软件配置审核

如前所述，IEEE 1028 标准将审核定义为：为评估与规格说明、标准、合同协议或其他准则的符合性而由第三方实施的对软件产品、软件过程或软件过程集合所做的一种独立检查[IEE 08b]。

可以对软件项目进行软件配置管理审核，以评估配置项是如何满足所需的功能特性和物理特性的，以及在项目中如何实施软件配置管理计划。正式审核通常有功能配置审核（functional configuration audit，FCA）和物理配置审核（physical configuration audit，PCA）两种类型。有关这些审核的详细信息，可在 IEEE 828 的附录 J“如何应用配置审核的示例”中找到。现在，我们将简要描述这两种审核。

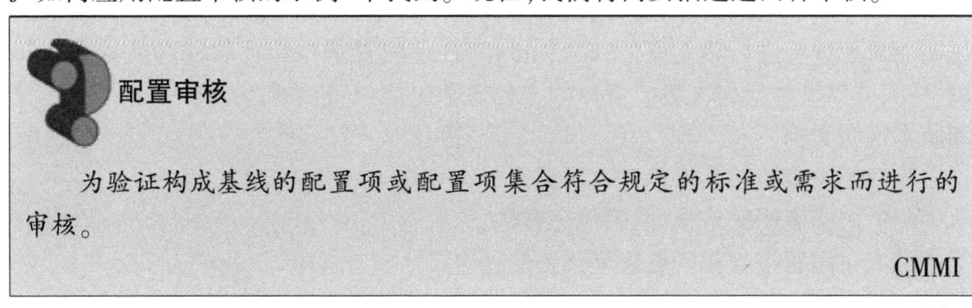

配置审核

为验证构成基线的配置项或配置项集合符合规定的标准或需求而进行的审核。

CMMI

物理配置审核(PCA)

为验证已建立的某个配置项遵循定义它的技术文档而进行的审核。

注:对于软件来讲,软件物理配置审核的目的是确保设计和参考文档与将要完成的软件产品保持一致。

IEEE 828 [IEE 12b]

功能配置审核(FCA)

一种审核,它指导验证:配置项的开发已经圆满完成、配置项已经达到在功能的或分配的配置标识中规定的性能和功能特性,并且正常运行,支持文档完备并符合要求。

ISO 24765 [ISO 17a]

8.9.1 功能配置审核

功能配置审核的目的是对软件产品进行独立评价,以验证每个配置项的实际功能和性能均在规格说明内。功能配置审核不仅应关注功能性需求,还应关注非功能性需求,通常包括以下内容[KAS 00]:

(1) 对测试文档和测试结果的审核;

(2) 对验证与确认报告的审核,以确保其准确性;

(3) 对所有经批准的变更的评审,以确保变更均已实施和验证;

(4) 对已更新文档的评审,以确保其准确性;

(5) 形成设计会议纪要的节选,以确保所有会议成果得到记录;

(6) 形成性能测试和其他非功能测试结果的节选,以确保完备性。

设计过程输出的功能配置审核验证以下内容[IEE 12b]:

(1) 设计项及其来源(需求)之间的可追溯性;

(2) 每个需求都关联到至少一个设计元素;

(3) 每个设计元素都至少关联到一项相关的需求。

8.9.2 物理配置审核

物理配置审核的目标是为确认拟交付软件的每个元素均存在且可追溯至规格说明而对配置项进行独立评估[KAS 00]。物理配置审核验证软件和文档是否正确、一致并已做好交付准备。可用的文档通常包括:安装手册、操作手册、维护手册和版本说明文档。

物理配置审核通常将包含以下元素[KAS 00]:

(1) 规格说明的审核,以确保完整性;

(2) 对问题报告和变更管理过程的评审;

（3）对体系架构设计和部件进行比较，以确保一致性；

（4）代码评审，以评估代码是否符合编码标准；

（5）文档审核，以确保其格式和功能说明的完备性和符合性。审核的文档包括用户手册、程序员手册和操作员手册。

生命周期中，物理配置审核针对需求过程的输出验证以下内容[IEE 12b]：

（1）需求资产已处于配置控制下；

（2）需求资产已按照配置管理计划进行了正确标识；

（3）已建立需求资产清单，并正确反映了每个配置项的属性；

（4）有证据证明对先前基线进行的每个变更（如有，如在先前的迭代中）都遵循了变更控制规程。

8.9.3 项目实施期间的审核

在设计和开发阶段（在物理配置审核和功能配置审核之前）需要进行审核，以验证设计在演进过程中的一致性。执行审核的目的如下[KAS 00]：

（1）验证硬件和软件之间的接口是否符合设计要求；

（2）验证代码是否已经过全面测试，并且符合业务需求；

（3）检查整个开发过程中的产品设计是否满足其功能性需求；

（4）检查代码是否符合详细设计。

“返工大大增加了软件开发成本，可以通过实施有效的软件配置管理程序来降低返工成本。现代质量成本概念的原理源自制造业，可以参考 J. M. Juran 的著作。”

Kasse 和 Mcquaid（2000）[KAS 00]

8.10 根据 ISO/IEC 29110 在超小型实体中实施软件配置管理

针对小型组织的 ISO 29110《基本剖面的管理和工程指南》中介绍了一种简单的配置管理方法，需要执行以下任务[ISO 11e]：

（1）标识部件；

（2）描述将在典型项目中使用的标准；

（3）在将配置项存储于存储库中之前进行正式评审；

（4）建立简单的变更控制过程；

(5) 建立库并控制访问;

(6) 管理变更申请;

(7) 偶尔检查是否正确执行了对存储库的备份。

ISO 29110 建议创建存储库来存储工作产品及其版本。表 8.4 描述了与配置管理相关的软件过程的一项任务。

表 8.4 ISO 29110[ISO 11e]的配置管理任务

角色	任务列表	输入的工作产品	输出的工作产品
TL	·SI.3.8 将软件设计和可追溯性记录合并到软件配置中,作为基线的一部分; ·将测试用例和测试规程合并到项目存储库中	·(已验证的)软件设计; ·(已验证的)测试用例和测试规程; ·(已验证的)可追溯性记录	软件配置: ·(已验证的、基线化的)软件设计; ·(已验证的)测试用例和测试规程; ·(已验证的)可追溯性记录

表 8.5 举例说明了 ISO 29110 管理指南中推荐的变更申请内容,表中最右边的列为申请的来源,即变更的发起人。在本例中,可以包括顾客、开发团队或项目经理。注意,“描述”一栏的最后一行标注了申请的状态。

表 8.5 ISO 29110 [ISO 11e]推荐的变更申请

名称	描　　述	来源
变更申请	标识软件或文档的问题或需要的改进,并申请修改。它可能具有以下特性: ·标识变更的目的; ·标识申请的状态; ·标识申请人的联系方式; ·受影响的系统; ·对已定义的现有系统运行的影响; ·对已定义的相关文档的影响; ·申请的关键程度及所要求的日期; 适用的状态是已启动、已评价和已接受的	顾客 项目经理 软件实施

8.11 软件配置管理和 SQA 计划

IEEE 730 标准[IEE 14]定义了项目期间 SQA 活动的要求。如前所述,每个项目都需要制订 SQA 计划。在批准项目计划之前,项目团队必须首先回答以下问题。

(1) 是否制定了包括变更控制过程在内的恰当并有效的软件配置管理策略?

(2) 是否确保了配置项的完备性和一致性?

(3) 是否策划了配置项之间的一致性和可追溯性?

（4）配置项的存储、处理和交付是否受控？

SQA 计划应描述所策划的软件配置管理活动及其执行方式和负责人，还应定义相应的方法和工具，用于保存、保护和控制在软件生命周期的各个阶段中创建的软件记录、制品及其所有版本。

在项目执行期间，团队应提出以下问题，以评价其对 SQA 计划的遵循情况，对配置项的状态进行跟踪。

（1）是否实施了适当有效的软件配置管理策略，包括变更控制过程？

（2）是否标识、定义和基线化了由过程或项目生成的配置项？

（3）分配给系统元素及其接口的需求是否可追溯到客户的需求基线？

（4）是否控制了配置项的修改和发布？

（5）是否按照规定的标准维护了文档？

（6）是否已向受影响的各相关方提供了配置项的修改和发布情况？

（7）是否已记录并报告了配置项及其修改的状态？

（8）是否确保了配置项的完备性和一致性？

（9）配置项的存储、处理和交付是否受到控制？

关于跟踪变更申请和问题报告，应解决以下问题。

（1）是否制定了适当而有效的问题管理策略？

（2）是否对问题进行了记录、标识和分类？

（3）是否对问题进行了分析和评估，并确定了合理的解决方案？

（4）是否落实了问题的解决方案？

（5）是否跟踪并解决了问题？

（6）是否报告并了解所有问题的状态？

如果客户要求项目制定独立的配置管理计划，则可以使用 IEEE 730 中列出的信息来制定独立于 SQA 计划的配置管理计划。也可使用 IEEE 828 来制定配置管理计划。在这种情况下，SQA 计划必须就配置管理计划中的有关问题引用配置管理计划。

8.12 成功因素

以下是与组织配置管理实践相关的一些因素，这些因素可能会对软件质量产生有利或不利影响。

促进软件质量的因素：

（1）为软件配置管理提供组织文化和管理支持；

（2）软件配置管理愿景、使命和方针的建立；

(3) 足够的资源分配和 SQA 支持;
(4) 早期的配置管理策划和有效的沟通;
(5) 稳定运行的工具和胜任的配置管理从业人员;
(6) 提供软件配置管理认证和培训。

可能会对软件质量产生不利影响的因素:

(1) 缺少对软件配置管理的管理保障;
(2) 缺少软件配置管理培训或认证;
(3) 死板而复杂的软件配置管理过程;
(4) 在项目执行过程中,缺乏必要的人力资源和和预算来执行软件配置管理;
(5) 与配置控制委员会的沟通不协调。

当您要在项目[SPM 10]中实施软件配置管理时,可能会听到如下借口:

(1) 软件配置管理仅适用于代码;
(2) 软件配置管理仅适用于文档;
(3) 由于我们使用最新技术和敏捷过程,因此不需要软件配置管理;
(4) 这个项目也没那么大;
(5) 在测试期间需要快速变更时,配置管理会降低技术人员的工作效率;
(6) 我们可以只进行变更而不必费心提交变更申请,因为我们想让客户满意,而变更申请只是内部文件;
(7) 我们不需要单独的配置管理系统,因为用于开发的集成开发环境工具可自动实现相关功能;
(8) 文档变更已成为过去,我们直接更改源代码;
(9) 我们的许多外部接口上都没有软件配置管理,因为它们是其他组织的职责;
(10) 软件配置管理是国防部(department of defense,DoD)所采用的实践,而我们不为国防部开发软件;
(11) 在开发过程中,我们不会将软件体系架构和详细设计置于正式变更管理的约束之下,因为这会限制我们的灵活性和生产力;
(12) 我们不将操作软件、定制软件、库和编译器纳入软件配置管理,因为它们可以在线获得。

延 伸 阅 读

Casavecchia D. Reality configuration management, *Crosstalk*, November 2002.

Djezzar L. *Gestion de configuration*: *maitrisez vos changements logiciels*, Dunod, Paris,2003.

Johanssen Hass A. Finding CM in CMMI,*Crosstalk*, July 2005.

Leishman T. and Cook D. But I Only Changed One Line of Code!, *Crosstalk*, 2003.

Phillips D. Go Configure, *Understanding the principles and promise of configuration management*, STQE, vol. 4, Issue 3, May-June 2002.

Rinko-Gay W. Preparing to choose a CM Tool, STQE *Magazine*, July-August 2002. Wiegers K. Creating a Software Engineering Culture, *Control Change Before It Controls You*. Dorset House, New York, 1996, Chapter 15.

练　　习

1. 请说明软件配置管理的定义和使用软件配置管理后的预期结果。

2. 软件配置管理解决了哪些问题?

3. 软件配置管理计划中需要包括哪 6 类软件配置管理信息?

4. 为什么我们需要将软件开发所使用的工具、软件和库纳入配置管理?

5. 如何在项目中标识要控制的配置项?

6. 列出对正在进行的项目中变更现有需求时要执行的任务。使用此表,创建一个检查单,说明在项目进行期间对现有需求进行变更,会受到影响的配置项。

7. 扩展练习 6 中的清单,增加拟进行的需求变更所影响的软件项。

8. 描述在软件开发项目期间用于软件源代码配置管理的典型分支策略。

9. 绘制一个流程图,说明如何在软件项目中处理变更。

10. 当项目包括固件时,独立用于硬件和软件的软件配置管理概念是否也适用于项目中的固件?

11. 您的经理要求对现有软件中您所负责的部分策划的重大变更进行影响评估。他还向您发送了新的软件需求副本。列出您需要考虑的软件配置管理因素列表,以便更好地进行影响分析(如工作量、进度等)。

12. 关于软件配置项的选择标准:如果没有为项目选择所有必需的配置项,后果(如风险)是什么?

13. 根据面向开发的 CMMI 模型,软件配置管理报告中应包括哪些内容?

14. 编制功能配置审核的检查表。

15. 编制物理配置审核的检查表。

第 9 章　方针、过程和规程

学习目标：

(1) 了解组织的文档管理体系；

(2) 了解方针在组织中的作用；

(3) 了解软件过程文档的重要性；

(4) 了解如何记录过程和规程；

(5) 了解一些常用的表示方法，例如 ETVX，IDEF 和 BPMN；

(6) 了解 ISO 12207 标准和 CMMI®模型中有关过程和规程文档的要求；

(7) 了解 ISO/IEC 29110 管理和工程指南的过程表示法；

(8) 了解个体改进过程；

(9) 了解方针、过程、规程和软件质量保证计划之间的关系。

9.1 引　言

在线百科全书“维基百科”上的一篇文章总结了评论界对软件开发的看法，认为：“在传统工程学中，关于如何构建工程、如何遵循工程标准以及必须考虑哪些风险等问题存在共识。如果工程师没有遵循行为准则而导致项目失败并遭受损失，则需承担由此带来的后果。在软件工程领域，尚未形成此类共识，即使缺乏客观、科学的证据支撑，任何人也都可以推广自己的方法和工具，并声称这些方法和工具在提升生产率方面具有优势。”

“未来的大型系统将不再因成本超支和质量差而延迟交付，而可能是根本不会交付。”

Humphrey 等(2007)[HUM 07]

在本章中，我们将针对这些评论中的某些问题提出解决方法。同前几章一样，我们将使用诸如 ISO 标准和 CMMI®模型等现行有效的标准，介绍如何使用这些标准来应对组织的问题和需求。SWEBOK 指南(图 9.1)介绍了一个知识域,该知识域描述了“过程”在软件工程中的重要性以及目前可用的知识。

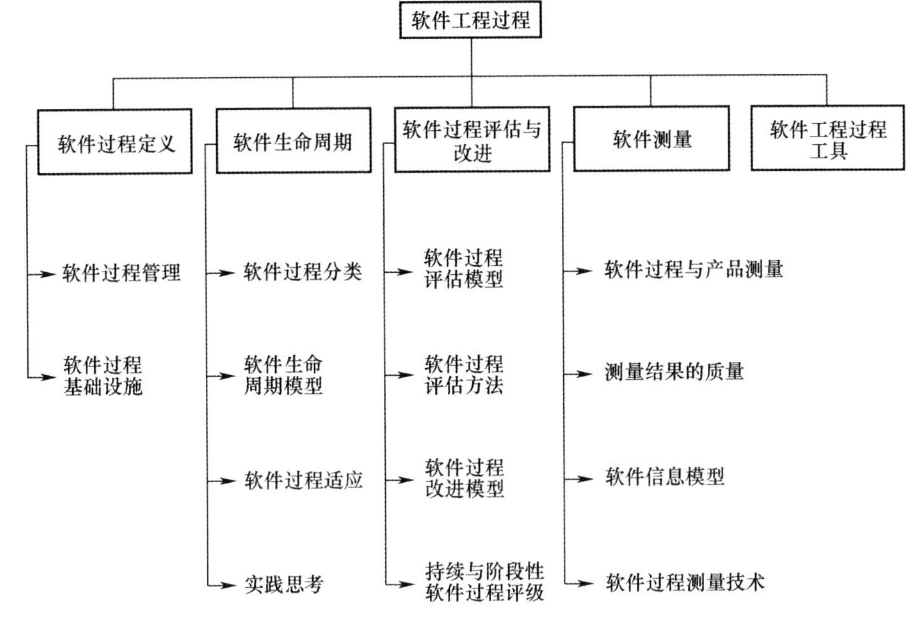

图 9.1 SWEBOK®指南软件工程过程知识域[SWE 14]

本章不再讨论过程评估和测量,这些主题将在本书的其他章节中进行详细讨论。

质量管理体系包含了一系列文档。图 9.2 展示了一个金字塔模型,该模型对组织中的许多文档类型进行了分类:第一层(金字塔顶端)是质量目标和组织方针;

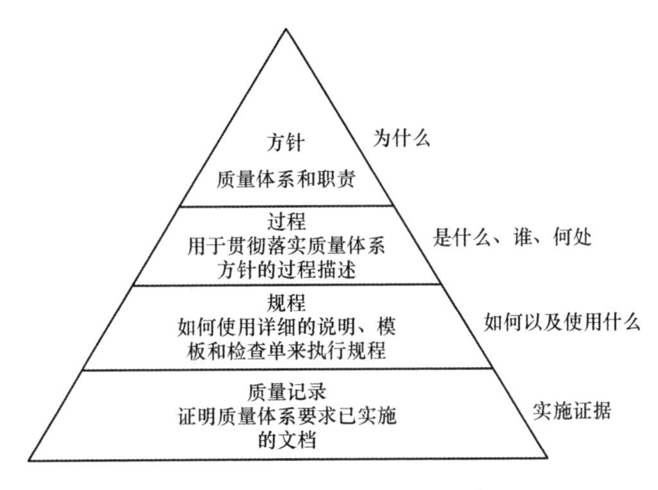

图 9.2 质量体系文档模型示例

第二层是应用于组织各个层级的过程;在第三层是更详细的规程、检查单和模板/示例,帮助确保高效的日常运行;文档金字塔的底层基础是质量记录,这些质量记录是根据组织方针和质量目标执行过程和规程时所累积的证据和证明。

本书提出了一种需要日常使用质量管理体系的组织过程方法,质量管理体系由已标识的、正式化的、彼此交互的组织过程组成,并持续进行管理和改进。本章将描述如何制定、记录和改进方针、过程和规程,以确保组织的有效性和效率。记住,在许多组织中,SQA 在组织过程定义,尤其是改进中起着关键作用,因为 SQA 的任务就是审核这些过程。

效率

得到的结果与所使用的资源之间的关系。

有效性

完成策划的活动并得到策划结果的程度。

ISO 9000

本章将使用两个关键的参考文献:ISO 9000 标准和面向开发的 CMMI 模型。ISO 9001 标准[ISO 15]用于指导质量管理体系的实施。如以下文本框中所示,在确定业务目标之后,组织必须制定其质量目标、方针和组织过程等。

ISO 9000 质量管理体系方法

建立和实施质量管理体系的方法包括以下几个步骤:

(1) 确定顾客和其他相关方的需求和期望;

(2) 建立组织的质量方针和质量目标;

(3) 明确实现质量目标所需的过程和职责;

(4) 确定并提供实现质量目标所需的资源;

(5) 建立每个过程的有效性和效率的测量方法;

(6) 应用上述测度确定每个过程的有效性和效率;

(7) 确定防止出现不符合项的措施,并消除其产生原因;

(8)建立并应用质量管理体系的持续改进过程。

上述方法同样也适用于维护和改进现有的质量管理体系。

采用上述方法将为组织对其过程的能力和产品质量带来信心,并为持续改进提供基础,可以提高顾客和其他相关方的满意度,并促进组织成功。

ISO 12207[ISO 17]标准还要求软件组织制定方针并建立过程。业务视角的观点包含在组合管理过程中。注意,ISO 12207 标准还要求用形式化方法定义所使用的软件开发生命周期模型(如瀑布模型、迭代模型或敏捷模型)。对此,前面的章节中已经进行了简要讨论,下面将在第 11 章“风险管理”中进一步详细讨论。第 11 章指出,项目生命周期的选择准则与其重要性和所预见的风险相关。

ISO 12207 的生命周期模型管理过程

目的

生命周期模型管理过程的目的是基于本国际标准范围,定义、维护和保证组织所使用的方针、生命周期过程、生命周期模型以及规程的可用性。

该过程提供了与组织目标一致的生命周期方针、过程和规程,这些方针、过程和规程经过定义、调整、改进和维护,支持组织范围内的单个项目需求,并且能够使用行之有效且经过确认的方法和工具加以应用。

结果

成功实施生命周期模型管理过程的结果如下:

(1) 建立用于管理和部署生命周期模型和过程的组织方针和规程;

(2) 定义生命周期方针、过程、模型和规程中的职责、义务和权力;

(3) 评估组织使用的生命周期过程、模型和规程;

(4) 实施划分了优先级的过程、模型和规程改进。

面向开发的 CMMI 模型[SEI 10a]包含了一些与软件开发和过程改进相关的过程域,本章介绍以下过程:

(1) 组织过程定义;

(2) 组织过程焦点;

(3) 组织绩效管理;

(4) 组织过程绩效;

(5) 原因分析和决定;

(6) 组织培训。

“一开始就把事情做好往往进展更快”

Watts S. Humphrey

本章仅描述前两个过程域。读者应参考面向开发的 CMMI 模型的分段表示,以获取对其他过程域的描述。

组织过程的定义如下[SEI 10a]:

(1) 组织过程定义的目的是建立并维护一组可用的组织过程资产、工作环境标准以及团队的规则和指南。

(2) 该过程域有一个专用目标(SG)“建立组织的过程资产”和以下7个专用实践(SP):

① SP 1.1 建立标准过程;

② SP 1.2 建立生命周期模型说明;

③ SP 1.3 建立剪裁准则和指南;

④ SP 1.4 建立组织的测量库;

⑤ SP 1.5 建立组织的过程资产库;

⑥ SP 1.6 建立工作环境标准;

⑦ SP 1.7 建立团队的规则和指南。

组织过程的焦点如下[SEI 10a]:

(1) 组织过程焦点的目的是基于彻底理解组织的过程和过程资产的现行强项和弱项,策划、实施和部署组织的过程改进。

(2) 该过程域具有以下3个专用目标(SG)和9个专用实践(SP):

① SG 1 确定过程改进时机:

a. SP 1.1 建立组织的过程需要;

b. SP 1.2 评估组织的过程;

c. SP 1.3 标识组织的过程改进。

② SG 2 策划并实施过程改进:

a. SP 2.1 建立过程行动计划;

b. SP 2.2 实施过程行动计划。

③ SG 3 部署组织的过程资产和纳入经验教训:

a. SP 3.1 部署组织的过程资产;

b. SP 3.2 部署标准过程;

c. SP 3.3 监督实施;

d. SP 3.4 将与过程有关的经验纳入组织的过程资产。

CMMI模型特别关注为支持过程运行而部署的制品和方法,以下文本框描述了其中的一部分。

过程资产

组织认为对实现过程域目标有用的所有内容。

组织的过程资产库

一种信息库,用于存储过程资产,并将过程资产开放给组织中定义、实施和管理过程的人员。这个库中包含与过程相关的文档,如方针、已定义的过程、检查单、经验教训文档、模板、标准、规程、计划和培训材料。

CMMI

CMMI 模型建议对组织过程库中的过程资产进行重组。资产库可以采用数字化形式,例如组织内部网络或维基百科,以便所有员工都可以访问到最新的过程信息。除了上一个文本框中列出的条目外,这个内部网络还可以包含已完成项目的经开发/验证的文档的示例。假设组织属于特定的行业和业务领域,则软件项目可以跨项目共享/重用一些类似制品,如计划、配置管理和质量保证过程。建议新项目的项目经理在创建新的项目制品之前,先查询组织过程库中是否有可重用和可定制的制品。重用不仅可以减少工作量,还可以从他人的经验中受益。

前面介绍了质量成本和商业模式的概念。质量、方针、过程和规程的成本归属于预防成本要素,是组织为防止在开发或维护过程中发生各种错误而产生的成本。检测成本是在软件开发项目的各个生命周期阶段中,软件产品或服务的验证和评估成本,它还包括控制这些内部标准的附加成本(如标准的维护和管理成本)。鉴定成本指为确定合规性而投入的相关审核成本,以及与标准(如 ISO 9001 标准)或过程模型(例如 CMMI)相关的符合性认证/成本。

表 9.1 列出了不同的预防、检测或鉴定成本。开发成本、培训成本,以及方针、过程和规程的实施成本均被视为预防成本。

表 9.1 与方针、过程和规程相关的预防成本和检测成本(或鉴定成本)

主类别	子类别	定义	典型成本组成
预防成本	建立质量管理体系的基础	定义质量、质量目标和阈值,以及质量标准的工作量 质量折中分析	定义验收测试通过准则定义和质量标准
	对项目和过程的干预	预防缺陷或改进过程质量的工作量	培训、过程改进、测量和分析
检测成本或鉴定成本	确定产品的状态	发现不符合程度	测试、软件质量保证、审查、评审
	确保质量目标的实现	质量控制机制	产品质量审核、新版本交付决策准则

资料来源:改编自 Krasner(1998)[KRA 98]

方针、过程和规程通常用于以下商业模式:基于合同的定制系统、商业软件和大众市场固件。在这些商业模式中,方针、过程和规程用于对开发进行控制并最大程度地减少错误和风险。对于基于合同的定制系统,由顾客决定是否需要强制要求供方应用其过程和规程。

以下各节将描述软件组织的质量体系文档金字塔的方针、过程和规程。

9.2 方　　针

本质上,组织方针旨在公开、正式地描述软件组织如何实现其业务目标,通常由高层管理者建立和批准。方针一经部署,将有助于指导项目和产品开发决策以及个人行为。

方针

对组织内的决策有影响的导向和行为的清晰且可测量的描述(ISO/IEC 38500)。

组织方针

一种指导原则,一般由高层管理者制定,并由组织用来影响和确定决策(CMMI)。

质量方针

一种与组织的质量相关的总体性意图和倾向,一般由高层管理者正式确定。

注 1:通常,质量方针与组织的总方针相一致,可以与组织的愿景和使命相一致,并为制定质量目标提供框架。

注 2:本国际标准中提出的质量管理原则可作为制定质量方针的基础(ISO 9000)。

为了使方针有效,管理层应做到以下工作:

(1) 确保将承诺清楚地传达到组织的各个层面;

(2) 发起、管理和监督方针的实施;

(3) 要求在接受对方针的任何偏离之前,提出强有力的业务案例;

(4) 通过为方针的实施、监督、评价和改进提供足够的资源(如预算、有能力的人员和适当的工具)来支持方针的落实;

(5) 为帮助理解方针的日常实施进行充分的培训。

CMMI 中的共用实践 GP 2.1 要求组织建立并维护用于策划和执行过程的组织方针。组织可以制定覆盖所有软件过程域的方针,或者为每个过程域制定一个独立的方针。以下文本框描述了 CMMI 模型中该共用实践的目的和要求。

GP 2.1 制定组织方针[SEI 10a]

建立并维护用于策划和执行过程的组织方针。

该共用实践的目的是确定组织对过程的期望,并使组织中受影响的人来都可以知晓这些期望。一般来说,高层管理者负责确定和交流指导原则、方针和组织的期望。

高层管理者的所有指示并非都将被称为"方针",但无论如何称谓,也无论如何授予,这个共用实践的一个固有特点是存在适当的组织指示。

例如,对于"项目策划"过程域,CMMI 要求组织为其"项目策划"活动建立组织方针,"该指示建立了关于对内外部承诺和制订项目管理计划进行估计的组织期望"[SEI 10a]。

过程所有者

负责定义和维护过程的人员(或团队)。

注:在组织层面,过程所有者是负责标准过程说明的个人或团队;在项目层面,过程所有者是负责已定义过程说明的个人或团队。因此,一个过程可能有多个所有者,承担不同层面的职责。

ISO 24765 [ISO 17a]

以下文本框提供了一个实际方针的示例,描述了约 35 名软件工程师组成的某个组织的方针政策、范围、目标过程和主要相关方的职责。该公司使用了过程所有者的概念。

Acme 公司–软件方针介绍

Acme 的一项方针是使用许多软件工程过程来实现其项目质量目标、成本和进度估算。Acme 使用了软件工程学院(SEI)的能力成熟度模型(CMM)作为软件工程过程开发的参考框架。

基于软件的系统对 Acme 的商业市场具有战略意义,软件是产品的竞争性差异因素。该方针的基本原则是,员工必须使用可预测的软件工程过程来设计、开发和维护软件产品,以确保软件的可靠性、可扩展性和可移植性。

该方针适用于以下软件产品或用于购买需要资本投入的软件产品:

(1) 实时软件;

(2) 用于软件开发的软件(如编译器、编辑器、操作系统等);

(3) 科学软件(如建模、仿真、测试等);

(4) 嵌入式软件;

(5) 人工智能软件。

目标

一旦定义了系统需求,软件工程过程(SEP)就会定义参考框架,用于研究、设计、开发、维护和获取软件产品。反过来,软件工程过程也为 Acme 提供了一种管理工具,以确保个人、产品和过程得到一组方法和工具的支持,该方法和工具须能够满足公司设定的绩效目标。

方针范围

软件工程过程适用于以下活动:

(1) 工程:用于软件的工程设计、编码和调试活动,以及为维护或改进现有系统而进行的逆向工程(重构)活动,还包括为改进和纠正软件开发缺陷而开展的活动;

(2) 集成和测试:用于与软件产品或服务的集成和测试有关的活动;

(3) 获取:用于软件包(如商业现货软件)及由外部供方所开发软件的选择和获取的活动。

该过程可以进行调整以满足特定项目的需求和约束。但是,最低需求的使用和调整以及相关风险必须经由过程所有者批准。如果过程所有者和项目经理之间关于软件过程调整存在冲突,将由负责项目的副总裁解决。

软件工程过程需要不断改进以完成以下目标:

(1) 确保产品和服务的质量满足客户需求;

(2) 确保交付产品和服务的技术合规性;

(3) 降低对进度和成本产生的负面影响。

9.3 过　　程

如前面图 9.2 所示的金字塔的第二层是过程。过程是方针的实施,用于指导产品和服务开发,描述了要产生预期结果必须要做的事情。9.4 节描述规程,规程非常详细,逐步描述了如何完成一项工作。

过程

利用输入实现预期结果的相互关联或相互作用的一组活动。

注1:过程的“预期结果”是称为输出还是称为产品或服务,随相关语境而定。

注2:一个过程的输入通常是其他过程的输出,而一个过程的输出又通常是其他过程的输入。

注3:两个或两个以上相互关联和相互作用的连续过程也可作为一个过程。

注4:组织通常对过程进行策划,并使其在受控条件下运行,以增加价值。

注5:不易或不能经济地确认其输出是否合格的过程,通常称为“特殊过程”。

ISO 9000

过程描述

为实现特定目的而执行的一系列活动的文字描述。

注:过程描述定义了过程主要组成部分的操作,它以全面的、精确的、可验证的方式规定过程的要求、设计、行为或其他特性。它也可能包括用以确定这些规定是否已得到满足的规程。在任务层、项目层或组织层上均有可能存在过程描述。

ISO 24765 [ISO 17a]

产品

在组织和顾客之间未发生任何交易的情况下,组织能够产生的输出。

注1:可以在供方和顾客之间未发生任何必要交易的情况下,实现产品的生产。但是,当产品交付给顾客时,通常包含服务因素。

注2:通常,产品的主要要素是有形的。

注3:硬件是有形的,其量具有可计数的特性(如轮胎)。已加工原材料是有形的,其量具有连续的特性(如燃料和软饮料)。硬件和已加工原材料经常被称为货物。软件由信息组成,无论采用何种介质传递(如计算机程序、移动电话应用程序、操作手册、字典、音乐作品版权、驾驶证)。

ISO 9000

已定义的(形式化的)和文档化的过程为组织提供了[SEI 10a]:

(1) 策划、监督和管理工作的已定义框架;

(2) 正确而完整地完成工作的指南,并描述了一系列按顺序执行的工作步骤;

(3) 对比目标测量工作和监督进展的基础,并可以在后续的迭代中改进过程;

(4) 改进过程的基础;

(5) 针对所开发产品的策划和质量管理工具;

(6) 为生产共同产品而协调使用的工作规程；

(7) 一种允许团队成员在整个项目中相互支持的机制。

Acme 公司——软件方针

为了实现这些目标,应使用以下过程：

(1) 软件开发过程；

(2) 软件维护过程；

(3) 策划和项目监督过程；

(4) 配置管理过程；

(5) 软件质量保证过程；

(6) 外包软件的管理过程；

(7) 软件逆向工程过程。

职责

过程所有者:软件工程部门的经理是软件工程过程的所有者,负责定义、实施和维护一个软件工程组织,该组织拥有以最低的成本和最快的上市时间开发软件产品所需的过程、人员和工具,还负责将与项目计划相关的风险告知项目经理,并批准其中与软件相关的内容。过程所有者是软件过程改进小组的领导者,负责批准过程变更,以确保实现 Acme 的目标。

软件过程改进小组:软件过程改进小组负责定义、维护和改进软件资产,通过持续测量过程绩效来验证和确认软件工程过程的有效性和效率,同时还负责管理过程改进计划的软件部分。

项目团队成员:项目团队成员必须使用项目计划中批准的软件工程过程。他们负责将有关软件工程过程的使用,以及他们认为需要对该过程进行改进的所有风险告知项目经理和过程所有者。

ISO/IEC TR 24774-《系统和软件工程-生命周期管理-过程描述指南》[ISO 10a]

目标受众：

编辑、工作组成员、评审员和其他参与制定过程标准和技术报告的人员。

该技术报告描述了以下过程元素：

(1) 标题,过程的描述性题目；

(2) 目的,描述了执行过程的目标；

(3) 产出物,表达了过程成功执行后期望得到的可视结果；

(4) 活动,是用于实现产出物的行动列表,每项活动可进一步阐述为一组相关的低层次的行动；

(5) 活动是一个过程中紧密相关的任务组成的各种集合;

(6) 任务,是为完成活动而执行的具体行动,一项活动中通常包含多个相关的任务;

(7) 信息项,是系统与软件生命周期中产生和存储的供人使用的可单独标识的信息体。

在记录一个过程时,我们必须考虑过程未来的使用者。这看似显而易见,但过程使用者定义错误的情况屡见不鲜。哪些人是受众?他们可以是拥有丰富知识和经验的开发人员,也可以是几乎不需要文档化过程的专业开发人员(图9.3)。专业开发人员就像经验丰富的飞行员,一旦面对控制装置,他们只需要使用检查表,而不必深入研读详细的手册指导下一步的工作。

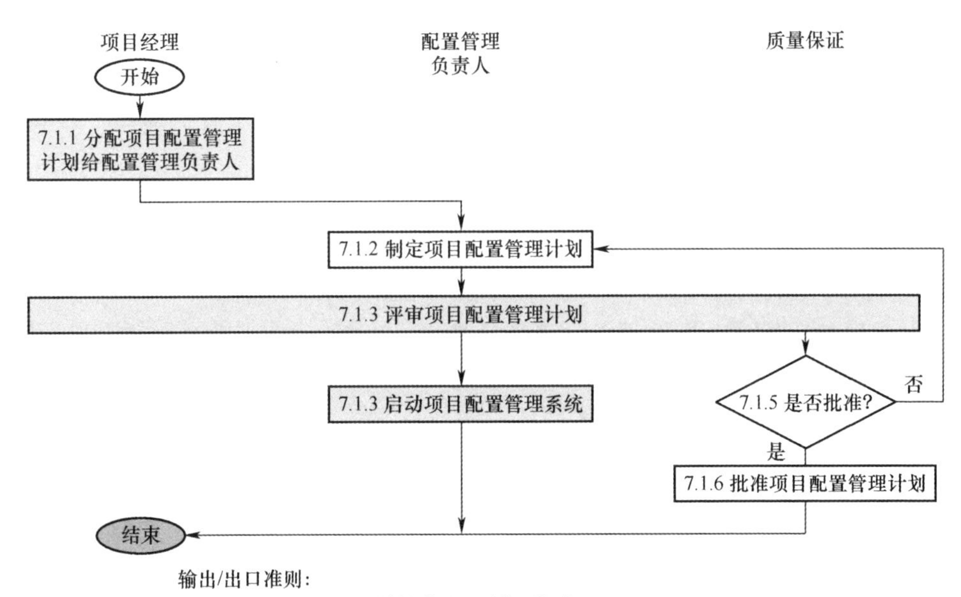

图9.3 专业人员用过程文档

(资料来源:改编自Olson(2006)[OLS 06])

其他受众可以是组织的初级程序员和新员工,他们需要更详细的过程,所需要的文档可能包含教程或说明性材料。还有一种在上述两类受众之间的中级用户,他们既不能称为过程的专家级用户,也不需要提供像初学者那样多的信息。对于最后一类受众,我们可以在图9.3中添加更为详细的描述,形成如表9.2所列的结果。

表9.2　软件过程的中级用户用过程指南描述[OLS 06]

过程步骤ID	角色	过程步骤描述
7.1.1	项目经理	为配置管理策划分配职责：在适当的时候，通常在项目策划阶段，项目经理需要分配配置管理(CM)计划的编制工作； 建议：负责配置管理的人员应具有安装和实施配置管理系统的经验，他的主管也应该接受过配置管理培训
7.1.2	配置管理经理	制订配置管理计划：配置管理经理应遵循组织标准和配置管理指南制订配置管理计划，而且必须使用组织过程参考文件和标准； 建议：配置管理计划和模板、示例和指南存放在能在软件部门或部门局域网上访问的组织过程存储库中

一个考虑周全、准备就绪且有用的过程包括以下要素：过程的定义、执行过程所需要的输入、受影响的各方、所需的资源(包括人员、设备、时间、预算等)及其出口准则。过程通过列出任务细节来精确定义需要做的事情，以在执行过程中指导用户。过程应为团队成员和个人提供足够的详细信息，以便他们制订详细的项目计划，并能执行策划的过程以指导和监督工作[SEI 09]。以下各节描述了以图形方式描述过程所使用的过程符号。

评审过程时，您应该能够回答以下问题[OLS 94]。

(1) 该过程是否至少涉及一项组织方针?

(2) 为什么执行该过程?

(3) 谁执行该过程(如角色)?

(4) 该过程使用了哪些软件产品?

(5) 使用了哪些工具?

(6) 该过程产生什么软件产品?

(7) 该过程何时开始?

(8) 该过程何时结束?

(9) 通过该过程开发的产品会发生哪些情况?

(10) 如何执行此该过程(具体规程)?

(11) 在哪里实现该过程?

(12) 执行该过程所需的典型工作是什么?

(13) 执行该过程还需要哪些资源?

(14) 使用的过程术语在环境中是否易于理解?

(15) 过程绩效是否能进行测量?

9.4 规　　程

规程支持过程的执行，定义并阐明了过程的每个步骤。规程可以采用多种形式，如要采取的行动的描述、含使用说明的文档和表单模板，或是可以引用或完成的检查单。

规程

为进行某项活动或过程所规定的途径。

注1：规程可以形成文件，也可以不形成文件。

ISO 9000 [ISO 15b]

指明如何执行任务的一系列有序的步骤。

ISO/IEC 26514 [ISO 08]

模板

一种固定格式的、已部分完成的文件，为收集、组织并呈现信息和数据提供明确的结构。

PMBOK®指南

制定完规程后，可以使用以下文本框中的检查表来验证其是否包含作为良好规程的所有必需元素。

评审规程时，您应该能够对以下问题做出肯定回答[OLS 94]。

(1) 是否支持至少一个过程？

(2) 描述的规程步骤是否以正确的顺序执行？

(3) 是否清晰、准确地描述了规程的每个步骤？

(4) 使用的术语是否客观？

(5) 环境中使用的术语是否可以理解？

(6) 该规程在环境中是否有意义？

(7) 该规程是否能够应用？

(8) 规程成功使用与否是否可测量？

9.5 组 织 标 准

ISO 9001 标准将工作环境定义为日常工作的一组条件。组织标准和过程通过为日常活动提供清晰的指导来定义期望和可接受的绩效，如数据的收集和使用以及编码标准，以确保所有开发项目、维护和运营活动应用标准的一致性。这些标准还使开发人员或程序员可以以相同的方式参与不同的项目，这样，他们不必为特定项目学习新的编程指南，从而提升了开发团队的编码、评审和测试效率。表 9.3 为 NASA 使用的 C++编程指南的部分内容。

表 9.3 编码标准内容示例[NAS 04]

命名约定	注释
标题约定	语言指令的推荐用途(函数、变量、常量、指针、运算符等)
自述文件指南	空行、间距和标识约定
注释约定(如注释应紧邻被注释的指令)	表格和图片约定
异常处理约定	决策分支约定
大小写使用约定	

这种类型的约定有助于文档理解，并可以减少维护时间。一旦了解了组织内部的约定，新员工就可以很快地提高工作效率，而不是四处求助应该如何开展工作。同样也可以使用工具自动检查是否符合组织约定。在这种情况下，随着指南的发布及其在程序员中的普遍使用，代码同行评审也将变得更加容易。评审人员可以专注于发现更严重的问题和缺陷，而无须花费大量时间在编码约定上。

此外，组织标准还定义了可用于项目的软件、可拥有特定软件副本的开发人员，并描述了软件的获取方式。同样，这些标准可以定义开发项目能够使用的硬件特性，如平台数量、计算机类型，以及获批准的、由组织的采购部门和运维全面保障的外围设备。

9.6 过程和规程的图形化表示

最佳最有效的文档化是将文档、过程或规程以简明的图形来表示。除了要执行的任务外，还可以包括输入和输出、入口和出口准则、测度、角色、审核活动、工具、检查表、模板和示例等。现有的许多技术可以辅助记录过程和规程。本节介绍一些常用的图形符号，其中一些简单易用且不需要任何工具，而另一些则由专业软件支持。在深入研究企业内部网络上的文档化表示方式之前，一个重要问题是：为什么要以图形化的方式来描述和记录过程和规程。部分原因如下（改编自[OLS 94][SEI 10a]）：

（1）更易于过程改进。如果过程只存在于开发人员的脑子里，则很难对其进行改进。

（2）提高生产率。文档化过程（包括最佳实践的使用）有助于提高整个组织的生产率。

（3）有利于收集个人知识。即使有经验的人离开了组织，他们的部分知识也将被记录并保留。

（4）减少缺陷。文档化过程有助于减少和防止错误。

（5）节省时间和金钱。使用文档化过程的用户可以减少开发时间并减少返工。

（6）允许进行测量。在记录过程时，可以测量其特性，例如实现该过程的工作量，以及产生缺陷的规模和数量等。

（7）促进培训。描述过程和规程的文档可用于培训新员工。

（8）促进审核。如果组织可以准备好审核员所需的用于证明项目符合标准要求的文件，则可以更快完成审核准备。

指导过程和规程文档编制的一些基本原则如下（改编自[OLS 94][SEI 10a]）：

（1）我们必须牢记组织的业务目标以及难以实现这些目标的原因，必须使用过程来实现业务目标。在某些情况下，文档化项目的过程将成为最终目标。

（2）资产库应包含对组织的开发生命周期的描述。

（3）对于每种类型的文档，只允许使用相关信息（如有关培训的信息应仅包含在培训材料中，方针只包含不会频繁变更的信息）。开发人员只需要在文档参考模型中确定相关信息的位置，就能够知道应在何处查找信息。

（4）必须管理变更和改进。一旦制定了方针，就不应频繁变更。如果只需要修改过程中某个规程的一个步骤，那么就可能不需要对过程进行变更。

（5）使用组织标准和约定来记录过程和规程。过程描述和规程应保持一致，以便高效使用。过程必须回答以下问题：为什么、是什么、谁、何时、在何处，或按所用的约定（如 ETVX 图形表示法）来描述过程。

（6）使用图形或数学公式，并使用文字完成对过程和规程的描述。

（7）在可能的情况下，使用模板作为工具来传递规程中反映的信息。然后，我们要避免创建需要维护的规程。

（8）在文档模板中添加检查单以供使用，确保文档符合组织的标准，并且还能在内部审核期间用于质量保证。

(9) 使用标签标识每个文档,帮助开发人员快速查找信息。

(10) 将过程分为内聚块。相比需要记录数页纸的复杂过程,分解为逻辑部件或子过程的过程更易于理解。

还应根据用户的专业水平对过程进行文档化。专业水平可分为:专家,中级用户和初学者 3 级(改编自[OLS 94][SEI 10a]):

(1) 专家用的过程文件。只包含足够的提示信息,因为过程的受众是熟练使用过程的人;

(2) 中级用户使用的过程文件。采用专家用的过程文件,但是增加了活动的目标以及一些技巧和适用的经验教训;

(3) 初学者用的过程文件。针对刚接触过程的人员。他们尚未使用过该过程,需要更详细的指南和培训。初学者可以使用中级用户使用的过程文件,但需要增加培训材料。初学者在熟悉过程之前应多使用培训材料。

"如果你无法将你做的事情描述成一个过程,那么您就不知道自己在做什么。"

W. Edwards Deming

9.6.1 应避免的一些陷阱

即使文档化具有优势,我们也必须注意一些文档记录上的难题,这里需要避免以下陷阱。

(1) 大而复杂的文档。当文档变得过于庞大和复杂时,将很难找到相关信息;另外,专家级用户也不想在大量文档中查找简单信息,过多的文档很快就会被搁置。

(2) 纸质文档。今天的开发人员需要以电子方式提供的文档,以方便信息检索。

(3) 纯文本文档。常言道,一图胜千言,这句话很好地反映了过程和规程文档的情况。而且,许多用户更喜欢用图形表示的过程和规程,而不是文本。但是,当图形无法传达详细信息时,会倾向于使用文字加以描述。

(4) 由组织的外部顾问开发的过程文档。有时,开发人员会拒绝不了解其组织的人员进行的过程描述。在某些情况下,外部顾问无法反映组织的文化、术语和现有过程。

(5) 混合了不同类型内容的文档,例如方针和过程。

(6) 复杂的符号。请不要使用过于复杂的建模符号,因为用户可能会花费大量时间去理解那些描述过程的符号。

一个政府机构与外部顾问签订了一份合同,来制定过程、规程和其他文档。该组织在过程开发上做了大量的预算。由于顾问的薪酬多少依赖于其所开发的文档数量,导致最终的资产库包含数千页的内容。经过多年的使用,发现一些文档从没有进行更新,有些文档甚至从未被使用过。该组织花费了大量的资金而只开发了一些未被使用且通常无法使用的文档。

9.6.2 流程图

流程图已经经过了多年的使用,它是用于过程文档最早的图形和符号表示形式,它可以代表决策、输入设备、输出设备和数据存储介质等对象类型。描述性信息和决策直接在棱形中表示,对象之间的联系则使用箭头表述。这种简单明了地描述过程和决策的能力,使得这种表达方式被广泛应用。图 9.4 简单列举并说明了流程图中使用的图形对象。

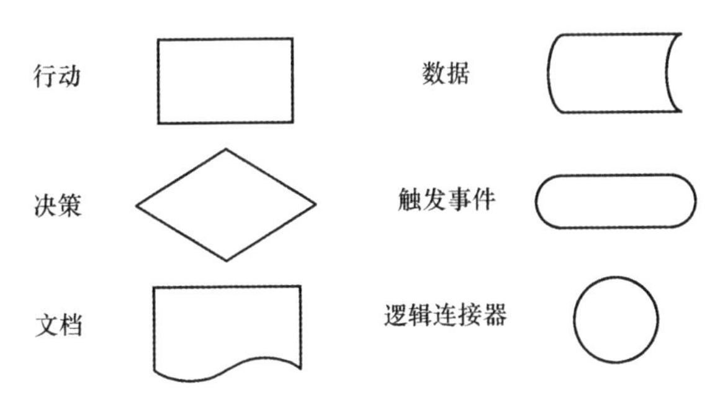

图 9.4 控制流程图符号对象

尽管我们仍然可以找到使用流程图绘制的图表,但是今天它已经不如过去使用广泛,下面介绍 ETVX 过程表示法。

9.6.3 ETVX 过程表示法

20 世纪 80 年代,IBM 开始使用 ETVX 表示法[RAD 85]。由于它非常简单,已经被许多组织采用,如 NASA 和 SEI。图 9.5 通过说明 ETVX 表示法的工作原理描述了这个概念。

ETVX 表示法包括以下部件。

(1) 输入。需要从过程外部接收资产(如文档)以执行该过程。通常在第一次执行过程时,并非所有输入都是强制性的。当有其他输入时,可以执行额外的迭代。

(2) 任务。为实现过程目标和产生必要的输出而必须执行的操作。

(3) 确认/验证。一种确保过程任务按要求执行并且交付物达到质量要求的机制。

(4) 输出。执行过程后产生并将用于过程之外的资产。

一些组织在原始的 ETVX 表示法中添加了以下内容,以更好地记录过程(图 9.6)。

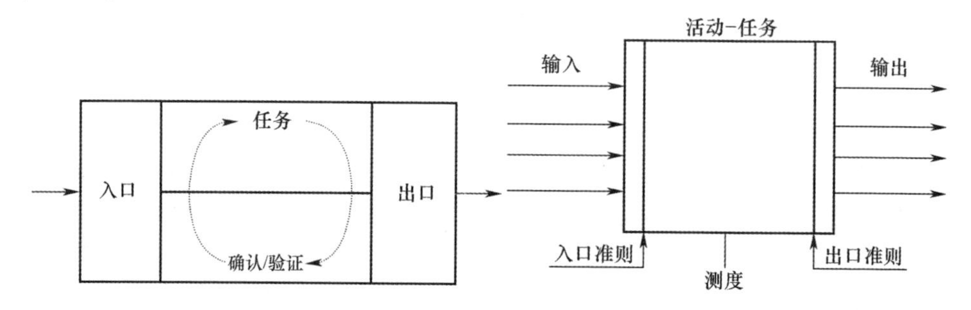

图 9.5 ETVX 表示法[RAD 85]　　图 9.6 调整后的 ETVX 表示法说明[LAP 97]

(1) 标题(过程标题)。

(2) 入口准则。在执行过程任务之前必须满足的可测量条件。

(3) 出口准则,也称为完成准则。在退出过程之前必须满足的可测量条件。

(4) 在执行过程中采用的测度。测量可用于监督活动的进度,而且其他项目也可以使用测量来更好地估计执行该过程所需的工作量。对于如工作量之类的测度,收集测度的数据可以从满足入口准则时即开始,在满足出口准则时停止,并应明确测量单位(如工时)。

(5) 工具。执行过程所需的工具/软件的列表。

(6) 风险。列举了过去进行该过程时遇到的风险。

(7) 参考文献。列出参考文献,可用于解释和支持过程、输入和执行。

还可以指定的其他出口准则如下:

(1) 过程产生的每个制品都与组织方针、标准和规程保持一致;

(2) 过程产生的每个制品都经过验证、批准,并存储在组织过程存储库中。

也可以使用文本符号来描述 ETVX 表示法,如图 9.7 所示,这种格式以及上图中所展示的形式,可以供更成熟的开发人员使用。

Laporte 教授曾在 Rheinmetal 公司和庞巴迪运输公司将 ETVX 表示法用于软件过程文档化和项目管理[LAP 97]。他在表示法中添加了标题和活动,并添加了一条规则,要求这两个添加项都包括行为动词和名词(如“估计产品的尺寸”)。另外,需要为每个活动分配一个唯一的编号,以便于按顺序引用。NASA 还使用 ETVX 表示法来记录过程和规程,图 9.8 举例说明了使用 ETVX 表示法描述的一个 NASA 过程。

规程:<过程/规程的名称>　　阶段:<使用该规程的阶段>

过程/规程负责人:<该过程/规程的负责人>

描述:该过程/规程的简单说明、背景和目的(价值)

入口准则:
<入口准则>

出口准则:
<出口准则>

输入:
<作为输入的工作产品>

输出:
<作为输出的工作产品>

角色:
<所有执行者及其职责的清单>

参考材料:
<使用这个规程需要的文件>

资产:
<工具、方法、参考资料、指南、检查单、其他规程>

任务:
<为满足此过程/规程需要完成的任务(摘要)的详细列表(使用主动动词和名词)>

测度:
<执行过程/规程过程中获取的测度>

图 9.7　使用 ETVX 表示法的文本过程描述模板

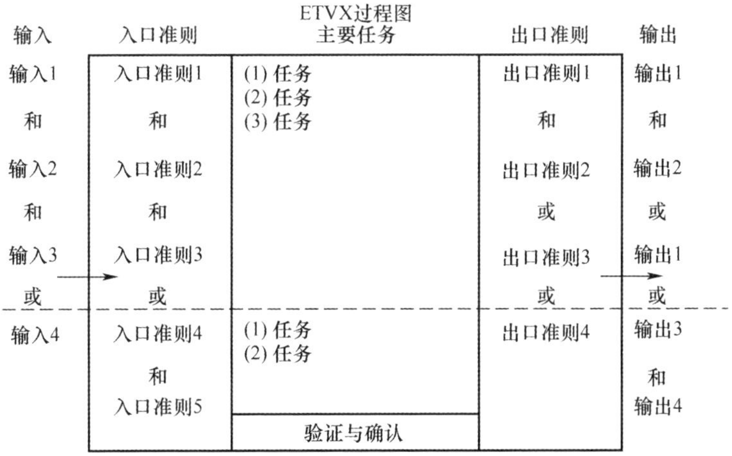

ETVX过程图

输入	入口准则	主要任务	出口准则	输出
输入1	入口准则1	(1) 任务 (2) 任务 (3) 任务	出口准则1	输出1
和	和		和	和
输入2	入口准则2		出口准则2	输出2
和	和		或	或
输入3	入口准则3		出口准则3	输出1
或	或		或	或
输入4	入口准则4	(1) 任务 (2) 任务	出口准则4	输出3
	和			和
	入口准则5			输出4
		验证与确认		

图 9.8　使用 ETVX 表示法以图形方式表示的 NASA 过程示例[NAS 04]

NASA 还记录了应如何完成图 9.8 中所示的 ETVX 表。图 9.9 显示了完成的成果。

NASA

ISD ETVX*图

编号：580-TM-011-01	批准人：(签名)
生效日期：2004年8月1日	姓名：Joe Hennessy
有效期至：2009年8月1日	标题：Chief，ISD
责任单位：580/信息系统部(ISD)	资产类型：模板
标题：ETVX图	PAL编号：3.5.2.2

指南：本模板可用于定义ETVX图

使用新的ETVX图时，以上抬头必须更新，更新内容包括：名称(ISD ETVX*图)应该写成“ISD[过程标题]ETVX*图”，编号、日期、资产类型、标题以及PAL编号

ETVX过程图

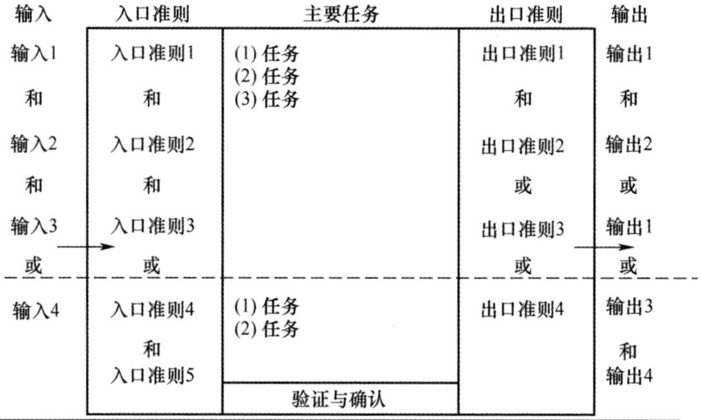

输入	入口准则	主要任务	出口准则	输出
输入1	入口准则1	(1) 任务 (2) 任务 (3) 任务	出口准则1	输出1
和	和		和	和
输入2	入口准则2		出口准则2	输出2
和	和		或	或
输入3 →	入口准则3		出口准则3	→ 输出1
或	或		或	或
输入4	入口准则4	(1) 任务 (2) 任务	出口准则4	输出3
	和			和
	入口准则5			输出4
		验证与确认		

格式要求

指南：上述模型的固定格式。请在最终版本中删除此部分内容

ETVX标签	arial或helvetica10号加粗字体
文本格式化	arial或helvetica9号字体
和/或布尔运算	arial或helvetica10号加粗字体
虚线	分隔使用场景

（a）

ETVX图的复杂性

说明：在输入和入口准则或输出和出口准则的布尔表达式过于复杂而不易于清晰地标记的情况下，请针对每种使用情况制作一个单独的ETVX图。
请在最终版本中删除此部分内容

定义

说明：ETVX图的部分描述。
请在最终版本中删除此本分内容。

使用场景	一组输入和入口准则，用于定义过程实施的唯一条件
入口准则	启动过程必须满足的条件
出口准则	退出过程必须满足的条件
输入	从过程外部接收的执行过程所需的条件
输出	作为过程产品生产的制品，以供在过程之外使用
任务	结合在一起的活动，执行过程所需的工作
确认	确定产品是否满足其特定预期用途的步骤
验证	确定任务产品是否满足先前任务中的需求或条件的步骤

（b）

开发历史指南(下):对正在开发的 ETVX 图的主要变更以及执行变更的人员的描述。请在最终版本中删除此部分。

	版本	日期	开发变更的描述
开发历史	0.1	2004-02-16	创建了用户视图模板的初始版本。PGArnold
	0.2	2004-03-16	添加了数据表的替代格式。删除非必要的附录。在新的附录中增加了资产编号和格式设置的标准。添加了在 3 月 16 日 ISD 小组会议上同意的变更。PGArnold
	0.3	2004-03-24	在 3 月 23 日 ISD 小组会议上接受了评审员的意见。大多数章节的表格格式已删除。为大多数章节添加了项目符号列表格式。PGArnold
	0.4	2004-04-02	在 3 月 30 日 ISD 小组会议上结合了评审员的意见。加入 OMS 记录和培训表。PGArnold
	0.5	2004-04-14	在 4 月 2 日 ISD 小组会议上接受了评审员的意见。其中包括将映射表添加至各种入口场景,为建议的章节添加更多表,以及对某些章节进行重新措辞,删除强制性语言。PGA 诺德
	0.6	2004-04-19	接受评审员的意见。PGArnold
	0.7	2004-04-21	为添加评审员的意见进行了重大重写,包括删除一些表、重新格式化许多章节并为章节标题添加说明。PGArnold
	0.8	2004-06-21	变更以回应 CCB 和 Sally Godfrey 的意见。PGArnold
	0.9	2004-06-23	针对 ISD 过程团队审核进行了最终的变更。PGArnold
	0.91	2004-07-02	进行了较小的变更,以改善格式和与灰色背景相关的问题。PGArnold
	0.92	2004-07-30	小变更。PGArnold

变更历史说明(下):对批准的 ETVX 图表的改进、负责的变更请求以及执行变更的人员的说明。

	版本	日期	开发变更的描述
变更历史	1.0	待定	CCB 初步批准的版本

(c)

图 9.9 用于解释 ETVX 表示法的 NASA 模板[NAS 04]

图 9.10 展示了用 ETVX 表示的配置管理过程,没有强制要求包含入口准则和出口准则。

庞巴迪运输软件开发过程[LAP 12]

庞巴迪软件工程过程(BSEP)描述了一种在软开发团队中分配活动和职责的科学方法,目的是确保在一定的预算和时间内生产满足用户需求的高质量软件。

BESP 是基于软件工程学院 CMM 模型、国际标准（如 ISO 12207 和 ISO 9001）、项目管理知识体系指南（PMBOK®指南）和 IBM 的 RUP 框架，使用内部知识（如开发过程、经批准的实践）开发的。

BSEP 过程的概述如图 9.11 所示，主要有两个方面：过程的动态方面，以阶段、迭代、里程碑和基线的形式表示；过程的静态方面，以 ISO 12207 标准的过程和活动表示。

角色、活动和制品代表了 3 个关键过程元素。

（1）角色：角色定义了在软件工程组织中作为一个团队工作的每个人或一群人的行为和责任。角色和相关的责任明确了工作的执行方式以及执行人。项目成员在项目期间可以承担不同的角色。

（2）活动：角色承担的活动包括定义了其要执行的工作。活动是为了实现既定目标，付出脑力和体力执行的过程或功能。活动是一个工作单元，可以要求具有相应职责的角色来执行。活动还指管理人员和技术人员为完成项目活动所做的任何工作。活动可用作策划和进度监督元素。

（3）制品：活动以制品作为输入或输出，制品是执行过程的结果（如工作产品）。承担相应角色的个人会使用制品来开展活动，并在活动执行期间生产某些制品。制品可以存在于项目的内部或外部，并具有多种形式：

① 模型，例如用例模型或设计模型；

② 文档，例如项目计划、需求文档或软件需求规格说明文档。

③ 代码。

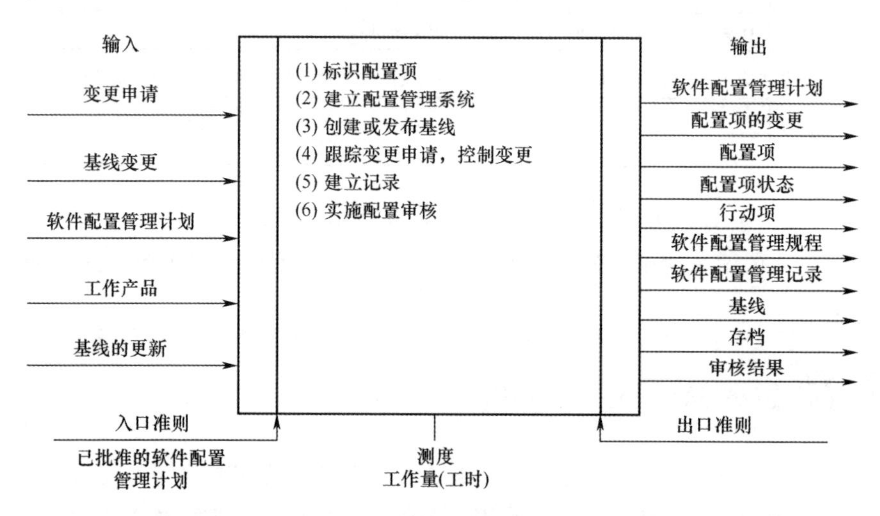

图 9.10　使用 ETVX 表示法以图形方式表示的配置管理过程 ETVX［LAP 97］

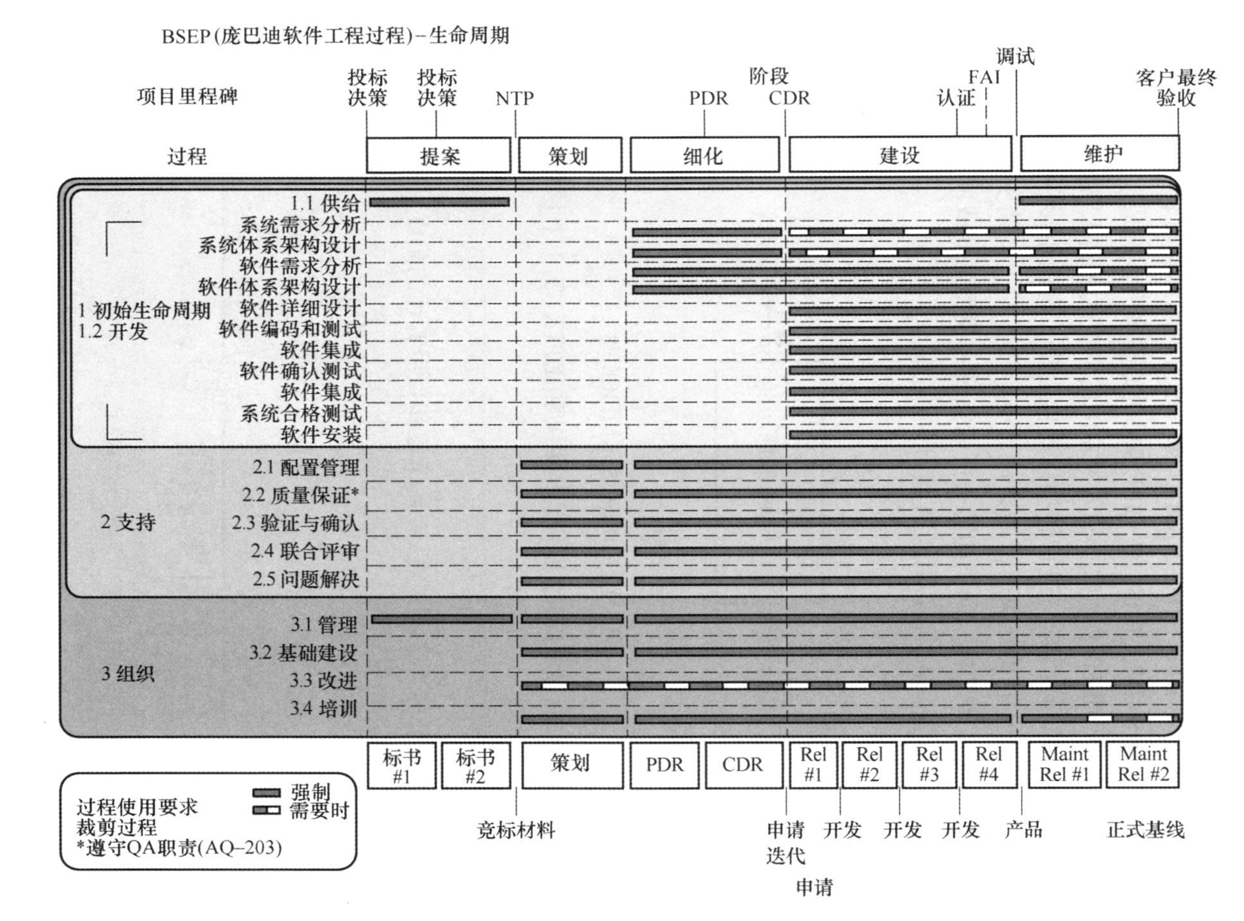

图 9.11　庞巴迪运输软件生存周期高级表示法[LAP12]

9.6.4 IDEF 表示法

20 世纪 70 年代,美国航空业的集成计算机辅助制造程序(ICAM)试图通过增加信息技术的使用来提高生产率。ICAM 程序开发了一系列称为 ICAM 定义(IDEF)的图形建模表示法。IDEF0 表示法源自现有的图形建模表示法(称为结构化分析和设计技术,SADT),由 SADT [IEE 98]的原作者开发完成。

图 9.12 描述了 IDEF0 表示法。输入框左侧的箭头代表输入,通过执行矩形中的"功能"(表示要执行的活动)进行转换以产生输出。指向矩形顶部的箭头代表控制,明确了功能产生正确结果所需的条件。矩形下方向上的箭头是用于标识支持功能交付的方式(如工具),向下的箭头可以实现在模型之间或同一模型的各个部分之间的信息共享。矩形可以相互连接,形成过程。

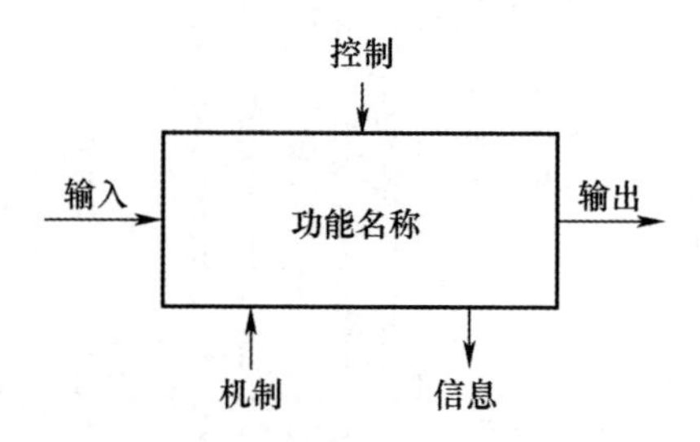

图 9.12 IDEF0 表示法[IEE 98]

在下面的示例中,我们在过程级、步骤级和 ETVX 级 3 个层级对过程进行描述。

工程,以及软件工程过程、系统工程和项目管理的集成[LAP 97]

本部分通过描述项目跟踪和策划过程说明需要完成的活动。在最顶层上,我们可以看到 3 个过程(图 9.13):在论证阶段的项目策划过程、在签订合同后进行的项目策划过程以及项目的跟踪过程。

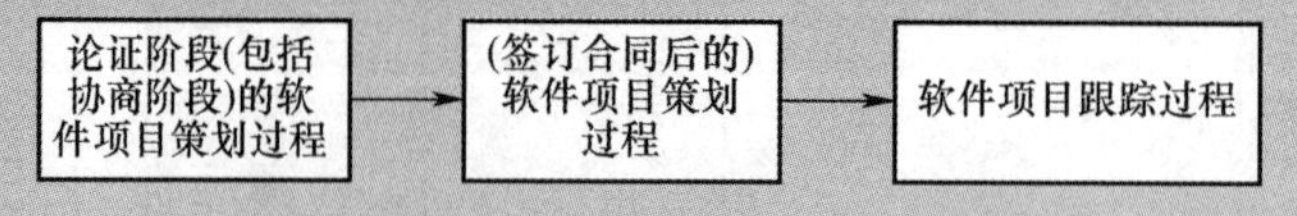

图 9.13 项目策划阶段的 3 个过程

图 9.14 以 ETVX 表示法的步骤"SPP-120-准备估算和项目进度"为例,对软件项目策划(SPP)第二阶段的 7 个步骤进行了说明。

提案阶段考虑了潜在产品的原始愿景,并将其转变为业务案例;如果要分包开发,则要分析项目的需求:首先,估算其规模、成本和进度;然后进行风险分析。

在这两种情况下,该阶段的主要结果都是确定项目是否可行。由于在合同谈判阶段可能会改变某些需求(如执行进度、软件需求等),所以在签订合同后,策划阶段必须评审在论证阶段提交的计划。第三阶段将收集和分析项目数据,以进一步调整原计划。

如图 9.14 所示,详细的策划和监测活动的第二层级发生在论证阶段。每个步骤都进行了编号(如 SPP-120),并且步骤名称都使用动词加名词的组合。这些步骤可以根据项目的要求连接在一起。创建相关过程是项目团队的责任。尽管步骤是按顺序表示的,但也允许与较早的阶段形成反馈循环(此处未显示反馈环以免造成混乱)。

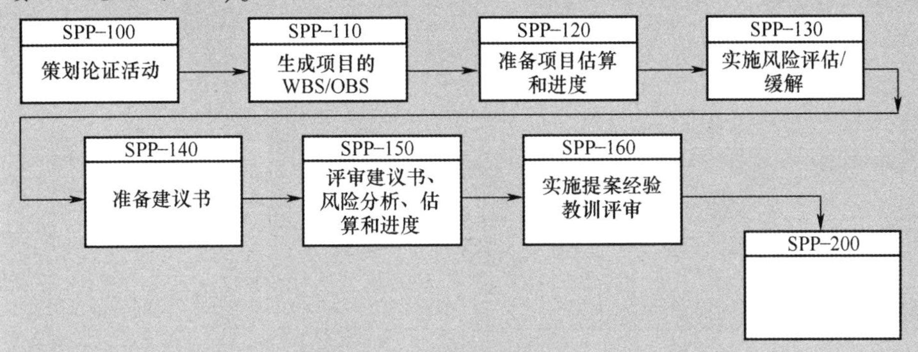

图 9.14 策划阶段

图 9.15 显示了细节的第三层,使用了 ETVX 表示法来说明步骤 SPP-120。由于 ETVX 可能无法为特定步骤的执行提供所有的必要信息,因此可以在开发人员手册中以文字作为补充(如估算规程)。

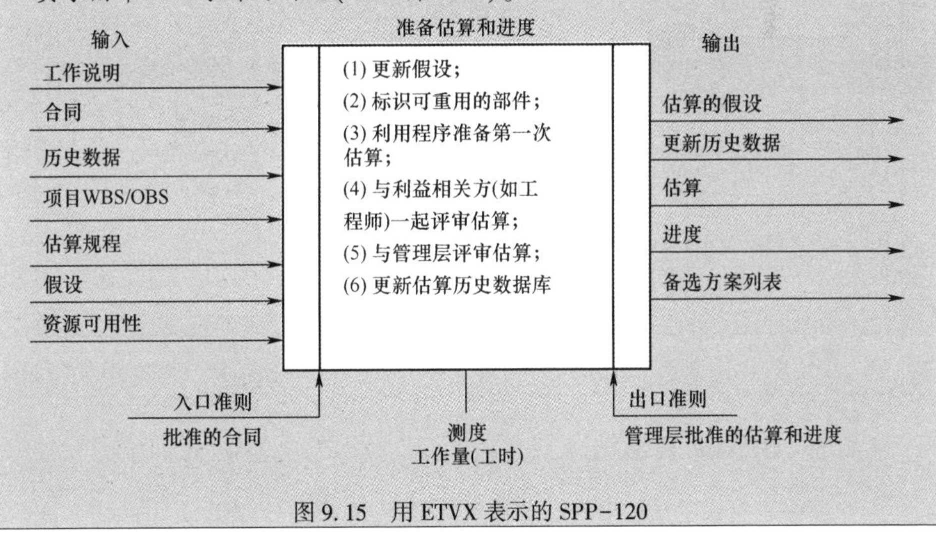

图 9.15 用 ETVX 表示的 SPP-120

系统工程过程的开发

通过使用 IDEF 表示法,通用系统工程过程文档描述了每个活动产生的管理、技术操作和文档。主要的管理活动包括(图 9.16):理解情境、风险分析、策划开发增量、跟踪增量以及开发系统。主要的技术活动包括分析需求、定义需求、定义功能体系架构、综合分配体系架构、评价备选方案、确认和验证解决方案以及管理存储库。

与软件过程一样,每个主要活动都分为许多较小的活动,并使用 ETVX 表示法单独进行描述。

软件工程过程和系统工程过程的集成

我们使用了题为"集成系统和软件工程过程(ISSEP)"的文档作为集成结构。ISSEP 描述了 3 个不同层级的活动:系统级、配置项级(CI)和部件级。系统级的活动是:管理系统开发、设计和验证系统、集成和测试系统。配置项级的活动包括:管理配置项的开发、设计和验证配置项、开发部件、集成和测试配置项。

配置项可以分解为一个或多个部件。部件级的活动是构建部件、开发测试用例单元、执行单元测试和分析。软件是在部件级编码的,产品也是在部件级制造的。图 9.16 显示了系统工程过程、软件工程过程、子系统工程过程之间的联系,以及它们与制造过程的关系。

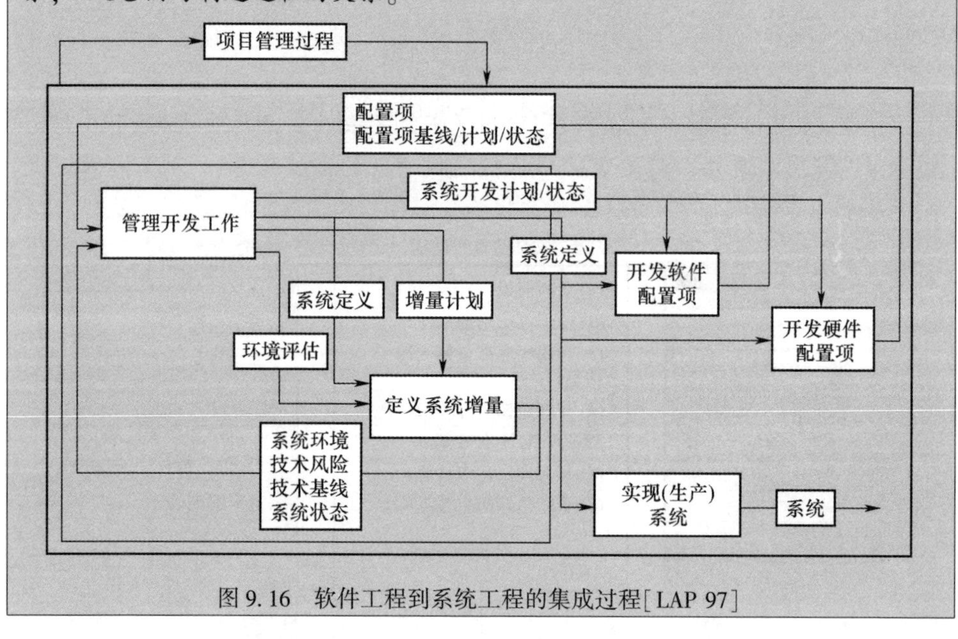

图 9.16　软件工程到系统工程的集成过程[LAP 97]

9.6.5　BPMN 表示法

业务过程建模表示法(BPMN)是对象管理组(OMG)[OMG 11]的标准。该表示法最初是由业务过程管理促进会开发,并在 2009 年发布了 BPMN 的第 2 版。BPMN 定义了一组在过程描述中使用的图形对象,基于以下 4 个族群:

(1) 流对象;

(2) 连接对象;

(3) 活动通道;

(4) 制品。

每个族群都包含对象类别中的对象。以下各节将介绍 BPMN 表示法中使用的对象的概念。

1. 事件对象

通常,BPMN 图包含以下 3 种类型的对象:①事件;②活动;③连接器。

(1) 事件

该对象以图形方式表示所有可能发生的事件,并且可能触发一个或多个活动,事件对象用于提供对过程的准确描述。常使用 BPMN 表示法的人可以注意到,它的每个新版本都丰富了事件库。通常有 3 种类型的常用事件对象,如表 9.4 所列。

表 9.4 BPMN 事件类型

事件类型	符　号	描　述
开始	○	开始一个过程的事件
中间	◎	发生在过程中的事件
结束	◉	结束一个过程的事件

可用的事件对象还有很多,图 9.17 列举了几种事件类型。

(2) 活动

顾名思义,活动是指与组织的业务事务有关的工作。BPMN 区分两种类型的活动:

① 任务:不可分割的行为。

② 子过程:包括或重新组合多个任务的行为。

表 9.5 显示了用于标识这两种活动的符号。

(3) 连接器

对象的最后一种类型是连接器,也称为网关。这种类型的对象说明了决策点的收敛以及过程活动的发散情况。在常规决策中,连接器以空菱形表示,或者使用其他符号来说明更复杂的情况,如断开的节点/联合节点以及融合节点。

2. 连接对象

连接对象用作上面介绍的对象之间的连接器。表 9.6 显示了 BPMN 表示法使用的 3 种连接对象之间的区别。接下来讨论构造业务过程活动的概念。

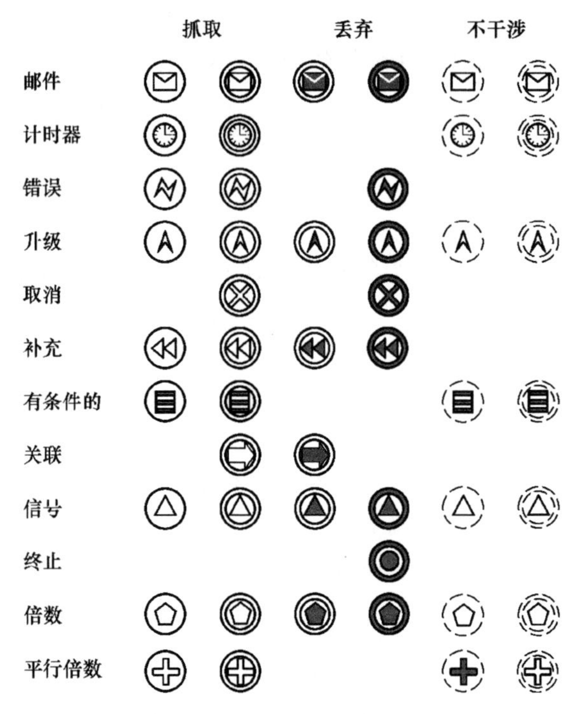

图 9.17　BPMN 事件类型清单

表 9.5　BPMN 活动类型

活动类型	符　号
任务	
子过程	

表 9.6　BPMN 连接对象

连接对象	符　号
顺序流	
关联	
信息流	

3. 泳道

BPMN 表示法使用活动泳道的概念来组织和构造过程。表 9.7 显示了用该符号表示的两种泳道。

下面介绍 BPMN 表示法在过程模型中表达其他信息的方式。

4. BPMN 制品

制品是能够为完整理解过程提供更多详细信息的附加对象。表 9.8 显示了

表 9.7　BPMN 泳道的类型

泳道类型	描　述	图形化表示
泳道	泳道用于描述指定角色的活动	名称
泳池	泳池常用于描述组织中的过程，而泳道描述了组织中某个部门的活动。通过使用泳池和泳道，你可以了解一个过程是如何完成的，以及哪个部门执行了这项活动	名称

表 9.8　BPMN 制品

制品名称	描　述	符　号
注释	用于注释的对象	建模者可以通过文本注释提供附加信息
组	用于重组任务的对象	
数据对象	用于在任务执行期间描述所需的(和产生的)数据的对象	名称(状态)

BPMN 制品的 3 种类型、它们的描述和相关符号。

5. BPMN 建模等级

根据使用的方法和目标顾客，可以使用几个逻辑级别完成典型的业务过程的建模，包括高层和低层的概念图。

BPMN 表示法的使用分 3 个等级[SIL 09]。

(1) 描述级：第一个建模等级的目标是在总体和概念层描述业务过程。它旨在表示过程的整体流程，有时又称为元过程。

(2) 分析级：当描述级的分析不能够对其质量或性能进行评价时，就需要制作更详细的关系图来描述过程的所有可能分支和交互场景，于是有了分析级。第二层建模主要由架构师和业务分析人员使用，旨在以准确的方式描述过程的细节。

(3) 执行级：此级专门用于软件和系统开发人员，用于产生可执行的过程模型，即反映业务流程。当一个过程由此级来进行说明时，它就可以由许多常用的 BPM 商业解决方案/工具执行。

这 3 个等级的建模与模型驱动体系架构(MDA)的概念保持一致。在项目开始时可以使用过程的 MDA 软件实施来生成独立于实施的模型(CIM)，该模型可以转换为独立于平台的模型(PIM 模型)，进而可以转换为与平台相关的模型(PSM 模型)。注意，这种分类不是 BPMN 表示法规范的一部分。图 9.18 举例说明了 BPMN 表示法的用法。

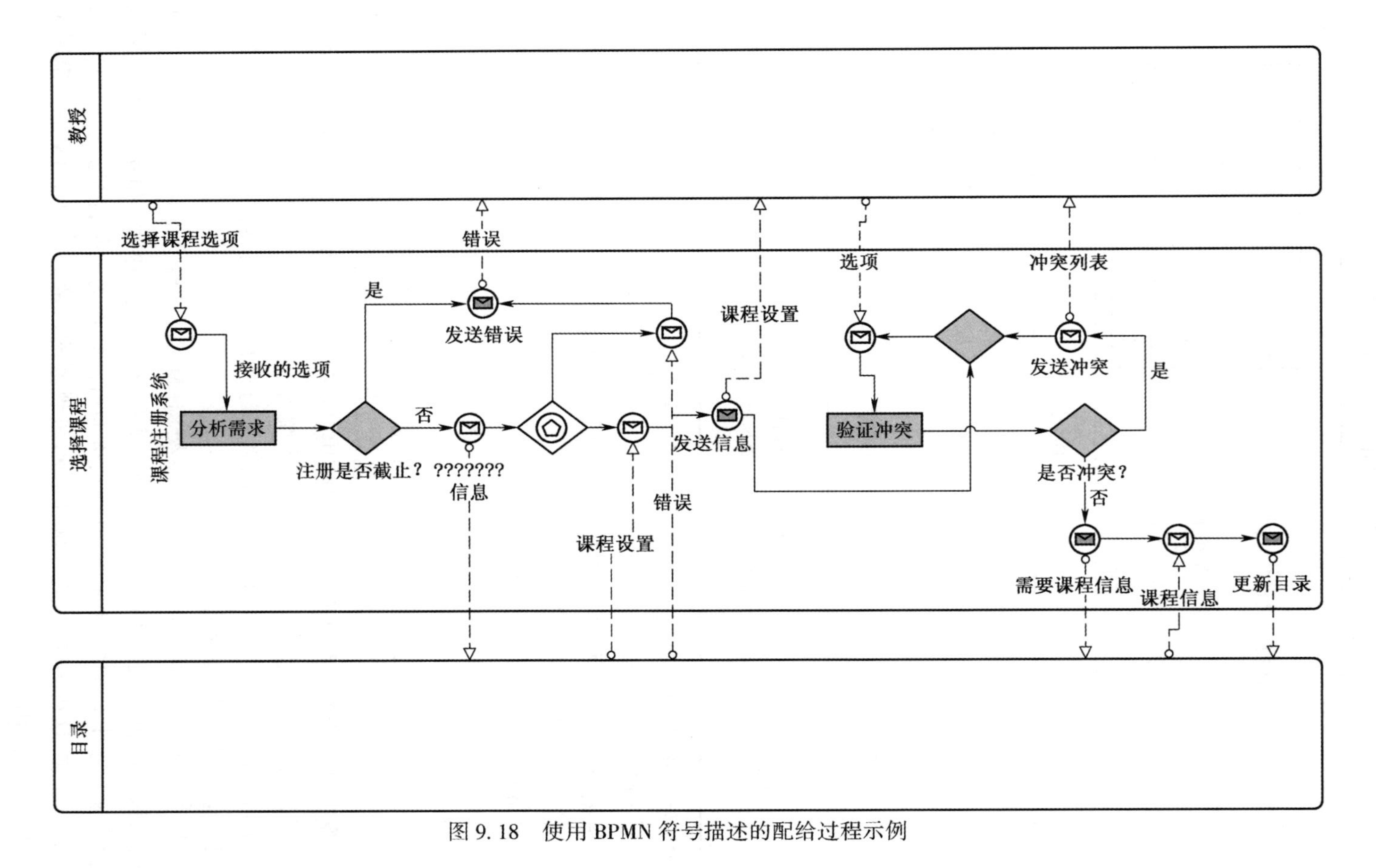

图 9.18 使用 BPMN 符号描述的配给过程示例

总而言之,我们可以看到 BPMN 表示法可用于表示业务过程,基于丰富的图形对象库,可以在不同的细节层面上对过程进行描述。

Davies [DAV 06] 进行了一项研究,调查了当前业界最流行的图形表示模型,他针对市场展开调查,了解从业人员实际使用的工具和表示法。他对 312 名澳大利亚计算机协会(australian computer society, ACS)成员进行了问卷调查。该问卷列出了 24 种不同的建模工具,这些工具是根据文献研究中的受欢迎程度而预先选择的。受访者是 IT 领域的从业者,其中 15%的人是最终用户或管理者。Davies 的研究表明,有 61%的受访者使用 Microsoft Visio 作为建模工具,而没有考虑其他特定的表示法。

使用泳道设计过程图:

(1) 确定参与者在过程中的角色。

(2) 使用通用方法来命名角色。不是给出承担该角色的人员的姓名,而是分配一个名称,该名称无须进行修改即可以在多个项目中使用。

(3) 为每个确定的角色画一条泳道。这些泳道可以是水平的或垂直的路径(水平的泳道路径更符合水平轴上步骤按照时间顺序发生的概念)。

(4) 在图的底部添加一条泳道,描述与任务和角色相关的交付物。

(5) 确定启动过程的任务和角色。

(6) 确定其他任务并将其放在适当的泳道中。一个任务可能由两个或多个角色共同执行,如果是这样,在该任务周围画一个边框,该框可以与两个或更多泳道重叠。如果一个任务需要两个不相邻角色的参与,则可以画一个框,并为每个角色添加一个虚线框,以表明这两个角色都参与了该任务。

(7) 可以通过添加以下信息文本描述来完善过程图:

① 详细规程的链接;

② 有关角色的其他信息;

③ 使用的模板、检查表和工具的指针。

9.7 ISO/IEC 29110 的过程符号表示法

如第 4 章所述,ISO/IEC 29110 标准描述了超小型实体开发软件或系统的过程、目标、活动和任务。超小型实体是最多拥有 25 人的实体(如企业、组织、部门、项目等)。ISO/IEC 29110 标准适用于不同的生命周期类型,例如瀑布式、迭代式、增量式、进化式、敏捷式等,图表中使用的符号并不意味着任何特定的过程生命周期。

以下元素用于描述 ISO/IEC 29110 标准的过程、活动、任务、角色和产品(改编自[ISO 11e])。

(1) 过程名称:过程标识符,后接括号“()”,内为缩写,如项目管理过程的符号为 PM 过程。

(2) 过程目的:

① 有效实施过程的总体目标和预期结果,过程的实施应为利益相关方提供切实的利益;

② 目的由过程名称的缩写来标识,如对于项目管理过程。PM 目的:项目管理过程的目的是以系统方式建立和执行软件实施项目的任务,并达到项目在质量、时间和成本方面的目标。

(3) 目标:

① 确保实现过程目的专用目标。目标由过程名称的缩写标识,后跟字母“O”和一个连续的数字如 PM. O1。

② 每个目标后面都有一个方框,该方框包含从 ISO/IEC/IEEE 12207 标准中为基础剖面选择的过程列表,以及与目标相关的结果。例如,对于项目目标 7 (PM. O7),管理和工程指南描述了目标,并添加了一个注释,后接方框:

a. PM. O7:执行 SQA 以确保工作产品和过程符合项目计划和需求规格说明;

b. 注:SQA 过程的实施是通过执行在项目管理和软件实施过程中完成的验证、确认和评审任务来进行的。

> 7.2.3 软件质量保证过程
>
> (1) 制定实施质量保证的策略;
>
> (2) 产生并留存软件质量保证的证据;
>
> (3) 标识和记录需求相关的问题和不符合项;
>
> (4) 验证产品、过程和活动是否符合适用的标准、规程和需求。
>
> ISO/IEC 12207:2008, 7.2.3

图 9.19 显示了 ISO/IEC 29110 标准中项目管理过程的图形表示[ISO 11e]:

(1) 大的圆角矩形表示过程或活动;

(2) 较小的方角矩形表示产品;

(3) 单向或双向粗箭头标识过程或活动之间的主要信息流;

(4) 细的箭头或双向箭头表示输入或输出产品。

输入工作产品

(1) 输入工作产品是执行过程所需的产品及其相应来源,它可以是另一个过程或项目的外部实体,例如顾客;

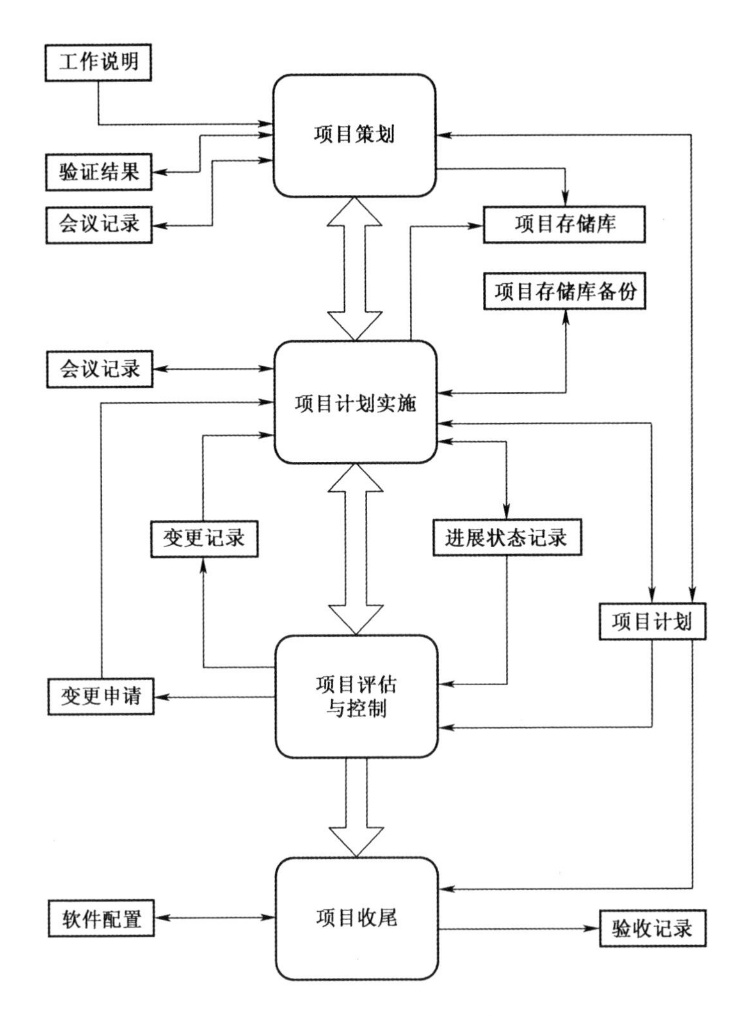

图 9.19　ISO/IEC29110［ISO 11e］的 PM 过程图
（资料来源：加拿大标准委员会）

（2）输入的工作产品由过程名称的缩写标识，并显示为具有“名称”和“来源”两个字段的表格。例如，对于项目管理过程，如下表所列：

名　称	来　　源
工作说明	顾客
软件配置	软件实施
变更申请	客户软件实施

工作说明的定义如表所列：

名称	描　　述	来源
工作说明	与软件开发相关的需要完成的工作如下： (1)产品描述：①目的；②一般顾客需求。 (2)应包含和不应包含的事物的范围描述。 (3)项目的目标。 (4)需要交付给顾客的交付物列表。 适用状态为已评审	顾客

输出工作产品

(1) 由过程产生的工作产品及其相应终点，可以是另一个过程或项目的外部实体，例如顾客或组织的管理层。

(2) 输出工作产品由过程名称的缩写标识，显示为具有“名称”和“终点”两个字段的表格。例如，对于项目管理过程如下表所列：

名　称	终　　点
项目计划	软件实施
验收记录	组织的管理层
项目存储库	软件实施
会议记录	顾客
软件配置	顾客

内部工作产品

(1) 由过程产生和消耗的、无需经过顾客评审或批准的工作产品。

(2) 输入的工作产品以过程名称的缩写进行标识，并显示为含一列工作产品名称字段的表格。

(3) 所有工作产品名称均以手写体印刷，并以大写字母开头。有些产品还可以在产品名称上附加一个或多个状态，并用方括号括起来，并用逗号分隔。

(4) 工作产品状态可能在过程执行期间发生变化。

(5) 工作产品的来源可以是另一个过程或项目的外部实体，如顾客。对于项目管理过程，如下表所列：

名称
变更申请
纠正记录
会议记录
验证结果
进展状态记录
项目存储库备份

涉及的角色

(1) 项目团队成员所要执行职能的名称和缩写;

(2) 一个人可以承担多个角色,一个角色也可由多人承担;

(3) 角色将根据项目的特性分配给项目参与者;

(4) 角色的定义如下表所列:

角色	缩写	能力要求
分析师	AN	(1) 具备获取、确定和分析需求的知识和经验; (2) 具备设计用户界面和人体工程学标准方面的知识; (3) 具备有关修订技术的知识; (4) 具备有关编辑技术的知识; (5) 具备软件开发和维护经验

活动

(1) 活动是一整套紧密相关的任务。

(2) 一个任务是一项需求、建议或允许采取的行动,旨在帮助实现过程的一个或多个目标。

(3) 过程活动是过程工作流分解的第一级,第二级是任务。

(4) 活动由过程名称缩写、连续数字和活动名称标识,如基本剖面的 PM 过程的活动是:① PM. 1 项目策划;② PM. 2 项目计划执行;③ PM. 3 项目评估与控制;④ PM. 4 项目收尾。

活动说明

(1) 每个活动说明均由活动名称和相关目标列表标识,相关目标需要放在括号中,例如 PM. 1 项目策划(PM. O1,PM. O5,PM. O6,PM. O7)意味着活动 PM. 1 项目策划有助于实现所列的目标:PM. O1,PM. O5,PM. O6 和 PM. O7。

(2) 活动说明以任务概述开始,然后是任务说明表。例如,项目管理过程的项目策划活动如下所示:

> PM. 1 项目策划(PM. O1,PM. O5,PM. O6,PM. O7)
>
> 项目策划活动记录了管理项目所需的策划详细信息如下:
>
> (1) 经评审的工作说明和任务,用以提供合同交付物以满足客户需求;
>
> (2) 项目生命周期,包括任务的依赖关系和持续时间;
>
> (3) 通过验证与确认的质量保证策略;
>
> (4) 产品(即交付物)、顾客和团队评审;
>
> (5) 团队和顾客的角色和职责;
>
> (6) 项目资源和培训需求;
>
> (7) 工作量、成本和进度的估计;
>
> (8) 已标识的项目风险;

(9) 项目版本控制和基线策略;

(10) 项目存储库,用于存储、处理和交付受控产品和文档的版本和基线。

任务描述

(1) 任务在具有以下 4 个字段的表中进行描述:

① 角色——任务执行中涉及的角色的缩写,如项目经理(PM)、团队负责人(TL)和顾客(CUS);

② 任务——描述要执行的任务。每个任务都由活动 ID 和连续数字标识,例如 PM1.1;

③ 输入工作产品——执行任务所需的工作产品,例如工作说明;

④ 输出工作产品——通过执行任务创建或修改的工作产品。

(2) 任务说明不强制规定使用何种技术或方法来完成。

(3) 对技术或方法的选择权将留给超小型实体或项目团队。

表 9.9 描述了策划活动的两个任务。

表 9.9 策划活动的两个任务[ISO 11e]

角色	任务列表	输入工作产品	输出工作产品
PM TL	PM.1.1 评审工作说明	工作说明	(已评审的)工作说明
PM CUS	PM.1.2 交付物定义在工作说明中,向顾客明确每一项交付物的具体内容	(已评审的)工作说明	交付说明

为了进一步帮助开发系统或软件的超小型实体,ISO 发布了一个四阶段的路线图,如图 9.20 所示。准入剖面适用于从事小型项目的超小型实体和初创企业(如不超过 6 人月的项目);基础剖面适用于一个团队一次只开发一个项目的超小型实体;中级剖面适用于同时参与多个团队、开发多个项目的超小型实体;高级剖面适用于希望显著改善其业务管理和竞争力的超小型实体。

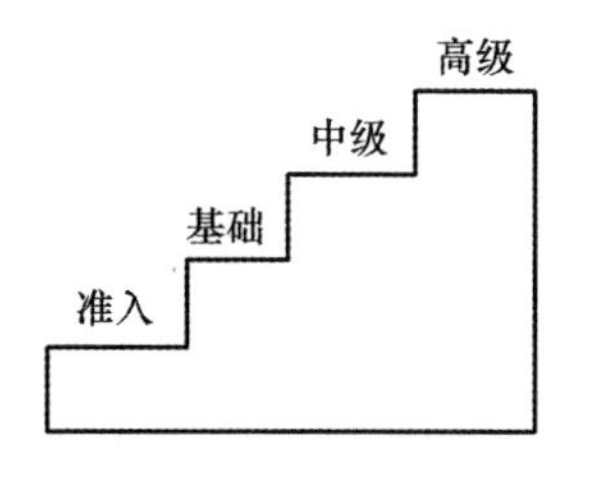

图 9.20 ISO/IEC29110 的 4 个阶段路线图

欢迎读者下载 ISO/IEC 29110 的技术报告,例如管理和工程指南。ISO 免费提供 ISO/IEC 29110 技术报告。其中许多报告也被翻译成西班牙语、葡萄牙语、法语和日语。一些国家也已将 ISO/IEC 29110 用作国家标准,例如巴西、日本、墨西哥、乌拉圭、秘鲁等。

9.8 案 例 研 究

过程说明和过程改进不仅仅是技术活动。在大多数情况下,对变更(如组织文化的变更)的管理是在发起重大过程改进方案时所面临的真正挑战。美国国防部的一家公司经过数年的改进,总结了以下经验教训[LAP 98]。

经验1:为高级管理层设定切合实际的期望

在启动过程改进计划之前,必须定义适当的期望。特别是对于过程成熟度较低的组织而言,如果让高级管理层误以为过程改进计划是简单、快速且经济的,则会带来风险。应该避免这种情况,因为这会产生不现实的期望。一个典型的场景是:高级管理层了解到较高的过程成熟度等级可以为组织的竞争力带来优势,项目经理或外部顾问也认为这些目标很容易实现,于是高级管理层要求团队在很短的时间内通过认证。然而高级管理层不久后就会发现,为了实现过程改进目标,需要的时间和资源大大超出预期,并且对当前的实践产生重大影响。

经验2:做出安全的管理承诺

对于过程成熟度较低的组织,过程评估发现的大多数问题都是针对项目管理缺陷的(图4.9中的CMMI过程域2级)。因此,我们有必要促进管理层对项目管理过程进行投入的意愿,而不是将当前的问题归咎于工作人员。这也解释了为什么有必要经常向管理层汇报情况,以便在组织中公开这些发现时,他们能够理解并做出承诺。

"要达到CMMI的过程成熟度2级,基本上意味着摆脱因管理过程薄弱而导致的生产力低下,从而使有能力的软件工程师得以充分发挥其能力。"

Watts S. Humphrey

经验3:在正式评价之前建立改进工作小组

在外部顾问开始正式的过程评价之前的几周,最好能组建一个过程改进小组开展前期工作。过程改进小组可以花一些时间来熟悉与过程改进相关的方法和工具。理想情况下,该小组中应该设一名专职人员,其他成员可以兼职参与。除了良好的技术技能,还必须根据专业知识和对改进项目过程的热情来选拔小组成员。

经验4:在第一次评估后不久就开始改进活动

关于行动计划的制定,组织应利用过程评估所产生的动力。组织并不需要在开始过程改进活动之前就形成一份完备的行动计划,一些改进活动在首次评估后就可以立即开始。对所有技术人员和管理人员而言,实施较小的改进是重要的激励因素。

经验5:收集数据以记录改进

在过程评估之前和评估期间,建议收集定量和定性数据用于测量进展,也可以收集预算、进度、质量和客户满意度等数据。因为管理层正在对改进工作进行投入,如果能够向他们证明已经取得了一些成就将非常重要。

经验6:对所有相关人员开展有关过程、方法和工具的知识培训

一旦完成了过程的定义,就必须对个体进行培训;否则,该过程最终很可能会被闲置。认为开发人员在工作之余会自己学习新的过程是不现实的。培训课程还传达了一个强有力的信息,即组织正在向前发展,开发人员应使用这些过程。在培训课程中,有必要与个人进行沟通从而降低使用者的压力,因为他们首次使用新过程时可能会出现错误和问题。当在执行新过程中遇到障碍时,应指派联系人和指导人员进行帮助。

经验7:管理好人的维度

在过程改进计划中,我们常常低估了"人"这个维度的重要性。那些负责技术变革的员工通常在技术上非常有才华,但他们在变革方面很少具备足够的管理方法和技术。原因很简单,他们的培训通常关注于技术而不是软技能。然而,改进过程的难点却通常是在"人"的维度。

"波音公司很早就注意到,技术转让几乎与技术发展一样困难。"

ADA 策略,1994 年 6 月

"从社会技术研究中得出的第一个经验教训是,社会变革和技术变革必须同时进行管理。

如果我们希望过程创新能够成功,那么就必须考虑变革的人性面。为了获得过程中反映的行为改变,组织及其人力资源比技术问题更为重要。"

[DAV 93]

在准备改进行动计划的技术部分时,还必须策划变更管理要素,这意味着还需要对以下方面进行了解:①组织在类似的工作方面的历史,无论其成功与否;②组织的文化;③影响变更的积极因素和消极因素;④管理层传达变革时的紧急程度(6.10 节中的案例研究)。

经验8:过程改进需要更多的人际交往能力

如上所述,一个真正想要提高生产力和质量的组织必须管理文化变革。文化

变革需要特殊的技能。过程改进协调员和推进者应具备社会学和心理学技能。文化变革通常需要管理层和员工来改变/适应其行为。

随着过程的逐步规范化,管理人员必须将其权威的管理风格转变为更具参与式的风格。例如,如果组织确实希望改进过程,那么改进想法的主要来源必须是每天从事这些过程工作的人员。这意味着管理层应该鼓励和倾听新的想法,也意味着决策过程可能必须从专制式的“按我说的做”转变为参与式的“让我们来讨论一下”。同样,一些在当前可以解决任何问题的“英雄”式的个人行为应该改变为可以产生想法、听取他人想法并遵循过程的团队成员的行为。

Laporte 教授在公共领域的一个组织中担任顾问。在与项目经理的非正式讨论中,他说:“在这个组织中,不能犯错。”在几周后的一次会议中,执行团队的一名成员在 6 名董事的施压下,批准了一个非常重要的过程改进项目,并指派上面提到的项目经理负责。但会议重新召开时,项目经理缺席了,他的秘书告知其他参会人员,他由于身体不适,需要请几个月的假。

过程改进不是一门精确的科学,而是一种伴随各种困难和错误的实验方法。项目经理意识到他将要跟随一名对错误容忍度很低的副总开展过程改进,因此他以健康理由选择了离开项目。

此外,在采用新过程、新实践或新工具的最初几个月中,管理层和员工必须意识到错误和问题是不可避免的。管理层需要明确表明错误和问题是可以接受的,并且建立机制保护不可避免的犯错和问题,否则员工将“掩盖”他们的错误。这样,组织不仅不能从这些错误中吸取教训,也难以避免其他员工再次犯同样的错误。例如,审查过程的主要目的是在项目的生命周期中尽快发现错误和缺陷并做出纠正。管理层必须接受:为了提高错误检测率,每次审查的结果必须只有负责人和审查过程协调员知道;公开的信息只包括多次审查的平均值。管理层接受这样的规则后,员工就可以放心地发现错误并进行报告,而且参加审查的人员也将学会在自己的工作中避免这些错误。

促进行为变革需要技术课程中没有教授的技能,强烈建议负责推动变更的人员接受适当的培训。

Laporte 教授推荐了两本可以推进变更管理的书:第一本《完美的咨询:使用专业知识的指南》[BLO 11],为所有担任内部顾问的人提供建议;第二本《管理过渡——充分利用变更》[BRI 16],提供了制定和实施变更管理计划所需的步骤。

经验 9:认真选择试点项目

认真选择试点项目和试点参与者非常重要,因为这些项目如果成功完成,将促进整个组织采用新的实践。新过程的用户会犯错,因此必须培训参与者并减少他们对犯错的担忧。如果参与者发现他们的错误是被用来学习和改进过程的,而不是被用来追究他们的责任,他们的焦虑水平会降低,并且愿意提出更多建议。

人员的管理不仅可以促进变更的实行,而且可以创造一个可以更快地引入变更的环境。

在使用新过程、新实践和新工具时,管理层和员工必须意识到错误是不可避免的。在部署新的文档管理过程时,第一个使用该过程的工程师因为犯了一些错误而受到了经理的责备。

由于工程师办公区域都集中在一处,其他工程师听到了经理责备该工程师,经理甚至都快把该工程师骂哭了。在此事件之后,部门的其他工程师都寻找借口,不愿意成为使用该过程的下一个人!

经验 10:定期进行过程审核

应当定期进行过程审核,主要有两个原因:第一,确保从业人员使用了该过程;第二,在执行过程中发现错误、遗漏和误解。

经验 11:将过程改进活动与组织的业务目标联系起来

据观察,当管理层意识到过程改进带来了真正的好处,即产品质量的提高时(例如缩短产品上市时间、降低成本等),软件工程过程的改进才真正获得了动力,从而组织的竞争力才得以提高。

长期的过程改进计划是一项非常重要的工具,它能够说明组织目标、组织项目需求和过程改进之间的联系。从本质上说,该计划表明过程工程不是静态的工作,而是组织项目成功的关键基础设施部件。最后,一项长期计划还向实践者表明,管理层还会对过程改进活动做出长期承诺。

经验 12:采用通用术语

为了在项目中取得成功,使用通用术语是一项基本要求。在软件开发过程中,不同的参与者对于同一个单词可能具有不同的理解,某些单词的含义对于部分人来说甚至是完全陌生的。例如,“原型”一词,在系统工程中的含义与软件工程中的含义大不相同。术语表是过程改进项目的成员开发的,需要收集参与者使用的术语并提出定义,从而逐步为所有过程建立通用的术语表。

您可以将 ISO/IEC/IEEE 24765 用作软件开发过程的词典。这样专家之间就没有必要进行冗长的讨论。

9.9 个体改进过程

尽管 SEI 成熟度模型为组织提供了行之有效的系统和软件过程改进框架,如 CMMI 模型,但它们描述的是组织应该"做什么"而不是"应该怎样做"。然而,软件工程师也想知道应该怎样执行过程。

由于软件开发是一个非常复杂的过程,因此不能仅将其简化为一系列规程。成熟度模型的倡导者 Watts S. Humphrey 在 20 世纪 90 年代初完成了研究,展示了如何将过程改进原理应用于软件工程师的日常工作。在这项研究中,他认为 Deming 和 Juran 的过程管理原则既然适用于其他技术领域,那么它们也应适用于软件工程师所使用的各个过程。

他使用过程的基本原理来展示工程师如何定义、测量和改进自己的个体过程。由于每个工程师都是不同的,因此他必须采用自己的实践来生产高效的软件。由 Humphrey 开发的个体软件过程(PSP)是一种规范的结构化软件开发方法,它使所有工程师都可以在提高其软件产品质量的同时,提高他们的生产率并满足进度要求。

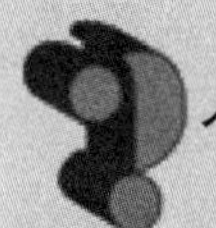

个体过程

指导个体进行个人工作的一组已定义的步骤或活动。它通常基于个人经验,可以完全从零开始,也可以基于其他既定过程,并根据个人经验进行调整。个体过程为个人提供了一个框架来改善他们的工作并始终如一地完成高质量的工作。

[SEI 09]

个体软件过程方法基于策划原则和以下质量原则[HUM 00]。

(1) 每个软件工程师都是不同的,为了提高效率,他们必须估算并策划他们的工作,并且使用他们个人数据来确定这类信息。

(2) 为了不断提高绩效,工程师必须使用已定义的且可测量的过程。

(3) 为了生产高质量的产品,工程师必须对产品质量负有个人责任。优质产品的生产不仅靠运气,还需要工程师高质量的工作。

(4) 相比于在过程的中后期发现和修复缺陷,较早地完成这项工作的成本更低。

(5) 预防缺陷比发现并纠正缺陷更有效。

(6) 正确的工作方式始终是最快、最经济的工作方式。

"从已学习了个体软件过程方法的数千名经验丰富的工程师的数据中,我们发现开发人员通常会无意识地在他们编写的每千行代码中引入近 100 个缺陷。"

Humphrey(2008)[HUM 08]

Humphrey 认为,为了正确完成软件工程工作,工程师必须在提交或开始工作之前先策划好工作,并且必须使用定义好的过程来完成他们。为了解他们的个人绩效,他们必须测量在工作的每个步骤上花费的时间,记录他们产生和纠正的缺陷的数量,测量他们开发的产品的规模。为了持续地生产高质量的产品,工程师必须策划、测量和监测产品质量,并且必须在任务开始之后及早关注质量。最后,他们必须分析每个任务的结果,并使用这些结果来改进自己的过程[HUM 00]。

"由于个体软件过程是一套使软件开发人员能够掌控自己职业生涯发展的实践和方法,因此,当有能力的专业人员学习并遵循技术和科学原则,并且有权管理自己的工作时,他们会做得非常出色。"

Watts S. Humphrey

个体软件过程方法由脚本、表格、测量、标准和检查单 5 个元素组成(改编自[SEI 09]):

1. 脚本

脚本是指导个体过程实现的描述,包含对相关表格、标准、检查单、子脚本和行为的引用。可以针对过程开发高级脚本,也可以针对过程的特定阶段(如规程)开发更详细的脚本。一个脚本文件应包含的工作如下:

(1) 过程的目的或目标;
(2) 一个或多个入口准则;
(3) 通用的指南、使用方法和约束条件;
(4) 要执行的阶段或步骤;
(5) 测度和过程质量标准;
(6) 一个或多个出口准则。

2. 表格

表格为收集和保存数据提供了一个适当的、一致的框架,指明了必要的数据及其存储位置。适用时,表格还明确了必要的计算和数据定义。如果没有自动化的数据收集和存储工具,也可以使用纸质表格。

3. 测度

测度用于量化过程和产品。为更好地了解过程的工作方式,可以允许用户执行以下操作:

(1) 详细说明可用于策划和过程改进的数据项目剖面;
(2) 分析过程以确定如何对其进行改进;
(3) 确定过程变更的有效性;
(4) 监测过程的性能并为下一步做出决策;
(5) 监测履行承诺的能力并采取必要的纠正措施。

4. 标准

个体软件过程方法涉及使用多种推荐标准,例如编码标准、代码行的计数指南和缺陷分类标准。

5. 检查单

在个体软件过程方法中,检查单是一种专用表格(或标准),用于指导软件产品的个人评审,其中的每一项都会验证产品是否正确,或者是否符合标准和规格说明。检查单包括一个列表,列出了在评审特定软件产品时可能会发现的常见缺陷。使用检查单逐项对产品进行全面评审。当某一条目评审完成后,应标记为已完成。当检查单中的所有条目均已评审完成并且检查单由执行检查的人签名后,可以用作质量记录和评审已完成的证据。表 9.10 展示了一个检查单的示例,检查单顶部有一行可用于写明已验证文件/产品的名称,最右边一列用于审核员在评审时进行标注,底部有一行可用于审核人员签名及写明审核日期。

图 9.21、图 9.22 和图 9.23 展示了工作量估算、质量和生产率过程的改进。当从业人员完成个体软件过程方法的 10 个培训课程时,就可以实现这些改进。在此期间,参与者必须编写 10 个程序并收集数据。在这 3 个图中,从左至右显示了第 1 个至第 10 个程序的开发绩效。结果数据显示了此次培训过程中 298 名学生的

平均结果[HUM 00]。

表 9.10　使用个体软件过程方法的部分评审的示例(改编自[HUM 00])

评审的文档/产品名称			
编号	名称	描述	已验证
10	文档	注释、信息	5
20	句法	句法问题	8
21	印刷错误	拼写、标点符号	6
23	起止	未适当标识出约束条件	12
52	输入/输出	文件、显示器、打印机、通信	70
70	数据	结构、内容	70
80	功能	逻辑	
日期:		审核:	

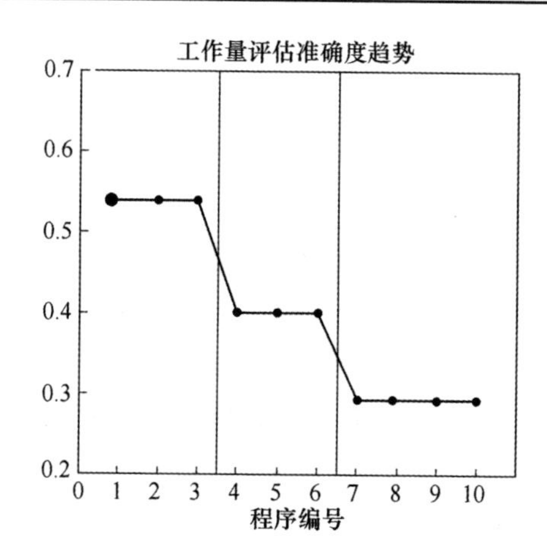

图 9.21　工作量估算改进(改编自[HUM 00])

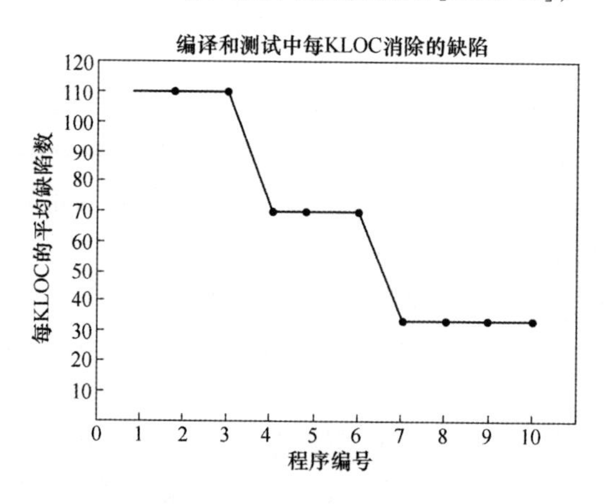

图 9.22　质量改进(改编自[HUM 00])

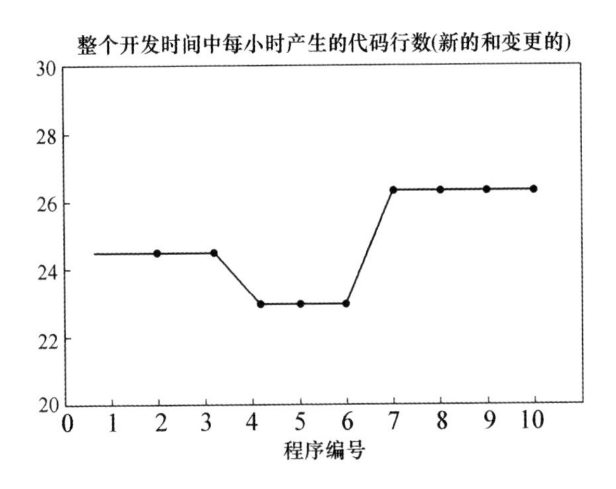

图 9.23　生产率改进(改编自[HUM 00])

每次练习后,学生都需反思自己的表现,以找出需要改进的地方。如图所示,个体软件过程方法大大改善了估算能力,改进了质量并提高了生产率。完成个体软件过程培训后,学生将能够更好地记录自己的估算,更重要的是,他们还可以将这种方法教授给自己的管理团队或未来的客户。

9.10　SQA 计划中的方针、过程和规程

IEEE 730 标准首先声明应制定符合该标准的 SQA 规程、实践和方针。

这就要求管理层确保要建立组织方针,以定义和管理组织中的 SQA 角色和职责,因为 IEEE 730 标准的目的是将 SQA 的范围定义如下:

(1) 评估软件开发过程;

(2) 评价与软件过程的符合性;

(3) 评价软件过程的有效性。

这些过程包括标识和建立软件需求、开发软件产品以及维护软件产品的过程。

新创建的 SQA 功能将与软件开发人员和管理人员共同定义要在组织中应用的过程以及 SQA 功能的角色、概念、方法、规程和实践。首要行动之一是定义组织质量方针。方针包含在将来的组织质量管理体系中,并将 SQA 过程定义为组织级过程,它独立于为特定项目建立的 SQA 过程,并且需要有文档化的过程和规程的支持。为此,SQA 必须领导对项目或组织建立的标准、模型和规程的识别工作,同时将任务分配给负责 SQA 活动和实施组织质量方针的人员。

在完成了这些定义和设置之后,产品、过程和活动对适用标准、规程和要求的遵循情况将由项目团队进行验证,同时由 SQA 独立验证。

SQA 还必须确保组织使用的生命周期过程、模型和规程均已得到定义、维护和改进，以便管理和部署生命周期模型和过程，并向员工提供和解释这些内容。尤其与他们相关的是确保存在相关过程和规程，用于报告方针、过程和规程的不符合项。一旦发现不符合项，SQA 将负责监督相关过程和规程的实施工作，该过程和规程与用于组织存储库和文档的纠正措施和预防措施相关。

SQA 功能应定期评审组织质量方针，并标识该方针与拟设立的 SQA 角色和职责之间的差距和不一致。

项目经理应就方针、过程和规程问自己下列问题：

(1) 哪些组织参考文件适用于该项目(如标准操作规程、编码标准、文件模板等)？

(2) 是否验证了产品、过程和活动对适用的标准、规程和要求的符合性？

9.11 成 功 因 素

以下文本框列出了一些影响组织过程的开发、实施和改进的因素。

促进软件质量的因素：

(1) 明确和持续的管理承诺；

(2) 明确的业务目标；

(3) 支持业务目标的过程和过程改进目标。

可能会对软件质量产生不利影响的因素：

(1) 没有合理的目标和计划。

(2) 没有将过程及其改进目标与业务目标联系起来。

(3) 资源不足，期望不切实际。

(4) 认为制度化与标准化相同[HEF 01]：

CMM 并不意味着每个人都必须以相同的方式做所有事情，但是我们应该了解何时何地才需要与众不同。制度化意味着基本实践与组织的基础设施保持一致并持续强化基础设施。

(5) 忽略中层管理人员：

在成熟度较低的组织中，中层管理人员在重大文化变革中损失最大。当他们不相信变更的好处时，他们也会成为最能有效抵抗变更的群体。因此，他们必须认识到在新文化中如何有效地进行工作，我们必须为他们提供工具帮助其实施和维持变更。

(6) 成熟度为 1 级的组织通常将其改进工作作为成熟度为 1 级的项目来执

行,但他们没有通过定义需求、制订计划以及跟踪计划等按照成熟项目的规范来管理改进工作[HEF 01]。

(7) 组织还可以尝试从咨询公司购买过程来实现一定程度的成熟度,但这种方法存在疏远员工的风险。

延 伸 阅 读

Potter N. and Sakry M. *Making Process Improvement Work*. Addison-Wesley Professional, 2002.

Garcia S. and Turner R. *CMMI Survival Guide*, Addison-Wesley Professional, 2007.

Laporte C. Y., Berrhouma N., Doucet M., and Palza-Vargas E. Measuring the cost of software quality of a large software project at Bombardier Transportation, *Software Quality Professional Journal*, ASQ, vol. 14, issue 3, June 2012, pp. 14-31.

练　　习

1. 制定检查单以确定方针草案是否确实是一项方针,请给出 5 条准则。
2. 制定一系列准则,以指导项目经理根据项目需求调整组织过程。
3. 建立一个“评分表”,以确定过程是否与模型(如面向开发的 CMMI 模型)一致。
4. 制定一系列准则,以帮助您确定标准或模型是否与组织的文化及其工作方式相匹配。
5. 请给出 5 个选择 ETVX 表示法来记录过程和业务程序的理由。
6. 请给出 5 个选择面向开发的 CMMI 模型作为存储库来记录业务过程的理由。
7. 请给出 5 个选择不使用面向开发的 CMMI 模型作为存储库来记录业务过程的理由。
8. 请给出 5 个选择 ISO 29110 标准来为组织开发软件的理由。
9. 请给出 5 个选择不使用 ISO 29110 来为组织开发软件的理由。

第 10 章　测　　量

学习目标：

（1）了解测量的重要性；

（2）理解基于 ISO12207 标准的测量过程；

（3）了解实用软件和系统测量方法；

（4）了解 ISO/IEC/IEEE 15939 的测量标准；

（5）理解基于面向开发的 CMMI®模型的测量观点；

（6）了解使用问卷调查作为测量工具的优点；

（7）了解如何实施测量方案；

（8）学习测量的实际考虑问题；

（9）理解 ISO/IEC 29110 的测量观点；

（10）学习 IEEE 730 标准中描述的测量要求。

10.1　引言–测量的重要性

软件测量成为软件工程中的一个研究课题已经有 30 多年了[FEN 07]。然而，许多测量活动仍难以反映基础的软件测量。例如，进度、成本、规模、工作量等，这意味着项目团队及其管理层几乎无法获得即时的真实信息[LAN 08]。

软件工程

系统地应用科学的、技术性的知识、方法和经验来进行软件的设计、开发、测试和文档撰写。

ISO 24765[ISO 17a]

我们回顾一下软件工程的定义，它强调了测量软件活动和产品的重要性。

不管是开发独立的产品还是系统部件，当今的软件开发组织都必须持续改善组织的绩效和软件。因此，他们必须为软件开发和维护过程确立绩效目标。这将有利于优化决策和对客户需求相应的改进率进行评估。

Victor Basil 总结了许多与测量有关的问题[BAS 10]。实施测量活动的过程中,软件开发组织将面临许多问题,例如搜集过多的无用数据、没有实施合适的有利于战略战术决策的数据分析过程等。这导致了许多问题,如测量绩效下降,或不能满足顾客、管理人员和软件开发人员的要求。这些结果是由于测量方案不佳造成的。

Watts S. Humphrey 描述了与软件测量有关的关键作用,包括:理解和表征、评价、控制、预测和改进[HUM 89]。

(1) 理解和表征:测度使我们能够了解软件过程、产品与服务,并且做到:①建立基线、标准和业务/技术目标;②文档化所使用的软件过程模型;③为软件过程、产品和服务设定改进目标;④更好地估算具体项目的工作量、进度和成本。

(2) 评价:测度可以用来进行成本/收益分析并确定目标是否达到。

(3) 控制:测度有助于对资源、过程、产品和服务进行控制,方法是在超过控制范围、没有达到绩效指标、没有遵循标准时发出警报。

(4) 预测:当软件过程稳定并受控时,测度可用于预测项目的预算、进度、所需资源、风险甚至质量问题。

(5) 改进:测度能够帮助我们标识产生缺陷和低效的根本原因,从而提出改进建议。

军事系统中一行源代码的平均成本是多少?

"用于指挥和控制的军事系统中,源代码的平均成本为每行1~3个工时,其中"工时"指直接用于工作的劳动时间,而"一行代码"则是在软件工程研究所测量指南中介绍的逻辑行。另外,与此估算相关的工作还包括需求分析、体系架构设计、软件开发和集成、测试任务等,不包括系统测试或 Beta 测试,但包括对需求分析的支持。"

Reifer(2002)[REI 02]

下面举例说明测量是如何控制软件项目开发过程中的质量的。图 10.1 显示了软件开发过程中已经发现的缺陷密度,虚线是软件部件所需的质量水平,如 10 号部件应该在纠正第一次审查发现的缺陷后,再进行第二次审查。

测量能够帮助软件项目经理[SEI 10a]:更好地策划和客观评估项目状态以及分配给供方的任务;根据批准的计划和目标,跟踪实际的项目绩效;快速标识过程和产品的问题以便及时纠正;为未来的项目提供有效的基准测试数据。我们还可以看到,利用测度能更好地评估项目进度、需求方案、供方的选择、供方和竞争对手的报价及建议的项目进度。

测量活动在软件获取、开发、维护和基础设施过程中均能帮助提高质量。测量

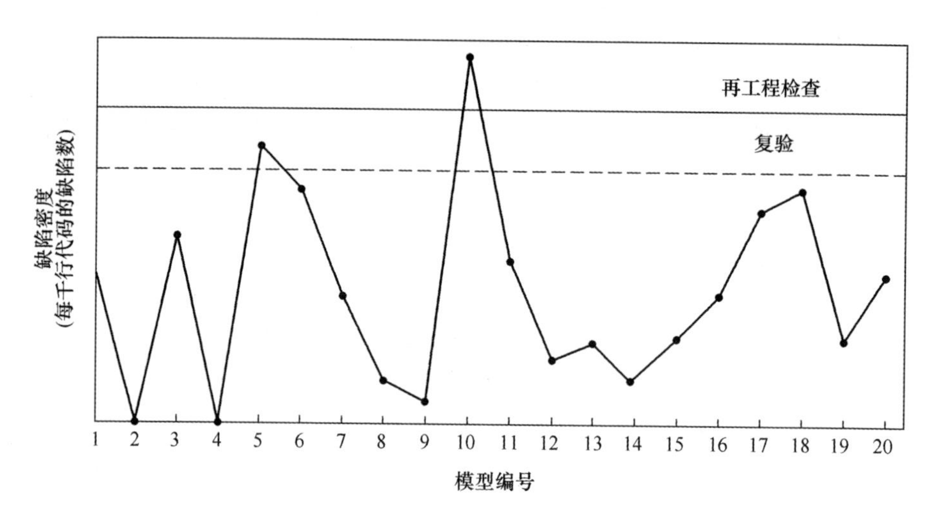

图 10.1　测度在决策中的使用举例[WES 03]

活动必须建立一个测量库来收集、分析数据,并报告给组织内所有相关方。测量库的设计应该能够回答所有与决策和绩效指标相关的问题,并且能够对软件过程保持一致的测量,以提高质量和有效消除缺陷。

测量是所有科学的起源,并且促进科学进步。测量通过量化方法使得科学概念得以成熟。测量使得软件过程变得可控且可以重复。软件工程师应设计并采用合适的测度来提高软件过程的成熟度。

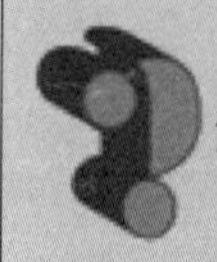

测度

可由测量结果赋值的变量。

注 1:测度作为集合名词时是基本测度、导出测度和指标的统称。

测量过程

在一个完整项目或组织测量机构中确立、策划、执行和评价软件测量的过程。

测量过程所有者

负责测量过程的个人或组织。

ISO 15939 [ISO 17c]

测量使我们了解开发产品的历史,更好地了解当前的活动并预测产品质量。在由于进度不明确、预算超支以及最终产品包含缺陷等而造成绩效表现不准确的情况下,测量会为项目带来好处。过去,测量被纳入项目的经常性开支。软件开发经理在过程中使用测量并设定目标,测量结果在系统交付和运行过程中用于制定短期的积极决策。测量可以帮助标识并解决实际业务和 IT 的协调问题,甚至动态分配工作。例如,谷歌的经验认为一个系统的可靠性工程师应有 50%的时间用于软件开发和维护,为了强调这一点,他们测算了时间花费的去向以确保团队遵守这个推荐的比率。

图 10.2 描述了 SWEBOK 中软件工程管理的知识域,右侧是软件工程测量的 4 项内容:①如何建立和保持测量承诺;②如何策划测量过程;③如何执行测量过程;④如何评价测量。

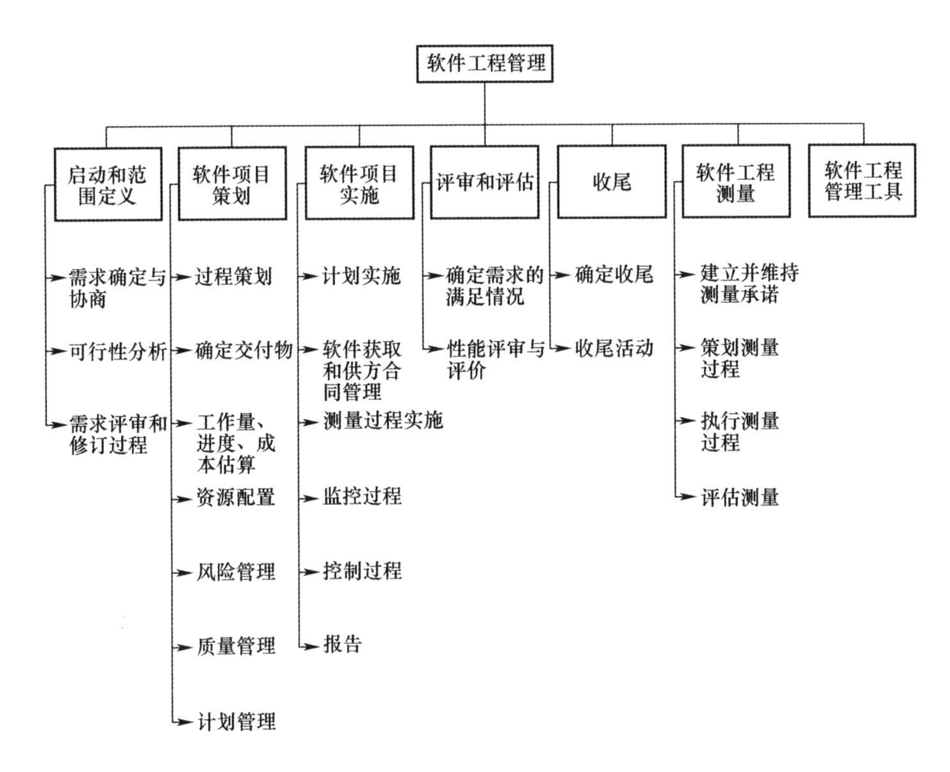

图 10.2　SWEBOK[SWE]中展示的软件工程测量

前面已经介绍了质量成本和软件商业模式的概念。由于绝大部分的测量投入都集中在预防软件生命周期过程中的差错,所以在质量成本的角度,测量被视作是预防成本,如收集、分析和共享数据的成本。表 10.1 展示了预防成本的各种成本项。

表 10.1　预防成本

主类别	子类别	定　　义	典型成本项
预防成本	建立质量基础	定义质量测度,建立目标、标准和阈值,分析数据的工作量	验收测试通过准则和质量标准/指南的定义
	对项目和过程的干预	预防不合格或改进过程质量的工作量	培训、过程改进、测量收集和分析

资料来源:改编自 Krasner(1998)[KRA 98]。

测量常用于以下软件商业模式:签订合同的定制系统和大众市场软件。在这些商业模式中,通常严格使用方针、过程、规程来控制开发进度、降低风险和缺陷的影响。

本章介绍的主要内容如下。

(1) 第一个主题是 ISO12207 和 ISO 9001 中定义的测量过程,为了说明如何实施这些建议,我们将介绍实用软件和系统测量(PSM)。实用软件和系统测量最初是为指导美国国防软件项目开发的,随后成为了 ISO/IEC/IEE 15939 标准中软件测量标准的重要组成部分[ISO 17c]。

(2) 总结了 ISO 15939 标准中对软件测量过程的简要描述,并介绍了 CMMI 的观点。

(3) 讨论问卷调查如何成为一个有效的测量工具(问卷调查也是另一种简单的测量过程)。

(4) 介绍测量在超小型实体中的运用,同本书其他章节一样,将介绍包含在项目的软件质量保证计划中的 IEEE 730 中描述的测量需求。

(5) 回顾并总结应该如何在组织中成功地实施软件测量程序以及如何避免陷阱。

10.2　基于 ISO/IEC/IEE 12207 的软件测量

测量是 ISO 12207 标准中描述的过程之一,目的是收集、分析和报告客观的数据和信息,以支持有效的软件管理,并论证产品、服务和过程的质量[ISO 17]。

成功实施测量过程的结果如下:

(1) 标识了信息需要;

(2) 基于信息的需要,确定或开发了一套适当的测量方法;

(3) 收集、验证和存储了所需的数据;

(4) 分析了数据,解读了结果;

(5) 信息项提供了支持决策的客观信息。

项目应根据测量过程有关的组织方针与规程实施下列活动和任务[ISO 17]。

(1) 准备测量:

① 定义测量策略;

② 描述与测量相关的组织特性,如业务目标和技术目标;

③ 确定信息需要及其优先级;

④ 选择并细化满足信息需要的测量;

⑤ 定义数据收集、分析、访问和报告规程;

⑥ 定义评估信息项和测量过程的准则;

⑦ 确定并规划必要的、将要使用的使能系统或服务。

(2) 执行测量:

① 将数据生成、收集、分析和报告的规程(手动的或自动的)集成到相关过程中;

② 收集、存储和验证数据;

③ 分析数据并定义信息项;

④ 记录结果并告知测量用户。

为系统介绍测量过程,ISO 12207 标准建议读者参阅 ISO 15939 标准,该标准将在后面介绍。

10.3　基于 ISO 9001 的测量

ISO 9001 强调,质量体系要求测量这一部件有效运行。除典型的过程组成外,图 10.3 还描述了绩效测量的适用范围。

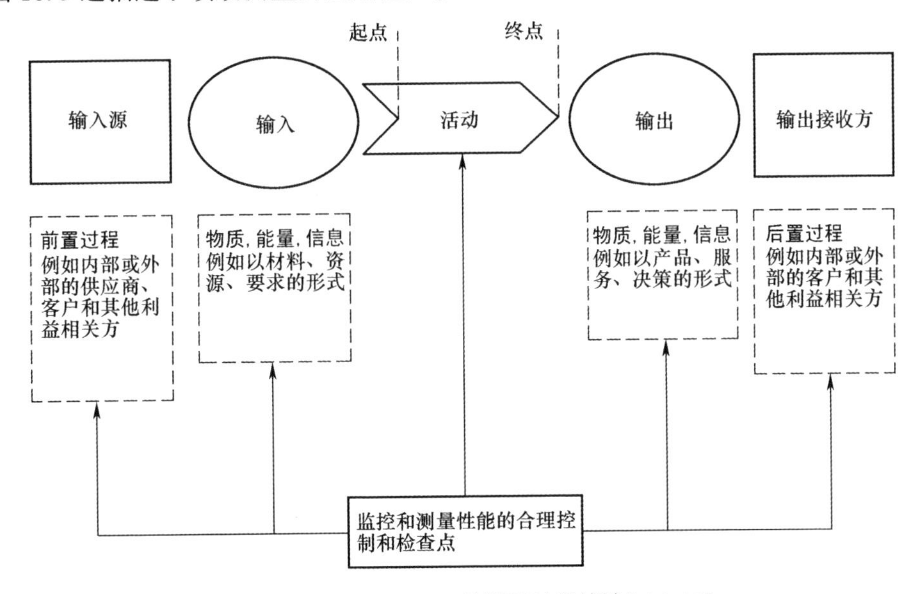

图 10.3　基于 ISO 9001 的测量过程绩效[ISO 15]

ISO9001 的条款 7.1.5“监视和测量资源”描述了部分测量职责[ISO 15]:“当利用监视或测量来验证产品和服务符合要求时,组织应确定并提供所需的资源,以确保结果有效和可靠。

条款 9.1“监视、测量、分析和评价”提出[ISO 15],“组织应确定:①需要监视和测量的内容;②需要用什么方法进行监视、测量、分析和评价,以确保结果有效;③监视和测量的时机;④对监视和测量的结果进行分析和评价的时机。”

最后,ISO 9001 标准的条款 10.3“持续改进”从另一方面描述了测量的必要性[ISO 15]:“组织应持续改进质量管理体系的适宜性、充分性和有效性适宜性。”

10.4 实用软件和系统测量方法

实用软件和系统测量方法是为美国国防工业开发的[JON 03],它是 ISO 15939 标准中系统和软件工程测量的主要输入。鉴于标准往往不说明事情是“如何做”的,实用软件和系统测量方法用实例说明的方法是很有用的。

实用软件和系统测量方法的目的是为软件项目经理提供测量指南,其中包含了方针、示例、经验教训和案例研究,这为软件项目经理提供了可行的测量框架,并且,它还解释了应如何定义和设计软件测量活动,以支持顾客从外部供方处获取软件和系统时的信息需要。

实用软件和系统测量方法涵盖 3 个层面:①从项目经理层面理解测度以及如何利用测度进行项目管理;②从技术人员层面在策划和执行阶段开展测量;③从管理团队层面了解软件相关的测量需求。

实用软件和系统测量方法的 9 项原则如下(改编自[PSM 00]):

(1) 利用问题和目标来推动测量需求;

(2) 基于技术和管理过程定义和收集测度;

(3) 收集和分析数据的详细程度要足以标识和隔离软件问题;

(4) 拥有独立的分析能力;

(5) 使用系统的分析过程跟踪测度,以帮助决策;

(6) 根据项目情境解释测量的结果;

(7) 将测量整合到项目管理过程生命周期中;

(8) 将测量过程视作客观交流的基础;

(9) 首先关注项目级的分析。

如图 10.4 所示,项目量化管理包括了风险管理、测量和财务绩效管理。实用软件和系统测量方法主要集中关注测量过程,但也包括与风险管理和财务绩效管理等其他专业的交互。

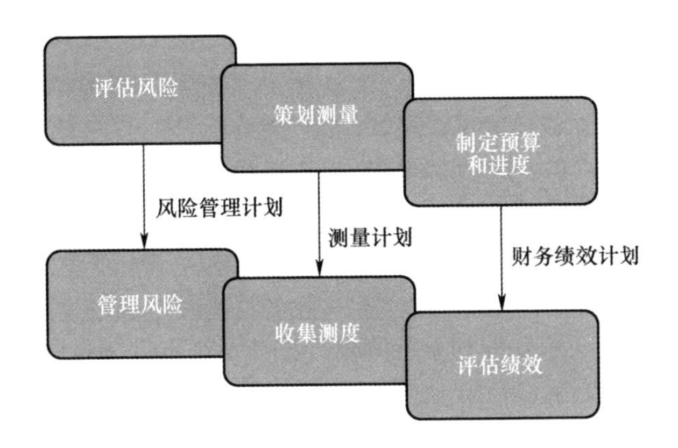

图 10.4 量化管理的 3 条准则[PSM 00]

将测量作为一个独立的过程使用已经被证实是无效的。测量可以有效描述所有的项目挑战和相关系统中的问题,并且当测量包含在项目管理的各个方面时,将更有效,如将测量与风险管理和财务绩效管理集成在一起时。本书的后续章节将详细地讨论风险管理。

实用软件和系统测量方法由以下部分组成[PSM 00]。

(1) 第 1 部分,测量过程:简要描述测量过程,并概述测量裁剪、应用、实施和评价。第 1 部分解释了项目测量过程的实施条件。

(2) 第 2 部分,裁剪测度:描述如何标识项目问题、选择合适的测度并且制定项目测量计划。

(3) 第 3 部分,“测度选择和规格说明表”:给用户提供一系列表格,供其选择最能解决项目问题的测度。这些表格支持第 2 部分的详细裁剪指南。

(4) 第 4 部分,应用测度:描述如何收集和处理数据、分析测量结果,并使用这些信息进行科学的项目决策。

(5) 第 5 部分,测量分析和指标示例:提供了测量指标和相关解释。

(6) 第 6 部分,实施过程:描述了组织内建立测量过程的必要任务。

(7) 第 7 部分,评价测量:明确整个测量活动的评估和改进任务。

(8) 第 8 部分,测量案例研究:用 3 个案例研究说明了指南中的许多关键点,3 个案例分别说明了在运行和维护生命周期阶段,美国国防部武器系统、信息系统、政府运营维护 3 个系统中的测量过程的实施。

(9) 第 9 部分,补充信息:包含术语表、缩略语、参考文献、项目说明、注释和索引。

(10) 第 10 部分,国防部实施指南:这个附录列举出了国防部计划中实用软件和系统测量方法指南中的细节信息。它解决了国防部采购部门特别关注的实施问题。

PSMInsight 工具可在网站上获取,并可以在个人电脑上运行。该工具自动执行实用软件和系统测量方法的测量过程,并且可以进行调整,它包含定制、数据输入和分析 3 个模块。

如图 10.5 所示,实用软件和系统测量方法涉及了软件测量中的 4 个关键测量活动(改编自[PSM 00])。

(1) 裁剪测度。这项活动的目的在于定义一组软件和系统测度,以最低成本提供对项目所面临挑战的最佳理解,并以测量计划文档的方式输出此项活动的结果。

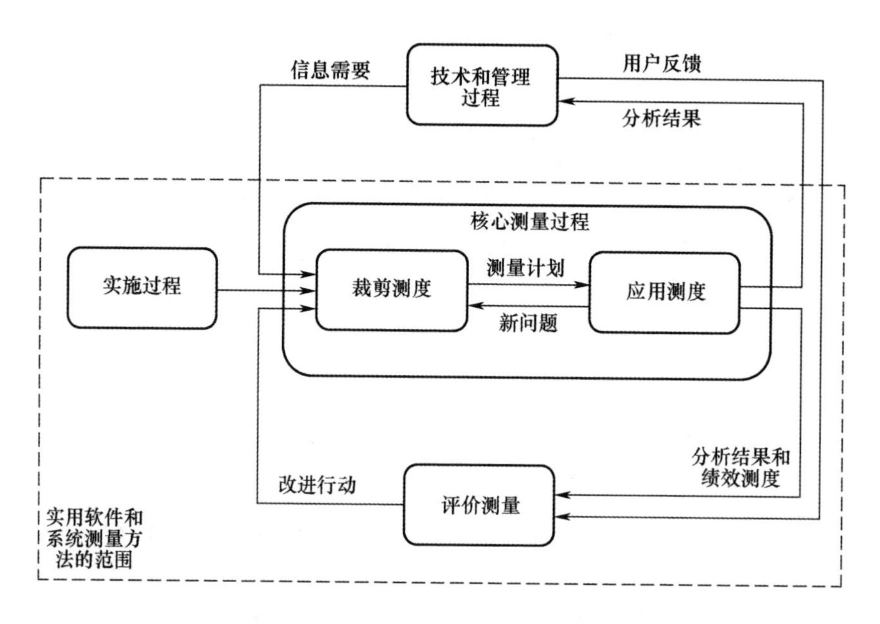

图 10.5　实用软件和系统测量方法中展示的测量过程活动[PSM 00]

(2) 应用测度。此阶段分析测度,以便为有效决策提供必要的反馈信息,也可以将风险和财务信息考虑在内。

(3) 实施过程。包括 3 个任务:

① 获得组织支持:包括在所有组织层面进行测量的权利;

② 确定有关测量的职责；

③ 为实施测量过程提供资源、购买所需的工具并招募人员。

(4) 评价测量。包括 4 个任务：

① 评估测度、指标及其结果；

② 从三个角度评价测量过程：测量过程的定量绩效评价、已执行过程与计划的过程的合规性评估、与标准建议相比的测量能力；

③ 根据经验教训更新经验库；

④ 标识并实施改进。

与测量相关的关键角色和职责有(改编自 PSM 00)。

(1) 执行经理：通常负责多个项目的管理者。他定义预期的高水平的绩效目标和业务目标，确保单个项目始终与通用的测量方针保持一致，并利用测量的输出进行决策。

(2) 项目经理或技术经理：标识项目挑战、评审测量分析并依据信息采取行动的个人或小组。在购买复杂软件的情况下，客户或外部供方将有专职的项目经理使用这些信息共同进行决策。

(3) 测量分析师：这类角色可以是个人或团队，其职责包括制定测量计划、收集和分析数据、向所有相关方报告结果等。大规模的复杂软件获取项目中，外部供方和顾客通常都给项目分派一名测量分析师。

(4) 项目团队：负责软件和系统的采购、开发、维护/运营的团队，该团队可以包含政府或工业部门，以作为集成产品开发团队(IPT)的组成部分。项目团队定期收集测量数据以作为工程决策的参考。

实用软件和系统测量定义了软件项目应提供的 7 类信息(改编自[MCG 02])。

(1) 进度：这类测量旨在跟踪项目每个阶段/步骤和里程碑的进展。一个进度延迟的项目将很难达到交付目标，项目经理可能要为此减少交付的功能或牺牲质量。

(2) 资源和成本：这类测量评价要完成的工作量和人力资源间的平衡。如果人事预算超支，那么要完成项目就只能放弃某些功能或牺牲质量。

(3) 软件规模和稳定性：这类测量关注交付物在满足功能性需求和非功能性需求的方面所取得进展的稳定性，它利用交付的和测试的功能规模来评估交付趋势。稳定性测量考虑功能的变化情况，而变更申请的增加会使规模扩大，这种情况可能会导致进度拖延并增加人力资源成本。

(4) 产品质量：软件项目需要控制的另一个维度是产品质量。这类测量类别考虑功能性需求和非功能性需求的缺陷消除趋势的当前状态。一个有缺陷的产品交付给客户进行验收测试时，将产生大量的缺陷报告，在这种情况下强行交付会导致维护工作量大幅增加。

(5)过程绩效:这类测量评估外部供方满足合同以及合同附件中所规定的需求的能力。一个对过程控制力较弱或者生产力低下的外部供方可能是产生交付问题的先兆。

(6)所用技术的有效性:这类测量评估技术的有效性,项目使用这些技术来满足需求。相关的技术测度评估重用、开发方法、框架和软件架构等软件工程技术,旨在发现是否使用了有风险的或者尚未熟练掌握的技术。

(7)用户满意度:最后一类测量评估顾客对项目进展的体验及其满足客户需求的程度。

系统可靠性功能统计建模和评估工具

系统可靠性功能统计建模和评估(statistical modeling and estimation of reliability functions for systems,SMERFS)工具借助可靠性建模来分析软件、硬件和系统数据。该工具可从相关网站免费获取,并包含在 PSM Insight 工具中。系统可靠性功能的统计建模和评估试图帮助回答以下问题:

(1)软件是否已准备好交付给顾客?

(2)交付前还需要进行多少测试?

(3)软件是否会需要大量返工?

该工具由 William Farr 开发,使用它必须遵循5个步骤:

(1)步骤1. 记录失效数据;

(2)步骤2. 绘制失效图;

(3)步骤3. 确定最符合观察结果的曲线;

(4)步骤4. 评估曲线的精度;

(5)步骤5. 使用预测模型。

10.5 节介绍软件过程测量的最新国际标准——ISO/IEC/IEEE 15939 标准。

10.5 ISO/IEC/IEEE 15939 标准

本节介绍 ISO 15939 标准中的4个关键软件测量活动以及测量示例。ISO 15939 为软件供方和需方定义了同时适用于系统和软件工程学的软件测量过程。

ISO 15939 标准符合 ISO 9001 的测量要求,它详细阐述了 ISO 15288 和 ISO 12207 中描述的软件项目测量过程。

测量(动词)

进行一次测量。

测量经验库

数据存储库,其中包含对信息产品和测量过程的评价以及测量过程中所得教训的数据库。

ISO 15939[ISO 17c]

ISO 15939 标准使用一个模型来描述活动和任务的定义、实施以及结果解释,以此来展现测量过程。它并没有描述如何完成这些任务,也没有给出测量的案例,它的目的是在一个完整的项目或组织的测量机构里描述出成功标识、定义、选择、应用和提高软件测量所必需的活动和任务,并给出软件业内常用的测量术语的定义。

成功实施测量过程的结果如下:

(1) 标识了信息需求;

(2) 根据信息需求标识或开发一组适当的测度(由信息需要驱动);

(3) 所需的数据已收集、验证和存储;

(4) 数据已分析,结果已解释;

(5) 信息项提供了支持决策的客观信息;

(6) 维持组织对测量的承诺;

(7) 策划了已标识的测量活动;

(8) 评价了测量过程和测度;

(9) 向测量过程所有者通报改进情况。

注意,以上的前五项结果在 ISO 15288 和 ISO 12207 中都有描述。

10.5.1 基于 ISO 15939 的测量过程

为实现目标,软件测量过程应该详细描述其活动和任务。图 10.6 是一个参考过程模型,它包含 4 个活动:确立和维持测量承诺、准备测量、执行测量、评价测量,每个活动都包含一定数量的任务[ISO 17c]。

这个模型包含了一个到信息技术生命周期过程的反馈回路,并假设组织已将其规范化,建立了技术过程和管理过程,这些活动迭代进行从而实现持续的反馈和改进。这是对已经广泛应用于过程改进的 PDCA 模型的应用。

如图 10.6 所示,测量存储库在一个项目迭代中,为所有项目和软件工程过程收集数据,并存储历史数据。

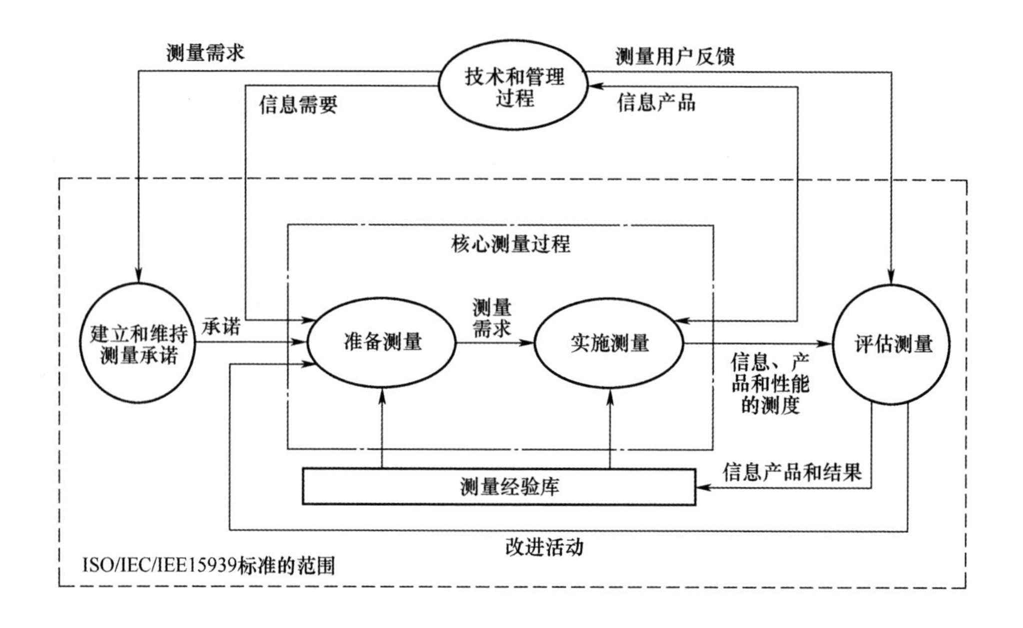

图 10.6　ISO 15939 软件测量过程模型[ISO 17c](资料来源:加拿大标准委员会)

ISO 15939 标准中提及的典型的功能性角色有:利益相关方、发起者、测量用户、测量分析者、数据提供者和测量过程所有者。

10.5.2　测量过程的活动和任务

测量过程由测量需求推动,测量需求也是组织的技术和管理信息需要,图 10.7 描述了这些活动和任务。

10.5.3　基于 ISO 15939 的一个信息测量模型

ISO 15939 标准的附录 A 仅为资料性附录,它描述了一个使信息需要与测度相关联的结构。测量信息模型有助于确定测量策划人员在策划、执行和评价阶段需要规定什么,并提出了 3 类测度:基本测度、导出测度和标度,本节将阐释这个测量模型,并举例说明其应用。

活动1：建立并维持测量承诺

接受测量要求；

- 分配资源。

活动2：准备测量

- 定义测量策略；
- 描述与测量相关的组织特性；
- 标识信息需要并确定其优先级；
- 选择并确定满足信息需要的测度；
- 定义数据收集、分析、访问和报告程序；
- 定义信息项和测量过程的评价准则；
- 确定并计划要使用的支持系统或服务；
- 评审、批准并提供测量任务所需的资源；
- 获得并部署支持技术。

活动3：执行测量

- 将数据生成、收集、分析和报告的规程集成到相关过程中；
- 收集、存储和验证数据；
- 分析数据并定义信息项；
- 记录结果并告知测量用户。

活动4：评价测量

- 评价信息产品和测量过程；
- 标识潜在的改进。

图 10.7　软件测量过程的活动与任务[ISO 17c](资料来源:加拿大标准委员会)

图 10.8 给出了模型及其组成成分,接下来将从下至上逐一解释说明图中的组成成分[ISO 17c]。

(1) 实体是一个通过测量其属性来表征其特性的对象(如过程、产品、项目或资源)。典型的软件工程对象可分类为产品(如设计文档、网络、源代码和测试用例)、过程(如设计过程、测试过程、需求分析过程)、项目和资源(如系统工程师、软件工程师、程序员和测试人员)。一个实体可能有一个或多个与满足信息需要相关的特性。实际上,一个实体可以归类到上述的多个类别中。

(2) 属性是实体的特性或特征,而这个实体可以通过人工或自动的方法定量或定性区别。一个实体可能有许多属性,但只有一些与测量有关。在确定测量信息模型的特定实例时,第一步是选择与测量用户的信息需要关系最密切的属性。一个给定的属性可以并入多个测量结构,支持不同的信息需要。

属性

可由人或自动化工具定量或定性辨别的实体特征或特性。

指标

对指定属性提供估算或评价的测度,该属性是从规定信息需要的相关模型导出。

标度

一组有序的连续或离散值,或一组与属性映射的类目。

注1:标度类型取决于标度值间关系的性质。通常定义4种类型的标度:

(1) 标称标度:测量值是类目;

(2) 顺序标度:测量值是队列;

(3) 间隔标度:测量值对应于等量的属性具有相等的距离;

(4) 比率标度:测量值对应于等量的属性具有相等的距离,其中零值对应无属性。

基本测度

用某个属性及其量化方法定义的测度。

注:基本测度在功能上独立于其他测度。

导出测度

由两个或多个基本测量值定义的函数。

测量单位

按约定定义和采用的具体量,其他同类量与这个量进行比较,用以表示它们相对于这个量的大小。

ISO 15939

(3) 测度是由一个属性及其量化方法定义的。测度是一个被赋值的变量。基本测度在功能上独立于其他测度。基本测度记录单个属性的信息。数据收集涉及给基本测度的赋值。说明基本测度值的期望范围和(或)类型有助于验证所收集的数据的质量。

(4) 测量方法是一种逻辑操作序列,用于按指定标度量化属性。操作可能涉及诸如统计出现次数或观测时间推移之类的活动。同样的测量方法可以应用于多个属性。不过,一个属性和一种方法的每种唯一组合都产生一个不同的基本测度。一些测量方法可以通过多种方式实施。测量规程描述在给定组织背景下测量方法的具体实施。

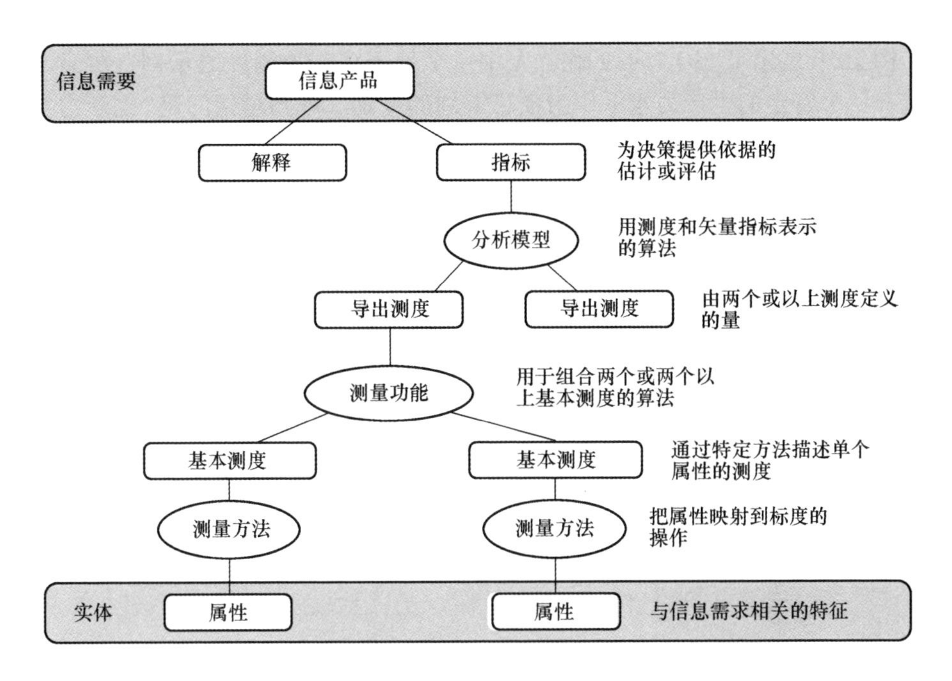

图 10.8　信息测量模型[ISO 17e](资料来源:加拿大标准委员会)

测量方法的类型取决于属性量化操作的性质。测量方法可以分为两类:①主观类:涉及人为判断的量化;②客观类:基于数字规则(如计数)的量化。这些规则可以通过人工或自动的方法实施。

(5) 导出测度定义为两个或两个以上基本测度值的函数。导出测度记录的是关于一个以上的属性的信息或多个实体的同一属性的信息。基本测度的简单变换(如取基本测度的平方根)并不增加信息,因此并不产生导出测度。数据的正则化通常涉及把基本测度转化为可用于比较不同实体的导出测度。

(6) 测量函数是用于组合两个或两个以上基本测度的算法或计算。导出测度的标度和单位取决于组成该导出测度的基本测度的标度和单位,以及测量函数组合这些基本测度的方法。

(7) 指标是一种估算或评价指定属性的测度;这些属性派生于与规定的信息需要有关的模型。指标是分析或决策的基础,是要提供给测量用户的。测量所依据的信息总是不完备的,所以量化指标的不确定性、准确性或重要性是提供真实指标值的基础。

(8) 信息产品是处理某信息需要的一个或多个指标及其相应的解释。例如,测量出的缺陷率与预计的缺陷率的比较结果,以及对这种差别是否显示出某个问题的评估。

1. 测度示例

图 10.9 展示了 ISO 15939 附录 A 中一个关于生产力测度的示例。决策者需要选择一个特定的生产力水平作为项目策划的基础。可测量指的是“生产力与所付出的努力和所生产的软件相关”,因此工作量和需求是需要关注的测量实体。

信息需要	估算后续项目的生产力
可测量概念	项目生产力
相关实体	• 历史项目实现的需求 • 历史项目的工作量
属性	• 应声明 • 考勤卡条目(记录工作量)
基本测度	• 项目X的需求 • 基础X的工时
测量方法	• 计算需求规格说明中的“应”的数量 • 为项目X添加考勤卡条目
测量方法的类别	• 客观的
标度	• 从0到无穷的整数 • 从0到无穷的实数
标度类型	• 间隔标度 • 比率标度
测量单位	• 行 • 小时
导出测度	项目X的生产力
测量功能	根据项目X的工时分离该项目的需求
指标	平均生产力
模型	计算所有项目生产力的平均值和标准差
决策准则	根据标准差计算得到的置信区间表明了实际结果与平均生产力的接近程度。较大的置信区间表明可能存在较大偏差,因此需要应急计划来应对这一结果。

图 10.9　生产力的测量结构相关实体:历史项目实现的需求数[ISO 17c]
(资料来源:加拿大标准委员会)

该示例假定根据过去的性能估算生产力,因此需要收集基本测度的数据,并且针对数据存储器中每个项目计算导出测度。

决策准则在图 10.9 的底部显示,它是以数值表示的边界或目标,用于评估是否需要对生产力采取措施或付出额外关注。决策准则有利于解释测度,可以用来推算预期结果或作为预期的概念性理解的基础。不论采取哪种方式估算的生产力,工程中固有的不确定性都意味着很有可能无法获得对它的精确估值。基于历史数据估算的生产力可以计算置信区间,从而帮助判断估值与实际结果的接近程度[ISO 17c]。

ISO 15939 的资料性附录 A 还描述了“软件制品”质量测度,并附上了一个项目改进测度的示例。该标准的资料性附录 B 显示了工作产品与创建制品的测量活动之间的映射关系。测量计划是执行策划活动和任务的结果。资料性附录 F 是资料性章节,列举了测量计划中的典型内容,如图 10.10 所示。

- 组织单位的特性；
- 业务和项目目标；
- 排列了优先级的信息需要，及其与业务、组织、法规、产品或项目目标的联系；
- 确定测度及其与信息需要的关系；
- 数据收集的责任和数据来源；
- 数据收集的进度(例如，每次检查结束时、每月一次)；
- 数据收集的工具和规程(例如，静态分析器的执行说明)；
- 数据存储；
- 数据验证的要求；
- 数据输入和验证规程；
- 数据分析计划，包括分析和报告的频率；
- 为实施测量计划进行必要的组织或过程变更；
- 评价信息产品的准则；
- 评价测量过程的准则；
- 数据和信息产品的保密要求，以及有助于保密的必要措施/注意事项；
- 实施测量计划的日程进度和职责，包括试点实验和整个组织范围内的实施；
- 数据配置管理、测量经验库和数据定义的规程。

图 10.10　测量计划中包含的信息示例[ISO 17c](资料来源:加拿大标准委员会)

该标准的资料性附录 C 描述了测度的选择准则;资料性附录 D 提出了信息产品的评价准则;资料性附录 E 介绍了测量过程的评价准则;资料性附录 G 描述了信息要素的报告准则。

10.6　基于 CMMI 模型的测量

本节介绍面向开发的 CMMI 模型的分段描述中提出的一些测量实践,这些实践出现在该模型的许多过程域中:在特定过程域的共用目标(GG)、共用实践(GP)、专用目标(SG)和专用实践(SP)中(如“项目策划”“项目监控”“组织过程定义”和“定量项目管理”)。

成熟度等级 1 的组织收集的测度通常可靠性较差,因为在该成熟度等级,其过程通常都是随意的、非文档化的。成熟度等级 2 也称“已管理级”,组织具有经过策划和执行的过程,因此在该等级时,我们可以测量过程和软件产品。记住,等级 2 的共用实践之一是“GP 2.8 监督和控制过程”,它指的是一些过程属性,如使用了进度和绩效测度的项目的百分比、未完成和已完成的纠正措施数量等[SEI 10a]。

关于供方开发的软件产品,面向开发的 CMMI 建议需方密切关注项目质量、进度和成本。测量和数据分析是项目监控的关键活动。

面向开发的 CMMI 的“测量与分析”过程域使用了 ISO 15939 标准，这使得系统工程和软件工程可以共享相同的测量建议。下面的文本框描述了 2 级“测量与分析”过程域的专用实践。

测量与分析

测量与分析(MA)的目的是开发和保持测量能力，以支持管理信息的需要。

SG1 测量与分析活动

测量目标和活动与信息需要和目标保持一致：

(1) SP 1.1 建立测量目标：根据已标识的信息需要和目标，建立和维护测量目标；

(2) SP 1.2 明确测度：确定能帮助实现测量目标的测度；

(3) SP 1.3 确定数据收集和存储规程：确定如何获取和存储测量数据；

(4) SP 1.4 确定分析规程：确定如何对测量数据进行分析和报告。

SG 2 提供测量结果

提供能够满足信息需求和目标的测量结果：

(1) SP 2.1 获得测量数据：获取规定的测量数据；

(2) SP 2.2 分析测量数据：分析和解释测量数据；

(3) SP 2.3 存储数据和结果：管理和存储测量数据、测量规格说明和分析结果；

(4) SP 2.4 报告结果：将测量和分析活动的结果报告给所有相关方。

面向开发的 CMMI

CMMI 模型的许多其他过程域都使用了此过程域。例如：测量项目绩效应参照“项目监督和控制”过程域；控制软件产品应参照“配置管理”过程域；需求可追溯性可参照“需求管理”过程域；组织测量可参考“组织过程定义”过程域。要了解正确使用统计方法的相关信息，面向开发的 CMMI 的“定量项目管理”过程域提供了更多指导。

SEI 测量程序

“软件工程测量与分析”(SEMA)程序旨在研究趋势、改进当前措施并推广未充分利用的技术，同时开发和改进了软件测量和分析的方法及工具。为了普及成熟的方法和工具，该程序还提供了案例研究、培训和咨询。

软件工程信息存储库(SEIR)

SEIR 的目标是为过程改进信息的交流和贡献提供一个免费和开放的论坛。

10.7 超小型实体中的测量

在世界范围内,有大量从事开发和维护软件的超小型实体,超小型实体是员工不超过 25 人的组织、公司、部门和项目。在前面的章节中,我们介绍了 ISO 29110 标准,它提出了可供参考的 4 个剖面,这些剖面适用于:启动模式下的超小型实体;期限为 6 个月的小型项目;只有一个团队且只生产一个产品的团队;具有多个项目、多个团队的超小型实体;或者一个希望改善其业务管理和竞争力的超小型实体。

ISO 29110 项目管理过程中与测量相关的活动有:项目策划活动,它估算规模、工作量、进度和资源,并将其用于项目策划的准备,以及项目评估和控制活动,其中,对照项目计划评价进度。

ISO 29110 与测量有关的软件实现过程的任务主要与评审或测试过程中缺陷的识别和纠正有关。

10.8 问卷调查:一种测量工具

组织使用问卷调查获得复杂问题的简单描述,帮助解决问题并支持决策。问卷调查是能够快速匿名收集信息的工具,它可以在会议期间完成,并且通常使用互联网调查工具直接发放问卷,或通过网页链接邀请受访者进行答题。

SQA 使用,问卷调查从个人和组织获取服务满意度信息,如开发人员、项目经理、测试员、配置管理员、甚至包括供方。例如,在部署新的测量活动几周后,SQA 可以准备问卷调查,评估组织的顾客对其产品和服务的满意度。

本节介绍了两个案例研究:一项是由 SEI 进行的有关测量的问卷调查,另一项是由 ISO 工作组针对超小型实体开展的调查。

什么是问卷调查? Kasunic 认为,根据 SEI [KAS 05],调查是一种数据收集和分析方法,被调查的个人可以回答问题或对先前阐述的声明发表评论。

SEI 开发了一个包含如下 7 个步骤的调查过程[KAS 05]:

(1) 确定研究目标;

(2) 标识和表征目标受众;

(3) 设计抽样方案;

(4) 设计并编写问卷;

(5) 进行问卷调查预测试;

(6) 发放问卷;

（7）分析结果并撰写报告。

Kasunic 认为，好的问卷调查必须是系统的、公正的、具有代表性的、定量的和可重复的。尽管与其他数据收集方法相比，问卷调查显示出良好的结果，但它仍存在局限性[KAS 05]。

（1）为确保调查结果具有普遍性，问卷调查必须遵循严格的规程来标识和选择受访者。

（2）遵循必要的规则严格开展问卷调查可能会消耗大量的成本和时间。

（3）调查数据通常是表面的，几乎无法对细节进行详细说明，也就是说，我们无法深入研究人们的心理，来解释其独特的理解或行为。

（4）问卷调查可能很麻烦。参与问卷调查的人们能够意识到他们是研究对象，而在不知道自己是研究对象的情况下，他们可能会作出不同的反应。

调查问卷示例

Acme 公司致力于使客户感到满意。我们希望了解您对我公司 ABC 软件的看法，请您评价您的满意程度以及每种产品特性的重要程度。

请用 1~5 中的数字对每个项目的满意程度进行打分，1 表示非常不满意，5 表示非常满意。

请用 1~5 中的数字对每个项目的重要程度进行打分，1 表示非常不重要，5 表示非常重要。

对每个问题，请直接给出满意或者不满意的意见。如果有具体的例子，也请进行说明并提供您的建议。

易于安装 意见和建议	
易于使用 意见和建议	

	满意度					重要性				
	非常不满意				非常满意	非常不重要				非常重要
易于安装	1	2	3	4	5	1	2	3	4	5
意见和建议										
易于使用	1	2	3	4	5	1	2	3	4	5
意见和建议										

图例：非常重要（VI）、非常满意（VS）、不满意（NS）、不重要（NI）

改编自 Weatfall(2002)[WES 02]

SEI 为了解软件测量的实践情况开展了本调查,结果如以下文本框所示。

SEI 对软件测量实践状况的问卷调查

SEI 对行业中软件测量的使用广泛程度进行了初步的问卷调查。该问卷包含 17 个问题,随机发放给了 15180 名软件从业人员。

调查结果可用于确定:①使用了哪些测量的定义和实施方法;②最广泛使用的测度类型;③什么样的态度会阻碍测量的使用。

调查结果表明,在组织中,管理人员和员工对测量的理解不同。在以下几个方面,经理的反应比员工更强烈。

(1) 了解测量的必要性;

(2) 测量可以使团队获得更好的结果;

(3) 必须遵循收集和报告测度的文档化过程;

(4) 组织通常很好地理解了测量的定义;

(5) 产品和服务存在可测量的标准;

(6) 突破临界值时采取纠正措施。

结果表明,组织的规模会影响个别调查项。下表给出了答案为“经常”的受访者的数量占比,该百分比随组织规模的增加而略有增加。

问　　题	组织人员数量		
	≤100	101~499	≥500
我的团队遵循文档化过程,将测量数据报告给管理层	37.0%	46.4%	54.7%
我使用了测量来理解我开发的产品和/或服务的质量	38.4%	42.0%	52.8%
我的团队遵循文档化过程来收集测量数据	42.3%	46.2%	53.1%
突破临界值后采取了纠正措施	35.1%	41.1%	46.2%
我了解收集数据的原因	65.7%	71.6%	72.1%

以上是 SEI 关于使用测量的问卷调查中部分问题的回答[KAS 05],完整的调查问卷可从 ESI 报告的附录 A 中获取。

[KAS 05]

SEI 测量实践状况的问卷调查

使用方法

调查显示,受访者认为,CMMI 的"测量与分析"过程域是最常用于标识、收集和分析测量数据的测量方法,有 56%的受访者表示他们仅使用了该过程域,而且 27.4%的受访者表示这是他们使用过的唯一方法。如问卷调查简介中所说,调查对象还包括与 SEI 有关联的人员,这些人可能已经对 SEI 的产品和服务有所了解,因此对调查结果的解释还需要考虑到其有可能对 SEI 产品和服务具有偏好性。

大约 41%的受访者表示,他们仅使用一种方法来标识、收集和分析测量数据,其余 59%的受访者则使用了两种或以上方法,约有 21%的人报告说未使用任何测量方法。

使用的测度

进度和工作量是受访者最常采用的测度。约 97%的受访者表示关于进度的进展情况是最常用的测度,93%的受访者表示用于完成任务的工作量(时间)是最常用的测度。代码增长率、容错性和稳定性是他们最不常使用的测度。

测量报告的频率因测度而不同,大多数受访者表示每周、每月或每天报告一次。

改编自 Kasunic(2005)[KAS 05]

10.9 实施测量程序

首先,我们认为测量是一件简单而快速的事情,但是成功地实施测量活动存在的障碍如下:

(1) 不知道为什么要收集测度;

(2) 倾向于收集过多的测度;

(3) 在其他项目中,部分测度没有以相同的方式进行收集;

(4) 没有足够的工具轻松地收集和分析测量结果;

(5) 测度在没有经过试点项目的情况下就已经部署了;

(6) 测量增加了当前的工作量;

(7) 认为测度不会被使用;

(8) 认为测度可以用于评估个人绩效;

(9) 组织没有承诺必须进行测量;

(10) 对测量活动的支持很少。

低质量数据的影响

与使用低质量数据有关的一些问题如下：

(1) 对未来项目的成本和进度的低质量估计；

(2) 难以跟踪项目成本和进度；

(3) 不合理的薪酬水平；

(4) 低效的测试过程；

(5) 劣质系统投入生产；

(6) 过程的无效调整/变更。

为了克服这些潜在的障碍，Desharmais 和 Abran 创建、测试并推荐了以下 7 步实施方法[DES 95]：

(1) 向上级管理层展示测量程序的价值和潜力，以获得他们的支持；

(2) 在程序的设计初期就考虑到交付人员；

(3) 标识将产生最大收益的关键过程；

(4) 确定这些关键过程的测量目的和目标；

(5) 设计和发布测量程序，并征求意见；

(6) 确定用于测量的工具/过程并进行测试；

(7) 启动第一个试点，然后逐步推广。

10.9.1 步骤 1：建立管理承诺

高层管理者很难意识到启动测量程序在软件工程中的重要性，因为他们认为这些程序昂贵且官僚化。他们还认为测量会导致在获得预期结果之前拖延很长时间，而影响却极其有限。而且，对于启动测量程序的策略，他们经常从专家那里获得相互矛盾的建议。

为了解决与管理相关的测量问题，必须确定测量程序的效益及其与组织战略的一致性。找到必要的信息帮助管理人员在组织内实施测量程序并做出决策。证明软件工程测量程序的好处是具有挑战性的，因为许多结果并不明确，而且需要很长时间才能实现。

“大量测量程序在创建后就会失去意义，通常是因为它们没有向用户提供相关信息。”

Jones(2003)[JON 03]

10.9.2 步骤2:建立员工承诺

不愿接受测量程序的似乎总是员工,项目经理通常也不喜欢控制和生产力相关的测度。一方面,没有人喜欢被“测量”;另一方面,实施测量程序通常是劳动密集型的数据收集过程。为了解决这些问题,我们必须提供有用的工具使数据收集过程自动化,同时我们必须找到方法来帮助项目经理控制数据收集过程并培养分析技能,以便从可用的数据和测度中提取信息。

这个步骤就是要找到必要的论据,使参与数据收集过程的员工接受并支持测量程序。

10.9.3 步骤3:选择要改进的关键过程

本步骤包括评价软件开发组织的成熟度等级。CMMI 模型和评估结果所提供的信息远远超过人们所熟知的成熟度等级。基于对组织成熟度的评估,CMMI 提出了用于过程改进的多个关键技术,并且有助于为程序改进的关键过程目标确定优先级。

10.9.4 步骤4:标识与关键过程相关的目的和目标

此步骤的作用是确定测量程序的目的和目标。CMMI 的每个过程域都有一个或多个目的。目的描述了需要实现的内容(如改进开发项目的评估)。目标描述了随着时间的推移通过可测量的行为来衡量达成的目的(无论是否规定达成条件)。

组织目的还必须与其达成目的的能力相对应。标识关键过程只考虑组织成熟度等级是不够的,已建立的过程也很重要。从这个角度来看,一个组织不应当有太多目的,而且所有目的必须设定优先级。如果一个组织刚启动测量程序,那么它无法在第一年内实现其所有目的。

10.9.5 步骤5:设计测量程序

此步骤包括设计一个测量程序,该程序不仅帮助管理层评估是否已达到目标,并且在目标未达到时,还可以帮助解释原因。图 10.11 提出了测量程序的组成部分:工具、标准、定义和测度选择。此设计的实现将根据组织的不同有所不同。

10.9.6 步骤6:描述用于测量的信息系统

此步骤要对为实现目标而收集的所有测度进行建模。这些测度必须指定测量单位,并且(可以的话)必须是基于标准的。此步骤还必须定义确认过程和控制报告。

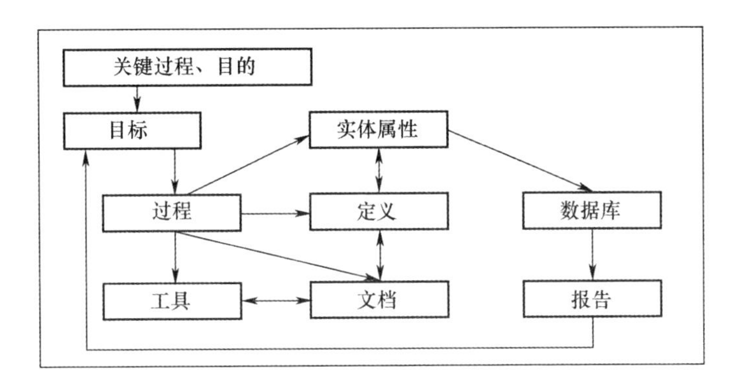

图 10.11　软件测量程序的组成[DES 95]

10.9.7　步骤 7:部署测量程序

此步骤包括通过以下方式部署测量程序:

(1) 选择试点项目场所;

(2) 员工培训;

(3) 分配职责和任务;

(4) 设置测量小组。

针对不同类型的员工,测量目标的职责根据级别有所不同。员工类型包括高层管理人员、测量程序经理、专家和开发人员,表 10.2 对此进行了说明。

表 10.2　职责矩阵[DES 95]

级别/人员	上级管理者	测量程序经理	专　家	开发人员
战略	定义战略目标	· 提供关于测量程序的信息; · 确定目标是一致的	确保资源的一致性	
战术	· 认可并推广测量程序; · 批准战术目标	跟踪/确认目标的一致性	· 协助领导; · 使用目标,定义实体、属性和测度; · 协助交付人员; · 产生报告并获得批准; · 定义并记录资源	参与战术目标的制定
执行	· 提供所需资源; · 批准执行目标	· 管理测量程序; · 实施程序和工具; · 提供测量程序的状态/调整建议	· 跟进和实施工具; · 进行统计分析; · 设计测量存储库	· 参与业务目标的制定; · 参与数据收集

创建和维护软件测量程序的成功取决于高层管理人员的持续支持,领导者的支持对于其他员工的测量贡献至关重要。领导者通常是高层管理人员的一员,可以激励员工。

该程序的过程成熟度与该程序的成功之间可能存在联系。只有更成熟的组织才能通过阐明目的和目标,以结构化的方式支持过程改进,而且对承诺进行有效的沟通交流将促进成功。

研究表明,测量程序如果没有领导层的支持,将不会持久。

下面的文本框显示了测量中的常见错误。

常见的测量错误

(1) 缺少或没有明确测量目标;

(2) 缺乏足够的资源和培训;

(3) 存在多种操作性定义;

(4) 测量方法本身存在难点;

(5) 测量过程不规范;

(6) 动机冲突;

(7) 对测量和分析的优先级/关注度较低;

(8) 没有进行差异分析;

(9) 数据获取错误。

Kasunic 等(2008)[KAS 08]

10.10 实施考虑

本节介绍了 SEI 推荐的基本测度。在每个软件项目中,管理人员通常都需要相同类型的信息(改编自 Carleton 等(1992)[CAR 92])。

(1) 要开发的产品规模有多大?

(2) 是否有足够的合格/可用人员来完成当前的任务?

(3) 可以如期完成吗?

(4) 产品的预期质量水平如何?

(5) 成本情况如何?

SEI 提出的基本测度是:规模测度、工作量测度、进度测度和质量测度。对于规模测度,SEI 建议使用源代码行数,使用源代码行数的优点如下(改编自[PAR 92]):

(1) 简单,只需计算行结束标记即可;

(2) 计数方法在很大程度上不依赖于编程语言;

(3) 自动计算物理代码行简单易行;

(4) 创建成本估算模型的大多数数据(如 COCOMO[BOE 00])使用的是代码行。

关于工作量测度,SEI 建议使用工时数。无论是否带薪,组织都应该跟踪正常时间和加班时间。理想情况下,像需求、设计和测试这类重要活动的工时应单独计算。

工作量

完成一个进度活动或工作分解结构组件所需的单位劳动量,通常表示为工时、人·天或人·周。

工时

一个员工用 1 小时的时间完成的工作量。

ISO 24765 [ISO 17c]

SEI 建议采用结构化的方法来定义与进度测度有关的两个重要方面:日期和出口准则。建议对比与项目里程碑、评审和审核相关的日期(计划日期和实际日期)。

日程测度或进度完成准则的示例包括:里程碑、阶段评审、审核和客户批准的交付物。

关于质量测度,SEI 建议测量问题和缺陷,并指出可以使用问题和软件缺陷的情况来帮助确定何时将产品交付给客户,并为过程和产品改进提供数据。

提供给所有员工的测度

在审核章节中,我们介绍了庞巴迪运输公司的研究案例,并提供了在现场评价中测得的数据。评价小组发现,在组织的每个项目中,这些数据都是定期产生的。项目经理使用这些测度,将其展示在餐厅附近的墙上,以便所有员工都可以看到项目数据。展示的测度包括项目状态和进展指标、风险和项目进度等。

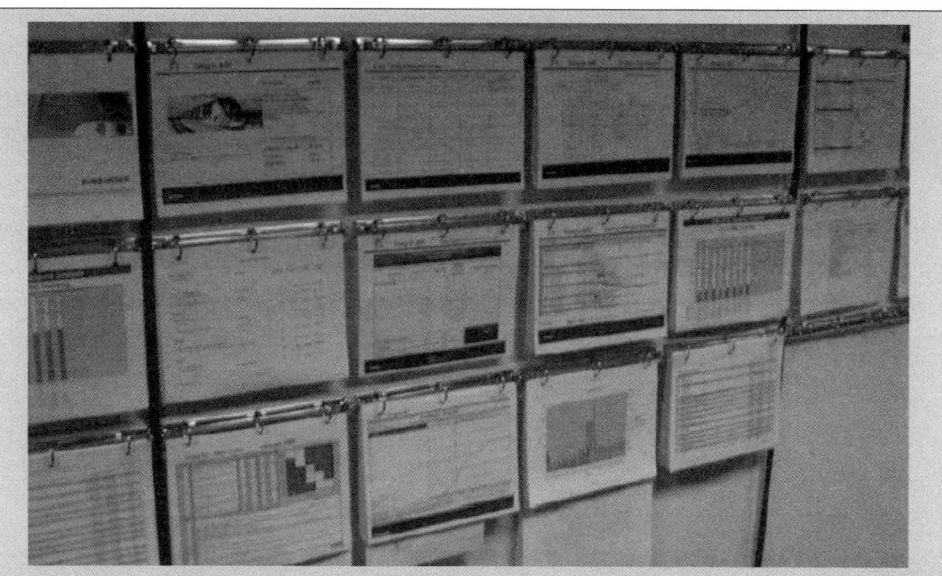

提供给所有员工的测度[LAP 07b]

Laporte 等(2007)[LAP 07b]

20 世纪 90 年代,哈佛商学院的 Austin 教授[AUS 96]就测量的意外影响给组织提出了警告,展示了测量程序是如何导致运行失效的行为,甚至影响组织绩效的。关于软件测量的大多数文献都关注测量的技术方面,而忽略了文化或人文方面[MCQ 04]。下面的文本框描述了在被观察和测量时,人的行为是如何受到影响的。

霍桑效应

霍桑效应(也称为观察者效应)指个体意识到自己被观察时,会做出反应调整或改善自己的行为。

最初,Elton Mayo 等在伊利诺伊州西塞罗的霍桑工厂对照明变化和工作结构变化(如工作时间和休息时间)展开研究,并试图说明关注工人的整体需求将提高生产率。后来的研究(如 Landsberger 所做的解释)表明,工人们因为成为研究对象而感到新奇,以及因此带来的关注度增加可能会暂时提高工人的生产率,这种现象被称为"霍桑效应"。

维基百科

我们已经看到开发测量程序并不容易,有许多不利条件可能导致其失败。第一个陷阱是使用测量来评价开发人员的绩效,而不是评价他们使用的过程和工具的表现,如审查过程中的数据不应当用于测量文档作者的生产率;第二个陷阱是制订一个雄心勃勃的行动计划，试图测量所有内容，如下面文本框中所示。

一个宏伟的测量计划

有一家公司希望达到SEI成熟度等级2，软件工程部门的经理很自豪地编写了一份长达45页的测量计划。根据该计划，需要定期收集许多测度。与经理讨论后，他同意以更适度的方式开始展开测量，从一些基本测度入手，如规模、工作量和缺陷数量等。

另一个陷阱是在没有开发人员参与的情况下制定测量计划，这样往往在发布测量计划时，会产生一些阻力，并可能导致失败。还应避免使用对决策无用的测度，在这种情况下，如果不了解所采用的测度的使用，开发人员将不能主动地以精确的方式收集测度。例如，一个组织可能会花费大量时间来测量其软件的规模，而不考虑其他工作量或质量等关键方面，然而这种规模测量本身并不足以支持决策。下面的文本框显示了其他常见的测量陷阱。

应避免的测量陷阱

(1) 启动一个包含过多元素(大量的测度)的测量程序；在启动程序时，应当将其限制在少数基本测度上，如产品的规模、工作量、产品质量、项目状态以及客户和开发人员的满意度等。

(2) 在没有经过试点项目测试的情况下启动整个组织范围的测量程序。

(3) 在没有被测量的主体参与的情况下启动测量程序，因为大多数人并不喜欢“被观察”。一种获得员工承诺的方法是要求他们参与制定测量目标、标识需要收集的测度，并确定收集、存储、分析、使用、发布测度的方法。

(4) 允许某些项目不收集其他项目所需的测度。

(5) 不使用收集的测量结果：如果员工发现自己的测量结果没有被使用，在未来将逐渐失去收集测度的动力。

(6) 没有精确定义要求收集的测度(如软件规模)中应包括和不应包括的内容。这样产生的结果既不能与其他项目的类似结果进行比较，也不能用于决策。

(7) 将测度用于评估、奖励或惩罚员工的绩效。尽管如IEEE 1028之类的标准明确规定不应犯此错误，但是管理人员仍然坚持使用测度评估个人绩效、增加薪资或晋升，而相应地，员工可能通过不再提供测度、试图破坏测量程序或提供无法评估其真实表现的测度来应对这种情况。

(8) 制作对决策无用的华而不实的图表。

(9) 没有测量正确的事情。没有明确组织的目标,所启动的测量程序不能帮助做出更好的技术和管理决策。

(10) 使用的测量定义在多个项目中不一致。

(11) 在没有确保组织过程稳定的情况下预测项目的结果,如工作量、进度、质量等。

10.11 测量中的人为因素

参与测度定义、数据收集和分析等测量活动的人员态度对确保测量程序对组织有用非常重要。测量会影响参与者的行为,因为某个属性被测量即暗示它很重要。

有一个大约 25 名软件工程师组成的小组,其软件经理知悉了软件评审的成本和收益。当他了解了每次软件评审所收集的测度时,他很高兴地发现其中有很多测度可以用来评价软件工程师的绩效,如发生的缺陷数量、纠正缺陷的工时等。他告诉 Laport 教授,有了这些测度,他将能够计算薪酬、确定晋升候选人等。

Laporte 教授向经理解释说,一旦软件工程师得知评审测度将用于绩效评估,他们会用许多创造性的方法来影响收集的指标,如进行一次经理不知情的“非正式”评审,以检测并纠正缺陷,然后进行“正式”评审,从而降低检测到的缺陷数量。

(DILBERT:© Scott Adams/United Feature Syndicate, Inc. 发行)

短暂讨论后,经理同意不会私自使用从个人评审中收集的软件度量,而只列出每月的平均值,例如检测到的缺陷的平均数量和纠正缺陷的工时,这就能满足他作为软件开发过程的所有者的需求。在和所有软件工程师召开的会议中,他还同意,他不会私自获取这些度量,因为他只想了解评审过程的有效性。会议结束后,评审过程成功部署。从那时起已经进行了数百次软件评审,而评审度量的机密性从未遭到破坏。

每个员工都希望自己表现不错,因此希望测度能够使他显得表现得更好。在制定测量程序时,应考虑我们要鼓励的行为和我们不想鼓励的行为。

例如,如果您以每小时的代码行数来测量软件生产率,那么开发人员将以实现该目标为目的,他们也许会专注于自己的工作而损害团队和项目,甚至使用更多的代码行对相同功能进行编程以影响测量。

A **Rolls-Royce 公司的缺陷产生率和检测率测量**

Rolls-Royce 公司生产飞机发动机。软件开发部门已经开发出一种方法来估计每个开发人员的缺陷注入率和检测率。尽管最好的组织可以达到每千行代码 1 个缺陷的质量水平,但 Rolls-Royce 却实现了每千行代码 0.03 个缺陷的水平。

在其开发过程中采取的许多测度使他们能够估计每位开发人员的缺陷注入率和检测率。对开发人员有效性进行测量的结果表明,最佳和最差缺陷注入率之间差了一个数量级,最好的开发人员每千行代码平均产生 0.5 个缺陷,而最不好的却是每千行代码产生 18 个缺陷。

另一项研究表明,即使所有开发人员都使用完全相同的过程和完全相同的检查单,他们缺陷检测效率也有 10 倍之差。

改编自 Nolan 等(2015)[NOL 15]

只有一种方法可以避免这种行为:将测量重点放在过程和产品上。以下是一些促进测量有效实施的建议(改编自[WES 05])。

(1) 一旦收集到测度,就应将其用于决策。破坏测量程序的一种方法是将测度存储在数据库中,而不利用它们进行决策。

(2) 鉴于软件开发是一项智力任务,建议制定一套测度以充分体现任务的复杂性,至少应测量质量、生产率和项目进度。

(3) 要获得开发人员对此程序的承诺,必须使他们具有归属感,即所有权。参与测度的定义、收集和分析将加强这种归属感。每天处理过程的人员都对该过程有深入的了解,他们可以为更好地测量过程提出建议,确保有效测量的准确性,并合理解释结果,以最大程度地发挥测量效益。

(4) 定期向团队反馈收集的数据。

(5) 关注收集数据的需求。当团队成员的数据被实际运用时,他们更有可能认为收集活动是重要的。

(6) 如果让团队成员随时了解测度的使用,他们不太可能对测量程序产生怀疑。

(7) 通过让团队成员参与数据分析来改进过程,可以从团队成员的知识和经验中受益。

在西门子，超过50%的销售额来源于软件产品或系统，该公司在全球范围内雇用了27,000多名软件工程师（约占员工的10%）。一些非常大的项目涉及13个国家和地区的2,000名开发人员。

对于西门子的工程业务部门，根据Basili的“目标–问题–测度”方法标识并定义了需要实现的目标和需要解决的问题。

(1) 目标：减少周转时间。

① 问题：生产率如何受到影响？

② 问题：质量是否与以前相同？

(2) 目标：提高质量。

问题：客户满意度是否受到影响？

(3) 目的：提高过程成熟度。

问题：测量是否对生产率或质量有重大影响？

(4) 目标：引进新技术。

问题：开发时间是否显著减少？

对于该业务部门，西门子已实施了6个测度：客户满意度、质量、开发周期、生产率、过程成熟度以及其作为工具的技术成熟度。

改编自Geck等(1998)[GEC 98]

第5章中，已对Fagan在IBM工作期间发明审查方法的故事[BRO 02]作了介绍。在下面的文本框中，我们将继续讲述这个故事，并简要描述他遇到的困难。

IBM审查过程的历史

Fagan担任软件开发部门负责人后，注意到开发过程是混乱的，没有适当的测度可以使人们了解发生了什么的以及如何做得更好。存在减少交付产品缺陷数量的压力，返工百分比的估计范围为30%~80%。解决这些问题的两种最显著的方法是减少在开发过程产生的缺陷数量，尽快找到并修复过程中产生的缺陷。

当时的氛围并不利于改进。基于“即刻实现功能”的想法，他们强制推进软件开发过程，这虽然也是一种聪明的做法，但是需要付出超人的工作量。今天，我们将其称为SEI等级1的组织。

首要的行动之一是为开发过程中的所有关键活动建立可测量的输出准则。Fagan 决定开发并实施一种全新的评审方法，称为审查，从而在编程之前发现早期的设计错误。这些审查显著地减少了返工，并且没有延迟交付，同时顾客也注意到了产品质量有所提高。

作为一名管理者，Fagan 认为自己的职责是在预算范围内按时提供高质量的软件，他承担了执行源代码审查过程的职责和风险。在实施审查的最初几年中，即使取得了令人信服的结果，Fagan 也面临着嘲讽和愤怒，很少得到同行的认可，他没有得到太多支持。实际上，他受到了嘲讽，人们经常要求他停止这种"无用功"，并像其他所有人一样将精力重新集中在项目管理上。

随后，即使对方法学不感兴趣的人也认可了审查对他们的帮助，但仍然有人不愿意尝试，抵制变革，阻碍了审查的普及。

毫无疑问，审查过程被证实是减少缺陷并提高产品质量和生产率的有效方法。随后，IBM 要求 Fagan 在其他部门也部署该过程。Fagan 必须再次说服那些不相信的人，改变他们在软件开发中的工作习惯。

由于 Fagan 为公司节省了数百万美元，他被授予了 IBM 有史以来最大的个人奖项。

改编自 Broy 和 Denert(2002)[BRO 02]

为了获取精确、完整和经过分析的测度，IT 预算需要增加可观的成本，如针对软件产品的测量程序可能会花费项目预算的 2%~3%。Grady(1992)[GRA 92]表明，使用测量的组织与不使用测量的组织相比更具竞争优势。可以看到，所有无法满足其预算、进度和质量目标的软件项目，都不存在任何与测量相关的支出。而那些具有测量相关支出的软件项目，都具有理性决策的优势，从而能够获得更大的客户满意度。

从国防工业组织的多年改进活动中汲取的经验教训

收集数据以记录改进

考虑到过程改进方面的巨大投资，证明其具有收益就变得很重要。建议在过程改进活动之前和过程中，收集定量和定性数据，以便以后用于测量进展。例如最初的和最终的预算、最初的和最终的进度、计划与实际的质量以及顾客水平等项目数据都应当予以收集。

评价工作组

工作组的成员应不时评价其有效性。建议在会议结束时分发调查问卷[ALE 91]，成员单独填写问卷并将答案提供给工作组。因此，即使是最内向的成员也可以提出他对团队互动的想法。问卷调查涉及以下主题:目的和目标、资源使用、参与者之间的信任度、冲突解决、领导工作、控制和规程、人际沟通、问题解决、实验和创造力,如使用以下问题用于评价领导工作。

领导工作						
一个人独揽全局。领导职能既不下放也不共享。				成员充分参与领导工作,共享领导职能。		
1	2	3	4	5	6	7

对于每个问题,调查参与者都在 1~7 的等级中进行回答。团队成员强调的困难有助于后续改进。

Laporte 和 Trudel(1998)[LAP 98]

10.12 测量和 IEEE 730 的 SQAP

IEEE 730 标准中描述的测量有助于证明软件过程可以并且确实生产出了符合要求的软件产品。该确认包括评价软件中间产品和最终产品,以及方法、实践和工艺,还包括测量和分析软件过程、产品问题及其相关原因,并给出相关的纠正建议。根据 IEEE 730 的解释,测量活动和任务可以为改善组织的生命周期管理过程提供客观数据。同样,评价软件产品的符合性也可以发现改进机会。

该标准提出了项目团队应在计划和执行过程中使用的许多问题,以确保其符合测量需求[IEE 14]。

(1) 需求是否是具体的、可测量的、可实现的、切合实际的和可测试的?

(2) 是否标识了对技术和管理过程的有效性进行测量所需的信息需要?

(3) 是否已根据信息需要标识并制定了一组合适的测度?

(4) 是否标识并策划了适当的测量活动?

(5) 项目的评审过程是否得到测量并证实有效?

(6) 执行的所有纠正措施是否均通过有效性测量证实有效?

(7) 是否评估了测量过程和测度?

(8) 是否已将改进信息传达给测量过程所有者?

在该标准推荐的 16 个 SQA 活动中,活动 5.4.6 描述了软件产品的测量,而活动 5.5.5 描述了对软件项目的过程测量。

10.12.1 软件过程测量

有效的 SQA 过程可以标识要执行哪些活动、如何确保活动的执行、如何测量和跟踪过程、如何从测量中学习管理和改进过程,以及如何鼓励使用这些过程来生产符合要求的软件产品,SQA 过程会根据客观测量和实际项目结果不断改进。在 SQA 策划期间,项目团队将根据项目和组织质量管理目标,确定评估项目软件质量和项目绩效的测量活动,建议开展以下活动[IEE 14]。

(1) 标识可能影响软件生命周期过程选择的适用的过程需求。

(2) 根据产品风险,确定由项目团队选择并定义的软件生命周期过程是否恰当。

(3) 根据选择的软件生命周期过程和相关合同义务,评审项目计划并确定计划是否恰当。

(4) 定期审核软件开发活动,确定其与定义的软件生命周期过程的一致性。

(5) 定期审核项目团队,确定其是否符合定义的项目计划。

(6) 为分包商的软件开发生命周期执行上述任务(1)至任务(5)。

进行这些活动应得出以下结果[IEE 14]。

(1) 对文档化的软件生命周期过程和计划进行评价,以确保其符合既定的过程需求。

(2) 项目生命周期过程和计划符合既定的过程需求。

(3) 当软件生命周期过程和计划不符合既定过程需求时,会引发不符合项。

(4) 当软件生命周期过程和计划不充分、低效或无效时,会引发不符合项。

(5) 当项目活动的执行不符合软件生命周期过程和计划时,会引发不符合项。

(6) 分包商软件生命周期的过程和计划符合需方的过程需求。

10.12.2 软件产品测量

从产品的角度来看,测量确定了产品测试是否反映产品的质量以及是否符合项目建立的标准和规程。当涉及供方时,这一点尤为重要。在交付之前,确定供方对于既定需求会得到满足、软件产品和相关文件会被需方接受的信心程度。然后,项目将收集证明满意度和可接受性的测量数据。合同可能要求需方在软件产品交付之前确定其是否可以接受。建议开展以下活动[IEE 14]。

(1) 确定项目或组织建立的标准和规程。

(2) 确定提出的产品测量是否与项目建立的标准和程序一致。

(3) 确定提出的产品测量是否能代表产品质量属性。

(4) 分析产品测量结果,找出测量与期望的差距,并提出改进措施以缩小差距。

(5) 评价产品测量结果,确定根据产品质量测量结果实施的改进是否有效。

(6) 分析产品测量规程,确保它们满足项目过程和计划中定义的测量需求。

(7) 对所有分包商开发的软件产品执行上述任务(1)至任务(6)。

实施这些活动之后应当得出以下结果[IEE 14]。

(1) 软件产品测量符合项目的过程和计划,并符合项目或组织建立的标准和规程。

(2) 软件产品测量准确地反映了软件产品质量。

(3) 软件产品测量共享给了项目的利益相关方。

(4) 供应商以及所有供方的分包商在软件产品开发中都实施了软件产品测量。

(5) 软件产品测量已提交管理层评审,以便开展对潜在问题的纠正和预防。

(6) 当未按照项目计划执行必要的测量活动时,会引发不符合项。

最后,IEEE 730 引用了 10.5 节中介绍的 ISO 15939 测量建议,作为 SQAP 的测量建议。

测量技巧

(1) 从小事做起,确定主要问题并选择少量的测度,如 5~7 项;

(2) 注意,测量可能对许多人构成威胁。确保员工了解为什么要测量、将要测量什么、将如何进行测量以及测量的作用;

(3) 确保测量过程有效且不会妨碍个人的当前工作;

(4) 使测量结果易于访问且明显可见;

(5) 使用测量进行决策;

(6) 清楚地传达测量将用于什么目的以及不会用于什么目的。

10.13 成 功 因 素

下面的文本框列举了影响组织中软件质量的有利和不利因素。

促进软件质量的有利因素:

(1) 支撑业务目标的测量程序;

(2) 用于改进组织的过程和产品的测度;

(3) 开发人员参与测量程序的策划和实施;

(4) 将测量分析的结果传达给开发人员;

(5) 项目经理使用测度进行决策。

可能会对软件质量产生不利影响的因素:

(1) 测度被用来评估开发人员的绩效;

(2) 测度被用来消极地激励人员,如作为一种惩罚指标;

(3) 泄露机密数据;
(4) 错误理解测量数据;
(5) 没有记录过程测度;
(6) 不使用收集的数据;
(7) 数据没有传达给受测量影响的人;
(8) 忽略测量的文化和人为因素;
(9) 把测量当成可以在计划紧张或预算超支时削减的开销项目。

延伸阅读

Florac W. A. and Carleton A. D. *Measuring the Software Process*, Addison-Wesley, Boston, MA, 1999.

Humphrey W. S. *Managing the Software Process*, Addison-Wesley, Boston, MA, 1989.

Iisakka J. and Tervonen I. The darker side of inspection. In: First Workshop on Inspectionin Software Engineering (WISE'01), Paris, July 2001.

Weinberg G. M. *Quality Software Management*, Volume 2: First Order Measurement. Dorset House, New York, 1993.

练　　习

1. 为测量软件的规模,在对测量工具进行编程之前,需要为特定的编程语言指定哪些内容将进行测量,哪些内容不予测量。请选择一种编程语言,并编写此测量工具的规格说明。

2. 在同一个组织中,许多软件是使用不同的编程语言开发的。现已知的测度有规模、工作量和质量测度(如缺陷数量),请问如何比较这些软件的生产率和质量?

3. 列出某特定项目的测度选择准则。

4. 项目经理应该问的主要问题是什么?一个好的测量程序又该就其中哪些问题做出回答?

5. 编写任务说明,用于招聘组织中负责测量分析的人员。

第11章 风 险 管 理

学习目标：

(1) 了解风险管理；

(2) 了解包含风险管理需求在内的主要标准和模型；

(3) 了解可能影响软件质量的风险；

(4) 了解用于标识、记录和缓解风险，以及确定风险优先级的技术；

(5) 了解参与者在风险管理中的作用；

(6) 了解风险管理中涉及的人为因素；

(7) 了解如何对超小型实体进行风险管理；

(8) 标识软件质量保证计划中的风险管理需求。

11.1 引　　言

软件工程师和项目经理永远都是乐观主义者。在策划项目时，他们常认为一切都会按计划进行，然而现实并非如此，因为每个软件项目都包含风险。风险管理是软件行业中公认有效的实践活动。Charrette(1992)[CHA 99]表明，许多软件专业人员对风险管理有错误的认知，他们认为，这是在真正有趣的编码工作开始之前的一项乏味但必要的任务。风险管理被视为是一种过度管理或是妨碍组织实现目标的形式主义。

"风险本身并没有问题，它对于进展至关重要。失败通常是获得经验的关键要素，我们需要学会在风险带来的负面结果和与机遇相关的潜在机会间取得平衡。"

Van Scoy(1992)[VAN 92]

在某些组织文化中，通常认为那些声明发现了新风险的人是消极的人，又或是制造麻烦的人。管理层通常的反应是攻击这些人，而不是攻击他们发现的风险。这样的组织通常是被动的，当风险成为真正的问题时，他们才会尝试缓解，并通过增加人员来对其进行管理,然而为时已晚。当这些策略失败时,组织将进入危机管理,问题将更难解决。

"通过风险管理,重点从危机管理转移到了预期管理。"

Down 等(1994)[DOW 94]

在软件项目的内部和外部都有大量的风险源,图 11.1 例举了其中一部分内容。

随着软件复杂性的提高以及对更好、更大、更高性能的软件的需求,软件行业正演变成一个高风险行业。当软件开发项目团队不进行风险管理时,他们很容易受到大规模返工、额外成本、延迟交付甚至项目失败的影响。

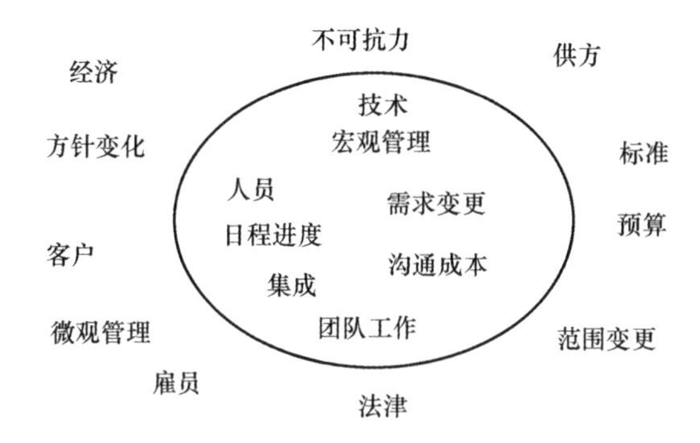

图 11.1　软件项目的内部和外部风险源(资料来源:改编自 Shepehrd(1997)[SHE 97])

图 11.2 描述了软件开发的环境。本章介绍的风险管理涵盖了项目管理,这些风险是与开发过程和产品相关的,尽管组织环境也可能带来风险。

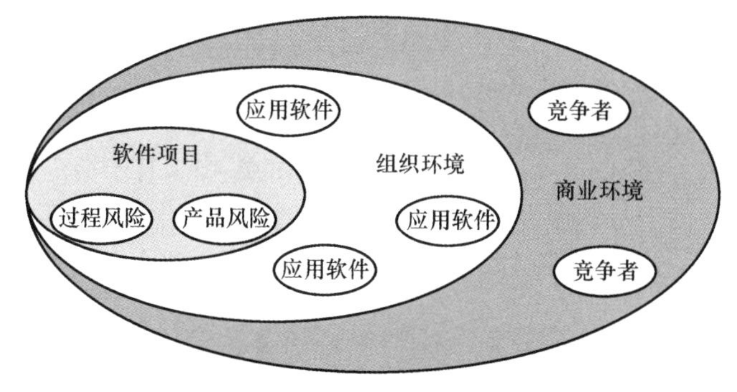

图 11.2　软件项目的周围环境[CHA 99]

在软件项目的开始阶段,有些事情是已经了解的,有些事情需要了解但是知道还并不了解的,而有些事情甚至都不知道需要去了解的,最应当担心就是这些并不知道对它们并不了解的事情,它们总是突然出现而又无法预测。本章介绍的风险管理旨在管理前两种类型的情况,对于最后一种类型的情况,可以通过多年的风险管理经验来更快地识别它们。

以下文本框描述了一些对风险的定义。

风险

不确定性的影响。

注1:影响是指偏离预期,可以是正面的或负面的。

注2:不确定性是一种对某个事件,或是事件的结果或可能性全部或部分缺乏理解和知识方面的信息的情形。

注3:通常,风险是通过可能事件和后果或者两者的组合来描述其特性的。

注4:通常,风险是以某个事件的后果(包括情况的变化)及其发生的可能性的组合来表述的。

注5:"风险"一词有时仅在有负面后果的可能性时使用。

注6:这是ISO管理体系的通用术语和核心定义之一。

ISO 9000

一旦发生,会对一个或多个项目产生积极或消极影响的不确定事件或条件。

PMBOK®指南[PMI 13]

事件的概率及其后果的组合。

ISO/IEC/IEEE 16085[ISO 06a]

项目管理协会认为,项目的风险管理目标是:增加项目中正面事件的概率和影响,并降低项目中负面事件的概率和影响[PMI 13]。在本章中,我们使用更普遍的风险定义,也是更悲观的定义。

通过风险管理,可以在疑虑演变成危机之前提高警惕。风险管理增加了成功完成项目的概率,并降低了无法避免的风险带来的影响。对于指定项目,有效的风险分析及管理有助于标识假设、约束和目标,以避免其发生不利变化。

Boehm指出了使用软件风险管理技术的4个充分理由,包括(改编自Boehm(1989)[BOE 89]):

(1) 避免软件项目中的灾难性事件,包括预算超支、进度滞后、有缺陷的软件产品和研制失败;

(2) 避免由于需求、设计或源代码的错误、遗漏或模棱两可而造成的返工,这些返工通常占软件开发总成本的40%~50%；

(3) 通过使用检测和预防技术，避免在风险很小或不存在风险时小题大做；

(4) 鼓励双赢的软件解决方案：客户获得所需的产品，供方则获得预期的收益。

图11.3显示了一个典型的项目进展情况。由图可以看到，在早期分析阶段，已经花掉了一部分预算，在分析阶段完成之前继续投入大部分预算，这样的情况可能会因为预算超支增加项目风险。

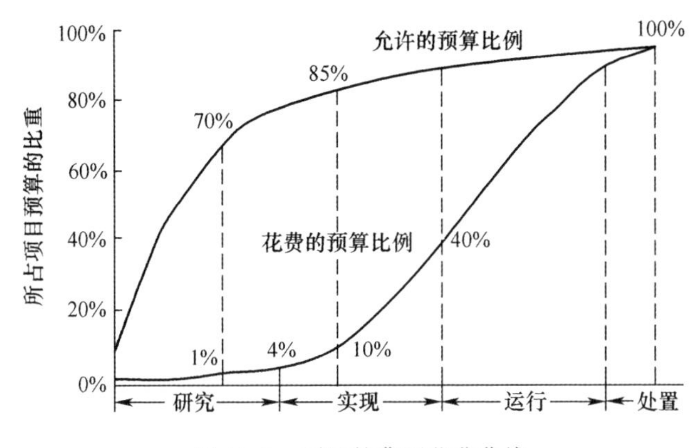

图11.3　项目的典型花费曲线

我们不可能只进行低风险项目，因为风险也代表着竞争优势，同样也是影响决策的因素。由于每个软件项目都是独一无二的，因此对于开发项目而言，不可避免地会发生一些意外，并且这些意外通常还是令人不快的。软件开发项目总是包含一些风险，“有备无患”这一说法完全适用于风险管理。就软件开发而言，相比被动，主动出击总是更好的选择。

风险管理只是组织中项目决策过程的要素之一。风险可能出现在软件、系统或组织层面，这三个风险管理级别紧密相关。为了完全理清它们的关系，有必要确定组织或项目中的价值取向，例如创新和冒险是受到重视还是不被认可？组织文化将影响软件项目的风险承受能力。

要明确和考虑的第二个问题是风险管理过程本身，它应该是文档化的、可知的、可复制的、可测量的，并且需要进行部署和使用。

行为也应当予以考虑，如组织是否开诚布公地揭示风险？当项目中存在风险情况时，我们需要考虑我们希望项目团队成员做什么或不做什么？当个人面临风险情况或意识到自己可能会失败时，我们希望他们做什么？

A

Lsporte 教授在公共领域的一家组织中担任顾问。有一次,他与项目经理进行非正式讨论,项目经理说:“这家公司不允许犯错。”几周后,执行团队的一名成员在一次会议上批准了一个非常重要的项目,并指派了该项目的经理。会议在午饭后继续进行。

会议重新召开时,项目经理没有出席。当天结束后,我们听说项目经理因过度劳累而请了病假。显然,该组织的高层管理人员对错误的容忍度很低,而经理和员工很快学会了不去冒险,以及掩饰错误和责备他人。这种组织文化不鼓励任何人进行创新和寻找提高质量和生产力的机会。

有趣的是,一开始,风险管理似乎很容易做到。实际上,风险管理是一个很复杂的过程,因为风险是无形的,只有其导致的问题才是显而易见的,风险是潜在的问题。你可以尝试降低风险的可能性或后果,但问题是:管理风险的投资是否真的会提高项目成功的概率?

大多数项目风险是政治、社会、经济、环境和技术因素的集合。从个人角度去判断时,可能很难分离这些因素并量化风险。因为风险是可以被感知到的,所以它的估计和概率通常也是可以被感知的,并且是可以有所侧重的。对于长期落实风险管理的组织,从许多软件项目中积累的信息使管理人员可以通过定量方法更好地预测和管理风险。

由于不同利益相关方(如营销团队、开发团队、客户)对风险的承受能力不同,可能会带来其他困难。例如,银行中的贷款代理人和职业体育运动员由于其职业要求不同,对风险具有不同的承受能力,如果他们互换工作,他们将不得不调整自己的风险承受能力。

软件开发中的 3 个主要风险因素如下(改编自 Charette(2006)[CHA 06])。

(1) 不切实际的态度:在软件行业,轻易做出承诺并低估工作量的情况经常发生。尤其是在复杂的项目中经常会出现不切实际的目标。

(2) 缺乏纪律性:就 CMMI 而言,我们注意到大多数软件组织没有受到纪律约束或正在进行有缺陷的开发实践,例如糟糕的项目管理方法。除了不切实际之外,这种缺乏纪律性比其他任何风险因素都能更快地摧毁项目。

(3) 政治游戏:某些项目不是以完全客观或理性的方式策划或执行的,而是受到其他的,尤其是组织层面的政治因素影响。大多数软件项目经理很难处理这种情况,也很难理解它们对项目成功的影响。

> **A**
>
> Laporte 教授曾经在一个组织中任职,并见识到了一场政治游戏。
>
> 当时,该组织还没有执行配置管理活动所需的工具。该组织的配置管理专家建议高层管理人员评估市面上的工具,以便该组织可以尽快购买并部署可用于日常活动的工具。然而,高层管理人员选择由内部的 IT 部门开发这种工具。配置管理专家估计,哪怕仅开发和部属性能最精简的工具,内部 IT 团队也需要花费至少 2 年的时间来完成,并且组织将必须投入 IT 资源来对其进行维护,使得这些资源将无法用于组织的其他重要活动。
>
> 走廊谈话有助于理解导致这一决定的政治因素。如果没有这个开发项目,IT 部门的主管将不得不缩小部门规模。或许工程总监需要给 IT 经理还个人情,因此投票支持内部开发配置管理工具。然而,经过一年多的开发,该组织最终还是决定购买一个商业工具!

风险管理是一种良好的工具,可以持续考察项目计划的可行性,标识和解决可能影响项目的生命周期过程、产品质量和绩效的问题,改善项目管理过程。

软件开发风险管理不能保证项目成功或完全规避风险,它也不能减轻利益相关方的社会、道德、经济和法律义务。

图 11.4 概述了 SWEBOK 软件管理知识体系,图的左侧突出显示了风险管理。

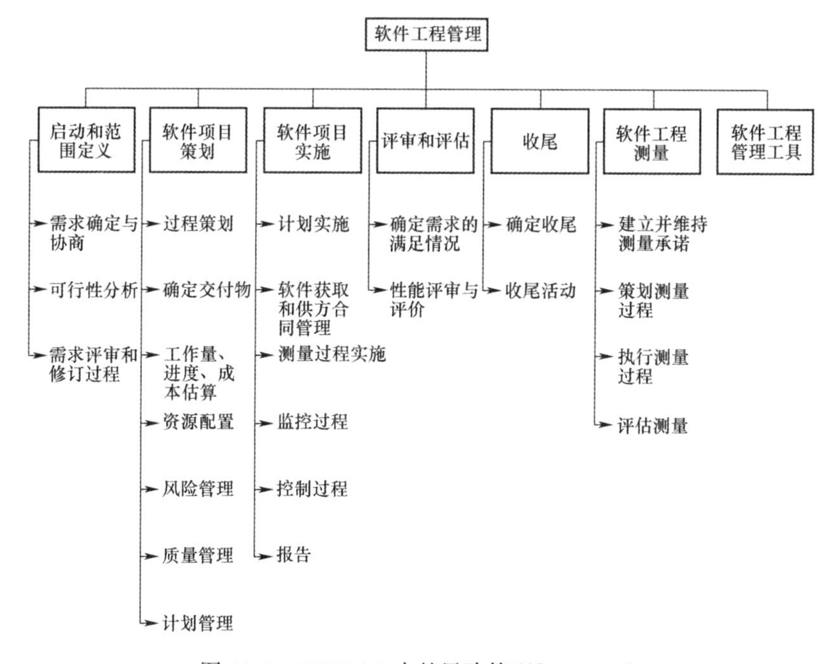

图 11.4　SWEBOK 中的风险管理[SWE 14]

11.1.1 风险、质量成本和商业模式

前面已经讨论了软件商业模式和质量成本的重要性。关于质量成本,风险被视为预防成本的一个要素,即组织在软件生命周期的不同阶段中,预防缺陷所产生的成本。就风险管理而言,预防成本包括风险的识别成本,以及风险缓解措施的分析和执行成本。表 11.1 描述了不同的预防要素。

表 11.1 风险管理预防成本

主要类别	子类别	定 义	典型实施成本
预防成本	建立质量基础	定义质量,设定质量目标、标准和检查单的工作量 与质量相关的折中分析	成功准则、验收测试和质量标准的定义
	针对项目和过程的干预	旨在预防不合格和提高过程/项目质量的工作量	过程改进、测量和分析的培训。风险识别、分析和缓解

资料来源:改编自 Krasner(1998)[KRA 98]。

风险是所有商业模型的基础,应根据每种商业模型的固有风险选择软件开发实践。为了最大程度地减少损失和错误,开发人员必须认真选择软件质量保证、验证和确认,以及风险管理实践。

11.1.2 风险管理的成本和收益

风险管理的成本和收益从根本不管理风险到控制所有项目风险可能相差很大,风险管理的目的是在其间取得平衡,从而以最合适的成本将风险降至最低。

所有新方法,如首次实施风险管理,都需要初始投入用于记录该过程的活动、培训人员并普及其在所有项目中的使用。项目应用过程来缓解风险的发生概率和产生后果就是最重要的投入,例如,为了更好地了解客户需求而开发原型,或者聘请外部顾问进行可行性研究。

风险管理提供了一种结构化的机制,可以使项目团队更好地了解感知到的威胁。在风险确实发生时,它还可以量化进度的延误,增强项目绩效的可预测性和项目评审的有效性。它可以帮助项目经理策划应急预算(例如在金钱和时间方面),以避免重犯过去的错误(例如过分自信)。风险管理活动应当从启动项目采购之前的信息请求开始。该技术还可用于评估供方按时按质交付关键部件的能力。

在项目中有效使用风险管理的好处如下[ISO 17 和 SEI 10a]:

(1) 定义并执行风险管理策略;

(2) 标识可能影响项目成功的潜在问题,即风险;

(3) 了解风险的概率及后果；

(4) 风险按优先级排序，重点突出需要密切关注的风险；

(5) 结合项目背景，积极开发适当的风险缓解措施，以减少风险变成问题的危机情况；

(6) 为超出阈值的风险选择缓解措施；

(7) 为改善风险管理规程和方针，获取、分析和运用项目风险信息。

11.2 基于标准和模型的风险管理

本节简要介绍了描述风险管理要求的标准和模型。首先介绍 ISO 9001 的要求，然后讨论了描述所有生命周期过程(包括风险管理过程)的 ISO/IEC/IEEE 12207，接着用一节的内容专门讨论 ISO/IEC/IEEE 16085 标准[ISO 06a]。CMMI 同样也涵盖了风险管理。鉴于软件开发几乎总是与项目相关，因此本部分也介绍项目管理协会的 PMBOK®指南中的观点。最后将说明超小型实体如何运用 ISO 29110 进行风险管理。最后，我们描述了 SQA 计划中包含的风险管理要求。

"如果您现在没有时间缓解风险，那么可以肯定的是，您将需要在以后问题出现时花费时间去解决它。"

11.2.1 基于 ISO 9001 的风险管理

需要强调的是，ISO 9001 还使用了基于风险的思维方法[ISO 15]，这种基于风险的方法使组织能够标识那些影响过程和质量管理体系达到预期结果的因素。此外，它还允许实施预防性过程，以避免负面影响和利用改进机会。

6.1 节描述了应对风险和机遇的措施、质量管理体系的质量目标及其实现，以及对质量管理体系的修正，以下文本框中列出了相关的许多要求。

6.1.1 节在策划质量管理体系时，组织应考虑 4.1 节中提到的因素和 4.2 节中提到的要求，并确定需要应对的风险和机遇：

(1) 确保质量管理体系可以达到预期的结果；

(2) 增强有利影响；

(3) 预防或减少不利影响；

(4) 实现改进。

6.1.2 节组织应策划：

(1) 应对这些风险和机遇的措施；

(2) 如何在质量管理体系过程中整合并实施这些措施和评价这些措施的有效性。应对措施应适用于风险和机遇对产品和服务符合性的潜在影响。

注1:应对风险的可选方法包括规避风险、为寻求机遇承担风险、消除风险源、改变风险的可能性或后果、分担风险,或在充分了解信息的前提下做出决策保留风险。

注2:机遇可能导致采用新实践、推出新产品、开辟新市场、赢得新顾客、建立合作伙伴关系、利用新技术和其他可行措施,以满足组织或其顾客的需要。

11.2.2 基于 ISO/IEC/IEEE 12207 的风险管理

根据 ISO 12207[ISO 17]标准,风险管理过程的目的是持续标识、分析、处理和监控风险。风险管理过程是一个持续的过程,系统地解决系统、软件产品或服务生命周期中的风险。它可以应用于与系统的获取、开发、维护或操作相关的风险。

1. 风险管理过程的结果

风险管理过程成功实施后,结果如下[ISO 17]:

(1) 标识了风险;

(2) 分析了风险;

(3) 标识和选择了风险处理的可选方法,并按优先级进行了排序;

(4) 实施了恰当的处理;

(5) 评估了风险,用以考量状态变化和进展处理。

2. 风险管理过程的活动和任务

项目应根据与风险管理过程有关的组织方针与规程实施下列活动和任务[ISO 17]:

(1) 策划风险管理;

(2) 管理风险概况;

(3) 分析风险;

(4) 处理风险;

(5) 监控风险。

11.2.3 基于 ISO/IEC/IEEE 16085 的风险管理

根据 ISO 16085[ISO 06a]标准,风险管理是指通过提供应对各种风险的一系列过程要求,支持产品和服务的获取、供应、开发、运作和维护。该标准的目的是为供方、需方、开发者和管理者提供一组过程要求,用以管理广泛、多样的风险[ISO 06a]。

该标准没有提供详细明确的风险管理技术,而是定义了一个与许多技术都可以适配使用的风险管理过程。使用该标准不需要特定的生命周期过程。测量过程在 ISO 15939[ISO 17c]和前面的章节中进行了描述,它与 ISO 16085 标准中描述的风险管理活动紧密相连,可以用于标识和量化风险。

风险管理过程

在产品或服务的整个生命周期中,系统地标识、分析、处理和监督风险的一个持续性过程。

风险管理计划

对一个组织或项目内执行风险管理过程的要素和资源如何实施的描述。

ISO/IEC/IEEE 16085[ISO 06a]

如图 11.5 所示,ISO 16085 风险管理过程在产品生命周期的所有活动中都会持续进行,此过程应包含以下活动[ISO 06a]:

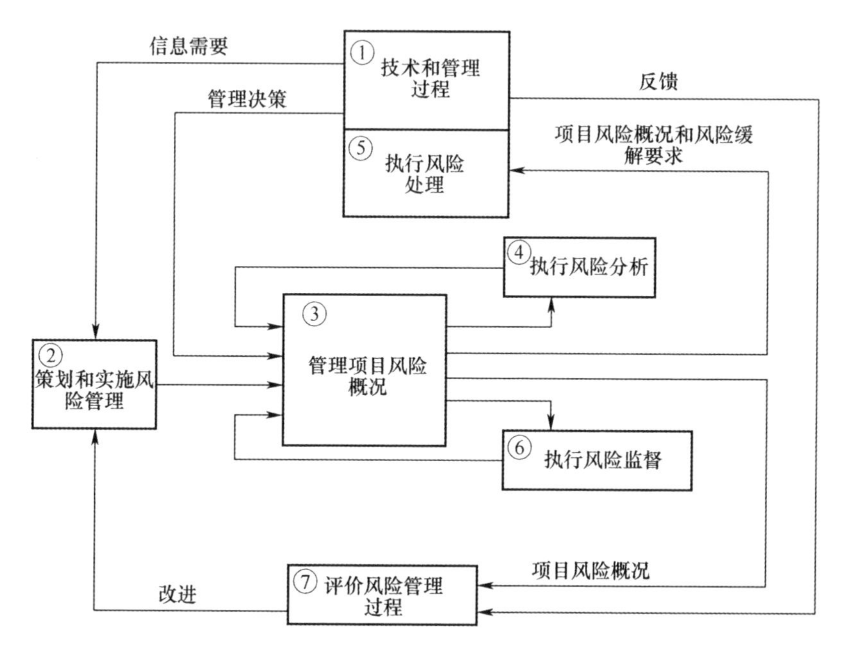

图 11.5 ISO 16085 中描述的风险管理过程
(资料来源:加拿大标准委员会)

(1) 策划和实施风险管理;

(2) 管理项目风险概况;

(3) 执行风险分析;

(4) 执行风险监督；

(5) 执行风险处理；

(6) 评价风险管理过程。

风险管理过程首先利用组织的技术和管理过程(图 11.5 的矩形 1)中的利益相关方提出的信息需求进行决策(将风险考虑在内)。风险管理过程活动包括以下几点[ISO 06a]。

(1) 在执行“策划和实施风险管理”的活动(图 11.5 中的矩形 2)的过程中,需要明确定义:执行的风险管理的总体方针政策、要使用的规程、要应用的专门技术,以及与风险策划相关的其他事项。风险管理计划包括以下内容:

① 概述;

② 范围;

③ 引用文件;

④ 术语;

⑤ 风险管理概述:描述与该项目或组织状况的风险管理相关的细节;

⑥ 风险管理政策:描述将要执行的风险管理所依据的指南;

⑦ 风险管理过程概述;

⑧ 风险管理职责:定义执行风险管理的参与者的职责;

⑨ 风险管理组织:描述在组织单位内承担风险管理职责的职能部门或组织;

⑩ 风险管理定位和培训;

⑪ 风险管理的费用和进度安排;

⑫ 风险管理过程描述;

⑬ 风险管理过程评价;

⑭ 风险沟通:描述如何在利益相关方和有关联的各方(关注项目或产品的性能或成功,但不一定关注组织的绩效和成功)之间协调和沟通风险管理信息,如什么样的风险需要向哪个管理层报告;

⑮ 风险管理计划变更规程和历史记录。

风险状态

与单个风险有关的当前项目风险信息。

注:涉及单个风险的信息可能包括当前描述、起因、概率、后果、估计范围、估计置信水平、处理、阈值和风险达到其阈值时间的估计。

风险概况

一项风险当前的和历史上的风险状态信息按年代顺序排列的记录。

风险阈值

引发某个利益相关方采取措施的条件。

注:基于不同的风险准则,可以为每个风险、风险类别或风险组合定义不同的风险阈值。

风险处理

选择并实施缓解风险的措施的过程。

注:

- 术语"风险处理"有时用于表示一些风险处理措施。
- 风险处理措施包括规避、缓解、转移或接受风险。

风险应对措施请求

对于超过阈值的一个或多个风险而建议的可选处理方案和支持信息。

ISO 16085 [ISO 06a]

(2) 在"管理项目风险概况"的活动(图 11.5 的矩形 3)期间,收集当前的和历史的风险管理环境及风险状态信息。项目风险概况包括所有单个风险概况的汇总,及所有的风险状态。

(3) 项目风险概况中的信息通过"执行风险分析"活动(图 11.5 的矩形 4)不断更新。执行风险分析可标识风险,确定其可能性及结果,确定风险预估,并为超出所设定风险阈值的风险准备避险措施请求。

(4) 将处理建议与其他风险状态及其处理状态一起送至管理部门(图 11.5 的矩形 5)进行评审。对发现的任何不可以接受的风险,管理部门决定执行何种风险处理,为要求处理的风险制定风险处理计划,使这些计划与其他管理计划和其他正在进行的活动相协调。

(5) 在"执行风险监督"活动(图 11.5 的矩形 6)期间,持续地对所有风险进行监督,直到不再需要监督为止。此外,要寻找新的风险和新的风险管理。

(6) 要求定期评价风险管理过程,以确保其有效性。在"评估风险管理过程"的活动(图 11.5 的矩形 7)期间,为改进过程或改进组织或项目的能力以更好地管理风险,收集各类信息(如反馈信息)。风险评估过程中所标识的改进会被用于"策划和实施风险管理"活动(图 11.5 的矩形 2)。

11.2.4 基于 CMMI 模型的风险管理

面向开发的 CMMI®包含许多讨论风险的过程域。如图 4.8 所示,在 CMMI®模型的阶段性表述中,成熟度 2 中分别有两个过程域讨论了风险[SEI 10a]。

(1) 项目策划:项目策划的专用实践 SP 2.2,标识并分析项目风险,它的 4 个子实践是:①标识风险;②将风险文档化;③与相关方一起,对已文档化的风险评审其完备性和正确性,并取得一致意见;④适当时修正风险。

这些做法的典型输出是:①已标识的风险;②风险的影响和发生概率;③风险优先级。

CMMI 模型还提出了风险识别和分析工具的示例,如用于确定风险源和类别的风险分类、检查单和头脑风暴。

(2) 项目监控:了解项目进展,使得在项目绩效显著偏离计划时,能采取适当的纠正措施。专用实践 SP 1.3 讨论了监督已标识风险的需求,它的 3 个子实践是:

① 在项目当前状态和环境的背景下,定期评审描述风险的文档;

② 在获得附加信息时,修正风险文档以纳入更改;

③ 与利益相关方沟通风险状态。

该专用实践的工作产品之一是项目风险监督记录。

在成熟度等级 3 中,"风险管理"过程域侧重于在潜在问题出现之前对其进行预防。风险管理过程域的目的是在风险发生前,标识出潜在的问题,以便在产品或项目的整个生命周期中策划风险处理活动,并于必要时启动这些活动,以缓解对目标实现的不利影响。该过程域包括以下专用目标和专用实践[SEI 10a]。

(1) SG 1 为风险管理做准备。

① SP 1.1 确定风险源和类别;

② SP 1.2 定义风险参数;

③ SP 1.3 建立风险管理策略。

(2) SG 2 标识和分析风险。

① SP 2.1 标识风险;

② SP 2.1 对风险进行评估、分类和确定优先级。

(3) SG3 缓解风险。

① SP 3.1 制定风险缓解计划;

② SP 3.2 实施风险缓解计划。

我们可以看到,在成熟度等级 2 中,项目策划和项目监控两个过程域,旨在当风险出现时标识和缓解风险;而在成熟度等级 3 中,风险管理过程提出了用于策划、预测和分析风险的系统且持续的预防性实践。

CMMI 还涉及了敏捷主题[SEI 10a]:一些风险活动已经成为敏捷方法论的一部分。例如,可以通过实施早期实验和早期失效实验,或通过执行超出当前迭代范围的峰值来应对一些技术风险。但是,风险管理过程提出了一种更系统的技术管理方法,这种方法可以包含在敏捷迭代和会议中,以及迭代策划和任务分配中。

11.2.5　基于 PMBOK®指南的风险管理

项目管理协会[PMI 13]的项目管理知识体系(PMBOK®指南)包含 9 个知识域,项目风险管理就是其中之一。

根据 PMBOK 指南,项目风险是一种不确定的事件或状态,一旦发生,就会对一个或多个项目目标(如进度、成本、范围或质量)造成积极或消极的影响。例如进度目标是需要在约定的时间范围内交付产品,成本目标是在约定的预算内交付产品。[PMI 13]。

如图 11.6 所示,PMBOK® 指南描述了随着项目的推进,利益相关方的风险和不确定性的影响与修正成本之间的差异关系。

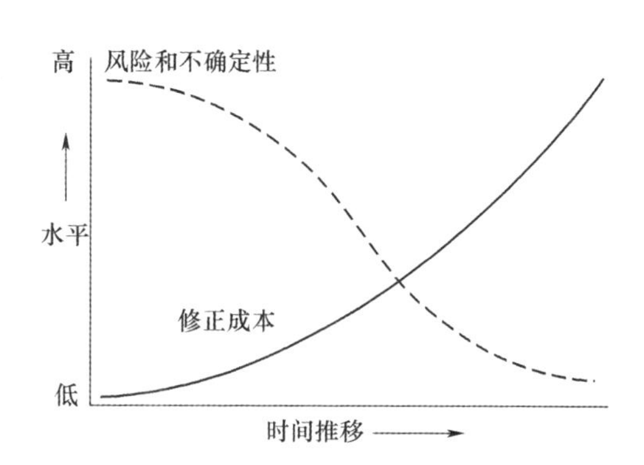

图 11.6　项目推进中的变量影响

PMBOK®指南提出,风险管理包括 6 个过程[PMI 13]。

(1) 策划风险管理。定义如何实施项目风险管理活动的过程。

(2) 标识风险。确定可能影响项目的风险并记录其特性的过程。

(3) 实施定性风险分析。评估并综合分析风险的概率和影响,对风险进行优先级排序,从而为后续分析或行动提供基础的过程。

(4) 实施定量风险分析。就已标识风险对项目总体目标影响进行定量分析的过程。

(5) 策划风险应对。针对项目目标,制定增加机遇、降低威胁的方案和措施的过程。

(6) 控制风险。在整个项目中实施风险应对计划、跟踪已标识风险、监督剩余风险、标识新风险,以及评估风险过程有效性的过程。

项目管理协会和 IEEE 计算机协会发布了"PMBOK®指南第五版的软件扩展版",通过描述适用于软件项目的项目管理实践对 PMBOK®进行补充。在该指南中,介绍软件项目管理的一章长达 20 页。

11.2.6 基于 ISO 29110 的风险管理

超小型实体以较小的规模管理软件项目风险,例如,项目执行时间很短,我们可能没有时间考虑风险以及缓解风险的方法。因此,必须保持警惕,因为项目的日程很短,当项目风险出现时,会迅速发展成为问题,所以我们必须对风险快速做出反应。在这些超小型实体中,开发团队规模很小,出现问题时,通常没有人可以解决。

此外,超小型实体可能早已处于危机状态,而团队成员不一定具有解决风险的专业知识和权力。在超小型实体中,权力通常掌握在一个人的手上,而他需要解决所有的问题。

超小型实体标准的作者提供了一些风险管理任务,可以有所帮助,下面介绍了在基础剖面中呈现的风险管理。基础剖面中的超小型实体是指一次只与一个开发团队一起开发一个项目的实体。超小型实体的中级和高级剖面则需要更多地参与风险管理过程,因为它们同时要与多个团队一起开发多个项目。

ISO 29110[ISO 11e]的基础剖面选择了 ISO 12207[ISO 17]中的一些预期结果。项目管理过程的目标之一是“在项目开发和实施过程中标识风险”。在考虑到这些目标的情况下,ISO 29110 管理和工程指南[ISO 11e]描述了任务、角色、输入和输出。

表 11.2 描述了在项目策划活动期间的风险管理任务。这些活动中的角色有项目经理(PM)、技术主管(TL)和工作团队(WT)。

表 11.2 项目策划中的风险管理任务[ISO 11e]

角色	任务清单	输入工作产品	输出工作产品
PM TL	PM.1.9 标识并记录可能影响项目的风险	已标识的所有元素	项目计划 ·项目风险识别

表 11.3 介绍了项目实施期间要完成的风险管理任务。

表 11.3 项目实施中的风险管理任务[ISO 11e]

角色	任务清单	输入工作产品	输出工作产品
PM TL WT	PM.2.3 与工作团队召开评审会、标识问题、评审风险状态、记录意见并跟踪至收尾	·项目计划 ·进展状态记录 ·更正登记册 ·会议记录	(更新的)会议记录

表 11.4 列举了项目监控活动期间的 3 个风险管理任务(仅列出了与风险管理相关的元素)。

与这些任务有关的软件工作产品也需要进行开发,表 11.5 描述了项目计划和进展报告中与风险管理有关的内容。

表 11.4 项目评估和控制活动中的风险管理任务[ISO 11e]

角色	任务清单	输入工作产品	输出工作产品
PM TL WT	PM.3.1 依据项目计划评价项目过程,比较: ·实际风险与已标识风险	·项目计划 ·进展状态记录	(已评价的)进展状态记录
PM TL WT	PM.3.2 根据需要制定偏差或问题的纠正措施,并标识与计划完成有关的风险。将其记录在更正登记册中,并跟踪至收尾	(已评价的)过程状态记录	更正登记册
PM TL WT	PM.3.3 标识需求和/或项目计划的变更,以应对与计划完成有关的重大偏差、潜在风险或问题,将其记录在变更申请中并跟踪至收尾	(已评价的)过程状态记录	(已启动的)变更申请

表 11.5 项目计划和进展状态记录中展示的内容[ISO 11e]

名称	描 述	来源
项目计划	描述如何执行项目过程和活动,以确保项目的成功完成,以及确保可交付产品的质量。它包括项目风险的识别,其适用状态是已验证、已接受、已更新、已评审的	项目经理
进展状态记录	依据项目计划记录项目状态。它包括已标识风险的实际状态,可能的适用状态是已评价的	项目经理

11.2.7 基于 IEEE 730 的风险管理和 SQA

我们已经讨论过,SQA 确保了过程的建立、管理、维护和应用是由熟练的、合格的员工来进行的,并确保所执行的活动和任务与产品风险是相匹配的。越来越多的软件系统被用于执行可能对生物、物理结构和环境造成危害的任务。IEEE 730 标准的基本原则是首先了解软件产品风险,然后确保所策划的 SQA 活动与产品风险相匹配,这意味着 SQA 计划中定义的 SQA 活动的广度和深度取决并来源于软件产品风险。

项目的风险管理说明可以是独立的文件,也可以作为项目计划或 SQA 计划的一部分。重要的是,它是存在的、完整的,可供评审和审核的。以下是项目经理和 SQA 应该考虑的问题[IEE 14]。

(1) 制订 SQA 计划,并确定项目的 SQA 活动和任务,以匹配项目的软件产品风险。

(2) SQA 职能是分析可能影响产品质量的风险、标准和假设,并标识可以帮助风险得到有效缓解的特定 SQA 活动、任务和结果。

(3) 分析项目情况,并使 SQA 活动适应风险。

(4) 标识并跟踪需要进一步实施 SQA 策划的项目变更,包括对需求、资源、进度、项目范围、优先级和产品风险的变更。

(5) 基于产品风险,确定由项目团队选择和定义的软件生命周期过程是否恰当。

对于 IEEE 730,软件产品风险是指与软件产品使用相关的固有风险,如安全风险、财务风险等。软件产品风险与项目管理风险不同。处理软件产品风险的技术在该标准 4.6.2 节和附录 J 中进行了讨论[IEE 14]。

(1) 是否了解并记录了潜在的产品风险?

(2) 是否理解了潜在的产品风险,以便于以恰当的方式策划 SQA 活动?

(3) 是否明确了要进行的产品风险管理的范围?

(4) 是否定义和实施了适当的产品风险管理策略?

(5) 适当时,是否会建立软件完整性/关键性等级?

(6) 项目团队是否在产品风险管理技术方面接受了足够的培训?

(7) 项目团队是否计划以与产品风险一致的方式调整其活动和任务?

(8) 策划的 SQA 活动的广度和深度是否与产品风险相匹配?

(9) 风险在开发过程中是否得到标识和分析?

(10) 是否已经确定了用于处理风险的资源应用的优先级?

(11) 是否适当定义、应用和评估了风险测度,以便确定风险状况的变化和处理活动的进展?

(12) 是否已根据风险的优先级、概率和后果,或已标识风险的阈值采取了适当的措施来纠正或避免风险的影响?

(13) 基于产品风险,项目工具(尤其是用于产品 SQA 的工具)在运用于项目之前是否需要进行确认?

(14) 是否出现了其他可能会妨碍 SQA 完成项目职责的风险?

最后我们要指出,高风险行业,如医疗设备、交通运输和核能行业,具有来自国家监督机构的风险管理建议。例如,对于医疗设备的风险管理与 IEEE 730 中定义的风险管理不同。在这些高风险行业中工作时,请参考它们的附加指南。

"如果您不主动攻击风险,他们将主动攻击您。"

Gilb(1988)[GIL 88]

11.3 风险管理的实际考虑

在本节中,将逐步讨论实际的风险管理方法,该风险方法改编自 Boehm (1991)[BOE 91]。为了促进其实施,我们还添加了一些易于使用的工具。如图 11.7 所示,风险管理包括两个主要步骤:风险评价和风险控制。我们添加了一个"经验教训"活动,在项目完成后分析风险从而更新组织的风险过程,如检查单。

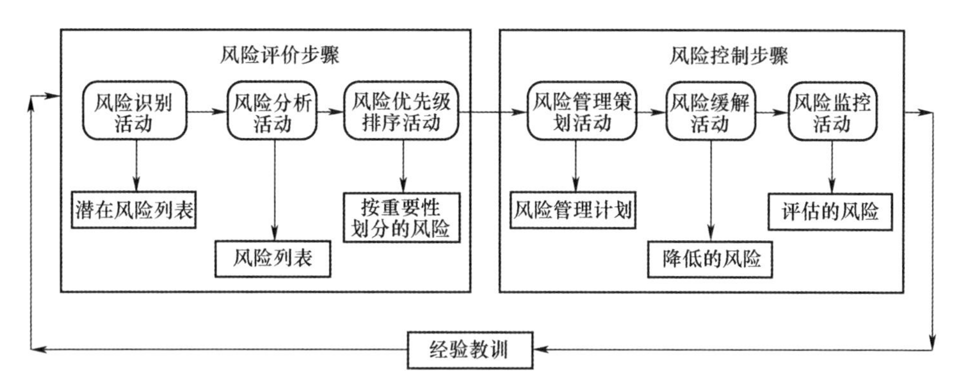

图 11.7 风险管理活动

风险评价步骤包括风险识别、风险分析和风险优先级排序 3 个活动,风险控制步骤包括风险计划制订、风险缓解和风险监控 3 个活动。

下面的文本框描述了每个活动和利于活动完成的工具。

风险管理——用于软件项目经理工作的问题:

(1) 如何标识项目风险?

(2) 是否根据项目风险的发生概率和潜在影响对风险进行评价和优先级排序?

(3) 如何缓解风险?

(4) 安排了多少预算和时间应对项目风险?

(5) 什么样的风险出现时,会需要立即停止项目?

(6) 能否描述项目的最新风险?

(7) 对高风险的缓解计划是什么?

(8) 哪些风险会影响软件产品的交付?

11.3.1 风险评价步骤

风险评价步骤包括风险识别、风险分析和优先级排序 3 个活动。

1. 风险识别活动

风险识别首先会生成一个针对该项目的、可能影响项目成功的潜在风险列表。为此,可以使用以下工具和技术:文档评审、使用组织风险检查单、与项目团队进行头脑风暴、访谈、SWOT 分析、借鉴过去的经验、项目经验教训评审和因果图。

组织中经常有经验丰富的员工,在项目团队没有注意到的地方,提出解决项目问题、发现其他潜在问题的想法。表 11.6 列举了 Boehm 报告中最常见的软件项目风险。

表 11.6 最常见的风险清单

风险元素	风险管理技术
人力资源缺乏	吸引人才(增加薪酬)、团队培训和跨职能培训
进度和预算过于乐观	使用不同的评估技术、增量式开发、重用、项目假设分析(如所选技术足够且可用)
开发的功能和属性不正确	用户参与、原型、任务分析、用户调查、项目早期的用户指南
开发的用户界面不正确	原型、场景、任务分析、用户参与
过度开发	需求梳理、原型、成本效益分析、固定预算
大的需求变化和需求蠕动	增量式开发(推动后续迭代的变更)、来自配置管理委员会的严格的变更控制
有缺陷的项目外部部件	标杆法、审查、参考验证、兼容性分析
项目外部任务的不足	参考验证、审核、CMMI 评价、合同奖励、增加合同条款
实时性能问题	仿真、基准测试、建模、原型
人和技术的能力达到了极限	原型、技术分析、成本效益分析、技术成熟度等级评价

资料来源:改编自 Boehm(1991)[BOE 91]。

一个软件项目可能面临不同类型的风险:技术、管理、财务、人员和其他资源(改编自 Westfall(2010)[WES 10])。

(1) 技术风险包括与项目规模、功能、平台、方法、标准或过程相关的问题。这些风险可能源于过度约束、经验缺乏、错误定义的参数或与项目团队无法控制的组织间存在依赖关系。

(2) 管理风险包括策划不足、管理和培训经验不足、沟通问题、权限不足以及财务控制问题。

(3) 合同风险和司法风险包括需求变更、市场影响、健康和安全问题、政府法规和产品保修。

（4）人员风险包括人员迟迟不到位、人员缺乏经验或未经培训、伦理道德问题、人员冲突和生产力问题。

（5）其他风险资源来自设备、工具和环境配置的不可用或延迟交付，以及响应不及时。

美国国家航空航天局（NASA）开发了一种称为技术成熟度等级（TRL）的工具，当项目准备采用可能构成重大技术风险的硬件或软件技术时，可用于评估涉及的风险。技术成熟度等级可用来评估软件风险。

技术成熟度评估

技术成熟度评估是一种正式的、系统的、基于度量的过程，并随附相关报告，用于评估系统中将要使用的关键硬件和软件技术的成熟度。

技术成熟度评估由领域专家组成的独立评审组进行，该团队使用技术成熟度等级（TRL）工具评估技术的成熟度。

技术成熟度的值域范围从1~9，定义如下：

（1）TRL 1：提出了基本原则并进行了报告；

（2）TRL 2：提出技术概念和应用设想；

（3）TRL 3：对关键功能和/或概念的特性证明进行分析和试验；

（4）TRL 4：在实验室环境中对部件和/或原理样机进行验证；

（5）TRL 5：在相关环境中对部件和/或原理样机进行验证；

（6）TRL 6：在相关环境中对系统/子系统模型或原型进行演示；

（7）TRL 7：在运行环境中对系统原型进行演示；

（8）TRL 8：实际系统已完成并顺利通过测试和演示；

（9）TRL 9：实际系统成功完成运行任务。

美国国防部（2009）[DOD 09]

许多技术可以辅助风险识别，例如访谈、头脑风暴、分解、项目假设分析、项目未知事项的记录、关键路径分析、评审项目评审结束时生成的风险列表以及使用风险分类和检查单。此外，适当的工作环境也有利于风险沟通。

头脑风暴

一种通用的数据收集和创新技术，可以通过一组团队成员或领域专家来标识风险、集思广益或探求问题的解决方案。

PMBOK®指南[PMI 13]

风险声明通常包括两部分:风险状况及其潜在后果。风险状况是对潜在问题的陈述,它“描述了主要环境,以及引起怀疑、焦虑和不确定性的状态”[DOR 96]。潜在后果是对风险状况发生后可能造成的损失或负面结果的简要说明。例如,如果团队未按照客户期望的质量水平交付部件,则需要在接下来的3周内加班加点工作。

我们不能指望所有的风险都被项目经理标识出来,项目的参与人员也可以标识其他潜在风险。风险识别应该是团队的努力。

检查单是用于标识风险的一种简单易用的工具,以下文本框涵盖了有关的风险。

与需求有关的风险

(1) 对要开发的软件产品没有清晰的愿景;
(2) 在需求收集期间,客户参与度不够;
(3) 对软件产品需求存在分歧;
(4) 没有对需求进行优先级排序;
(5) 新市场需求不明;
(6) 需求变更频繁;
(7) 没有需求变更管理过程;
(8) 对需求变更的影响分析不足。

与管理有关的风险

(1) 低估软件产品规模;
(2) 任务策划不足;
(3) 项目进展的可见性不足;
(4) 对项目目标认同不足;
(5) 客户或管理层的期望不切实际;
(6) 团队成员之间的个人冲突。

一旦确定了风险,下一步就是将其文档化。表11.7提供了风险记录表的示例。左侧为“风险编号”,是项目经理为每种风险分配的编号,可使用简单的序号标注。“风险描述”使用特定的句式描述风险:“如果事件X发生,则后果为Y。”例如,“如果对工作量的估计少了10%,那么产品交付可能会延迟两周。”

表 11.7 风险记录表

风险编号	风险描述	P	C	E	风险缓解
1					
2					
3					

资料来源:改编自 Wiegers(1998)[WIE 98]。

2. 风险分析活动

定义并记录了风险之后,我们将对每个风险进行分析,确定每种风险的概率和影响,以及风险之间可能的相互作用。用于风险分析活动的工具和技术有:成本模型、质量因子分析(如可靠性、可用性、安全性)、敏感性分析和决策树[BOE 91]。

下面例举了一些促进分析的问题。

(1) 事件什么时候会发生?

① 在什么情况下?

② 应何时采取行动避免或减轻后果?

③ 之后会发生什么?

(2) 发生的概率是多少?

(3) 后果是什么?

(4) 可以通过什么方式量化后果?

(5) 可以控制或影响什么?

① 事件发生的概率?

② 可能结果的概率?

③ 结果的影响?

如果符合以下 3 个或 3 个以上准则,则该项目为高风险:

(1) 新的应用领域;

(2) 文档未更新;

(3) 缺乏经验丰富的人员;

(4) 进度安排不够灵活;

(5) 需求发生变化;

(6) 新顾客;

(7) 可能造成人身伤害、经济损失或环境影响的软件缺陷。

表 11.7 说明了如何记录风险分析。P 列是发生风险的概率,标度为 1(不太可能)~5(几乎肯定会发生),或者可以通过低、中、高的等级来表示概率。C 列描述了风险成为问题时会带来的后果,以 1(轻微)至 5(严重)或低、中、高的等级来

表示。E 列表示风险值,如果使用数值来估计风险的概率和后果,则风险值等于 P×C;如果使用相对等级(如低、中、高)来表示风险值,则使用表 11.8 进行评估。

表 11.8　风险分类表

可能性	后果		
	低	中	高
低	低	低	中
中	低	中	高
高	中	高	高

资料来源:改编自 Wiegers(1998)[WIE 98]。

图 11.8 描述了最初由 Wiegers 在[WIE 98]中提出的风险描述模板,它比上面的风险分类表包含更多信息。

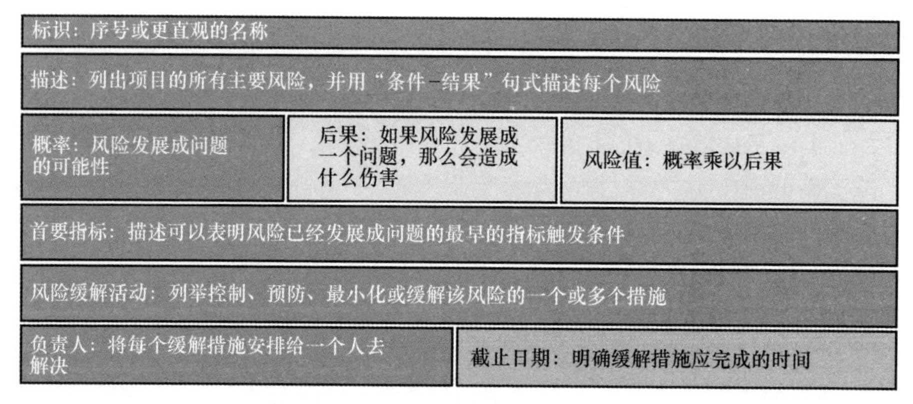

图 11.8　风险文档模板[WIE 98]

"首要指标"记录了可能导致此风险成为问题的触发条件,"负责人"表示对该风险负责的个人,"截止日期"是风险缓解措施的完成时间。

3. 风险优先级排序活动

此活动将产生风险的优先级列表,例如"十大风险"。设置优先级的技术包括风险分析、成本效益分析和 Delphi 技术[BOE 91]。关于优先级,需要思考两个简单的问题。

(1) 对项目影响最大的是什么?

(2) 最快对项目造成影响的是什么?

如果使用数值来确定风险的概率和后果,则可以使用简单的"概率×后果"来计算风险值。例如,对于概率 3 和结果 4,我们将获得 12 的优先级,可以在表 11.7 所列表格的右侧添加一列以记录最终的值。估算了每种风险的值之后,就可以轻松确定它们的优先级了。

现在已经对风险进行了评估并确定了优先级,我们可以继续进行风险控制活动。

11.3.2 风险控制步骤

风险控制步骤涉及3个主要活动:风险管理策划、风险解决和风险监督。

1. 风险管理策划活动

风险管理策划是针对项目范围内的每个已标识风险选择一种风险管理技术,这些技术和工具包括风险控制清单、成本效益分析以及根据所使用标准对风险管理策划内容的描述。

每个已标识风险都有其自己的小型行动计划,风险管理策划包括整合每个小型行动计划。风险管理策划的某些部分可能会出现在其他文档(如项目计划)中。对于大型项目,计划目录可能包含前文列举的ISO 16085目录中的元素。风险管理策划一旦获得批准,就会作为基线存储在组织数据库中。同项目的其他文档一样,风险管理策计划及其文档应遵循组织的配置管理过程。

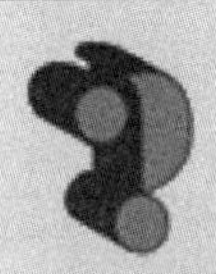

风险缓解

一种风险应对策略,项目团队采取行动降低风险发生的概率或削弱风险造成的影响。

PMBOK®指南[PMI 13]

风险处理

处理风险的过程。

注1:风险应对内容如下:

① 不开始或不再继续导致风险的活动,以规避风险;

② 为了寻求机会而承担或增加风险;

③ 消除风险源;

④ 改变可能性;

⑤ 改变后果;

⑥ 与其他各方分担风险,包括合同和风险融资;

⑦ 慎重考虑后决定保留风险。

注2:针对负面后果的风险应对有时指“风险缓解”“风险消除”“风险预防”“风险降低”等。

注3:风险应对可能产生新的风险或改变现有风险。

[ISO 指南 73]

表 11.7 中的“风险缓解”(也称为“风险减轻”)针对每种负面风险提出了规避、转移、检查、接受或监督的方法。风险缓解措施必须产生切实的结果来确定风险值是否发生变化[SEI 10a]。

(1) 规避风险是指消除项目中的风险,如可通过不开发风险部件来实现。

(2) 风险转移是将风险及应对风险的责任转移给第三方,例如供方。转移风险并不能消除风险。

(3) 风险接受意味着将不对风险采取任何行动。

(4) 风险控制是指从现在开始到发生风险期间,采取某些行动以降低风险发生的概率和造成的影响及后果。

(5) 风险监督是指观察并定期重新评估风险以检测参数的变化。

应急计划是在风险可能发生之前制定的,并规定了在风险发生时应采取的行动。

我们可以向风险记录表中添加其他内容。如表 11.9 所列,在网格右侧添加一列显示风险负责人的姓名;再在右侧添加一列,指示应该完成风险缓解措施的时间;最后再添一列显示降低风险的行动的状态:P 表示正在进行中,C 表示已完成。

表 11.9 扩展的风险记录表[WIE 98]

风险编号	风险描述	P C E	风险缓解	风险负责人	风险缓解完成时间	状态(P/C)
1						
2						
3						

对于小型项目,我们可以添加图 11.9 所示的表格或图 11.8 所示的独立风险表格作为附件。

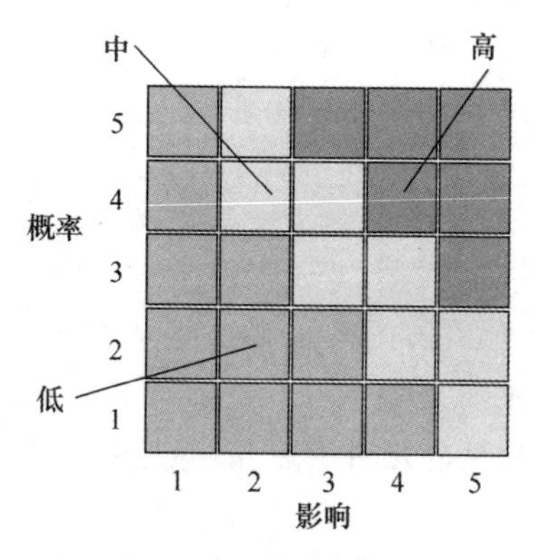

图 11.9 利用 3 种类别说明风险值的网格

2. 风险解决活动

风险的解决是指使用记录在已制定的项目计划中的缓解技术消除或以其他方式解决(如放宽要求)已标识风险的情况。

3. 风险监督活动

监督风险包括监督项目进度以应对风险因素,并在必要时采取纠正措施。这些技术和工具包括风险审核、偏差分析和趋势分析、项目评审、里程碑监督以及重要风险列表[BOE 91]。我们可以在项目进展会议期间使用如图11.9或图11.8所示的独立表格来跟踪每种风险,并在必要时修订风险文档,如概率、后果、状态等。

项目开始后请继续寻找新的风险,因为项目状态可能会发生变化,导致在项目开始时尚未发现的风险或概率很小的风险随着项目进展,可能会成为项目威胁的一部分。不要仅仅因为实施了选定的缓解措施而假定风险已经得到控制。通过进行定期的风险控制,我们可能需要变更个别无效的风险控制策略。

11.3.3 经验教训总结活动

如图11.7所示,可以通过在开发项目结束时召开经验教训总结会议,来改进风险管理过程的要素(见第5章),从而发现不足项并提出可能的改进方案。

在主要硬件和软件的安装过程中,系统管理员观察到该系统从午夜至凌晨5点都没有运行。负责安装的供方经理准备了一个项目计划,安排员工在该期间进行硬件和软件的安装。

到达现场后,维护经理表示,虽然该系统从午夜至凌晨5点没有运行,但是员工仍旧使用该系统执行日常维护操作。现在,供方完成安装任务的实际时间减少到每天只有2小时。供方的系统经理必须在初始计划中增加天数并重新制定安装计划。由于该设施距他们的办公地点超过500千米以上,为便于员工正常休假和回家,他不得不大幅增加员工的生活费用预算以及差旅成本。

在举行经验教训总结会议时,项目经理和他的团队可以讨论项目风险,包括项目计划中已标识和描述的风险,以及未标识出却在项目进行中发生的风险。

关于已标识(已知风险)并记录在项目计划中的风险,团队可以讨论其概率、后果和缓解措施是否达到了满意的效果,团队也可以建议对该过程进行改进。

对于未标识的风险(未知风险),这些风险是否可能在项目管理过程的潜在风险列表中,但是在项目计划的制定过程中却没有被标识?在这种情况下,项目经理应分析他在准备项目计划时所使用的假设,并决定是否修改计划过程中的风险管理任务。如果未标识的风险不在潜在风险列表中,项目经理很可能应将其添加到风险列表中,新的风险列表将在未来的项目中使用。

11.4 风险管理角色

风险管理过程需要多个项目利益相关方的参与,如项目经理、开发团队、销售和顾客等。在小型实体中,一个人可能承担其中多个角色。

(1) 项目经理:负责管理与系统开发和维护相关的风险,并确保风险管理按照组织过程进行。

(2) 风险经理(大型组织或项目中的角色):大型项目的项目经理可以选择承担此角色。该角色必须执行风险管理过程,并与其他利益相关方一起充当风险分析活动的"推动者"。

(3) 开发人员:参与风险识别、分析、文档撰写和监督。

(4) SQA:定期评审风险管理活动,确保其按项目计划进行。SQA 专家还可以通过扮演推动者的角色来参与风险识别和经验教训总结。

(5) 配置管理员:可以在风险监督和报告中发挥作用,如配置管理经理可能会负责确定风险状态。

(6) 风险监督者或风险责任人:负责监督特定风险的演变。

11.5 测量和风险管理

评估风险至少需要采用以下测度。

(1) 概率:表示威胁发生的可能性的测度,该测度可以是 0~5 或 0~10 的定量数值,也可以是低、中、高的定性值,如表 11.10 所列。

(2) 表示风险的潜在影响或后果严重程度的测度:表示威胁发生时可能造成的损失,该测度可以是 0~5 或 0~10 的定量数值,也可以是诸如低、中、高的定性值,如表 11.11 所列。

(3) 风险值:基于概率和潜在影响的风险测度。如果概率和影响的测度是通过数字表达的,则更容易得出,否则可以使用如图 11.9 所示的表格,以低、中或高的标度来说明风险值。表格中位于左下角的部分表示低风险区域,右上区域表示高风险区域,中间区域表示一般的风险。

图 11.10 到举 3 个风险：风险 1 是中等风险，因为进度是可接受的；风险 2 是低风险；风险 3 是高风险。

表 11.10　风险概率等级示例

值	描　　述
1	不可能
2	比较不可能
3	可能
4	很可能
5	一定

资料来源：改编自 Shepehrd(1997)[SHE 97]。

表 11.11　风险结果等级示例

等级	技术	进度	成本
1	最小或无影响	最小或无影响	最小或无影响
2	轻微的性能不足，保留相同的方法	需要额外的行动以满足关键进度要求	预算或单位生产成本的增加小于 1%
3	一般的性能不足，但是可以进行补救	进度稍有延误，会错过交付日期	预算或单位生产成本的增加小于 5%
4	不合格，但是可以补救	关键路径受到影响	预算或单位生产成本的增加小于 10%
5	不合格，且不可以补救	无法完成关键里程碑	预算或单位生产成本的增加大于 10%

资料来源：改编自 Shepehrd(1997)[SHE 97]。

对于低风险，通常我们不会采取任何具体措施；对于中等风险，密切监督就足够了；而对于高风险，则必须尽快采取行动。

在项目进行期间，我们可以测量不同的风险管理要素如下：

(1) 已标识风险的数量；

(2) 活跃风险的数量；

(3) 不同风险值等级(如低、中、高)的风险数量；

(4) 风险管理方面的工作量(如以工时为单位)；

(5) 已标识、已管理和已监督的风险数量；

(6) 未标识风险的数量；

(7) 风险管理过程审核的次数；

(8) 与最初标识的风险数量相比，自项目开始以来已关闭风险的数量；

(9) 用于风险管理活动的预算所占的百分比。

注意，因为风险管理是一个需要管理的棘手问题，应该谨慎地使用测量。

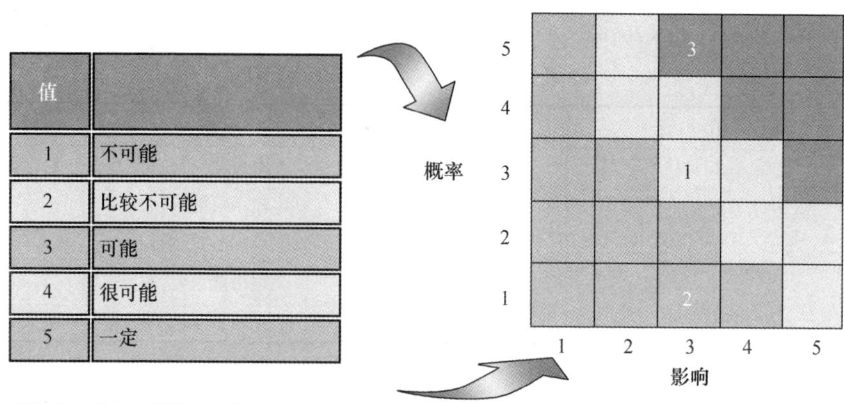

等级	技术	进度	成本
1	最小或无影响	最小或无影响	最小或无影响
2	轻微的性能不足，保留相同的方法	需要额外的行动以满足关键进度要求	预算或单位生产成本的增加小于1%
3	一般的性能不足，但是可以进行补救	进度稍有延误，会错过交付日期	预算或单位生产成本的增加小于5%
4	不合格，但是可以补救	关键路径受到影响	预算或单位生产成本的增加小于10%
5	不合格，且不可以补救	无法完成关键里程碑	预算或单位生产成本的增加大于10%

图 11.10　3 种项目风险的示例(资料来源:改编自 Shepehrd(1997)[SHE 97])

以下文本框描述了风险管理方法的行业应用。

风险管理在武器系统再工程中的应用

Oerlikon Contraves(现为 Rheinmetall Canada)是防空导弹系统的集成商。该系统由安装在履带车辆或固定平台上的导弹发射器、雷达和光学传感器、电子控制系统以及通信设备组成。

公司的系统工程过程已经应用于两个子系统的再工程:发射器控制电子设备以及雷达和电光操作员控制台。下表列出了与风险管理相关的系统工程过程的 4 个活动和 12 个任务。

风险管理计划为两段式,第一部分描述了项目的概述和术语,例如:

(1) 风险类型,例如成本、方案、进度、可支持性、技术性;

(2) 风险影响评估,例如灾难的、严重的、不重要的、轻微的;

(3) 风险的总体分类,例如高、中、低。

实施风险分析	标识潜在风险
	确定潜在损失和后果
	分析风险的依赖关系
	分析风险的发生概率
	对风险进行优先级排序
	为每个风险确定风险规避策略
评审风险分析	评审风险分析
	标识风险,使其成为风险管理计划的一部分
策划风险规避	定义一种风险监督方法
	估计风险规避策略的成本和进度
	改进风险规避策略
战略承诺	获得相关方的承诺

风险管理计划规定了谁负责风险管理以及如何管理风险。

风险管理计划的第二部分主要由所有已标识风险的矩阵组成。风险标识过程通过与开发团队成员和利益相关方的头脑风暴会议来执行。在矩阵中除风险列表外,还包括以下信息元素:

(1) 风险类型,即成本、进度、方案和技术风险;

(2) 发生的概率,即非常低、低、中、高和非常高;

(3) 影响,即轻微的、不重要的、严重的、灾难性的和完全损失/丧失;

(4) 总体风险,即低、中、高,和完全损失/丧失;

(5) 确定对其他项目的影响;

(6) 简明扼要的解决方案;

(7) 截止日期;

(8) 负责人,如项目团队成员、职能经理、项目经理和工程总监等;

(9) 执行项目所需的时间或资源。

(10) 解决状态,即开放和关闭。

批准了风险管理计划之后,在项目评审期间,每周都要评审风险的措施和状态。当需要采取代价高昂的缓解措施时,如特殊资源和大量工时,则应在项目计划的详细工作分解结构中整合具体的风险活动,并像所有其他主要开发活动一样进行安排。

改编自 Boucher(2003)[LAP 03]

11.6 风险管理的人为因素

风险管理不是纯粹的理性过程,它包含了大量的人文文化成分,如在角色、交流、决策和风险承受能力方面的动机、感知和互动等。

例如,如果企业文化重视和奖励“英雄”和“消防员”一类解决问题的人,而不重视那些能够在问题发生之前主动解决问题的人,那么很难实施有效的风险管理过程。为了改变这种文化,组织需要奖励那些知道为防止风险发展成问题,应如何标识、应对和避免风险的人。该组织还必须接受,仍然偶尔需要解决大问题,也仍然需要“消防员”。

以下文本框提供了一些准则,允许个人匿名报告组织中需要保持警惕的风险。

对高风险缺乏承受能力的组织中的风险匿名报告过程:

(1) 应允许所有人(无论其参与或没有参与项目)报告那些还未报告的风险和潜在问题;

(2) 应允许匿名向项目经理直接发送电子邮件报告情况;

(3) 可以在项目经理主持的会议中检查风险,并让每个团队成员和相关方参与进来。

表 11.12 列举了一些态度,这些态度如果存在于组织中,将难以实施有效的风险管理过程。

表 11.12 阻碍风险管理实施的态度

阻碍风险管理实施的态度
我们批评承认错误的人
信息就是力量,所以我们不分享信息
我们推崇独行侠和消防员
绝不允许失败
我们从不对历史项目进行反思
我们寻找替罪羊
我们从不反思历史项目
我们攻击那些带来坏消息的人
我们从来没有在会议上解决真正的问题
我们隐瞒风险,因为没有批准应急项目的预算
如果没有解决方法,我们(管理层)不愿听到任何问题。“不要给我问题,给我解决办法!”
只有在问题发展成危机的时候我们才做出行动
一个安静的会议意味着所有的事情都在掌控中
我们认为成功来源于刻苦工作
我们相信奇迹

以下文本框显示了用于拒绝实施风险管理的借口列表。

不使用风险管理的借口

"软件项目经理网"提供了经理和开发人员不使用风险管理的借口的清单：

(1) 我们这个项目中没有风险；

(2) 公开讨论风险会扼杀这个项目；

(3) 顾客听到潜在的问题时会感到焦虑；

(4) 我的顾客不想听到他是风险源之一；

(5) 风险识别不利于我的职业规划；

(6) 这是一个开发项目，为什么我们要担心维护的风险？

(7) 你怎么能预测一年后会发生什么？

(8) 在定义过程并培训员工之后，我们希望明年开始实施风险管理；

(9) 我们的工作是开发软件，而不是填写形式主义的表格；

(10) 商业软件行业不能浪费时间实施风险管理；

(11) 我们不需要风险管理方案，因为我们经常进行技术讨论和会议；

(12) 即使我提出了切实可行的工作量/进度的估计，也没有人会听；

(13) 供方告诉我，使用这个工具没有风险；

(14) 会议代表说，该方法已被证实，因此没有风险；

(15) 这个项目太小，无法进行风险管理；

(16) 由于新技术会使得我们的生产力提高5~10倍，所以没有成本或进度的风险；

(17) 我们将使用以前从未使用过的新技术来缓解风险；

(18) 我们需要提出经济上最有利的方案才能拿下项目。签下长期合同后，我们会关注项目的工作(如风险)；

(19) 我们必须削减开支才能赢得这份合同；

(20) 我们不需要风险管理，因为这个软件只是子系统的一个部件；

(21) 我们的开发方法是快速的应用开发，因此我们不需要风险管理。

改编自SPMN(2010年)[SPM 10]

11.7 成功要素

以下文本框列出了一些风险管理的有利因素和不利因素。

促进风险管理的因素

(1) 高层管理者的承诺;
(2) 风险管理是每个项目计划的一部分;
(3) 由管理层建立并批准的风险管理过程;
(4) 有应急风险准备;
(5) 收集并分析了测度;
(6) 风险管理从项目开始或准备标书时就开始了;
(7) 公开讨论预期风险;
(8) 使用了风险管理计划;
(9) 定期分析和更新风险清单;
(10) 使用项目绩效指标。

在制订项目计划时,我们不自觉做出的任何假设都是我们需要接受的风险。例如,大多数低估了工作量的组织常假设程序员的生产率高于平均水平,因此需要的工作量较少。如果您认为开发人员高于平均水平,而实际上却只是平均水平甚至低于平均水平,那么风险会在项目开始时就增加。

不利于风险管理的因素

(1) 如果认为项目存在风险,该项目就不会被批准的组织文化;
(2) 不想承认风险的组织文化;
(3) 总是责怪犯错的人的风险管理文化;
(4) 批准风险管理计划,但没有实际运用;
(5) 顾客或经理被任务、里程碑、技术承诺和不切实际的交付期限所困扰;
(6) 意外事故和未知的潜在影响;
(7) 计划中未考虑任何意外事件。

11.8 总　　结

通过以下基本原则,我们可以总结风险管理:
(1) 总是有备选方案;
(2) 准备好应对危机;
(3) 增加可接受结果的概率;
(4) 减少不良结果的影响;
(5) 降低风险事件本身的概率;

(6) 确定各方职责、交付期限、决策点和行动计划;

(7) 有清晰的解决问题和传达结果的机制。

不要忘记,尽管如此,风险也可能是机遇。

更多风险管理相关可查阅软件工程协会、国际风险分析学会等相关网站和论坛。

延 伸 阅 读

Charette R. N. *Software Engineering Risk Analysis and Management*. McGraw-Hill, NewYork, 1989.

Charette R. N. *Applications Strategies for Risk Management*. McGraw-Hill, New York, 1990.

Demarco T. and Lister T. *Waltzing with Bears: Managing Risk on Software Projects*, DorsetHouse Publishing, New York, 2003.

Mcconnell S. *Rapid Development: Taming Wild Software Schedules*. Microsoft Press, Redmond, WA, 1996.

Hall E. M. *Managing Risk-Methods for Software Systems Development*. Addison-Wesley, London, UK, 1998.

Ould M. *Strategies for Software Engineering: The Management of Risk and Quality*. JohnWiley & Sons, Ltd, Chichester, UK, 1990.

Poulin L. *Reducing Risk in Software Process Improvement*. Auerbach Publications, BocaRaton, FL, 2005.

练 习

1. 请使用 ETVX 表示法和 ISO 16085 标准,为规模不到 10 人的组织构思和制定风险管理过程。

2. 请为典型开发项目的每个阶段列举 5 个风险。

3. 列出组织中重用已开发的部件时的 5 种潜在风险。

4. 列出当项目打算购买商用现货软件部件时存在的 5 个潜在风险。

5. 应急计划是在风险成为问题时实施的计划,举几个应急计划的例子。

6. 供方不能以规定的可靠性级别交付软件,因此系统的可靠性可能不符合顾客的性能要求,描述在这种情况下可采取的风险管理措施。

7. 由于与新的控制设备的接口尚未定义,开发软件驱动程序所需的时间可能比最初估计的时间更长,描述在这种情况下可采取的风险管理措施。

第 12 章　供方管理和协议

学习目标：

(1) 理解 SQA 在涉及外部供方的项目中的重要性和效果；

(2) 了解 ISO 9001、ISO/IEC/IEEE 12207 标准和 CMMI®模型对供方协议管理的要求；

(3) 了解供方与外部参与者之间的区别；

(4) 协调和管理与外部参与者相关的风险；

(5) 了解两种主要的软件合同评审；

(6) 了解 IEEE 730 标准在项目质量保证计划中对供方监管的需求。

12.1　引　　言

当软件涉及外部供方时，软件质量保证人员和项目经理应熟悉供方和协议/合同管理的相关知识。合作伙伴关系的好坏是项目是否能成功的关键。适当的准备、选择合适的协议或合同类型、足够多的评审和跟进是建立良好关系的基础。应用本书中的知识开发合同条款，对于复杂情况下交付高质量软件也至关重要。

为确保此类项目的质量，供方人员必须参与并了解 SQA 过程。为保证这一点，供方在合同谈判之前应提供 SQA 计划(包含在项目和技术计划中或作为补充)，以便 SQA 以及客户的项目经理可以评估外部供方对该项目的 SQA 计划意图。因此，需方实施 SQA 职能是一个重要而艰巨的任务，可以确保软件项目的前期调研。

我们注意到，如果供方采用合作策略以及简单明了的语言，会提高顾客满意度。下面介绍供方管理及合同管理中所需的知识。

12.2　ISO 9001 的供方需求

ISO 9001 标准的第 8.4 条描述了对从外部获取的过程、产品和服务进行控制的几种方式：

(1) 通过供方购买；

(2) 与合作方商定;

(3) 外包给外部供方。

根据所获得的服务或产品的性质,外部供应所需的控制可能会有很大的不同。组织可以运用基于风险的思维(在11章中已经讨论过)来确定适合特定供方和外部供应的服务和产品的控制类型和范围。

顾客

能够接受或实际接受为其提供的,或按其要求提供的产品或服务的个人或组织。

示例:消费者、委托人、最终使用者、零售商、内部过程的产品或服务的接收人、受益方和采购方。

注:顾客可以是组织内部的,也可以是组织外部的。

供方

提供产品或服务的组织。

注1:供方可以是组织内部的,也可以是组织外部的。

注2:在签订合同的情况下,供方有时称为"承包商"。

ISO 9000

ISO 9001中提出的许多条款有助于确保供方交付高质量的软件。例如,第4.4条要求所需的过程(即输入和输出)、它们之间的相互作用、职责和权限必须清晰,以确保质量体系有效运行。第5.1条进一步建议供方应证实领导力和承诺。第6.2条讨论了质量目标的建立和实现这些目标的策划。前面的章节中已经介绍了这些内容。

ISO 9001的第8.4条描述了管理供方的过程、产品和服务所需的控制措施:组织应确保外部提供的过程、产品和服务符合要求。

在下列情况下,组织应确定对外部提供的过程、产品和服务所实施的控制:

(1) 外部供方的产品和服务将构成组织自身的产品和服务的一部分;

(2) 外部供方代表组织直接将产品和服务提供给顾客;

(3) 组织决定由供方提供过程或部分过程。

组织应基于外部供方按照要求提供过程、产品和服务的能力,确定并实施对外部供方的评价、选择、绩效监视以及再评价的准则。对于这些活动和由评价引发的任何必要的措施,组织应保留成文信息[ISO 15]。

此外,ISO 9001第8.5条规定了采购组织在知识产权方面的责任[ISO 15]:"组织应爱护在组织控制下或组织使用的顾客或外部供方的财产。对组织使用的或构成产品和服务一部分的顾客和外部供方财产,组织应予以标识、验证、保护和防护。”

12.3 SO 12207 的协定过程

ISO 12207 中有两个协定过程:获取过程和供应过程,“这些过程定义了在两个组织之间建立协议所必需的活动。如果调用获取过程,它会提供与供方开展业务活动的方法。这包括作为运行软件系统的产品、支持运行活动的服务、系统的软件元素或供方提供的软件系统的元素。若调用供应过程,它会提供向需方提供产品或服务的协议方法。”[ISO 17]。

获取

获得某一系统、产品或服务的过程。

协议

据以维持工作关系并得到相互确认的条款与条件,例如:合同、协议备忘录。

ISO 12207 [ISO 17]

根据 ISO 12207,获取过程的目的是获得与需方需求一致的产品或服务。该过程从标识客户需求开始,到需方接收所需的产品和/或服务结束。标准[ISO 17]中描述了以下活动。

(1) 准备获取:需方详细定义策略,详细描述需要获取的内容(系统或软件),以便供方了解相关信息。

(2) 宣布本次获取需求并选择供方:需方公布产品和/或服务的采购需求,使用既定规程评估和选择一个或多个供方。

(3) 订立和维护协议:需方准备并与供方商讨协议。此项活动期间,需方标识必要的变更及其对协议的影响,包括获取需求、成本和进度,以及其他内容,如验收准则、保修和许可。

(4) 监控协议:需方根据前几章所述的软件评审和审查过程,评估供方活动的执行情况。此外,提供供方需要的数据,及时解决问题。

(5) 验收产品和服务:需方对交付物进行验收评审和测试。在此过程中,需方确认所交付的产品或服务符合协议要求,支付款项或其他议定的报酬,接手配置管理的所有权(见第 11 章),并最终完成协议。

根据 ISO 12207,供应过程的目的是向需方提供满足协议要求的产品或服务。

标准[ISO 17]中描述了以下活动。

(1) 准备供应:供方确定需要产品或服务的需方,完成后定义供应策略。

(2) 响应产品或服务的供应请求:供方评估供应请求,来决定响应的可行性以及如何响应,然后准备回应征询。

(3) 订立和维护协议:供方与需方订立包括验收标准在内的协议。供方可以确定协议的必要变更及其影响,来作为变更控制机制的一部分,然后进行谈判,最终达成正式协议。

(4) 执行协议:供方根据建立的项目计划执行协议。主要的协议执行活动包括:评审、选择适当的软件生命周期模型、详细制定项目管理计划(包括 SQA 计划)、验证与确认、评估执行情况和质量,以及管理分包商。

(5) 交付、支持产品或服务:供方按协议准则交付软件产品或服务,同时就所交付的产品或服务向需方提供协助支持。

这样就建立了适合该项目的软件质量管理过程,这种机制可以确保质量与计划的一致性。由于许多软件工程过程需要协同工作,SQA 过程应与软件验证与确认、评审和审核过程相协调。SQA 过程还要求制订 SQA 计划,通常包括以下内容:

(1) 执行 SQA 活动的质量标准、方法、程序和工具;

(2) 合同评审及协调程序;

(3) 质量记录的识别、收集、归档、维护和处置程序;

(4) 开展 SQA 活动的资源、进度和职责;

一旦制定了计划,就必须按 SQA 活动进度执行计划。在此期间,需方和供方将采用问题解决过程来解决所有未解决问题。为了使这个过程正常运转,执行 SQA 功能的个人应该在组织中有一个职位,该组织提供一个畅通的管理沟通机制,允许信息自由传递以解决问题。在交付之前,软件产品应进行验收,以确保它们完全满足其合同要求,并被需方接受。

12.4 基于 CMMI 的供方协议管理

面向开发的 CMMI®模型是一个描述性模型,它描述了组织中的过程有哪些预期的基本属性(或主要属性),在当前的案例中,组织在成熟度等级 2(分阶段表示)的供方协议管理过程域中运转。该模型也可作为规范性模型使用,因为模型的目标和实践描述了需方期望在合同中规定的内部或外部供方的实践。CMMI 建议,在需方组织中,项目经理必须掌握供方协议管理过程。

获取策略

基于供应源、获取方法、需求规格类型、协议类型和相关采购风险采购产品和服务的具体方法。

面向开发的 CMMI

由于软件产品和服务越来越普遍,涉及外部供方的协议管理被设置为面向开发的 CMMI 模型的等级 2。CMMI 将专用目标(SG)和专用实践(SP)描述如下[SEI 10a]。

SG 1 建立供方协议:

(1) SP 1.1:确定获取方式;

(2) SP 1.2:选择供方;

(3) SP 1.3:建立供方协议。

SG 2 满足供方协议:

(1) SP 2.1:执行供方协议;

(2) SP 2.2:接受所获取的产品;

(3) SP 2.3:确保产品的移交。

图 12.1 显示了该过程域中专用实践活动之间的相互作用。

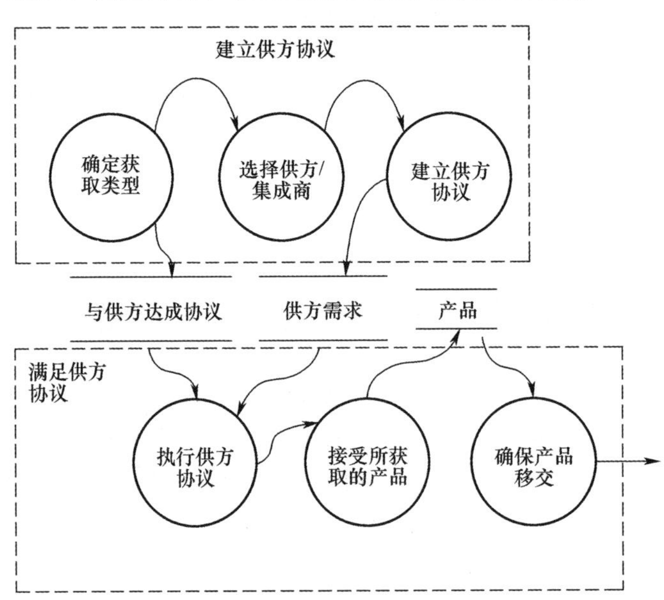

图 12.1 面向开发的 CMMI 用于供方协议管理的阐释[KON 00]

此外,根据 CMMI,组织应承诺软件项目遵循已有的软件获取管理方针,而且应指派一名合同经理负责合同的建立和管理。CMMI 还要求项目经理定期评审这些合同管理活动,而不是出问题后再审查。

除了与项目直接相关的活动外,CMMI 还建议组织实施项目验证程序。因此,管理层应定期评审合同管理活动。为了支持这项活动,如前所述,SQA 和项目经理应仔细评审协议中描述的活动和工作产品,且/或执行第三方审核。

以下轶事描述了公共服务部门如何使用 CMMI 模型管理供方。

某地下运输设备供方的评估

一家负责地下交通系统的加拿大公共服务部门增加了一项需求,要求所有供方,无论位于哪个国家,在新地铁车组和监控系统的投标过程中,需要对照 CMMI 需求来证明其软件过程成熟度水平。

合同规定,在签订合同后 90 天内,需要对总承包商及所有供方进行独立评估,所有未达到一定成熟度的供方都需要制定计划来改善状况,并每月报告其改进进展情况。

合同还要求总承包商制定一个具体的行动计划,以指导每个供方在合同签署后的 24 个月内达到 CMMI 要求的成熟度水平。

12.5 供方管理

软件项目中的供方管理在许多标准中都有体现。为软件项目做出贡献的外部供方可能很重要,并且通常在幕后工作。供方之间也可以建立伙伴关系,项目越大,情况就越复杂。供方的类型一般为以下几种。

(1) 分包商:负责合同的某一特定部分。我们在寻求特定软件专业知识时将招募承包商,并确保在需要时及时提供专家支持。

(2) 软件包供方:提供现成的软件,并随时可以调整和实施。由于他们提供经过验证的软件包,可以减少新的软件开发成本和延迟,这些外部供方正变得越来越受欢迎。

(3) 顾问:受聘于项目,帮助完成特定任务的人,例如解释需求和业务规则、开发与其他内部软件的接口的人员,升级和维护人员以及 IT 基础设施人员等。这些来自组织外部的额外资源为项目的成功带来了专业知识,但必须加以协调。

随着参与人数的增加,可能会出现更多的协调和质量问题。

(1) 交付期:协调不同利益相关方可能会变得更加困难,需要召开许多会议来解决问题、验证每个中间交付物并协调工作。关键供方的问题将对项目产生直接影响。

(2) 交付物的质量:质量问题是多种多样的,例如:缺陷、不符合既定规则、不完整的中间交付物以及对需求的误解。这些问题将导致返工和额外的测试,以重新验证交付物。

(3) 移交困难:在移交期间,软件运维将是顾客的责任。顾客的软件维护人员和IT运维人员可以标识不符合项,在接收交付物之前要求外部供方返工。因此,SQA功能可以帮助与多个外部供方有关的项目经理理解项目的复杂过程。它可以通过描述可用的SQA工具来支持以下工作:

① 防止延误,确保不出现紧急问题;

② 确保对交付物的质量进行早期评估(预防性方法);

③ 注意IT运营的潜在下游需求和软件维护/支持需求;

④ 密切关注每个利益相关方的表现。

对于这些复杂的软件项目来说,健全的SQA计划(见第13章)以及清晰的软件获取流程图是成功的两个关键因素。质量计划使每个相关方的责任更加精确,流程图贯穿整个流程,阐明项目的角色、活动和交付物。

12.6 软件获取生命周期

涉及供方的软件项目通常比传统的软件开发项目更复杂。为了说明这一点,下文将描述一个专门为现成产品(如SAP/R3解决方案、Oracle Financials和类似软件包)而设计的获取过程。在购买此类软件之前,有几个因素需要考虑。描述软件获取生命周期可以定义和澄清软件获取过程中涉及的活动和角色。这种特殊情况是SQA的一个重要部分。

供方管理过程需要目的、适用性、目标和活动的详细过程图。下面的文本框展示了一个真实的高级供方管理过程。

供方管理过程

过程的目的

软件供方管理过程的目的是选择合格的软件供方并对其进行有效的管理。

适用性

软件供方过程适用于从供方处获得、由供方开发和维护的所有软件产品,包括商用现货软件。

目标

(1) 需方选择合格供方;

(2) 软件产品的需方和供方就其相互承诺达成一致;

(3) 软件产品的需方和供方在整个项目中保持沟通;

(4) 需方跟踪软件产品供方的产品及其履行承诺的情况。

供方管理过程概述

该过程包括两组活动:SM-100 系列定义了从内部开发的软件产品无法满足项目需要开始,到与供方签订合同时终止的步骤,如下图所示。

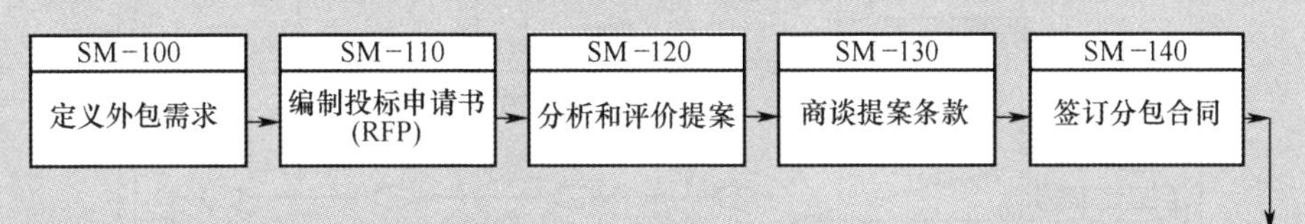

选择供方并签订合同

SM-200 系列,定义了从合同签订开始到软件产品按照合同要求交付或与供方的合同必须终止时结束的步骤,如下图所示。合同结束后,通常会进行评审,讨论对供方管理过程的改进。

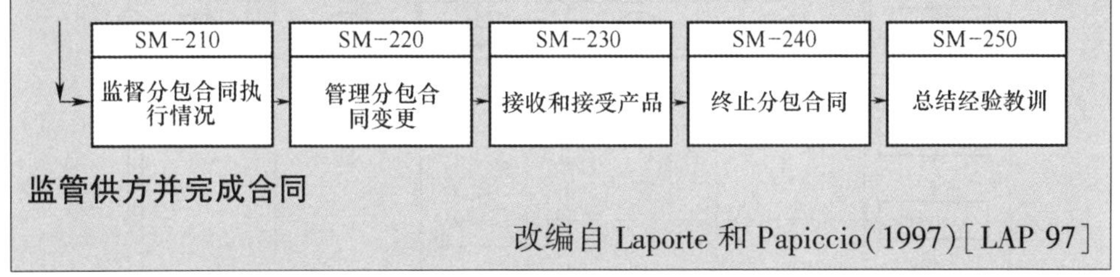

监管供方并完成合同

改编自 Laporte 和 Papiccio(1997)[LAP 97]

软件获取生命周期很复杂,需要更详细阐述,以便外部供方清楚地了解对他们的期望。一家大型加拿大设备分销商,开发了 3 个详细的流程图,以便更好地向供方解释细节。这些流程图描述了以下 3 个阶段(图 12.2):

(1) 信息申请阶段(第 1 阶段);

(2) 供方选择阶段(第 2 阶段);

(3) 软件包的调整和实施阶段(第 3 阶段)。

信息申请阶段旨在标识和选择最好的人员来管理复杂的软件项目。该过程的第一个活动是记录业务需求和现有过程/系统,活动结果是高层面的需求。这是信息申请的切入点,一旦法律部门批准,将发送给潜在供方。然后,对每个供方的答复进行评审,并可能将其用于编制招标书。

图 12.2 描述了许多角色和职责以及模板,很好地阐明了所有活动。当顾客花时间提供这一层面的信息时,项目的质量就会提高。另外两个流程图(即阶段 2 和阶段 3 的流程图)可在本书的网站上找到。12.7 节介绍软件供方的软件合同类型。

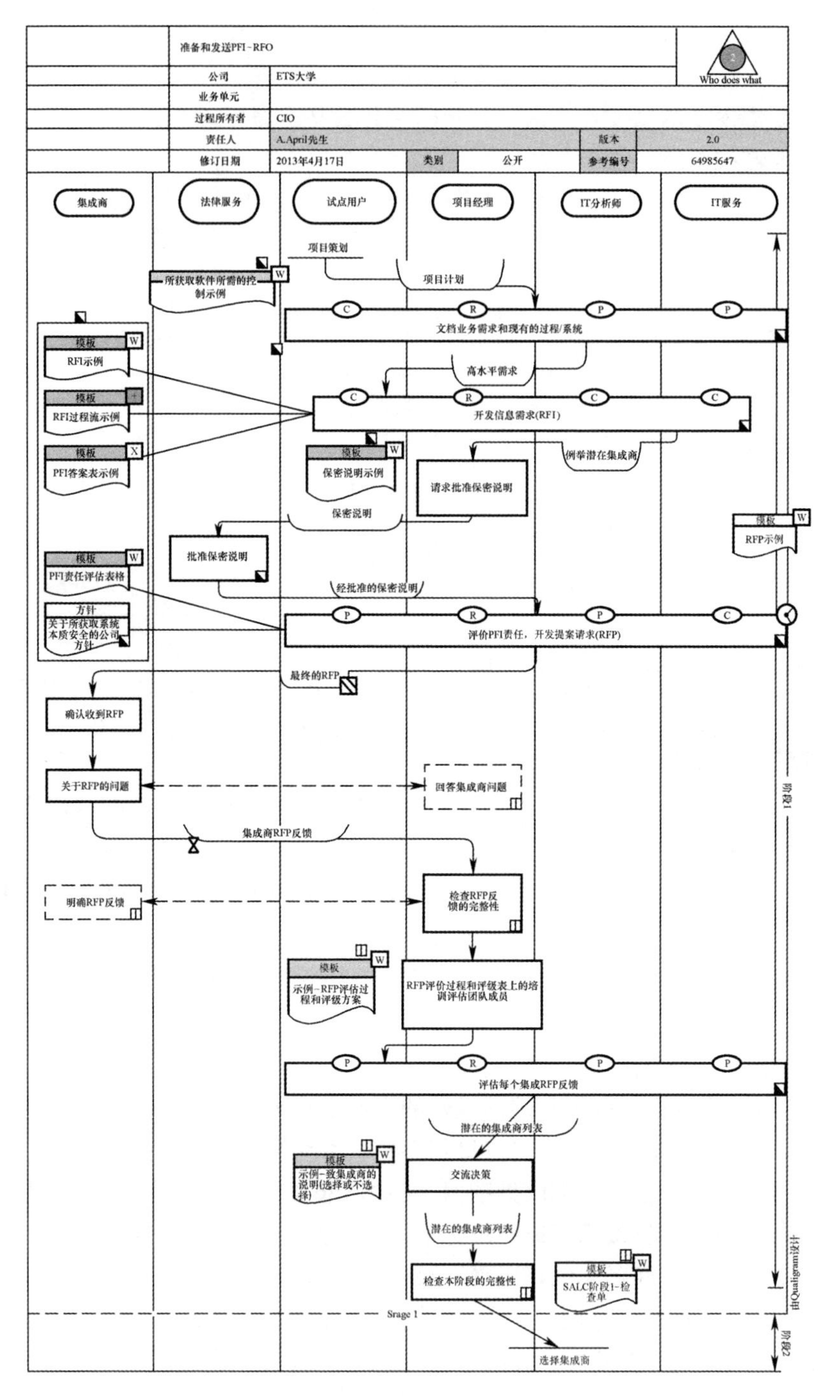

图 12.2　描述软件获取 RFI-RFQ 阶段的流程图示例

12.7 软件合同类型

软件获取的生命周期过程需要选择合同类型。软件领域的合同很复杂,涉及法律、项目管理和技术相关条款。合同有很多种,最简单的类型涉及咨询和雇佣,这需要专业知识。例如,用文档记录需求、编写规格说明或转换数据。它们相对简单,所涉及的金额很小,并且当工作完成时,交付物由顾客验证。但如果顾客希望提供一揽子解决方案,这种合同类型并不适用。

另一种类型的合同是固定成本合同。项目具有明确的任务时最好选用固定成本合同。法律强制规定某些组织使用这种合同。为了明确交付物,在需求生成过程中,可以在任务的工作分解结构定义中添加一列,将每个状态任务标识为明确/无风险或不明确/风险/新增。例如,系统的日常操作和维护,以及定期计划的维护需求,是否得到明确的标识,以及它们的成本是否合理估计。标识为不明确/新增的任务,如计划外的维护或维修,可以作为工期和材料、工时和其他固定成本单独签订合同。

下面列出了软件获取的 4 种常用合同类型,每种类型都为外部供方和顾客提供了不同的风险预测。

(1) 固定价格合同;

(2) 成本加成本百分比合同;

(3) 成本加固定费用合同;

(4) 风险分担合同。

对于所有类型的合同,SQA 应当花时间向项目经理提出适当的合同条款,来确保产出的质量(确保合同条款与过程、项目计划和 SQA 计划一致)。此外,重要的是要描述如何处理成本超支以及实施供方成本控制过程。

12.7.1 固定价格合同

此类合同是供方以固定价格承担工作的协议。供方承担最大的风险,但利润率非常可观。实际上,供方的利润是降低成本和提高效率,因为合同价格与项目实际成本之间的差额是其利润,唯一的办法是供方控制过程。如果不控制过程、输入和输出,承包商就无法有效地控制成本。这种类型的合同是严格的,并且在需要完成不可预见活动时需要使用合同变更过程。这种类型的软件合同通常在项目规格说明清晰、承包商经验丰富、市场条件稳定的情况下使用。顾客面临的主要风险是,软件供方通常会以较低的报价获得业务,而开始工作后,发现缺少规格说明并不得不申请变更。对于此类合同,增加功能是软件供方要求额外赔偿的最常见来源之一。

当软件项目选择了这种类型的合同时,SQA 能帮助项目管理团队减少不确定性。要求供方提供一份明确的工作分解结构,以表明初始投标已包含所需的详细活动。如果不能确保做到这一点,则应考虑混合合同。目前,对于复杂软件解决方案的完整交付,一种非常流行的方法是与集成商签约。集成商是一种特殊类型的供方,负责协调所有分包商的总体责任(硬件、软件包、数据转换和其他)。在这种情况下,集成商承担了很多责任,因此合同和 SQA 计划将更加复杂。

12.7.2 成本加成本百分比合同

此类合同将补偿供方软件需求中规定的费用。此外,供方获得合同中规定的反映其利润的百分比。从顾客的角度来看,这类合同风险更大,因为供方几乎没有削减成本的动机。事实上,供方往往会增加成本,因为这会增加利润。

对于这类合同,项目经理需要特别关注工作时间和材料成本的控制,以确保供方不会仅仅为了增加利润而增加成本。

12.7.3 成本加固定费用合同

在这种类型的合同中,供方获得履行软件合同所允许的费用。固定费用是供方的盈利,除非合同有变更,否则该费用在整个合同期间保持不变。

顾客仍然承担很大的风险。但是,与以前的合同类型相比,这种合同鼓励供方尽快完成工作以获得报酬。尽管如此,供方仍会努力降低自己的成本,确保每项活动都有利润。项目经理必须确保严格控制工作时间和供方人员的素质。

12.7.4 风险分担合同

这种类型的合同非常适合于复杂的软件获取。此类合同中,供方执行合同可以得到所允许的费用补偿。此外,如果工作提前完成,供方有机会获得奖金。如果最终成本低于商定的估计价格,将支付该奖金,节省下来的费用将由供方和顾客共同分享。供方和顾客都希望提前完成项目。另一方面,错过最后期限也是一个共同的风险。下面给出一个将风险分担方法用于大型财务软件替换项目的例子。在图 12.3 中,顾客承担的成本用黑色表示,集成商承担的成本用白色表示。供方同意在 42 个工作日内(每天 8 小时)以 1174902 美元的价格实现该软件包。这一估计包括一些不确定性,双方都愿意分担错过这一期限的风险,但顾客希望在合同中明确固定预算上限。考虑到选择的供方在执行此类项目方面有很好的业绩记录,这一估计是可靠的。

利益相关方(顾客和供方)同意,超过 5%后的成本由供方分担 60%,由顾客分担 40%。此外,因为需要批准固定预算,顾客希望建立一个限额(担保),定为 25%,这意味着超出预算 25%的部分,供方将承担所有额外费用直至交货。因此,

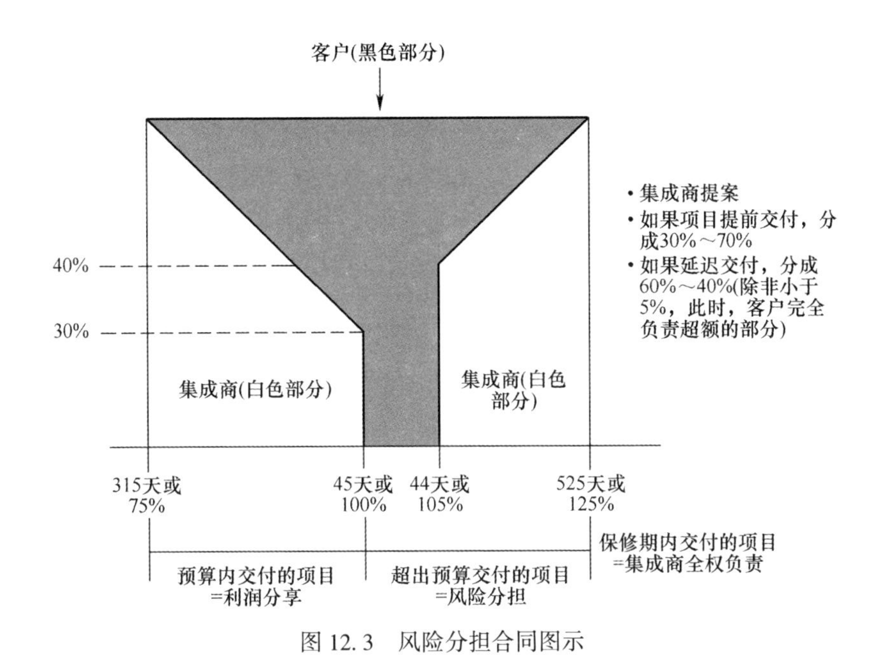

图 12.3　风险分担合同图示

一个谨慎和专业的供方将据此准备建议书,并有信心承担这种风险。

让我们来看这份合同的细节。表 12.1 描述了百分比的变化及其影响。使用一个简单的斜率公式来计算该表中的数值。例如,对于供方 $y=4.7x-146.8$,其中 x 是完成项目的天数,y 是成本超出预算的百分比。取图 12.3 中的两个值,通过公式得出 $y_2=100\%$,$y_1=60\%$,$x_2=52.5$ 天,$x_1=44$ 天。例如,如果项目超过目标日期的 14%,集成商将假设 $y=(4.7\times48)-146.8=78.8\%$成本超支,则顾客只支付剩余的 21.2%。有趣是,这种合同存在最大风险金额(成本),可以确定为 12% = 36226 美元。

表 12.1　软件项目风险分担协议的最大客户预算

合同价格(由 RFQ 设定)			1174902 美元			
工作量估计(由 RFQ 设定)			42 天		斜率	4.7
单日成本			27974 美元		截距	-146,8
延期百分比 /% (天数)	天数 /天	供方承担风险百分比 /%	顾客承担风险百分比 /%	延期成本 /美元	供方成本 /美元	客户成本 /美元
按时	**42**	**0**	**0**	**0**	**0**	**0**
2	43	0	100	27974	0	27974

（续）

延期百分比 /% （天数）	天数 /闰	供方承担风险百分比 /%	顾客承担风险百分比 /%	延期成本 /美元	供方成本 /美元	客户成本 /美元
5	44	60	40	55948	33569	22379
7	45	65	35	83922	54297	29624
10	46	69	31	111895	77655	34240
12	47	74	26	139869	103643	36226
14	48	79	21	167843	132260	35583
17	49	84	17	195817	163507	32310
19	50	88	12	223791	197384	26407
21	51	93	7	251765	233889	17875
24	52	98	2	279739	273025	6714
25	52,5	100	0	293726	293726	0
最坏情况下客户预算 = 1174902+36226 =				**1211128**		

但是，在这些类型的软件项目中，进度超限的可能性非常大。由于超过 25% 的所有成本超支将由供方承担，如果情况非常糟糕，可以计算出顾客的最大预算。从顾客的成本来看，超过 12% 就达到了最大值。有了这种合同，顾客的项目经理完全有信心，只要有 1211128 美元的预算就不会有额外的超支风险。有了这个保证，项目经理和 SQA 团队可以专注于交付物的质量。

为了给项目团队提供建议并协助设计完备的合同，SQA 专家需要熟悉软件合同类型和条款。在制定合同策略后、签署合同前，需要进行合同评审，以确保项目计划、质量计划与合同条款的一致性。12.8 节介绍建议实施哪些合同评审活动。

12.8 软件合同评审

可使用两个主要的合同评审来确保软件协议的质量。这两个评审（初始评审和最终评审）旨在提高满足预算、进度和目标质量的概率。合同评审过程由顾客发起，供方应当为评审做出必要配合。

开展合同评审的目的如下：

（1）确定影响每次评审范围的因素；

（2）标识合同评审中的困难；

（3）解释实施合同评审的活动和目的；

（4）讨论实施评审的重要性。

12.8.1 两次评审:初审和终审

许多情况下顾客和供方需要签订合同,最常见的情况如下:

(1) 参与投标过程;

(2) 响应客户要求的建议书;

(3) 收到其他组织部门的申请或订单。

第 11 章讨论了评审过程及其对检查缺陷的有效性。合同评审的目的是确保软件合同和支持文档的质量。如果适用,针对项目计划和合同的研究将确保,对于所有涉及的利益相关方,选择了合适的合同类型,并在有关 SQA 的协议中包含了足够的细节。合同评审过程通常分为两个独立步骤。

(1) 第一步:仔细查看选择供方时的原始项目建议书,对项目建议书进行初始评审。

① 顾客需求清单和随附文档提供了足够的详细信息;

② 供方关于成本估算、进度和资源的描述足够详细,并包含 SQA 活动;

③ 供方建议的合同类型;

④ 供方和分包商的责任。

(2) 第二步:在签订合同之前对每个条款进行最终评审。第二次合同评审需要详细审查合同条款、预算、截止日期、保修和质量水平,包括在合同谈判会议上商定的修改。

一旦提交了项目计划,就可以开始合同评审过程。评审人员必须备有检查单,以确保评审项完整无缺。合同评审完成后,需确认供方对合同的修改、补充和更正,并且必须使用适当的合同配置管理。一些组织也希望寻求其法律部门的参与,下面的文本框中的原因产生的延误必须也考虑进去。

与承包软件项目有关的风险

(1) 延迟交付;

(2) 不具备所需领域的专业知识;

(3) 无法在预算内交付;

(4) 软件产品质量问题;

(5) 文档不规范和文档缺失;

(6) 项目成功方面的问题;

(7) 供方破产;

(8) 诉讼;

(9) 供方开发软件的知识产权问题;

(10) 交付后支持方面的问题,例如地铁管理、医疗等软件需要提供多年的支持。

改编自 CEGELEC(1990)[CEG 90]

12.8.2 初始合同评审

正如预期的那样,合同初审和合同终审有不同的目的。合同初审的目的是验证以下工作已完成:

(1) 顾客需求已得到阐明和记录,对未来任务有良好理解。有些项目策划文档和技术文档可能过于笼统或不精确。因此,应当获得更多信息,来细化和明确期望和需求。附件是软件合同的重要组成部分。

(2) 研究获取的备选方案。通常,在项目开始时,没有充分考虑这些备选方案。合同初审允许最后一次考虑备选方案:从头开始构建一个解决方案,重用或更新现有软件,或者与其他组织合作并使用他们的解决方案。最后,实施获取时,选择更适合这种特殊情况的合同类型。

(3) 评审项目参与者和利益相关方的计划职责,以及计划的审批过程和沟通渠道。最终建议书应尽可能清楚地确定:角色和责任;相关方活动和沟通渠道;相关团队之间的接口;用户、维护者和基础设施组织的验收准则(如中间交付物和最终解决方案),审批过程的阶段和步骤,以及不可避免的变更控制过程。

(4) 评审风险管理方法。在本章中已经看到,选择合适的合同类型可以缓解一些风险。在评审期间,还应检查其他领域的风险。例如:缺少对复杂需求的描述;对现有过程/业务规则的理解缺失;与其他正在进行的项目的相互依赖;缺少专业知识;计划使用新的和未经验证的技术、工艺和工具等。第 11 章详细地讨论了这一内容,并提出了解决办法。

(5) 评审资源、进度和预算的估算情况。从过往经验上看,这一点很关键,因为在招标书响应时间内,供方的响应并不能提供太多细节,也不能总是让人相信项目中所有需要的东西都得到了正确的理解和规划,例如:与其他系统的接口、数据转换、流程再造、培训和变更管理。

在 April 博士参与的许多软件获取项目中,供方故意提出最低报价以赢得合同。然后,随着项目的进展,要求变更来获得补偿。为了控制这种行为,顾客应使用硬性的合同条款和项目管理过程来保护权益。请参考我们网站的合同部分,获得适用于特殊情况的有用条款。有知识丰富且专业的机构参与时,合同是完备的,估算和临时费用都是符合现实的,没有必要耍手段,而且已经证明,当使用风险分担合同时,固定价格合同对双方都有利。

(6) 评审供方履行义务的能力。评审为项目所选定的外部供方的财务健康状况、先前的业绩记录以及当前能力。此时,我们要有信心,相信供方计划分配给项目的人员具有持续的可用性、经验和能力,可以胜任未来的任务。要把注意力集中在计划分配的关键人员上,关注他们以前在类似项目上的专业知识。还需要确保这些关键人员在执行过程中不会被撤职(但可以撤换您认为不合格的人员),并且对组织结构图有很好的理解。这包括评审对集成商与供方两者概念的理解。在复杂且风险很大的软件获取项目中,我们喜欢使用的术语是集成商。这一点至关重要,因为集成商负责协调其他供方的工作,实现一揽子解决方案,赋予了扮演这一角色的外部供方很多责任。因此,在最初的合同评审中,有必要验证这一点是否被充分理解。典型的分包商只承担有限的责任,这就造成了一种可能性:一项重要活动或交付物没有被分配给任何人。

(7) 评审顾客组织履行其项目义务的能力。评审供方交货能力是很常见的,但是否对自己的组织做了同样的事情?在合同初审的这一部分中,考虑内部专业知识和人员的可用性:一名敬业的顾客代表,软件体系架构、业务分析、接口开发、数据解析/转换、维护和基础设施方面的合格和可用的IT人员,以及法律部门的支持。

(8) 明确集成商与分包商的定义。描述外部供方的术语很重要,因为它影响了外部供方的责任。集成商负责全部的一揽子交付物,分包商通常负责较有限的工作,有必要在合同中明确这些责任。

(9) 明确和保护所有权。此时,将评审所有许可事宜,以了解最终软件如何使用以及由哪些组织和用户使用。一些组织也会花时间评审安全问题。

正如我们所见,合同初审工作是相当紧张的,可以总结在下面的文本框中。

可以使用一个检查单来确保合同初审的8个主题得到妥善处理

(1) 已经阐明功能和技术需求(如信息技术需求),并记录在拟定的合同附件中;

(2) 已充分考虑、记录并放弃了备选的获取方案;

(3) 明确了顾客和集成商之间的关系、角色和职责;

(4) 明确了风险管理方法;

(5) 评审已完成的估计,以提供充足的信心;

(6) 集成商的能力已经过验证,可以充分信赖,包括对集成商角色的理解;

(7) 顾客和信息技术能力已得到验证,可以充分信赖;

(8) 使用权和许可权通过评审。

12.8.3 最终合同评审

一旦完成适当的初步审查,软件获取成功的信心将大大提高。第二次评审涉及合同的详细条款如下:

(1) 附件或主合同文本中未明确的范围;

(2) 描述顾客和集成商对项目执行的关键过程达成一致的所有合同条款;

(3) 合同没有在最后一刻变更、补充或删减,所有变更都经过了彻底的讨论和商定。

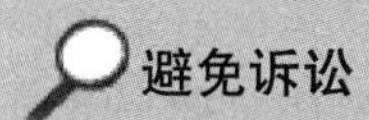

避免诉讼

与其用合同来约束双方,更重要的是双方在建立关系前完全理解自己的责任。当双方建立了良好的合作关系,这个项目就会成功,诉讼的可能性就会降低。

怎么知道是在合作,而不是简单地签一份以后可能会后悔的合同?简单来讲,如果一方觉得在努力赢得某些东西,而另一方却在失去某些东西,那么在此类项目中,敌对态度很早就出现了,应该留意:一方得一方失是诉讼的前兆。

改编自 DeMarco 和 Lister(2000)[DEM 00]

12.9 供方和需方之间的关系及 SQA 计划

IEEE 730[IEE 14]是针对供方开发软件并交付软件给需方而设计的。因此,当供方和需方因为软件获取建立关系时,整个标准都适用。SQA 计划描述了复杂的软件项目如何管理供方以确保高质量的交付。该标准要求,在计划和合同中应描述达到质量要求的方法,以确保供方和需方清楚地理解需求以及各自的职责。

IEEE 730 详细解释了 ISO 12207 标准中 SQA 过程中出现的每个 SQA 活动。

获取出现问题的警告信号

(1) 定期进度状态报告未按时提交、缺少预期信息,或与可见的进度标识(如已完成的交付物)不符;

(2) 未完成的行动项目、未解决的问题、失败的依赖关系、未有效解决的冲突或其他未履行的承诺;

(3) 指派不合格的供方或需方人员,关键供方或需方人员被其他人员替代;

(4) 需方未积极管理和监控与供方的关系;

(5) 未经协商和同意,不需要的需求得到实施或需要的需求被忽略;

(6) 已安排的评审未实施,或本应安排的评审未安排;

(7) 有权限的人员没有及时做出决定,或者没有及时将决定传达给受到影响的个人;

(8) 收到不完整的交付物,或不符合合同要求的交付物;

(9) 收到文档,但未交付工作软件;

(10) 过程运作不佳或被不当忽略;

(11) 项目跟踪趋势图(如挣值、缺陷检测、缺陷关闭和需求变更图)未显示出即将完成的迹象;

(12) 实际成本、进度或工作量结果与估计值有重大偏差,且该偏差无法合理解释;

(13) 错过了早期的里程碑,这对未来节点的完成不是一个好兆头。

改编自 Wiegers(2003)[WIE 03]

12.10 成功因素

以下文本框中总结了在软件获取过程中影响质量的因素。

促进软件质量的因素:

(1) 在招标书中向供方提供软件获取过程图;

(2) 提供了预先批准的合适的软件获取合同模板;

(3) 知识丰富的质量保证专家为合同评审提供帮助和支持;

(4) 根据情况使用适当的合同类型;

(5) 事先进行评审,并在项目期间持续跟进。

可能对软件质量产生不利影响的因素:

(1) 外部供方不了解软件获取过程;

(2) 使用不合适的外部获取合同;

(3) 软件获取合同未经项目经理和质量保证专家评审;

(4) 选择不合适的合同类型;

(5) 不接收进度报告或接收只包含部分信息的报告;

(6) 出现问题和冲突不进行解决;

(7) 人员不合格或经常变动人员;

(8) 缺少或延迟软件产品评审。

延 伸 阅 读

Ebert C. *Software Engineering on a Global Scale: Distributed Development, Right-shoring and Supplier Management*. IEEE Computer Society, Los Alamitos, CA, 2011.

Tollen D. *The Tech Contracts Handbook: Software Licences and Technology Services Agreement for Lawyers and Businesspeople*. American Bar Association, Chicago, IL, 2011.

Verville J. and Halingten A. *Acquiring Enterprise Software: Beating the Vendors at Their Own Game*. Prentice Hall, Upper Saddle River, NJ, 2000.

练 习

1. 合同评审的目的之一是评估继续执行协议的风险:

(1) 列出可能出现的风险类型;

(2) 采取哪些措施可以减轻这些风险?

2. 合同评审的复杂程度因软件获取项目的复杂程度而不同:

(1) 软件获取项目的哪些特性可以证明使用本章中的建议是合理的?

(2) 对于小型软件获取,可以对提出的概念进行哪些调整?哪些可以省略,为什么?

3. 有时合同评审很难成功:

(1) 列出进行合同评审的困难;

(2) 你能创建一个检查单来提醒需要检查的重要项目吗?

4. 解释供方和集成商之间的区别。

5. 描述当一个组织想要从使用分包商的供方那里获取软件产品时所产生的风险。

6. 描述两项基本活动,以确保在软件获取项目中对多个供方进行良好管理。解释一下为什么你认为这两个是最重要的。

7. 解释成本加成本百分比合同和成本加固定费用合同之间的差异。

8. 描述一个潜在风险分担协议的条款,该协议规定,在截止日期前交付分别承担40%和60%,以及超期时分别承担50%(超期1%~10%时,顾客承担100%的超期成本)。估计预算为100万美元:

(1) 绘制合同风险分担图;

(2) 制定成本分摊表,并详细描述顾客和集成商之间分担的风险;

(3) 测算可承受的最大延期;

(4) 测算该合同的最高价格。

第 13 章　软件质量保证计划

学习目标：

(1) 使用各章提供的信息为项目制订完整的 SQA 计划；

(2) 了解 IEEE 730 标准中提出的 SQA 要求；

(3) 参阅本书相应章节中的详细说明。

13.1 引　　言

本章利用前面介绍的概念和实践来实现软件质量保证计划(SQAP)。图 13.1 Daniel Galin 的“软件质量屋”,把本书的所有概念作为部件结合起来实现软件质量。

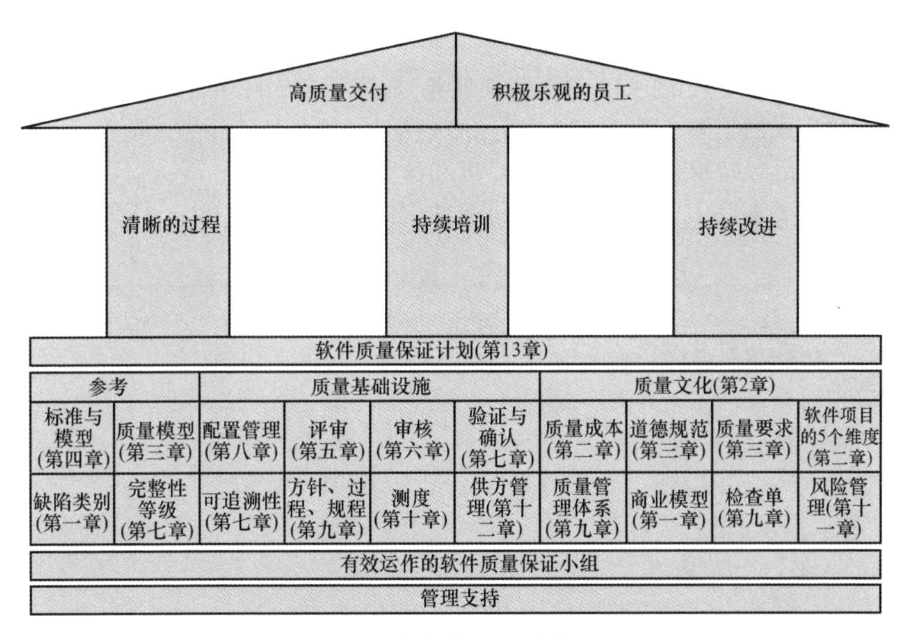

图 13.1　软件项目的质量屋(资料来源:改编自 Galin(2017)[GAL 17])

在深入研究制订 SQA 计划之前,有必要回顾一下 SQA 的定义。

软件质量保证

定义和评估软件过程充分性的一组活动,用于证明软件过程及软件产品符合预期质量目标。SQA 的一个关键属性是 SQA 功能相对项目的客观性。SQA 功能在组织上可以独立于项目;也就是说,不受来自项目的技术、管理和财务压力。

功能

在应用软件中,功能是执行特定动作的模块。在组织中,功能是实现特定目的的一组资源和活动。

IEEE 730[IEE 14]

IEEE 730 规定,术语"SQA 功能"不应解释为专门从事 SQA 的具体人员、工具、文档、职务或特定群体,无论该功能如何配备人员、如何组织或执行。SQA 功能的职责是生成和收集证据,基于这些证据,可以合理相信软件产品符合既定需求[IEE 14]。

IEEE 730 有两个条款专门用于 SQA 计划的策划和执行:第 5.3.3 条"文档化 SQA 计划",第 5.3.4 条"执行 SQA 计划"。本章首先介绍 SQA 计划;然后介绍 SQA 计划的执行。

第 5.3.3 条中规定的 13 项强制性任务,描述了在软件项目的策划阶段,SQA 功能必须完成的工作。IEEE 730 规定,SQA 活动的策划和执行方式应与产品风险相适应。产品风险越高,SQA 活动的广度和深度就越大。

下面的文本框中可以看到,IEEE 标准[IEE 14]描述了 SQA 计划的规范性大纲。

软件质量保证计划大纲

(1) 目的和范围。

(2) 定义和缩略语。

(3) 引用文档。

(4) SQA 计划概述:

① 组织和独立性;

② 软件产品风险;

③ 工具;

④ 标准、惯例和约定；
⑤ 工作量、资源和进度。
(5) 活动、结果和任务：
① 产品保证；
② 评价计划的符合性；
③ 评价产品的符合性；
④ 评价计划的可接受性；
⑤ 评价产品生命周期支持的符合性；
⑥ 测量产品；
⑦ 过程保证：
· 评价生命周期过程符合性；
· 评价环境的符合性；
· 评价分包商过程的符合性；
· 测量过程；
评估项目成员技能和知识。
(6) 其他注意事项：
① 合同评审；
② 质量测量；
③ 豁免和偏离；
④ 任务重复；
⑤ 执行 SQA 的风险；
⑥ 沟通策略；
⑦ 不符合项处理过程。
(7) SQA 记录：
① 分析、识别、收集、归档、维护和处置；
② 记录的可用性。

IEEE 730[IEE 14]

第 5.3.3 条中的任务 12,非常清楚地规定了 SQA 计划的内容和制定方式[IEE 14]:涵盖 SQA 计划规范性大纲中的所有主题,计划中的每一部分均应包含在内。SQA 计划的条目内容是规范性的,但是每个部分的名称和顺序是参考性的。如果大纲中的某个部分不适用于特定项目,则可以保留该章节号并描述该内容不适用的理由。如果一个组织声称符合 IEEE 730,则必须遵守本条款。如果一个组织不必遵守 IEEE 730,则本章可作为与待开发产品的风险相适应的 SQA 计划开发指南。

项目经理或质量保证经理通常负责编制和签署 SQA 计划,SQA 可以通过提供标准化的模板、示例和解释来帮助完成这项任务。具有质量保证功能的组织应制定一个与内部管理模式相适应的 SQA 计划模板。质量计划用于描述软件项目期间要执行的质量活动和任务,应根据上述模板创建,由相关方批准,并在整个项目中保持更新。可以在生命周期过程库中提供示例性的 SQA 计划(从以前的项目中获取),以促进项目特定的 SQA 计划的开发,并向新手展示过去项目的示例,帮助他们理解所需的典型内容。

"在当今的软件市场中,主要关注的是成本、进度和功能;质量不再受到重视。这是不幸的,因为低质量是大多数软件成本和进度问题的根本原因。"

Watts S. Humphrey

13.2 SQA 计划

下面根据 IEEE 730 标准附录 C 详细地介绍了 SQA 计划各部分的内容,并参考了本书中关于该内容详细信息的具体章节。附录 C 还给出了"建议输入",帮助编制和执行 SQA 计划。

13.2.1 目的和范围

SQA 计划的第一部分应当描述质量保证活动的目的、目标和范围,包括获得的豁免;还应明确标识质量保证活动所涵盖的过程和软件生命周期。一个好的做法是总结与项目相关联的商业模式。本书的 1.6 节中介绍了不同的 IT 商业模式及其对质量保证实践的影响。

下面是 SQA 在项目策划阶段提出的问题,帮助新软件项目细化 SQA 的目的和范围(IEEE 730,表 C.3)。

(1) 项目范围是否得到明确定义和充分理解?

(2) 采购方、组织、项目团队和 SQA 团队是否理解各自在本项目中的 SQA 角色?

(3) 是否知道并充分记录了潜在的产品风险?

(4) 是否了解潜在的产品风险,以便能够以对应的方式策划 SQA 活动?

13.2.2 术语定义和缩略语

SQA 计划的这一部分明确规定了简写和缩略语。软件工程师在讨论质量时应该使用一致的术语(见第1章)。使用已颁布的软件工程标准中公认的、标准化的术语,可以确保在出现问题时使用统一的知识体系,这一点很重要。在最终测试和交付期间就交付物或责任的含1义发生争论时,可以依靠标准和知识体系来解释预期的含义并迅速解决问题。它还能为项目参与者明确术语定义和缩略语。

13.2.3 引用文档

SQA计划的这一部分明确所适用的标准、行业规范、合同条款、SQA计划引用的其他文件以及相关支持性文档。支持性文档可能来自适用的专业、行业、政府、企业、组织和项目特定的参考文献。以下是在项目策划阶段应回答的问题(IEEE 730,表C.4)。

(1) 哪些政府法规适用于本项目?

(2) 适用于本项目的具体标准是什么?

(3) 哪些组织级的参考文档(如标准操作程序、编码标准和文档模板)适用于本项目?

(4) 哪些项目级的特定参考文档适用于本项目?

(5) SQA是否应评估适用法规、标准、组织文档和项目参考文档的合规性?

(6) 哪些参考文档适合包含在SQA计划中?

本书的配置管理一章中介绍了如何引用、保护和管理关键项目文档和生命周期制品。涉及的文档可能来自与项目有关的行业、法规或合同文件。SQA计划还应确定项目需求的来源,如合同、规范性文件或交付物清单,并且应详细地描述关键项目文档和强制性交付物,例如:

(1) 在项目期间,强制性交付物应进行监控、评审和授权;

(2) 从何处可以获得这些文档/交付物;

(3) 参考现有模板和示例(如果可用),帮助参与者更好地理解预期范围和内容,以避免误解;

(4) 明确哪些角色和个人负责创建交付物并在正式版本发布和定稿后授权变更。

SQA计划这样做的好处是,通过在项目开始时编制表13.1,项目经理将必须确定强制性的交付物和查看是否所有资源均可用于未来的任务。

项目策划阶段需要一个实用的检查单,表13.1给出了两个强制性软件项目交付物描述示例。组织必须确定一份清单,说明在软件项目期间至少必须要生产出哪些交付物,才能确保满足软件开发方法的内部需求。

表 13.1 项目关键文档和强制性交付物清单示例

文档名称	文件名称	位置	使用参考模板	作者	批准人
项目计划	Project_143_plan. doc	C :Project_143-\plan	是	M. Smith	A. Anderson
功能规格说明	Project_143_specs. doc	C :Project_143-\Specs	是	D. Connor	B. Thomas, P. Rodriguez
⋮	⋮	⋮	⋮	⋮	⋮

在 SQA 计划和项目评审期间,应提出以下问题。

(1) 这张表完整吗? 是否列出了项目的所有强制性文档/交付物(即组织方法学中提到的强制性交付物)?

(2) 项目是否确定并使用了文档/交付物模板?

(3) 项目进度中是否有 SQA 活动来评审文档/交付物的质量?

(4) 是否可以轻松地找到和访问文档/交付物的内容?

(5) 谁有权访问文档/交付物? 它是授权的最新版本吗?

(6) 项目文档/强制性交付物是否受版本控制?

13.2.4 SQA 计划概述——组织和独立性

软件项目组织和项目管理作为一个整体,是本书还没有涉及的主体,它们是影响软件质量的重要方面。

可以参考 SWEBOK 的软件工程管理知识域以及项目管理协会的 PMBOK® 指南获取关于此内容的建议和更多信息。

SQA 计划的这一部分旨在明确在项目中负责执行 SQA 的各方职责,并尝试展示各方与项目管理团队的相互关系。组织功能结构图通常表明了这些关系。如果涉及分包商,还应当显示 SQA 和每个分包商之间的关系和信息流。通过 SQA 计划这一部分中的关系,可以看出所需的角色和责任是否明确。下面介绍 SQA 在项目策划阶段就本主题提出的问题(IEEE 730,表 C.5)。

(1) 组织的 SQA 方针中的缺陷是否得到标识和记录?

(2) 项目经理是否制定了有效方法来监控 SQA 活动、任务和结果的执行情况,并向独立的 SQA 功能提供反馈?

(3) 项目经理是否制定了有效和适当的策略,定义和管理项目期间的 SQA 角色和职责?

(4) 组织是否建立了一个对软件过程有足够影响力的独立的 SQA 功能,包括独立于软件开发项目的有效报告流程?

(5) 组织是否有与项目经理和软件开发经理无关联的人员来监督 SQA 功能?

(6) 如果为多个项目建立了 SQA 功能,组织是否制定了能够利用以往的项目经验的方法?

(7) SQA 评审是否独立于各个项目的 SQA 过程而存在?

(8) 是否为项目提供了足够的资源,包括足够数量的具有适当技能和训练有素的人员以及足够多的工具和设备?

(9) 是否定义了如技术、管理和财务方面的独立程度(图 13.2)?

(10) 考虑到项目使用外部供方时的潜在产品风险和需求,定义的独立程度是否合适?

因此,建议在 SQA 计划的这部分内容中描述软件项目的组织结构,并明确每个参与者的角色。图 13.2 显示了管理委员会、项目委员会和项目支持人员各自发挥的作用。

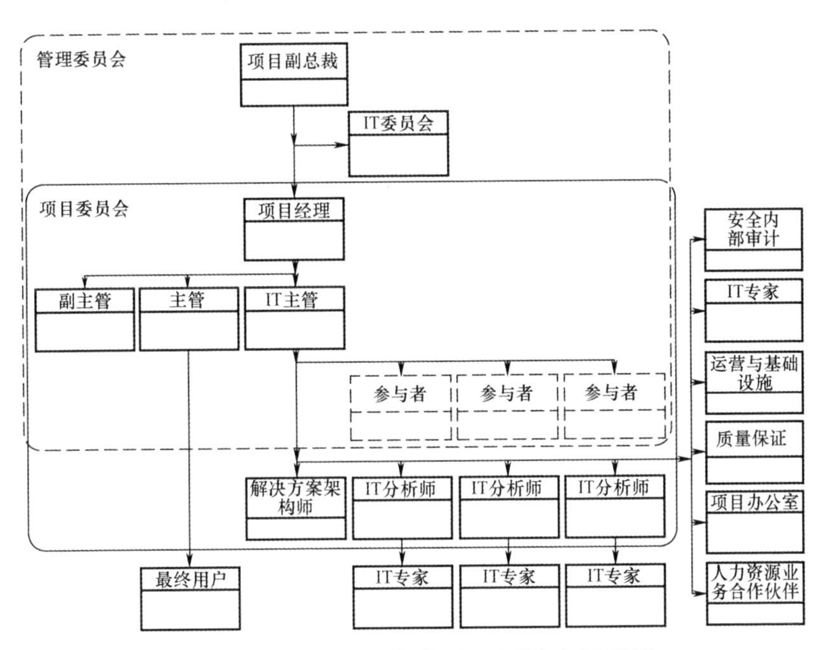

图 13.2　大型组织的软件项目功能组织图示例

创建可视化的项目组织图可以突出显示分配给项目的个人数量是否足够,人员是否位于正确的位置,以及是否有资质从事这项工作。

RACI 图表也可用于描述每个独立角色,很难做到团队中的每个人都对彼此的职责有相同的理解。RACI 图,也称为 RACI 矩阵,明确了角色和职责,确保不会遗漏任何事情。RACI 图还为每个任务或决策分配明确的所有权，以消除冗余活动和混乱。尽早确定一个人是否扮演太多角色，或者角色目前是否空缺/未分配，这一点很重要。表 13.2 给出了另一种记录软件项目中个人角色和职责的简单方法。

RACI 图或 RACI 矩阵

RACI（负责、问责、咨询、通知）图明确了角色和责任，并确保不会有遗漏。同时还为每个任务或决策分配明确的所有权，消除冗余活动（两个或更多人在不知情的情况下从事同一件事）和混乱。

表 13.2　指定参与项目的人员姓名

角色	人员	职责
项目委员会	A. Lopez（测试员）、G. Wright（IT 负责人）、M. Thomas（SQA）、P. Smith（IT 专家）	跟踪进度，解决问题，设定项目方向和优先级，批准预算和变更
关键用户	P. Clark、H. Johnson	确认需求，功能专家，实施系统功能验收

SQA 计划的这一部分还规定了履行 SQA 功能的组织与项目团队成员之间的独立程度。有 3 个参数可以用来定义独立性：①技术独立性，②管理独立性，③财务独立性。技术独立性要求 SQA 使用未参与系统或系统元素开发的人员。SQA 对所有项目活动实施独立评估，技术独立性是预防那些过于接近解决方案的人忽略细微错误的重要方法。管理独立性要求 SQA 独立于软件开发和项目管理组织。管理独立性还意味着 SQA 独立选择要分析和测试的软件部分，定义 SQA 活动的进度，并选择具体的技术问题来采取行动。SQA 及时将发现的问题反馈给软件开发和程序管理组织。财务独立性要求掌握 SQA 计划预算控制权的组织独立于软件开发组织，这种独立性防止了资金被转移或施加不利的财务压力和影响导致活动无法完成的情况。

“重视质量不仅是对的，而且是免费的！它不仅是免费的，而且是我们最赚钱的产品！真正的问题不在于一个质量管理体系的成本有多少，而在于缺少一个质量管理体系的成本有多少。”

Harold Geneen

ITT 公司首席执行官

13.2.5 SQA 计划概述——软件产品风险

风险管理一章介绍了风险与质量保证的关系。软件产品风险是指与使用软件产品相关的固有风险,例如安全风险、财务风险、安保风险。软件产品风险不同于项目管理风险(后面的部分将讨论这个问题),需要特定的验证与确认技术来解决软件产品风险。表 13.3 列出了 SQA 可在项目策划阶段讨论的问题和建议输入,如风险管理计划(IEEE 730,表 C.7)。

为了解释风险管理活动的范围,SQA 计划的这一部分应当清楚地说明软件的完整性等级。软件部件的关键性分析(包括 4 个等级)已在验证与确认一章介绍。SQA 计划必须确保以与指定软件的关键等级相适应的方式执行已标识的任务和活动。根据软件的关键性,项目或多或少会用到严格的工程和 SQA 要求。这一重要信息需要读者评估用于减轻软件故障后果的补偿条款数量。

表 13.3 项目策划阶段需要考虑的与软件产品风险相关的问题和建议输入[IEE 14]

问 题	建议输入
·是否知道并充分记录潜在的产品风险? ·是否了解潜在的产品风险,以便能够以与产品风险相适应的方式策划 SQA 计划活动? ·是否确定了产品风险管理的范围? ·是否制定并实施了恰当的产品风险管理策略? ·是否策划了关键性分析? ·项目团队是否接受过充分的产品风险管理技术培训? ·项目团队是否计划以与产品风险相称的方式调整活动和任务? ·策划的 SQA 计划活动的深度和广度是否与产品风险相适应?	·获取计划; ·合同; ·运行方案; ·风险管理计划

13.2.6 SQA 计划概述——工具

SQA 计划的这一部分描述了 SQA 用来执行特定任务的工具。这些工具可能包括作为 SQA 过程一部分的各种软件工具。每个工具的获取、文档记录、培训、支持、验证和鉴定信息应包含在 SQA 计划中。SQA 在项目策划阶段提出的问题如下。

(1) 如果正在为多个项目建立 SQA 功能,是否为该项目以及其他项目确定了足够的资源,包括能力充足的工具和设备?

(2) 计划在本项目 SQA 中使用的所有工具是否已完全确定,包括供方、版本或版本号、系统平台要求、工具描述和并发用户数量?

(3) 基于产品风险来看,这些工具是否需要验证才能用于此项目?

(4) 是否需要培训以确保 SQA 工具的有效使用? 如果需要,是否已制定了培训计划？

关于工具，不要忘记指定用于给定项目的工具版本。在 SQA 计划的这一部分中，还应该描述团队为项目确定的工具和技术。

13.2.7 SQA 计划概述——标准、惯例和约定

本书的第 4 章描述了软件工程标准以及它们与 SQA 的关系。SQA 计划的这一部分确定了在执行活动和任务以及创造成果时使用的标准、惯例和约定。

(1) 是否已确定合同中引用的所有法律、法规、标准、惯例、约定和规则？

(2) 是否已确定评价项目计划所依据的具体准则和标准，并在项目团队中共享？

(3) 是否确定了评价软件生命周期过程(供应、开发、运行、维护和支持过程，包括质量保证)的准则和标准，并与项目团队共享？

描述用于项目的技术和方法。第 9 章讨论了项目如何使用方针、过程和规程。对于涉及外部供方的软件项目，重要的是阐明将使用哪种方法(例如，Oracle 统一方法、IBM Rational 统一过程、Scrum)，并说明产生某些强制性交付物的义务(表 13.2)。

本部分还列出了适用于本项目的标准、惯例和约定，规定生命周期的阶段、中间交付物清单以及确保项目评审、审查和最终验收步骤中达到质量要求。第 4 章讨论了多种标准和模型。

方法论

是专门的从业人员所采用的实践、技术、流程和规则所组成的体系。

PMBOK® 指南[PMI 13]

表 13.4 给出了这些概念的简单示例。

预先指定这些内容，有助于项目经理和 SQA 专家评审质量计划，且有助于项目评审。

表 13.4 标准、惯例和约定的参考表

生命周期步骤	中间交付物	标准、惯例或约定
策划	项目计划	PMI-PMBOK® 指南
策划	SQA 计划	IEEE 730
编程	源代码	JAVA 编程规则(1999.04.20 版)
移交产品	技术文档	本地生产准则和检查单

13.2.8 SQA 计划概述——工作量、资源和进度

这一部分包括完成 SQA 计划中定义的活动、任务和结果所需的工作量估计。本部分确定了合格的 SQA 人员,并明确了他们在项目背景下的具体职责和权限。

本部分还确定了执行 SQA 活动所需的其他 SQA 资源,包括设施、工作间和特殊规程需求(如安全访问权限和文档控制)。本节还应包括 SQA 项目的关键里程碑和 SQA 活动、任务和结果的进度。下面给出 SQA 在项目策划阶段可以提出的问题。

(1) 是否可以基于过去的项目估算工作量和进度?

(2) 是否可以根据过去的项目确定本项目的资源需求?

(3) 本项目需要哪些资源(工作间、服务器、软件、数据库、操作系统、安全权限、文档控制等)?

(4) 工作量是否基于事实信息而不是“直觉”?

(5) 本项目可以使用哪些评估和进度安排技术?

通常情况下,这些评估很好地描述了软件活动(可行性、需求、设计、构建、测试和交付)。但是,这些评估和策划是否考虑到了所有与质量成本相关的工作量(预防成本、鉴定成本、失效成本)中得到了考虑? 见 2.2 节质量成本。

软件估计

本书中,我们无法详细介绍软件估计过程。如果您希望理解和改进该实践,我们建议您参考 Alain Abran 博士出版的书《软件项目评估:向决策者提供高质量信息的基础》[ABR 15]。这本书通过概念和例子解释了设计和评价软件估计模型的基本原理。

对于项目进度的评估,SQA 计划的这一部分应当描述项目里程碑和项目进度计划。具体来说,应表明项目经理和项目委员会要求的 SQA 活动产生了交付物。良好的进度计划反映了所有项目活动,并明确了人员分配。为了验证计划的任务是否真实并经过了评审,可以在策划期间向个人发送任务电子邮件。使用任务书分配函(也称为工作分配电子邮件)正式联系项目资源,询问以下问题。

(1) 是否已对进度表中的计划活动进行了评审;

(2) 确认持续时间;

(3) 计划的工作分配是否正确,通过答复予以确认。

这个简单的方法确认了进度信息,它尤其适用于不直接向项目经理汇报的团队成员。SQA 计划的这一部分还用于描述在项目期间执行 SQA 活动的人员资质,并阐明他们的职责、独立程度以及他们进行评审、审查和要求纠正的权力。该计划

还应当确定额外的资源,包括设施、工具、测试实验室和其他要求(如安全权限和代码/文档存储库访问权限)。

每个项目及其计划都是基于一组假设、场景或构思开发的,它们分析探讨假设应用于项目时的有效性,标识假设的不准确、不稳定、不一致或不完整给项目带来的风险[PMI 13]。PMBOK®指南建议,在进行活动持续时间估算时所作的假设(如技能水平和可用性),以及持续时间估计的基础,应记录在项目文档中。在制订 SQA 计划的情况下,在估算工作量、资源和进度时,应记录和分析假设。

假设

在策划中被认为是正确的、真实的或确定的,无需证据或证明的因素。

假设分析

一种探索假设的准确性,并标识由于假设的不准确、不一致或不完整给项目带来风险的技术。

估算依据

概述建立项目估算所用的细节(如假设、约束、详细程度、范围和置信水平)的支持性文件。

PMBOK®指南[PMI 13]

13.2.9 活动、结果和任务——产品保证

产品保证活动确保了软件产品开发符合已确立的产品需求、项目计划和合同要求。SQA 的一个重要方面是建立对软件产品质量的信心。这些产品不仅包括软件和相关文档,还包括与软件的开发、运行、支持、维护和退役相关的计划。产品也可以是提供给需方组织的软件服务。产品保证活动涵盖参与项目技术评审、软件开发文档评审和软件验证测试的 SQA 人员。

产品保证活动的结果证明了软件服务、产品和任何相关文档在合同中得以明确且符合合同要求,任何不符合项都得到了识别和处理。产品保证包括 3 项活动。

(1) 评价计划的符合性:SQA 计划的这一部分所包含的活动和任务,用于评价所有按合同要求编制的计划的完备程度,且其相互之间也保持一致的程度。可利用第 12 章所述的评审来进行评价。

(2) 评价产品的符合性:SQA 计划的这一部分应当确定活动和任务,来评价软件产品和相关文档符合既定需求、计划和协议的程度。此活动的结果,见第 5 章和第 7 章。

（3）评价产品的可接受性：SQA 计划的这一部分应当确定活动和任务，以评价软件产品和相关文档在交付前将被需方接受的信心水平（见第 7 章和第 12 章）。

产品保证要求对软件产品进行一些测量。SQA 计划的这一部分还应确定活动和任务，来评价测量是否根据既定的标准和过程客观证明了产品的质量。本书 3.3 节描述了一个正式定义项目软件质量需求的过程，以便在验收期间进行测量。第 10 章还介绍了测量主题。

13.2.10 活动、结果和任务——过程保证

与产品保证类似，过程保证旨在确保项目使用的过程是否适当，这取决于完整性等级，并遵循以下原则。

（1）评价生命周期过程的符合性：确保选择了正确的生命周期，以确认生命周期活动和交付物的适应性。SQA 计划的这一部分应确定活动和任务，以评价项目生命周期过程和计划与合同的符合程度，以及项目活动的执行与项目计划的符合程度（例如，选择和调整的生命周期、规程、交付物模板、质量门、项目计划，以及与项目/合同需求的符合性）（见第 9 章和第 12 章）。

（2）评价环境的符合性：SQA 计划的这一部分应确定活动和任务，以评价软件开发环境和测试环境是否符合项目计划（例如，开发和测试平台的适用性，如策划、规模和安全性、工具验证，配置管理工具集、项目文档服务器/文件夹）。配置管理指南见第 8 章。

（3）评价供方过程的符合性：SQA 计划的这一部分应确定活动和任务，以评价供方软件过程是否符合需方各级的要求（例如，合同评审、供方质量审核、供方职责评审、系统集成商正确地跟踪和管理分包商工作）。在前面的章节中已经介绍了评审、审核以及供方管理。

这一部分还要求在项目中使用评审和审核，第 5 章介绍了评审，第 6 章介绍了审核。表 13.4 给出了一个介绍项目评审和审核的简单例子。第 8 章还讨论了配置管理概念。

过程保证要求对软件过程进行一些测量。SQA 计划的这一部分应当确定活动和任务，以评价测量是否支持根据既定标准和流程对过程进行有效管理（例如，标识和策划了适当的测度，选择数据收集和分析过程，测量与产品风险和总体质量目标相适应）。第 10 章讨论了测量。

最后，SQA 计划的这一部分应当评估员工的知识和技能。有必要说明分配给项目的员工是否具备必要的资质并经过了培训。如果要制订和执行培训计划，通常有两个特定的受众：①需要特定培训的技术专家；②执行最终验收的用户代表以及未来的最终用户。

在 SQA 计划的这一部分中,还应说明培训需求的范围和项目所涵盖的范围。下面介绍 SQA 在项目策划阶段提出的问题。

(1) 如果为多个项目建立了 SQA 功能,该项目以及其他项目是否拥有足够的资源,包括足够数量的具有适当技能和训练有素的人员,以及足够的工具和设备?

(2) 是否确定了所需的项目技能?

(3) 是否根据所需技能对员工和分包商的培训记录进行了评审?

13.2.11 其他注意事项

SQA 计划的这一部分明确了其他注意事项,例如支持项目管理和组织质量管理的 SQA 过程,这些在别处都没有涉及。本部分包括以下主题。

(1) 合同评审过程:SQA 计划的这一部分明确或参考了合同评审过程,并描述了与合同评审相关的 SQA 角色和职责。如果存在供方、分包商、顾问或集成商,应详细说明这种关系(见第 5 章)。第 12 章讨论了供方和合同管理概念,例如:

① 描述项目的软件获取过程;

② 明确在项目期间供方进行的评审;

③ 明确适当的合同类型;

④ 指定合同模板和策划的合同评审。

(2)质量测量:SQA 计划的这一部分确定了适用于项目的质量测量、与预期质量测量活动相关的特定数据收集以及数据收集、测量和报告的职责。应明确适合项目的软件质量目标、测量过程和工具。在质量测量之前,需要将其作为项目需求的一部分加以规定和验收。SQA 计划的这一部分应当参考功能和非功能质量要求。3.3 节介绍了如何定义软件质量需求,并说明了以下问题:

① 选择并描述待评价的质量特性和子特性;

② 说明如何测量,并阐明要测量的软件属性;

③ 为项目设定质量目标;

④ 举例说明如何进行计算;

⑤ 解释在验收阶段将如何以及使用什么工具来评价所使用的测度。

(3) 除了为质量测量设定具体目标外,还应确定用于报告的测度:

① 软件项目进展的 5 个维度(如进度、人员、特性、成本和质量),如第 2 章 2.4 节所述,以及在第 11 章中提及的实用软件和系统测量;

② 缺陷密度以及不符合项纠正状态评审/审核。

(4) SQA 计划的这一部分应确定收集、验证数据和报告的职责。表 13.5 给出了一个项目的评审计划。

表 13.5 项目的评审计划概述

评审项目	目标	生命周期阶段	中间产品	评审类型
需求	确保需求的完整性和可测试性	需求阶段	功能规格说明	文档评审
架构和设计	确保设计的可维护性和可追溯性	架构和设计阶段	设计文档	文档评审
源代码	确保符合本地编程	程序设计阶段	源代码和单元测试计划和结果	代码和文档检查
系统测试前的质量审核	产品的进展和准备就绪	集成测试阶段	整体项目	质量审核

(5) 豁免和偏离:SQA 计划的这一部分定义或引用准则,用于评审和批准合同和项目管理控制的豁免和偏离。SQA 计划描述了 SQA 在评审和批准豁免和偏离方面的角色和职责。以下文本框的内容可以添加到 SQA 计划中。

SQA 收到了豁免申请(豁免申请应由 SQA 经理评审和批准)。豁免申请应说明申请豁免的是 SQA 计划的哪一部分。一旦批准,豁免申请应存储在配置管理系统中,并应将批准的 SQA 计划变更通知所有相关方。

SQA 记录了不符合 SQA 计划需求的情况。通常,由 SQA 审核产生的不符合项报告将提交给 SQA 经理和项目经理。项目经理应按照组织程序,对不符合项报告做出快速响应。

(6) 任务重复:SQA 计划的这一部分定义或引用准则,用于确定何时以及在什么条件下需要重复已完成的 SQA 任务。这一部分描述标识缺陷后推荐使用的迭代任务策略,如纠正缺陷所需的返工。软件的每个功能单元都要经过验收测试。在这种情况下,顾客以合理工作量持续地接受和验证每个功能单元的基本功能。软件基本功能的验证手段是在每个功能单元上成功执行验收测试。如果出现缺陷或故障,有必要在 SQA 计划的这一部分中规定应启动的过程,以记录缺陷、对缺陷严重程度进行评级、评估纠正缺陷的工作量并重新测试该功能单元(见 2.2 节)。

(7) 执行 SQA 的风险:SQA 计划的这一部分明确了可能阻止 SQA 完成其目的、活动和任务的潜在风险,如人员配置不足、资源不足和缺乏培训。这一部分还包括为缓解项目已标识风险而采取的措施。第 11 章介绍了与 SQA 相关的风险活动。

(8) 沟通策略:SQA 计划的这一部分定义了将 SQA 活动、任务和结果传达给项目团队、管理层和组织质量管理者的策略。

(9) 文档验收过程:通常,项目经理必须决定评审/接受中间交付物(需求文档、设计文档、测试计划和其他形式的可交付文档)的过程,尤其在涉及供方时。在评审会议上,可指定一名主持人进行会议记录,详细记录会议期间商定的所有变更和改进(第5章)。根据变更的严重性,必须达成一致的决定如下:

① 按原样接受文档(接受);

② 在做出少量变更的情况下接受文档(有条件接受);

③ 当纳入评审会上商定的重大变更时,重新评审。

(10) 由所有参与者签署评审记录。如果文档已被有条件地接受,则应准备一份更新的文档,并由主持人评审微小的更改,以确保所有问题都已得到处理。然后主持人宣布接受这个交付物。

(11) 不符合项处理规程:SQA计划的这一部分定义了与项目不符合项报告过程相关的活动和任务。不符合项可由任何项目成员报告,但在验收阶段,由配置管理委员会控制,如8.7.2节所述。

(12) 通过经验我们了解到,阐述项目所计划的软件验证与确认的术语、过程和技术(包括测试细节)通常是必要的,尤其是涉及第三方供方的项目。众所周知,合同和第三方项目计划会忽略这一重要质量活动的细节。有关验证与确认的技术细节应在项目的质量和测试计划中提出。使用SQA计划制作一份检查单,来明确所有验证与确认活动。第5章、第6章和第7章介绍了评审、审核和验证与确认的相关内容。对于SQA来说,重要的是确保项目团队根据项目期望的完整性和质量水平选择适当的技术。

(13) 在评审会议上,SQA计划需要初步阐述项目将如何评价中间交付物(如文档)的质量,解释缺陷如何分类(表13.6)。在与第三方签订的合同中,经常使用缺陷严重性来评估是否完成了里程碑。

表13.6 缺陷严重程度分类示例

类别	说　明
1	阻碍项目进一步测试的缺陷。必须在继续进行前纠正该缺陷。在继续测试此功能前,必须立即找到并实施解决方案
2	严重的缺陷。它阻止项目功能测试的一部分,但其他部分可以继续测试。需要在合理的时间内找到解决办法
3	对继续进行测试不会造成重大问题的缺陷。需要解决方案,但优先级低,需要等1类和2类缺陷处理完成后再处理
4	一个小缺陷,列入待办事项清单中

(14) 在第三方合同中,还需要指定测试级别,否则通常会导致混乱。可能还需要创建项目验收过程的流程图,确保每个人都了解验收过程如何进行。例如,图13.3展示了一个简单的活动序列图,它有助于全面了解这个软件如何最终在生

产中予以接受,并满足每个测试级别。在本例中,涉及 3 个不同的组织:关注功能的顾客,提供维护和支持质量的维护人员,负责生产准备和可靠性以及许多其他运行方面的基础设施团队(使用生产准则)。

(15) 验收过程:图 13.4 是系统和集成测试的另一个例子。系统和集成测试验收过程包括以下步骤:供方至少在测试前一周提供一份系统和集成测试计划,并附有验收检查单。项目组在一周内评审计划和检查单(见文件验收过程)。在供方通知项目组系统和集成测试的交付物可用性后的 1 周内,项目组参加交付物的演示,在演示中执行测试计划并完成验收检查单。如果遇到任何问题,则记录为事件(使用表 13.6 中的类别)。供方和项目组共同签署本试验的事件报告摘要。根据交付物的事件报告摘要,如果没有未解决的 1 类和 2 类缺陷(事件),即表示验收通过。如需修复任何未解决的事件,则必须重新进行相关的测试。

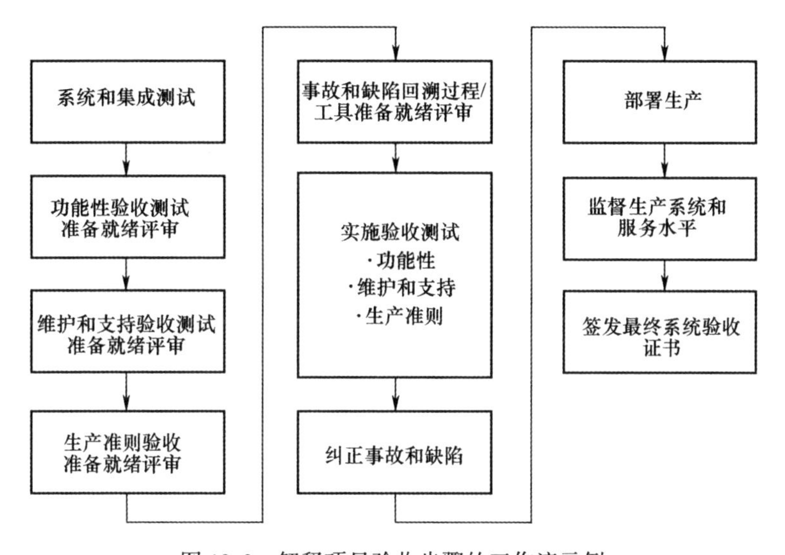

图 13.3　解释项目验收步骤的工作流示例

(16) 指定软件的验收准则。例如,如果出现以下情况,客户将接受该项目:

① 需求文档中规定的功能已 100%交付,且没有 1 级或 2 级事件报告等待修复;

② 基础设施和维护/支持小组没有尚未解决的 1 级或 2 级事件报告。如果有 1 级或 2 级事件报告,则必须在软件最终验收前解决。

13.2.12　SQA 记录

SQA 计划的这一部分包括分析、标识、收集、归档、维护和处置质量记录的活动和任务。质量记录证明活动是按照项目计划和合同进行的。这些记录实现信息

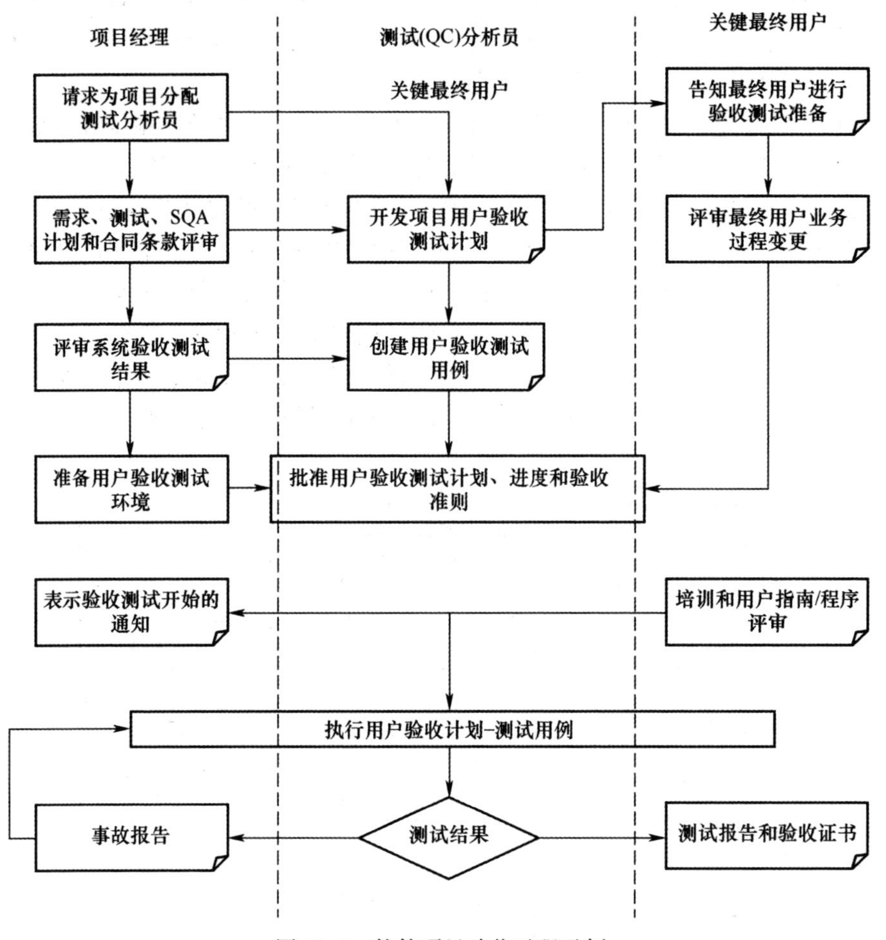

图 13.4　软件项目验收过程示例

共享,支持对标识的问题、原因进行分析,并最终促进产品和过程的改进。在项目策划阶段,项目经理和/或 SQA 经理应提出以下与分析、标识、收集、归档、维护和处置 SQA 记录有关的问题。

(1) 项目需要生成哪些记录?

(2) SQA 需要生成哪些记录?

(3) 是否定义了每个记录中需要包含的信息?

(4) 将使用什么机制收集、归档、维护并最终处置质量记录?

(5) 谁负责收集、归档、维护和处置记录?

(6) 谁负责共享记录?

(7) 与利益相关方共享哪些记录?

(8) 为了共享这些记录,并保持记录的完整性,防止修改或意外发布,需要建立什么样的保护措施?

(9) 要求分包商提供哪些记录?

13.3 执行 SQA 计划

一旦制定并批准了 SQA 计划,项目就必须执行它。IEEE 730 第 5.3.4 条的目的是与项目经理、项目团队和组织质量管理部门协调"执行 SQA 计划"。与 SQA 计划的执行相关的任务非常明确。为完成该活动,SQA 功能应执行以下任务[IEE 14]:

(1) 根据项目进度安排,执行 SQA 计划中定义的活动和任务;

(2) 创建 SQA 计划中确定的结果;

(3) 根据项目变更修订 SQA 计划;

(4) 当实际结果与预期不符时,提出不符合项。

IEEE 730 的附录 C 为 SQA 计划的每个部分提供了问题列表,用于执行 SQA 计划的 SQA 活动。表 13.7 举例说明了在项目执行阶段,需要考虑的与软件产品风险相关的问题和建议输入。

表 13.7 项目执行阶段需要考虑的与软件产品风险相关的问题和建议输入[IEE 14]

问 题	建议输入
· 是否在开发过程中标识和分析风险? · 是否确定了应用资源处理这些风险的优先级? · 是否适当定义、应用和评估了风险措施,以确定风险状态和活动进度的变化? · 是否根据风险的优先级、概率和后果或其他规定的风险阈值,采取适当的处理措施来纠正或避免风险的影响? · 是否为项目定义了软件完整性等级方案? · 软件完整性等级方案是否经过评审,是否适当? · 是否建立了软件完整性等级(如适用)? · 是否准备了一套保证案例? · 是否对保证案例进行了评审,并确定该案例是适当和完整的? · 是否进行了适当的风险评估并记录在案?	· 风险管理计划; · 改进计划; · 监控报告; · 风险行动请求

第 5.3.4 条的任务 3 规定,SQA 功能应根据项目变更修订 SQA 计划。项目在组织中执行时,相关过程(如配置管理)得以记录和实施。在修订和更新 SQA 计划时,SQA 计划必须遵循组织配置管理过程。通常,SQA 计划会有一个修订表或历史表,列出批准和修订信息。下面的文本框简要描述生成 SQA 计划更新版本时的任务。

SQA 计划的修订

SQA 计划的修订可能包括以下任务：

(1) 确定并在“修订表”上记录对相关章节和段落所做的修改；

(2) 评审新版 SQA 计划并得到批准；

(3) 将新版 SQA 计划纳入配置管理；

(4) 将新版 SQA 计划分发给所有相关方(如项目参与者、SQA、顾客)。

13.4 结　论

SQA 计划是任何旨在为外部或内部顾客生产高质量产品的软件项目的基石。SQA 计划将一个组织的所有质量问题、方针、人员、过程和工具集中在一起，以生产高质量的产品，同时构建具有竞争力的软件能力。

在支持高质量产品开发的同时，一个强大的 SQA 计划应尽量避免返工。第 2 章提出了质量成本的概念，并且在许多章节中已经说明了 SQA 如何帮助降低返工成本。希望对于已经实施了本书中提出的 SQA 实践的组织而言，Robert Charette 博士的以下陈述不再适用。

“研究表明，软件专家将大约 40%~50%的时间花在可避免的返工上，而不是花在所谓的增值工作上，增值工作基本上是第一次就能做好的工作。”

Dr. Robert Charette

《软件项目为何失败》

IEEE Spectrum，2005 年 9 月

延伸阅读

Galin D. *Software Quality: Concepts and Practice*. Wiley-IEEE Computer Society Press, Hoboken, New Jersey, 2017, 726 p.

Schulmeyer G. G. (Ed.). *Handbook of Software Quality Assurance*. 4th edition. Artec House, Norwood, MA, 2008.

练　　习

1. 列出 SQA 计划中要涵盖的 5 个主题。
2. 描述确保质量的文件评审和验收方法。
3. 描述验收测试的验收过程，以及如何使用缺陷级别来确保交付质量。
4. 在 SQA 计划开始时，对软件关键性进行描述有多重要？
5. 制定一份检查单，确保 SQA 计划符合 IEEE 730。
6. 过程保证和产品保证有什么区别？
7. 没有制定 SQA 计划会产生什么后果？
8. 没有要求供应商提供 SQA 计划会产生什么后果？

附录 1　软件工程道德规范和职业实践(5.2 版)

软件工程道德规范和职业实践(5.2 版),由 IEEE-CS/ACM 软件工程道德和职业实践联合工作组推荐,并经 ACM 和 IEEE-CS 联合批准,作为软件工程教学和实践的标准。

A.1 引　　言

计算机正逐渐成为商业、工业、政府、医疗、教育、娱乐、社会事务以及人们日常生活的中心角色。软件工程师通过直接参与或者教授,对软件系统的分析、说明、设计、开发、认证、维护和测试做出贡献。因此,软件工程师及其在软件中倾注的思想可能对人们对事情的处理方式有潜移默化的正面或负面影响。为尽可能保证这种影响力用于有益的目的,软件工程师必须要求他们自己所进行的软件设计和开发是有益的,受人尊敬的。为此,软件工程师应该坚守下面的道德规范和职业实践。

本规范包含与专业软件工程师的行为和决策有关的八项原则,这些原则均与专业软件工程师的行为和他们所作出的决定有关,也适用于本行业的从业者、教育者、管理者和督办人、制定者以及职业受训者和学生。这些原则对参与其中的个人、群体和组织相互之间的各种关系有所区别,并指出了在这些关系当中各自的主要义务。

每一项原则的条款都是对这些关系中所包含的一些义务的说明。这些义务建立在软件工程师的人性中,建立在对受软件工程师工作影响的人的特殊关怀中,建立在软件工程实践的独特要素中。该规范规定,这些义务是任何有志于成为软件工程师的人的义务。

不能把规范的个别部分孤立出来用以辩护错误。原则和条款清单并非详尽无遗。在实际使用时,不应将条款解读为专业行为,将职业行为中可接受的与不可接受的部分分离。本规范也不是简单的道德算法,不可用来做出道德决策。在某些情况下,这些规范可能与其他标准存在矛盾。这些情况要求软件工程师在特定的情况下使用道德判断,以最符合道德规范和职业实践精神的方式行事。

道德冲突的最好解决方法是对基本原则的周密思考,而不是对条文细节的咬文嚼字。这些原则应当促使软件工程师从更广泛的角度考虑谁会受到他们的工作的影响;检查他们和他们的同事是否以应有的尊重对待其他人;考虑公众在合理知情的情况下如何看待他们的决定;分析最没有权力的人将如何受到他们的决定的影响;并考虑他们的行为是否符合其作为一名软件工程师应该做出的专业行为。在所有这些判断中,关注公众的健康、安全和福利是首要的;也就是说,“公众利益”是本规范的核心。

软件工程具有动态和高要求的背景,这就需要规范能够适应新情况的发生并与之相关。然而,即使在这种普遍情况下,本规范也为软件工程师和软件工程师的经理提供了支持,他们需要在特定情况下通过记录职业道德立场来采取积极行动。本规范提供了一个团队内的个人和整个团队都可以遵守的道德基础。本规范有助于定义那些不符合软件工程师或软件工程师团队要求的行为。

本规范不仅仅是为了判定可疑行为的性质,它还具有重要的教育功能。由于本规范表达了职业道德问题上的共识,它是一种教育公众和专业人士软件工程师道德义务的方法。

A.2 原　　则

原则1:公众:软件工程师的行为应符合公众利益。具体而言,软件工程师应尽可能地做到以下几点。

1.01. 对自己的工作承担全部责任。

1.02. 以公众利益为前提,合理分配软件工程师、雇主、客户和用户的利益。

1.03. 发布软件,应该在确信该软件是安全的、符合规格说明的、经过合适测试的、不会降低生活品质、不影响隐私权或者有害环境的前提之下,这项工作的最终效果应该是为了公众利益。

1.04. 当他们怀疑有关的软件和文档可能对用户、公众或环境造成任何实际或潜在的危害时,应该向适当的人员或当局举报。

1.05. 通过合作来解决因软件本身的安装、维护、支持或文档记录而引起的社会公众严重关注的问题。

1.06. 在所有有关软件、文档、方法和工具的申述(特别是与公众相关的)中,力求公正,避免欺骗。

1.07. 考虑使用者身体残疾、资源分配限制、经济劣势以及其他可能影响软件使用的各种因素。

1.08. 致力于将自己的专业技能用于公益事业和公共教育的发展。

原则2:客户和雇主:在保持与公众利益一致的原则下,软件工程师应以符合客户和雇主最大利益的方式行事。特别是在适当的情况下软件工程师应当做到以下几点。

2.01. 在其可胜任的领域提供服务,对其经验和教育方面的不足应持诚实和坦率的态度。

2.02. 不使用非法或非合理渠道获得的软件。

2.03. 仅以适当授权的方式使用客户或雇主的财产,并在客户或雇主知情且同意的情况下使用。

2.04. 确保他们所遵循的文档是按要求经过授权批准的。

2.05. 对在其专业工作中获得的任何秘密信息严格保密,前提是此类秘密信息不违背公众利益和法律规定。

2.06. 如果判断认为某个项目可能失败、成本过高、违反知识产权法或存在其他问题,则应立即标识、记录、收集证据并向客户或雇主报告。

2.07. 在发现软件或文档有涉及社会关切的重大问题时,标识、记录并向雇主或客户报告。

2.08. 不接受不利于当前雇主工作的外部工作。

2.09. 不提倡与雇主或客户的利益冲突,除非出于符合更高道德规范的考虑。在后者情况下,应通报雇主或其他涉及这一道德规范的当事人。

原则3:产品:软件工程师应确保其软件产品和相关修改符合最高的专业标准。特别是在适当的情况下软件工程师应当做到以下几点。

3.01. 努力实现产品高质量、成本合适、进度计划合理,确保任何有意义的折衷方案是雇主和客户清楚和接受的,并可供用户和公众参考。

3.02. 确保所从事或建议的项目具有正确的和可实现的目标。

3.03. 标识、定义和解决与工程项目相关的道德、经济、文化、法律和环境问题。3.04. 通过教育、培训和经验的适当结合,确保他们有资格胜任其工作或拟从事的任何项目。

3.05. 保证他们在从事或拟从事的项目中使用合适的方法。

3.06. 在可行的情况下,遵守最适合手头任务的专业标准,除非出于道德或技术考虑,并在可认定的情况下才允许有所变通。

3.07. 努力做到充分理解他们所负责软件的规格说明。

3.08. 确保他们所负责软件的规格说明已经被很好地记录下来,满足用户的要求,并获得适当的批准。

3.09. 确保对其从事或计划从事的任何项目的成本、进度、人员、质量和结果进行实际的定量估算,并对这些估算进行不确定性评估。

3.10. 确保对其负责的软件和相关文件进行充分的测试、调试和审查。

3.11. 保证对其从事的项目有文档记录,包括列入从项目中发现的重要问题和采取的解决办法。

3.12. 开发软件和相关文件,应尊重相关人的隐私。

3.13. 注意只使用通过道德和合法手段获得的准确数据,并仅以适当授权的方式使用。

3.14. 维护数据的完整性,对过时或有缺陷的事件保持敏感。

3.15 对待所有形式的软件维护,应保持与开发时一样认真的职业态度。

原则4:判断:软件工程师应保持其专业判断的完整性和独立性。特别是在适当的情况下软件工程师应当做到以下几点。

4.01 所有技术性判断应服从支持和维护人类价值这一需要。

4.02 只批准在其监督下或在其职权范围内编制并经其同意的文件。

4.03 对要求他们评估的任何软件或相关文件保持专业的客观性。

4.04 不从事欺骗性的财务行为,如贿赂,双重账单,或其他不当的财务行为。

4.05 向有关各方披露那些无法切实避免的利益冲突。

4.06 当软件工程师、雇主或客户之间存有未公开和潜在利益冲突时,软件工程师应当拒绝以会员或顾问身份参加与软件事务相关的私人、政府或职业团体。

原则5:管理:软件工程经理和领导应赞成和推动对软件开发和维护实施合乎道德规范的管理。特别是在适当的情况下软件工程师应当做到以下几点。

5.01 确保对他们从事的任何项目进行良好的管理,包括提高质量和降低风险的有效手段。

5.02 确保软件工程师熟知标准并遵守标准。

5.03 确保软件工程师遵守雇主关于保护密码、文件以及雇主或他人的保密信息的政策和规程。

5.04 在分配工作时,必须考虑到教育和经验对工作的适当作用,并要有进一步发展教育和经验的要求。

5.05 确保对他们从事或计划从事的所有项目的成本、进度、人员、质量和结果进行现实的定量评估,并提供不确定性评估。

5.06 只通过充分并准确地描述雇佣条件这一种方式来吸引潜在的软件工程师。

5.07 提供公平公正的报酬。

5.08 不能不公正地阻止一个人取得可以胜任的岗位。

5.09 保证对软件、过程、研究、写作,或其他知识产权方面做出贡献的软件工程师在此类知识产权的所有权方面有一个公平的协议。

5.10 对违反雇主政策或道德观念的指控,提供正规的听证过程。

5.11 不要求软件工程师做任何与此原则不一致的事情。

5.12 不要因为任何人表达了对项目的道德关切而惩罚他们。

原则6:专业:在与公众利益相一致的原则下,软件工程师应当保证其专业的诚信和声誉，特别是在适当的情况下软件工程师应当做到以下几点。

6.01 协助建立一个有利于道德行为的组织环境。

6.02 推广软件工程的公共知识。

6.03 通过适当地参与专业组织、出席会议和参与出版物相关工作来扩展软件工程知识。

6.04 作为一名职业人员，支持其他软件工程师努力遵循本道德规范。

6.05 不以牺牲职业道德、客户或雇主利益为代价来提升自身利益。

6.06 遵守所有管理其工作的法律，除非在特殊情况下遵守这些法律不符合公众利益。

6.07 准确地陈述他们所负责的软件的特性，不仅要避免虚假的断言，而且要避免那些基于合理判断可能属于胡乱猜测、空洞无物、欺骗性的、误导性的或可疑的断言。

6.08 对负责的软件和相关文档中的错误，承担发现、纠正和报告的责任。

6.09 确保让客户、雇主和主管知道软件工程师对本道德规范的承诺，以及这种承诺带来的后果和影响。

6.10 避免与同本规范有冲突的企业或组织发生关联。

6.11 认识到作为一名专业软件工程师不能违反此规范。

6.12 在出现明显违反本规范的情况时，应向有关当事人表达自己的担忧，除非在没有可能、会影响生产或有危险时才可例外。

6.13 当与明显违反道德规范的人无法协商，或者会影响生产或有危险时，应向有关当局报告。

原则 7：同行：软件工程师对其同行应持有平等、互助和支持的态度。特别是在适当的情况下软件工程师应当做到以下几点。

7.01 鼓励同事遵守本道德规范。

7.02 协助同事进行专业发展。

7.03 充分赞扬别人的工作，但避免过度赞扬。

7.04 以客观、坦诚和适当记录的方式记录其他人的工作。

7.05 公平地听取同事的意见、担忧或抱怨。

7.06 协助同行充分了解当前的标准工作实践，包括保护密码、文件和其他保密信息的政策和程序，以及其他常规的安全措施。

7.07 不得恶意干涉任何同行的职业生涯；然而，出于对雇主、客户或公众利益的考虑，软件工程师可能会出于善意对同事的能力提出质疑。

7.08 在自己能力范围之外的情况下，可以征求在该领域有能力的其他专业人士的意见。

原则 8：自身：软件工程师应当参与终生职业实践的学习，并促进合乎道德的职业实践方法,特别是软件工程师应不断致力于以下工作。

8.01. 进一步了解软件和相关文件的分析、规范、设计、开发、维护和测试的开发知识,以及开发过程的管理。

8.02. 提高他们以合理的成本和合理的时间创建安全、可靠且有用的高质量软件的能力。

8.03. 提高他们编写准确、信息丰富、良好的文件的能力。

8.04. 加深他们对其工作的软件和相关文件以及将要使用的环境的理解。

8.05. 加深他们对软件和相关文件的相关标准和法律的了解。

8.06 加深他们对本规范的理解和应用。

8.07 不得因任何无关的偏见而给予任何人不公平的待遇。

8.08. 不得对他人施加影响使其做出任何违反本原则的行为。

8.09. 认识到作为一名专业软件工程师不能违反此规范。

本规范由 IEEE-CS/ACM 软件工程道德和专业实践联合工作组(SEEP)制定。

执行委员会:DonaldGotterbarn(主席)、KeithMiller 和 SimonRogerson;

成员:

Steve Barber、Peter Barnes、Ilene Burnstein、Michael Davis、Amr El-Kadi、N. Ben Fairweather、Milton Fulghum、N. Jayaram、Tom Jewett、Mark Kanko、Ernie Kallman、Duncan Langford、Joyce Currie Little、Ed Mechler、Manuel J. Norman、Douglas Phillips、Peter Ron Prinzivalli、Patrick Sullivan、John Weckert、Vivian Weil、S. Weisband、和 Laurie Honour Werth。

附录2　软件相关事件和重大事故

1962年,美国国家航空航天局的“水手”1号探索舱坠毁。我们发现,在FORTRAN DO-Loop语句中,一个句号被错放在了应该写括号的位置。

1979年,三里岛核电站发生事故,该事故是由于对用户界面的理解错误造成的。

1982年,俄罗斯一条输油管道因软件缺陷爆炸。这次爆炸是第二次世界大战末期核爆炸以来最大的一次。

1982年,英国皇家海军“谢菲尔德”号被阿根廷军队发射的法国Exocet导弹击沉。“谢菲尔德”号上的雷达将其设定为“朋友”,因为这些导弹也被英军使用。

1983年,一个核攻击探测系统的假警报差点引发核战争。

1985—1987年,Therac-25因过量辐射致死6人。

1988年,一架满载乘客的民用空客飞机被击落,原因是模式识别软件没有明确识别飞机。

1990年,美国电话电报公司(at&T)失去长途接入,使美国陷入了前所未有的电话危机。

1992年,伦敦救护车改变了他们的呼叫跟踪软件,但当呼叫数量增加时,他们失去了对情况的控制。

“阿丽亚娜”5号火箭于1996年6月4日首次发射,结果失败。在飞行序列开始大约40 s后,当时在3700 m高空的火箭偏离轨道,坠毁并爆炸。启动主机点火程序37 s后(起飞后30 s)完全失去制导和高度信息,这是“阿丽亚娜”5号火箭发射失败的原因。这种信息丢失是由于惯性参考系统软件的设计错误造成的。

所有与“阿丽亚娜”5号火箭有关的主要合作伙伴都参加了审查过程,其目的是验证设计决策并获得飞行认证。在此过程中,没有充分分析校准软件的局限性,也没有测量在飞行中不进行校准的后果。“阿丽亚娜”5号火箭的弹道数据在惯性参考系统规格说明或设备级测试中没有具体规定。因此,在“阿丽亚娜”5号火箭的模拟飞行条件下,没有对重新对准功能进行测试,也没有检测到设计误差。

调查委员会根据其分析和结论,提出以下建议:

(1) 组织对包括软件在内的所有设备进行专项资格评审;

(2) 重新定义关键组件,考虑到可能由软件引起的故障;

(3) 像对待代码一样重视资质文件;

(4) 改进技术,以确保规范与其鉴定之间的一致性;

(5) 让外部项目参与者参与规格说明评审、代码评审和文档评审。审查所有飞行软件;

(6) 建立一个团队,负责开发软件质量鉴定过程,提出严格的规则,并确保“阿丽亚娜”5 号项目的规格说明、验证和软件测试始终处于高质量水平。

1996 年,中国航空公司 B1816 航班失事,这是由于飞行员对界面的理解错误造成的。

1998 年,美国“约克敦”号的一名船员错误地输入了“0”,结果除零错误导致导航系统故障,推进系统停止。由于无法重启系统,这次动力中断持续了几小时。

1999 年,价值 1.25 亿美元的火星轨道舱因不同的开发团队使用不同的测量系统(公制和英制)而损毁。

2000 年 1 月,美国一颗间谍卫星因千年虫问题而停止工作。

2000 年 3 月,一颗移动电话通信卫星在发射 8 min 后爆炸。爆炸是由一行代码中的逻辑错误引起的。

2001 年 5 月,苹果公司警告用户不要使用新的 iTunes 软件,因为这会抹去他们硬盘上的所有内容。

2002 年,美国富兰克林县的非官方统计结果显示,布什获得 4258 票,克里获得 260 票。然而对选举结果的审计显示,这个县只有 638 人投票。

FDA 对 1992—1998 年 3140 起医疗器械召回事件的分析显示,其中 242 起(7.7%)是由软件故障引起的。在这些与软件相关的召回事件中,192 起(79%)是由软件缺陷引起的,这些缺陷是在软件首次生产和发行后对软件进行更改时引入的。FDA 指南中讨论的软件验证和其他相关良好的软件工程实践是避免此类缺陷和后续召回的主要手段[FDA 02]。

2003 年,T-Mobile 的电脑遭到黑客攻击,大量密码被盗。

2004 年 5 月,一艘载有一名俄罗斯宇航员和两名美国宇航员的“联盟”TMA-1 号宇宙飞船在意外地切换到再入轨道后,在偏离航道近 500 km 处着陆。初步迹象表明,这个问题是由新的、改型的宇宙飞船[Par 03]中的制导计算机中的软件引起的。

2004 年 9 月,洛杉矶地区空中交通管制员失去了与洛杉矶周围空域 400 多架飞机的语音联系。用于与飞行员通信的主系统(称为语音通信系统单元 VCSU)出现故障。备份系统也出现故障。飞行员基本上是盲目飞行,不知道其他飞机在他们的航线上。至少有 5 个记录在案的飞机在联邦航空局规定的最小间隔距离内飞行。控制系统单元内有一个倒计时计时器,以 ms 为单位计时。VCSU 使用计时器作为脉冲向 VSC 发送定期查询。它从系统服务器及其软件可以处理的最高数量开始。这个数字刚好超过 40 亿 ms。当计数器达到零时，系统的滴答声就用完了，不能再自己计时了。所以它关闭了。为了使该系统正常工作，需要技术人员每 30 天手动重新启动系统[GEP 04]。

2005 年，有报道称，16 万辆丰田普锐斯汽车被召回以获得软件更新，因为有 13 起汽车发动机在驾驶员未关闭点火开关的情况下突然停止运转。丰田公司要求经销商安装新的软件版本。

2005 年，俄罗斯 Cryosat 火箭控制软件有缺陷，在第二阶段发射失败时损毁。

2006 年，宝马 745i 汽车内有 70 个处理器，这款车也曾被召回，因为软件可能导致气门同步故障，并在全速行驶时突然停止发动机。

2006 年，Nicolas Clarke 在《先驱论坛报》上报道称，空客 A380 的工业设计软件出现问题，导致电缆长度和连接不良，许多软件问题还造成生产延迟。电缆长度问题是由使用两个制造商的两个不同版本的设计软件引起的。

2007 年 12 月 21 日，3 名来自加利福尼亚、纽约和佛罗里达的商人以及 QuickBooks Pro 的用户，提出了一项动议，要求对专攻会计和财务软件设计的制造商 Intuit 提起集体诉讼。原告指控 Intuit 在 2007 年 12 月 15 日至 16 日的周末发送错误代码，导致文件和销售数据丢失。当 QuickBooks 程序对 Intuit 发送的软件进行自动更新时，发生了财务信息文件丢失的问题。这意味着需要数百小时的返工。同样的情况发生在这个软件的所有用户身上，他们原本打算在年底结账。原告要求为因数据丢失导致自己和所有其他受害者恢复数据所花费的时间和金钱进行赔偿。这个案例向我们展示了，一个错误的代码如果被自动更新，会在国家乃至全球范围内造成巨大的破坏的后果。财务数据的永久丢失对这些小企业的生存是灾难性的。

2007 年 5 月 16 日，科罗拉多州价值 3.25 亿美元的 5 个 IT 项目没有得出结果并被取消。

2007 年 5 月 16 日，由于软件问题，来自弗吉尼亚州的 2900 名学生不得不再次参加标准化考试。

2007 年 5 月 18 日，在伦敦，一名法官承认自己不了解网站。这一发现立即中止了他正在进行的审判(一项关于恐怖分子使用互联网攻击的案件判决)。

2007 年 5 月 19 日，阿尔卡特朗讯丢失了一个包含 20 万客户详细数据的硬盘。

2007 年 8 月，马来西亚航空公司一架从珀斯飞往吉隆坡的波音 777 飞机的自动驾驶软件出现了问题，飞机在整个飞行过程中不得不手动飞行。

2009 年，安大略省博彩委员会拒绝向 Kusznirewicz 先生支付 4290 万美元的老虎机费。赢钱的信息是错误的，不应该超过 9025 美元。因为在播放过程中，软件错误导致显示错误。

2009 年 5 月 13 日，一名原告成功地抽取并分析了一台 7110 MKIII-C 呼气式酒精检测仪的源代码,他认为这是检测结果错误的根源。他证明这些计算是错误的,成千上万的人因为这些错误的结果而受到严厉的评判。

2009 年 11 月,首架飞往法航的空客 A380 飞机因一次“轻微”电脑故障而不得不返回纽约。这架空客 A380 飞机从纽约飞往巴黎,机上有 530 名乘客,起飞后 1.5 h 不得不折返。根据法国航空公司的全国航空飞行员联盟(SNPL)的说法,问题出在自动驾驶仪上。SNPL 的发言人说:“它失去了作用。”

2009 年 12 月 1 日,《每日电讯报》报道了 Windows 7 的“黑屏死机”。微软新操作系统的这种普遍故障是由于注册表项中的错误造成的。“福特”探索者引擎的一个软件错误将车速限制为 110 英里/小时,而不是规定的 99 英里/小时。当 110 英里/小时时,福特探索者的费尔斯通轮胎的额定寿命为 10 分钟[HUM 02]。

福特警告其经销商,软件可能会使大约 3 万辆新福特 500 轿车和自由式运动型旅行车的连续可变变速箱失效。机械零件没问题,但一台用来检测变速箱污浊液体的电脑控制系统却让一些汽车进入了一种迟缓的“跛行”模式。福特公司不得不重新编写软件来解决这个问题,该公司表示,这个问题是在任何车辆送达到顾客手中前就应该被发现的。

一架从珀斯飞往吉隆坡的波音 777-200 客机向飞行员出示了自相矛盾的空速报告:飞机在超速的同时又有失速的危险。飞行员断开了自动驾驶仪,试图下降,但自动油门导致飞机上升了 2000 英尺。他最终得以返回珀斯,并安全着陆。事故的原因是加速计失灵。空气数据惯性参考单元(ADIRU)在其内存中记录了设备的故障,但由于软件缺陷,它未能在电源循环后重新检查设备的状态[JAC 07]。

一架从香港飞往伦敦的空客 A340-642 飞机在一个数据总线上发生故障,该数据总线属于一台监控燃油水平和流量的计算机。一个发动机失去动力,另一个发动机开始波动;飞行员改变飞机航向,在阿姆斯特丹安全着陆。随后的调查指出,备份计算机是可用的,工作正常,但由于软件逻辑错误,故障的计算机仍然被选择为主机。第二份报告建议采用独立的低燃料预警系统,并指出计算机管理系统可能无法向机组人员提供适当的数据,从而妨碍他们采取适当的行动。

丰田发现了一个软件缺陷,导致普锐斯混合动力车在高速行驶时熄火或关闭;23900 辆车辆受到影响[FRE 05]。

1998 年,研究人员在一次“临界”试验中,将两个亚临界的钚块放在一起,测量两部分之间的中子通量变化率。如果两个比特真的非常接近,那将是一件非常糟糕的事情,所以它们被安装在小型可控汽车上,就像一个模型铁路。操作员用操纵杆小心翼翼地把他们推向对方。试验正常进行了一段时间,汽车以龟速行驶。突然,两辆车加速,全速撞向对方。毫无疑问,操作员的脑海中浮现出蘑菇云的景象,他按下了安装在操纵杆上的“关闭”按钮。但什么也没有发生,汽车不断加速。最后,当他启动紧急停驶控制系统后,汽车的停下并分开,驾驶员被吓得狂跳的心脏(幸好没有植入有缺陷的心脏起搏器)才逐渐回复。操纵杆失灵了。读取该设备的处理器识别出这个问题,并向主控制器发送一个错误信息,一个问号。但是,“?”是 ASCII 63,一个 6 位字段所能容纳的最大数字。主 CPU 将该消息解释为一个大数字,表示速度非常快。会产生两种想法:第一个是,测试所有内容,甚至是异常处理程序。第二个是,错误处理本质上是困难的,必须仔细设计(GAN 04)。

1997 年,Guidant 公司宣布他们的一种新型起搏器有时会将患者的心跳提高到每分钟 190 次。目前我对心血管疾病了解不多,但我怀疑每分钟 190 次对于一个有心脏疾病的人来说真的是一件坏事。该公司向购买速度传感器的公众保证,他们已经修复了代码,已经没有问题了,正在向全国各地的医生发送磁盘。然而,起搏器是皮下植入的。没有互联网连接,没有 USB 接口,没有 PCMCIA 插槽。事实证明,在植入的心脏起搏器上放置一个感应回路是可能的。设备中的一个小线圈通常接收能量来给电池充电。它可以调节信号并将新代码上传到 flash 中。机器人被重新编程,没有人受伤。可以理解,该公司不愿讨论这个问题,因此不可能深入了解问题的本质,但显然测试不够充分。Guidant 并不是唯一这样做的人。2001 年 8 月 15 日发表在《美国医学会杂志》上的一项研究(“涉及起搏器和植入式心律转复除颤器的召回和安全警报”)显示,在 1990 年至 2000 年期间,召回了 50 多万台植入式起搏器和心律转复器(本月的难题:你如何回忆起这些事情?)。41%的召回是由于固件问题。与第一个 10 年相比,第二个 5 年的召回率有所上升。固件越来越差,所有 5 家美国心脏起搏器供应商的召回率都在上升。研究称,“工程(硬件)事故是可以预测的,因此也可以预防,而系统(固件)事故是不可避免的,因为复杂的过程以不可预见的方式结合在一起。”(GAN 04)。

附录3 部分国家标准采用情况

在本书所涉及的所有国际标准中,部分已由国家标准通过翻译法或重新起草法进行了等同采用或修改采用。为便于读者对比查阅相关资料,我们对书中所涉及的、已明确被国家采用的标准进行了整理,如下表所列:

序号	国际标准号	国际标准名称	国家标准号	国家标准名称	采用方式
1	ISO 12207	Systems And Software Engineering - Software Life Cycle Processes	GB 8566	信息技术 软件生存周期过程	修改采用
2	ISO 15288	Systems and software engineering — System life cycle processes	GB 22032	系统与软件工程 系统生存周期过程	等同采用
3	ISO 17021-1	Conformity Assessment - Requirements For Bodies Providing AuditAnd Certification Of Management Systems - Part 1: Requirements	GB 27021. 1	合格评定 管理体系审核认证机构要求 第1部分:要求	等同采用
4	ISO 17050-1	Conformity Assessment - Supplier'S Declaration Of Conformity - Part 1: General Requirements	GB 27050. 1	合格评定 供方的符合性声明 第1部分:通用要求	等同采用
5	ISO 17050-2	Conformity Assessment Supplier'S Declaration Of Conformity Part 2: Supporting Documentation	GB 27050. 2	合格评定 供方的符合性声明 第2部分:支持性文件	等同采用
6	ISO 19011	Guidelines For Auditing Management Systems	GB 19011	管理体系审核指南	等同采用
7	ISO 20000-1	Information Technology - Service Management - Part 1: Service Management System Requirements	GB 24405. 1	信息技术 服务管理 第1部分:规范	等同采用
8	ISO 20000-2	Information Technology — Service Management — Part 2: Guidance On The Application Of Service Management Systems	GB 24005. 2	信息技术 服务管理 第2部分:实践规则	等同采用

续表

序号	国际标准号	国际标准名称	国家标准号	国家标准名称	采用方式
9	ISO 25010	Systems And Software Engineering – Systems And Software Quality Requirements And Evaluation (Square) – System And Software Quality Models	GB 25010. 10	系统与软件工程 系统与软件质量要求和评价(SquaRE) 第 10 部分:系统与软件质量模型	修改采用
10	ISO 26514	Systems AndSoftware Engineering – Requirements For Designers And Developers Of User Documentation	GB 32424	系统与软件工程 用户文档的设计者和开发者要求	修改采用
11	ISO 27000	Information Technology – Security Techniques – Information Security Management Systems – Overview And Vocabulary	GB 29246	信息技术 安全技术 信息安全管理体系 概述和词汇	等同采用
12	ISO 27001	Information Technology – Security Techniques – Information Security Management Systems – Requirements	GB 22080	信息技术安全技术 信息安全管理体系 要求	等同采用
13	ISO 27002	Information Technology – Security Techniques – Code Of Practice For Information Security Controls	GB 22081	信息技术 安全技术 信息安全控制实践指南	等同采用
14	ISO 9000	Quality Management Systems — Fundamentals And Vocabulary	GB 19000	质量管理体系 基础和术语	等同采用
15	ISO 90003	SoftwareEngineering – Guidelines For The Application Of Iso 9001:2008 To Computer Software	GB 19003	软件工程 GB/T 19001-2000 应用于计算机软件的指南	等同采用
16	ISO 9001	Quality Management Systems — Requirements	GB 19001	质量管理体系 要求	等同采用
17	ISO 9004	Quality Management – Quality Of AnOrganization – Guidance To Achieve Sustained Success	GB 19004	追求组织的持续成功 质量管理方法	等同采用
18	ISO15939	Systems And Software Engineering – Measurement Process	GB 20917	软件工程 软件测量过程	等同采用

附录4 术 语 表

Acceptance Test 验收测试(ISO 2382-20)购买者购买产品后,在购买者的场所安装后,在供应商参与的情况下进行的系统或功能单元的测试,用以确保产品符合合同要求。

Acquirer 需方(ISO 12207)从供应商那里购买或获得产品或服务的利益相关方。

注:需方可以是以下角色之一:买方,客户,所有者或购买方。

Agreement 协议(ISO 15288)据以维持工作关系并得到相互确认的条款与条件。

Alpha testing Alpha 测试(ISO 24765)在产品被认为可用于商业或运营用途前进行的第一阶段测试(见"Beta 测试")。

注:通常仅由开发软件的组织内的用户参与测试。

Assurance case 保证案例(ISO 15026-1)为支持最高级别声明(或一系列声明)得以满足这一观点所创建的合理的、可审核的工件,包括系统论证、基础证据和支持声明的假设。

注:保证案例包含以下内容及其关系:

(1) 有关属性的一项或多项声明;

(2) 在逻辑上将证据和声明的任何假设联系起来的论点;

(3) 支持有关声明的论点的证据和可能的假设;

(4) 选择最高级别声明的依据和推理的方法。

Audit 审核

(1) 为评估与规格说明、标准、合同协议或其他准则的符合性而由第三方实施的对软件产品、软件过程或软件过程集合所作的一种独立检查(IEEE 1028)。

注:审核应对是否已达到审核准则给出一个明确的指示。

(2) 为评估与规格说明、标准,合同协议或其他准则的符合性而实施的对工作产品或一系列工作产品所作的一种独立检查(ISO 12207)。

(3) 为获得审核证据并对其进行客观的评价,以确定满足审核准则的程度所进行的系统的、独立的并形成文件的过程。

注1:内部审核,有时称为第一方审核,由组织自己或以组织的名义进行,用于

管理评审和其他内部目的(例如确认管理体系的有效性或获得用于改进管理体系的信息),可作为组织自我合格声明的基础。在许多情况下,尤其是在中小型组织内,可以由与正在被审核的活动无责任关系、无偏见以及无利益冲突的人员进行,以证实独立性。

注2:外部审核包括第二方和第三方审核。第二方审核由组织的相关方,如顾客或其他人员以相关方的名义进行。第三方审核由独立的审核组织进行,如监管机构或提供认证或注册的组织。

注3:对两个或两个以上不同专业(例如质量、环境、职业健康和安全)的管理体系一起审核,称为一体化审核。

注4:两个或两个以上审核机构合作,共同审核同一个受审核方,称为联合审核。

(4) 根据特定标准(例如要求)对工作产品或一系列工作产品进行客观检查(见"客观评估")。此术语在 CMMI® 中有多种使用方式,包括配置审核和流程遵从性审核(面向开发的 CMMI)。

Audit criteria 审核准则(ISO 19011)可作为参考用于比较审核证据的一组政策、规程或要求。

注:如果审核准则是法律(包括行政法规)要求,则在审核报告中经常使用"合规"或"不合规"类的术语。

Audit evidence 审核证据(ISO 19011)与审核准则相关且可验证的记录、事实陈述或其他信息。

注:审核证据可以是定性或定量的。

Audit findings 审核发现(ISO 19011)将收集的审核证据对照审核准则进行评价的结果。

注1:审核发现指明符合要求还是不符合要求。

注2:审核发现可导向改进机会或记录良好实践。

注3:如果审核准则是选自法律法规或其他要求,审核发现可表述为合规或不合规。

Base measure 基本测度(ISO 15939)用某个属性及其量化方法定义的测度。

注:基本测度在功能上独立于其他测度。

Baseline 基线(ISO 12207)配置项的正式获批版本(无论以何种介质呈现),在配置项的生命周期中的特定时间正式指定并固定。

Beta testing Beta 测试(ISO 24765)在产品有限的生产使用过程中进行的第二阶段测试(见"alpha 测试")。

注:通常由用户或客户执行。

Bidirectional traceability 双向可追溯性(面向开发的 CMMI)在两个或多个逻

辑实体之间的一种关联关系,这种关系在两个方向上均可辨别(到实体去和从实体来)(见“需求可追溯性”和“可追溯性”)。

Black box 黑盒(ISO 24765)

(1) 一种系统或组件,其输入、输出和一般功能是已知的,但其内容或实现机制是未知的或无关紧要的。

(2) 一种处理系统或组件的方法,该系统或组件的输入、输出和一般功能是已知的,但其内容或实现机制是未知的或无关紧要的(见“白盒”)。

Brainstorming 头脑风暴(PMBOK® 指南)一种通用的数据收集和创新技术,可以通过一组团队成员或领域专家来标识风险、集思广益,或探求问题的解决方案。

Branch 分支(ISO 24765)

(1) 一种计算机程序结构,在此结构中,从程序语句的两个或多个可替换集中选择一个执行。

(2) 计算机程序中的一点,在该点,从程序语句的两个或多个可替换集中选择一个执行。

注:每个分支均由一个标签标识。通常,分支会将已经或将要发布的文件版本标识为产品发行版本。分支可以指发散的箭头,即对象类型从对象类型集中分离出来。分支还可以指从根箭头段拆分出来的箭头段。

Business model 商业模型(维基百科)商业模型描述了组织如何创造、交付和获取价值(包括经济、社会或其他形式的价值)的基本原理。

商业模型的本质在于,它定义了企业向顾客交付价值,促使顾客为价值买单,并将货款转换为利润的方式:因此,它反映了管理层关于客户想要什么、如何想要,以及企业如何组织以最好地满足这些需求、获得报酬并收获利益的假设。

Catastrophic 灾难性的(后果)(IEEE 1012)人员丧生,任务完全失败,系统安全性丧失、重大财务或社会损失。

Change control board 变更控制委员会(CCB)(PMBOK® 指南)一个正式的特殊小组,负责审查、评估、批准、延迟或拒绝项目变更,并记录和传达此类决定。另请参阅“配置控制委员会”。

Change control procedure 变更控制规程(ISO 24765)为标识、记录、审查和授权开发中的软件或文档的变更而采取的措施。

注:该规程确保变更的有效性,检查对其他项目的影响,并向与开发相关的人员通知更改。

Change management 变更管理(ISO 24765)采用科学的方法合理地实施对产品或服务的变更或建议的变更。

Checklist 检查单[GIL 93]一组专门的问题,旨在帮助检查员发现更多缺陷,尤其是重要的缺陷。检查单集中关注主要缺陷。每个主题域的清单应该不超过一页。清单问题说明了特定的规则。

Commit 提交(ISO 24765)将开发人员源代码私有视图的变更集成到可通过版本控制系统存储库访问的分支中。

Commit privileges 提交权限(ISO 24765)一个人提交更改的权限。

注:有时,权限与产品的特定部分(如插图或文档)或特定分支相关。

Commit window 提交窗口(ISO 24765)允许提交特定分支的时间段。

注:在某些开发环境中,每年维护分支的提交窗口可能仅打开几次。

Concept of operations (ConOps) document 操作概念文档(IEEE 1362)一个面向用户的文档,从最终用户的角度描述系统的操作特性。

Configuration 配置(ISO 24765)软硬件技术文件中规定的或产品中实现的功能和物理特性。

Configuration audit 配置审核(面向开发的 CMMI)为验证构成基线的配置项或配置项集合符合规定的标准或需求而进行的审核(见"审核"和"配置项")。

Configuration baseline 配置基线(ISO 24765)在产品或产品组件的生命周期中的特定时间正式指定的配置信息。

注:配置基线加上这些基线的批准变更,构成当前配置信息。

Configuration control 配置控制(ISO 24765)配置管理的一种元素,它由对配置项的评价、协调、批准或不批准以及变更实现组成,用以在配置项的配置标识正式建立以后进行配置管理。同义词:变更控制。

Configuration control board 配置控制委员会(CCB)(ISO 24765)负责对配置项的拟议变更进行评价、批准或驳回,并确保实现所批准变更的一组人员(见"变更控制委员会")。

Configuration identification 配置标识(ISO 24765)

(1) 配置管理的一个元素,包括为系统选择配置项并在技术文档中记录其功能特性和物理特性。

(2) 现行获批的技术文档,用于记录规格说明、图纸、相关性列表以及其中引用的文档中列出的配置项。

Configuration item 配置项(CI)(ISO 12207)为了进行配置管理而指定的,在配置管理的过程中作为单一实体对待的软硬件项或集合。

Configuration management 配置管理(CM)

(1) 对如下活动实施技术和管理的指导及监督的一种行为:标识并记录配置项的功能特性和物理特性;控制对这些特性的变更;记录并报告变更的处理和实施状态;验证是否满足特定需求(ISO 24765)。

(2) 对如下活动实施技术和管理的指导及监督的一种行为:①标识并记录配

置项的功能特性和物理特性;②控制对这些特性的变更;③记录并报告变更的处理和实施状态;④验证是否满足特定需求。(CMMI-DEV)。

Configuration status accounting 配置状态记录(ISO 24765)配置管理的一个元素,它由为有效管理某一配置所需信息的记录和报告组成。

注:此信息包括经批准的配置清单、对配置拟议变更的状态和经批准变更的实现状态。

Conflict 冲突(ISO 24765)文件的一个版本中的变更与要应用该变更的文件版本无法协调。

注:冲突可能在合并来自不同分支的版本,或者在两个提交者同时处理同一文件的情况下发生。

Conformity 符合(ISO 9000)满足要求。

Contract 合同(ISO 12207)请参阅“协议”。

Corrective action 纠正措施(PMBOK®指南)为使项目工作绩效重新与项目管理计划一致而进行的有目的的活动。

Critical 严重的(后果)(IEEE 1012)重大和永久性伤害,部分任务失败,系统严重损坏,或重大财务或社会损失。

Critical software 关键软件(IEEE 610.12)发生故障可能会影响安全性,或者可能造成重大的财务或社会损失的软件。

Criticality 关键性(IEEE 1012)需求、模块、错误、故障、失败或其他可能对系统的开发或操作的事项产生影响的程度。

Deactivated code 停用代码(DO-178)一种可执行的目标代码(或数据),其设计可以追溯到需求,根据设计,它是不打算执行的代码或不打算使用的数据,例如先前开发的软件组件的一部分,包括未使用的遗留代码,未使用的库函数或未来可能用到的增长代码;或者是仅在目标计算机环境的部分配置中执行的代码或使用的数据,如通过硬件引脚选择或软件编程选项启用的代码。以下示例中的代码通常被错误地归类为停用代码,但实际上应标识为实现设计/要求所需的代码:为增强稳健性而插入的防御性编程结构,包括用于范围和数组索引检查的编译器插入目标代码,错误或异常处理说明,范围和合理性检查,排队控制和时间戳。

Dead code 死代码(DO-178)由于软件开发错误产生的可执行的目标代码(或数据),但它无法在目标计算机环境的操作配置中执行或使用。它不能追溯到系统或软件要求。以下异常通常被错误地归类为死代码,但实际上它们是实现需求/设计所必需的:嵌入式标识符,提高稳健性的防御性编程结构以及停用代码(如未使用的库函数)。

Debug 调试(ISO 24765)

(1) 检测、定位和纠正计算机程序中的故障。

(2) 检测,定位和消除程序中的错误。

Defect 缺陷

(1) 如果不纠正,就可能导致应用程序失效或产生错误结果的一类问题(ISO 20926)。

(2) 项目组件中不符合要求或规格说明,并且需要维修或更换的缺陷或不足(PMBOK®指南)。

(3) 可以指故障(原因)或失败(影响)的通用术语(IEEE 982.1)。

Derived measure 导出测度(ISO 15939)由两个或多个基本测量值定义的函数。

Development testing 开发测试

(1) 在系统或部件开发期间实施的正式或非正式的测试活动,通常由开发者在开发环境中实施。(ISO 24765)。

(2) 为确定新软件产品或基于软件的系统(或其组件)是否满足其标准而进行的测试。标准将根据测试等级而有所不同(IEEE 829)。

Effectiveness 有效性(ISO 9000)完成策划的活动并得到策划结果的程度。

Efficiency 效益

(1) 系统或组件以最少的资源消耗执行其指定功能的程度(ISO 24765)。

(2) 得到的结果与所使用的资源之间的关系(ISO 9000)。

Effort 工作量(PMBOK®指南)完成一个进度活动或工作分解结构组件所需的单位劳动量。通常表示为工时、人天或人周。

Error 差错(ISO 24765)

(1) 产生错误结果(如有故障的软件)的行为。

(2) 错误的步骤、过程或数据定义。

(3) 错误的结果。

(4) 计算、观察或测量的值或条件与真实的、明确的或理论上正确的值或条件之间的差别。

Evaluation 评价(ISO 12207)对实体在何种程度上满足其指定标准的系统测定。

Exit criteria 出口准则(面向开发的 CMMI)工作成功结束之前必须达到的状态。

Failure 失效

(1) 产品不能执行所需功能,或无法在事先规定的约束下执行其功能(ISO 25000)。

(2) 系统或系统组件未在指定限制内执行所需功能的事件(ISO 24765)。

Financial independence 财务独立性(IEEE 1012)这要求给予独立于开发组织

的组织独立验证与确认预算的控制权。这种独立性可以防止由于资金被挪用或施加了不利的财务压力和影响而导致独立验证与确认工作无法完成分析、测试或按时交付的情况。

Firmware 固件

(1) 硬件设备与计算机指令或计算机数据(作为只读软件存在于硬件设备上)的组合(IEEE 1012)。

(2) 独立于主存储器的有序指令集和相关数据,通常以 ROM 形式存储(ISO 2382-1)。

注 1:在程序控制下不能轻易修改该软件(ISO 24765)。

注 2:有时该术语仅用于指硬件设备或计算机指令和数据,但是不建议使用此类定义(IEEE 1012)。

注 3:由于对该术语仍然存在疑惑,因此有人建议避免使用该术语(IEEE 1012)。

Functional configuration audit 功能配置审核(FCA)(ISO 24765)一种审核,它指导验证:配置项的开发已经圆满完成、配置项已经达到在功能的或分配的配置标识中规定的性能和功能特性,并且正常运行,支持文档完备并符合要求。

Functional requirement 功能性需求(IEEE 1220)描述为完成所需的行为和/或结果,产品或过程必须完成的事情。

Glass box 白盒(ISO 24765)

(1) 一种内部内容或实现机制已知的系统或组件。

(2) 与处理(1)中所述的系统或组件相关的方法。

同义词:透明盒。

Hazard 危害(IEEE 1012)

(1) 可能造成伤害或损害的内部属性或状态。

(2) 可能造成人身伤害,对健康、财产或环境造成损害的潜在危害的来源或情况。

Independent 独立的(ISO 24765)由不受供应商、开发商、运营商或维护者控制的组织执行。

Independent verification and validation 独立验证与确认(IV&V)(ISO 24765)由技术上、管理上和财务上独立于开发组织的组织执行的验证和确认。

Indicator 指标(ISO 15939)对指定属性提供估算或评价的测度,该属性是从规定信息需要的相关模型导出。

Information Management Process 信息管理过程(ISO 15289)文档管理过程应包括以下活动:

(1) 确定组织、服务、过程或项目产生的文档;

(2) 明确所有文件的内容和目的,并计划安排其产生;

(3) 确定用于文档开发的标准;

(4) 根据确定标准和指定计划制定和发布所有文档;

(5) 按照指定准则维护所有文档。

Integration testing 集成测试(IEEE 1012)将软件组件、硬件组件或两者组合在一起进行的测试,用以评估它们之间的交互作用。

Integrity level 完整性等级(IEEE 1012)代表项目的独有特性(如复杂性、关键性、风险、安全级别、预期性能、可靠性)的值,表明系统、软件或硬件对用户的重要性。

Integrity level scheme 完整性等级方案(IEEE 829)对利益相关者而言非常重要的一组系统属性(如复杂性、风险、安全级别、预期性能、可靠性、成本等),被分为不同等级的性能或合规性(集成水平),以在开发和/或交付软件中帮助定义应用的质量控制水平。

Internal audit 内部审核(ISO 9001)组织应按照策划的时间间隔进行内部审核,以提供有关质量管理体系的下列信息:

(1) 是否符合国际标准的要求和组织制定的质量管理体系要求;

(2) 是否得到有效的实施和维护。

审核方案应详细计划,并考虑要审核过程和区域的状态和重要性,以及过去的审核结果。应规定审核标准、范围、频率和方法。审核员的选择和审核的进行应确保审核过程的客观性和公正性。审核员不得审核自己的工作。

应建立文档化规程,以定义计划和执行审核、建立记录和报告结果的职责和要求。

审核记录及其结果应予以保留。

负责被审核区域的管理者应确保及时采取必要的纠正措施,以消除不符合项及产生不符合项的原因。

后续活动应包括对所采取措施的验证和验证结果的报告。

Issue 问题(PMBOK®指南)存在争议的观点或事项,或尚未定论的仍在讨论或存在分歧的观点或事项。

Lessons learned 经验教训(PMBOK®指南)在项目中获得的知识,通过展示过去如何解决问题指导将来应该如何做来提高绩效。

Life cycle 生命周期

(1) 系统、产品、服务、项目或其他人工制造的实体从构思直到退出使用的演化过程(ISO 12207)。

(2) 系统或产品从因利益相关方需求而产生直到报废被处置的演变(IEEE 1220)。

Life cycle processes 生命周期过程（IEEE 1012）能够带来对系统、软件或硬件的开发或评估的一组相互关联或相互作用的活动。每个活动都包含任务。生命周期过程可能会相互重叠。为了验证和确认（V&V）目标，在按照验证与确认计划（VVP）中定义的任务验证和确认其开发产品之后，产品的生命周期过程才会结束。

Managerial independence 管理独立性（IEEE 1012）这要求将 IV&V 活动的职责赋予独立于开发组织和程序管理组织的组织。管理独立性还意味着 IV&V 的工作独立选择要分析和测试的软件、硬件和系统的各个部分，选择 IV&V 的技术，定义 IV&V 活动进度，并选择要采取的具体技术。IV&V 工作将其发现同时提供给开发组织和程序管理组织。IV&V 工作无须接受直接或间接来自开发团队的限制（如无须开发组的事先批准）或反对的压力，而是将 IV&V 的结果、异常和发现提交给程序管理人员。

Marginal 轻微的（后果）（IEEE 1012）严重的伤害或病症，次要任务降级，或某种程度的财务或社会损失。

Master library 主程序库（ISO 24765）一种软件库，其中包含软件和文档的主要副本，可以在该软件库中制作工作副本以分发和使用（见“生产库”“软件开发库”“软件存储库”“系统库”）。

Measure 测度（ISO 15939）可由测量结果赋值的变量。

注：测度作为集合名词时是基本测度、导出测度和指标的统称。

Measure 测量（动词）（ISO 15939）进行一次测量。

Measurement function 测量函数（ISO 15939）用于组合两个或两个以上基本测度的算法或计算。

Measurement information model 测量信息模型（ISO 15939）一种将信息需求链接到关注的相关实体和属性的结构。实体包括流程、产品、项目和资源。测量信息模型描述了如何量化相关属性以及如何将其转换成作为决策基础的指标。

Measurement method 测量方法（ISO 15939）一种逻辑操作序列，用于按指定标度量化属性。

注：测量方法的类型取决于属性量化操作的性质。可以分为两种类型：

（1）主观类：涉及人为判断的量化；

（2）客观类：基于数字规则的量化。

Measurement process 测量过程（ISO 15939）在一个完整项目或组织测量机构中确立、策划、执行和评价软件测量的过程。

Measurement process owner 测量过程所有者（ISO 15939）负责测量过程的个人或组织。

Medical device 医疗设备（ISO 13485）制造商生产的旨在单独或组合用于人类

使用的仪器、设备、机器、装置、植入物、体外用试剂、软件、材料或其他类似或相关的物品,用于以下一个或多个特定医疗目的:诊断、预防、监测、治疗或减轻疾病;诊断、监测、治疗、减轻或补救伤害;研究、替换、修改或支持解剖结构和生理过程;支持或维持生命;控制受孕;医疗设备消毒;通过对人体标本进行体外检查来提供信息;而且并不是通过药理学、免疫学或代谢手段在人体内或在人体上实现其主要预期作用,但可通过这些手段辅助其预期功能。

Microcode 微码(IEEE 1012)微指令的集合,组成部分、全部或一组微程序。

Microprogram 微程序(ISO 24765)一系列指令,称为微指令,规定执行机器语言指令所需的基本操作。

Negligible 可忽略的(后果)(IEEE 1012)轻微的伤害或病症,对系统性能有轻微影响,或造成操作人员的不便。

Nonconformity 不符合(ISO 9000)未满足要求。

Nonfunctional requirement 非功能性需求(ISO 24765)一种软件需求,它描述的不是软件要做什么,而是怎么做。同义词:设计约束(见“功能性需求”)。

示例:软件性能要求,软件外部接口要求,软件设计约束和软件质量属性。非功能性需求有时很难测试,因此通常会对其进行主观评价。

Objectively evaluate 客观评价(面向开发的 CMMI)最大程度降低审查者的主观性和偏见,进而评估活动和工作产品(见“审核”)。客观评价的一个示例是由独立的质量保证职能部门对要求、标准或程序进行审核。

Operational testing 运行测试(IEEE 829)测试系统或部件,以在运行环境中对其进行评价。

Opportunity 机会(PMBOK® 指南)对一个或多个项目目标产生积极影响的风险。

Organizational policy 组织方针(面向开发的 CMMI)一种指导原则,一般由高层管理者制定,并由组织用来影响和确定决策。

Organization's process asset library 组织的过程资产库(面向开发的 CMMI)一种信息库,用于存储过程资产,并将过程资产开放给组织中定义、实施和管理过程的人员。这个库中包含与过程相关的文档,如方针、已定义的过程、检查单、经验教训文档、模板、标准、规程、计划和培训材料。

Path 路径(ISO 24765)在软件工程中,可以在计算机程序的运行中执行的一系列指令。

Personal Process 个体过程[SEI 09]指导个体进行个人工作的一组已定义的步骤或活动。它通常基于个人经验,可以完全从零开始,也可以基于其他既定过程,并根据个人经验进行调整。个体过程为个人提供了一个框架来改善他们的工作并始终如一地完成高质量的工作。

Physical configuration audit 物理配置审核(PCA)(ISO 24765)为验证已建立的某个配置项遵循定义它的技术文档而进行的审核。

Policy 方针(ISO 24765)

(1) 与特定目的相关的一组规则。

(2) 对组织内的决策有影响的导向和行为的清晰且可测量的描述。

注:规则可以表现为义务、权力、许可或禁止。并非每个政策都是约束。一些政策代表一种授权。

Post-mortem 事后剖析[DIN 05]一种针对项目或其阶段性结束或项目完成组织的集体学习活动。其主要目的是反思在项目中发生的事情,以改进参与该项目的个人和组织的实践。事后剖析的结果需形成报告。

Preventive action 预防措施(PMBOK®指南)为确保项目工作的未来绩效符合项目管理计划,而进行的有目的的活动。

Procedure 规程

(1) 指明如何执行任务的一系列有序的步骤(ISO 26514)。

(2) 为进行某项活动或过程所规定的途径(ISO 9000)。

注 1:规程可以形成文件,也可以不形成文件(ISO 9000)。

Process 过程(ISO 9000)利用输入实现预期结果的相互关联或相互作用的一组活动。

Process approach 过程方法(ISO 9000)使用资源将输入转换为输出的任何活动或一组活动都可以视为一个过程。

为了使组织有效运作,组织必须标识和管理众多相互关联和相互作用的过程。通常,一个过程的输出将直接成为下一过程的输入。组织内采用的过程的系统标识和管理,尤其过程之间的相互作用,称为"过程方法"。

本国际标准的目的是鼓励采用过程方法来管理组织。

Process asset 过程资产(面向开发的 CMMI)组织认为对实现过程域目标有用的所有内容。

Process description 过程描述(ISO 24765)为实现特定目的而执行的一系列活动的文字描述。

注:过程描述定义了过程主要组成部分的操作,它以全面的、精确的、可验证的方式规定过程的要求、设计、行为或其他特性。它也可能包括用以确定这些规定是否已得到满足的规程。在任务层、项目层或组织层上均有可能存在过程描述。

Process owner 过程所有者(ISO 24765)负责定义和维护过程的人员(或团队)。

Product 产品

(1) 在组织和顾客之间未发生任何交易的情况下,组织能够产生的输出(ISO

9000)。

注:硬件是有形的,其量具有可计数的特性(如轮胎)。已加工原材料是有形的,其量具有连续的特性(如:燃料和软饮料)。硬件和已加工原材料经常被称为货物。软件由信息组成,无论采用何种介质传递(如计算机程序、移动电话应用程序、操作手册、字典、音乐作品版权、驾驶证)。

(2) 生产出来可以量化的产品或制品,既可以本身就是最终物件,也可以是其他物件的组成部分(PMBOK®指南)。

Production library 生产库(ISO 24765)一种软件库,包含了经批准的、可用于当前操作的软件。

Program librarian 程序库管理员(ISO 24765)负责建立、控制和维护软件开发库的人员。

Prototype 原型(ISO 15910)

(1) 系统的最初的类型、形式或例子,它可作为系统的以后阶段或最后的完整的版本的模型。

(2) 适用于评价系统设计、性能或生产潜力的软件模型或初步实现,或者用于更好地理解软件需求。

Prototyping 原型开发(ISO 24765)一种硬件和软件开发技术,其中,会开发硬件或软件的部分或整体的最初版本,允许用户反馈,确定可行性、研究时间安排或其他问题,以支持开发过程。

Qualification 鉴定(ISO 12207)证明实体是否能够满足指定要求的过程。

Qualification testing 合格测试(ISO 12207)由开发方进行并由需方见证(如合适)的测试,以证明软件产品符合其规格说明,并可以在其目标环境中使用或与包含它的系统集成。

Quality 质量(ISO 9000)对象的一组固有属性满足要求的程度。

注1:"质量"一词可用于形容词,例如差、好或优秀。

注2:"固有的"。与"分配的"相反,表示存在于对象中。

Quality assurance 质量保证(QA)

(1) 为充分确信某项目或产品符合既定技术要求而必须采取的有计划的系统性活动(ISO 24765)。

(2) 一组旨在评价产品开发或制造过程的活动(ISO 24765)。

(3) 部分质量管理侧重于确保产品或服务满足质量要求(ISO 12207)。

Quality audits 质量审核(PMBOK®指南)质量审核是一种用于确定项目活动是否遵循了组织和项目的方针、过程与程序的结构化且独立的过程。

Quality model 质量模型(ISO 25000)一组定义的特性以及特性间的关系,这为明确质量需求和评价质量提供了一个框架。

Quality policy 质量方针(ISO 9000)一种与组织的质量相关的总体性意图和倾向,一般由高层管理者正式确定。

注1:通常,质量方针与组织的总方针相一致,可以与组织的愿景和使命相一致,并为制定质量目标提供框架。

注2:本国际标准中提出的质量管理原则可作为制定质量方针的基础。

Release 发行版

(1) 应用程序的交付版本,其中可能包括全部或部分的应用程序。(ISO 24765)。

(2) 可用于特定目的的配置项的特定版本(如测试版本)(ISO 12207)。

Request for information 信息请求(RFI)(PMBOK®指南)一种采购文件,买方要求潜在的卖方提供与产品或服务或卖方能力有关的各种信息。

Request for proposal 需求建议书(RFP)或招标书(ISO 12207)向潜在投标人宣布其购买指定系统、软件产品或软件服务的意向的文件。

Request for proposal 需求建议书(RFP)(PMBOK®指南)一种采购文件,用于向潜在的产品或服务销售商索取投标书。在某些应用领域,它可能具有更狭隘或更具体的含义。

Request for quotation 报价请求(RFQ)(PMBOK®指南)一种采购文件,用于向潜在的普通或标准产品或服务的卖方请求报价。有时用来代替需求建议书,在某些应用领域中,它的含义可能更狭隘或更具体。

Requirements traceability 需求可追溯性(面向开发的CMMI)在需求与相关需求、实现和验证之间的可辨识的关联性。

Reusable product 可重用产品(IEEE 1012)开发用于某一用途,但同时具有其他用途的系统、软件或硬件产品,或者一种专门开发用于多个项目或在一个项目中具有多个角色的产品。包括但不限于商业成品(COTS)软件产品,需方提供的软件产品,重用库中的软件产品以及现有的开发人员软件产品。每次使用可能包括全部或部分软件产品,并且可能涉及到对产品的修改。该术语可以适用于任何软件产品(如需求、体系架构),而不仅适用于软件本身。

Reuse 重用(ISO 24765)解决不同问题时使用同一项资产。

Review 评审

(1) 向项目人员、管理人员、用户、顾客或其他相关方阐述工作产品或工作产品集的过程或会议,以便进行评论或批准(ISO 24765)。

(2) 向项目成员、管理人员、用户、顾客、用户代表、审核员或其他相关方阐述软件产品、软件产品集合或软件过程的过程或会议,以便进行检查、评论或批准(IEEE 1028)。

Risk 风险

(1) 事件的概率及其后果的组合(ISO 16085)。

注 1:通常存在负面后果的可能性时才使用"风险"一词。

注 2:在某些情况下,风险可能来自偏离预期的结果或事件。

(2) 一旦发生,会对一个或多个项目产生积极或消极影响的不确定事件或条件(PMBOK®指南)。

Risk action request 风险应对措施请求(ISO 16085)对于超过阈值的一个或多个风险而建议的可选处理方案和支持信息。

Risk management plan 风险管理计划(ISO 16085)对一个组织或项目内执行风险管理过程的要素和资源如何实施的描述。

Risk management process 风险管理过程(ISO 16085)在产品或服务的整个生命周期中,系统地标识、分析、处理和监督风险的一个持续性过程。

Risk mitigation 风险缓解

(1) 为减少风险因素的可能性和潜在损失而采取的措施(ISO 24765)。

(2) 一种风险应对策略,项目团队采取行动降低风险发生的概率或削弱风险造成的影响(PMBOK®指南)。

Risk profile 风险概况(ISO 16085)一项风险当前的和历史上的风险状态信息按年代顺序排列的记录。

Risk state 风险状态(ISO 16085)与单个风险有关的当前项目风险信息。

注:涉及单个风险的信息可能包括当前描述、起因、概率、后果、估计范围、估计置信度、处理、阈值和风险达到其阈值时间的估计。

Risk threshold 风险阈值(ISO 16085)引发某个利益相关方采取措施的条件。

注:基于不同的风险准则,可以为每个风险、风险类别或风险组合定义不同的风险阈值。

Risk treatment 风险处理(ISO 16085)选择并实施缓解风险的措施的过程。

注 1:术语"风险处理"有时用于表示一些风险处理措施。

注 2:风险处理措施包括规避、缓解、转移或接受风险。

Security branch 安全分支(ISO 24765)在发布时创建的分支,仅对其进行安全承诺。

Service Management System 服务管理系统(SMS)(ISO 20000-1)用于指导和控制服务供应商的服务管理活动的管理系统。

注 1:管理系统是用于制定政策和目标并实现这些目标的一套相互关联或相互作用的要素集合。

注 2:SMS 包括设计、转化、交付和改进服务以及满足 ISO/IEC 20000 要求所需的所有服务管理政策、目标、计划、过程、文档和资源。

注3:改编自 ISO 9000:2005 中"质量管理体系"的定义。

Software 软件(ISO 24765)信息处理系统中全部或部分程序、规程、规则和相关文档。示例:命令文件,作业控制语言。

注:包括固件、文档、数据和执行控制语句。

Software development library 软件开发库(ISO 24765)包含与软件开发工作有关的计算机可读和人类可读信息的软件库。同义词:项目库,程序支持库。

Software engineering 软件工程(ISO 24765)系统地应用科学的、技术性的知识、方法和经验来进行软件的设计、开发、测试和文档撰写。

Software library 软件库(ISO 24765)旨在控制软件的开发、使用或维护的软件和相关文档的受控集合。

Software Package 软件包(AQAP 2006)软件包是已完成开发,并可以直接或改编后使用的软件。根据其来源,可以将这类软件明确为可重用软件、国家提供的软件或商业软件。

Software quality 软件质量(ISO 25000)在指定条件下使用时,软件产品能够满足其明示和暗示需求的能力。

Software quality assurance 软件质量保证(IEEE 730)用于定义和评估软件过程适当性的一组活动,从而提供证据以确信软件过程是适当的,并能生产出质量符合预期目的的软件产品。SQA 的关键属性是其功能相对于项目的客观性。在组织层面上,SQA 功能也可以与项目无关,也就是说与项目的技术、管理和财务压力无关。

Software repository 软件存储库(ISO 24765)为软件和相关文档提供永久性存档的软件库。

Stable branch 稳定分支(ISO 24765)不支持破坏稳定性的变更的分支。

注:用于发布产品稳定生产版本的分支。

Staff-hour 工时(ISO 24765)一个员工花一个小时完成的工作量。

Statement of work 工作说明书(SOW)(ISO 12207)需方用来描述和指定根据合同要执行的任务的文档。

Supplier 供方/供应商(ISO 12207)与需方就产品或服务的提供达成协议的组织或个人。

注1:其他常用来描述供方的术语有承包商、生产商、卖方或供应商。

注2:需方和供方有时来自同一组织。

Synchronize 同步(ISO 24765)

(1) 将将父分支中所做的变更拉取到其(正在演变的)子分支(例如特征分支)中。

(2) 使用相应分支中文件的当前版本更新视图。

System 系统(ISO 15288)为达到一个或多个既定目标而组织起来的、相互作用的元素的组合体。

System library 系统库(ISO 24765)一种软件库,包含可以访问的或合并到其他程序中的系统常用软件。

Systems integration testing 系统集成测试(IEEE 829)为评价集成系统间成功交互并满足集成系统整体的特定要求,而在多个完整的集成系统上进行的测试。

Tag 标签(ISO 24765)分配给特定发布版本或分支的符号名称。

注:标签为开发人员和最终用户提供了其所使用代码库的唯一引用。

Technical independence 技术独立性(IEEE 1012)技术独立性要求 V&V 工作使用不参与系统或其元素开发的人员。IV&V 工作应表达自己对问题以及拟议系统如何解决问题的理解。技术独立性("新观点")是预防那些过于接近解决方案的人忽略细微错误的重要方法。

就系统工具而言,技术独立性意味着 IV&V 工作使用或开发自己的一套测试和分析工具,独立于开发人员的工具。在计算机支持环境(如编译器、汇编器和实用程序)或独立版本过于昂贵的系统仿真中,可以共享工具。对于共享工具,IV&V 对工具进行资格测试,以确保通用工具不会掩盖正在分析和测试的系统中的错误。过往已广泛使用的现成工具不需要资格测试。使用这些工具的最重要方面是验证其使用的输入数据。

Template 模板

(1) 一种资产,具有可用于构造实例化资产的参数或插槽(IEEE 1517)。

(2) 一种固定格式的、已部分完成的文件,为收集、组织并呈现信息和数据提供明确的结构(PMBOK®指南)。

Test 测试(IEEE 829)

(1) 一种活动,在此活动中,系统或部件在规定的条件下执行工作,观察或记录结果,对系统或部件的某些方面进行评价。

(2) 进行(1)中的活动。

(3) 一个或多个测试用例和测试规程的集合。

Threat 威胁(《PMBOK®指南》)会对一个或多个项目目标产生负面影响的风险。

Traceability 可追溯性

(1) 在两个或多个开发过程的产品,特别是相互之间有前任与后任或主次关系的产品之间,能建立关系的程度(ISO 24765)。

示例:给定系统元素要求和设计的匹配程度;气泡图中每个元素参考其所满足要求的程度。

(2) 两个或多个诸如需求、系统元素、验证或任务等逻辑实体之间的一种可辨别的关联(见“双向可追溯性”和“需求可追溯性”)(面向开发的CMMI)。

Traceability matrix 可追溯性矩阵(ISO 24765)记录两个或多个开发过程中产品之间关系的矩阵。

示例:记录给定的软件部件的需求和设计之间关系的矩阵。

Trunk 干线(ISO 24765)软件的开发主线;大多数分支结构的主要起点。

注:人们通常可以通过用于标识文件的版本号将干线与其他分支区分开,干线的版本号一般比所有其他分支都短。

Unit test 单元测试

(1) 由开发人员或独立的测试人员测试单个例程和模块。

(2) 测试单个程序或模块,以确保没有分析或编程错误(ISO/IEC 2382-20)。

(3) 测试单个硬件或软件单元或相关单元组(ISO 24765)。

Validation 确认

(1) 通过提供客观证据证明对特定的预期用途或应用要求已得到满足的认定(ISO 15288)。

(2) (A)在开发过程中或开发过程结束时对系统或组件进行评估以确定其是否满足指定要求的过程;(B)提供证据证明系统、软件或硬件及相关产品在每个生命周期活动结束时,满足分配给它们的需求、解决恰当的问题(如正确建立自然规律和执行商业规则,并使用适当的系统假设)并满足预期用途和用户需求的过程(IEEE 1012)。

Vendor branch 供方分支(ISO 24765)用于跟踪导入的软件版本的分支。

注:随后可以将连续版本之间的差异轻松应用于在本地修改的导入。

Verification 验证

(1) 通过提供客观证据证明对规定的要求已得到满足的认定(ISO 12207)。

(2) (A)评价系统或组件以确定给定开发阶段的产品是否满足该阶段开始时给定条件的过程;(B)提供客观证据证明系统、软件、硬件及相关产品在每个生命周期过程(获取、供应、开发、运行和维护)中,所有生命周期活动都遵循需求要求(如正确性、完备性、一致性、准确性等)的过程;在生命周期过程中,满足标准、实践和惯例;成功完成每个生命周期活动,并满足启动下一步生命周期活动的所有准则。中间工作产品的验证对于正确理解和评估生命周期阶段产品是必不可少的(IEEE 1012)。

Version 版本(ISO 24765)

(1) 与计算机软件配置项的完全编纂或重编纂相关的计算机软件配置项的初始发行或再发行。

(2) 文件的初始发行或完全再发行,不同于针对之前版本发布变更页而形成修订版本。

(3) 一种操作性软件产品,在功能、环境要求和配置方面与同类产品不同。

(4) 特定文件或完整系统发行版的可识别实例。

注:修改软件产品的版本,导致产生新版本,也需要配置管理活动。

Version control 版本控制(ISO 24765)建立和维护基线,标识和控制对基线的变更,使得可以返回到先前的基线。

Very Small Entity 超小型实体(VSE)(ISO 29110)超小型实体是最多拥有 25 人的实体(如企业、组织、部门、项目等)。

View 视图(ISO 24765)开发人员的分支副本。

附录5 缩 略 语

缩略语	英文	中文含义
AAR	After Action Review	事后评审
ACM	Association for Computing Machinery	计算机协会
AECL	Atomic Energy Canada Limited	加拿大原子能有限公司
ASQC	American Society for Quality Control	美国质量管理协会
BPMN	Business Process Modeling and Notation	业务流程建模和标记
CAR	Causal Analysis and Resolution	原因分析和决定
CASE	Computer Aided Software/System Engineering	计算机辅助软件/系统工程
CCB	Configuration Control Board	配置控制委员会
CEO	Chief Executive Officer	首席执行官
CI	Continuous Improvement	持续改进
CI	Configuration Item	配置项
CM	Configuration Management	配置管理
CMM®	Capability Maturity Model	能力成熟度模型
CMMI®	Capability Maturity ModelIntegration	能力成熟度模型集成
CMMI-DEV	CMMI for Development	面向开发的 CMMI 模型
CMMI-ACQ	CMMI for Acquisition	面向获取的 CMMI 模型
CMMI-SVC	CMMI for Services	面向服务的 CMMI 模型
CobiT	Control Objectives for Information and related Technology	信息及相关技术控制目标
COCOMO	COnstructive COst Model	构造性成本模型
COTS	Commercial off the shelf	商业现货
DP	Deployment Package	部署包
EIA	Electronic Industries Alliance	电子工业联盟

(续)

缩略语	英文	中文含义
E′TS	E′cole de technologie supe′rieure	
FDA	Food and Drug Administration	美国食品药品监督管理局
FEMA	Failure Mode and Effect Analysis	失效模式及影响分析
FSM	Finite State Machine	有限状态机
GE	General Electric	通用电气
GSEP	Generic Systems Engineering Process	通用系统工程过程
HRMS	Human Resource Management System	人力资源管理系统
IV&VI	Independent Verification and Validation	独立验证与确认
IBM	International Business Machines	国际商业机器公司
IDEAL	Initiating, Diagnosing, Establishing, Acting, Learning	发起、诊断、建立、行动、学习
IEC	International Electrotechnical Commission	国际电工委员会
IEEE	Institute of Electrical and Electronics Engineers	电气电子工程师学会
INCOSE	International Council on Systems Engineering	国际系统工程委员会
ISACA	Information Systems Audit and Control Association	信息系统审核与控制协会
ISBG	International Software Benchmarking Standards Group	国际软件基准组织
ISM	Integrated Software Management	集成软件管理
ISO	International Organization for Standardization	国际标准化组织
ISO/IEC	International Organization for Standardization/ International Electrotechnical Commission	国际标准化组织/国际电工委员会
ISO/IEC JTC 1 SC 7	Sub committee 7 Software and systems engineering	软件和系统工程第七小组委员会
ISSEP	Integrated Systems and Software Engineering Process	集成系统和软件工程过程
IT	Information Technology	信息技术

（续）

缩略语	英文	中文含义
JTC 1	Joint Technical Committee 1 (of ISO/IEC)	(ISO/IEC)联合技术第一委员会
KLOC	Thousand lines of source code	千行源代码
MLOC	Million lines of source code	百万行源代码
MR	Modification Request also Change Request (CR) or Problem Report (PR)	修改申请，又称变更申请(CR)或问题报告(PR)
NASA	National Aeronautics and Space Administration	美国国家航空航天局
OPD	Organization Process Definition	组织过程定义
OPF	Organization Process Focus	组织过程焦点
PAL	Process asset library	过程资产库
PDCA	Plan-Do-Check-Act	策划-实施-检查-处置
PM	Project Management	项目管理
PMI	Project Management Institute	项目管理协会
PMBOK®	Project Management Body ofKnowledge	项目管理知识体系
PODCAST	Portable media player digital audio file made available on the Internet	可以在互联网上使用的便携式媒体播放器数字音频文件
PPQA	Process and Product Quality Assurance	过程与产品质量保证
PR	Peer Review	同行评审
PR	Problem Report	问题报告
QE	Quality Engineering	质量工程
QMS	Quality Management System	质量管理体系
RAMS	Reliability, Availability, Maintainability, and Safety	可靠性、可用性、可维护性和安全性
RFI	Request For Information	信息请求
RFP	Request For Proposal	需求建议书
RTCA	Radio Technical Commission for Aeronautics	航空无线电技术委员会
S3m	SoftwareMaintenance Maturity Model	软件维护成熟度模型

(续)

缩略语	英文	中文含义
SAP	System, Anwendunsgen, Produkte/Systems Applications and Products	系统、应用程序和产品
SCAMPI	Standard CMMI Appraisal Method for Process Improvement	过程改进的标准 CMMI 鉴定方法
SCE	Software Capability Evaluation	软件能力评价
SCM	SoftwareConfiguration Management	软件配置管理
SCR	Software Change Request	软件变更请求
SEI	Software Engineering Institute	软件工程协会
SOX	Sabarnes-Oxley	萨班斯-奥克斯利(法案)
SOW	Statement of work	工作说明
SPA	Software Process Assessment	软件过程评估
SPICE	Software Process Improvement andCapability dEtermination	软件过程改进和能力测定
SQA	Software Quality Assurance	软件质量保证
SQM	Software Quality Management	软件质量管理
SRA	Society for Risk Analysis	国际风险分析学会
S/W	Software	软件
SW-CMM	Software Capability Maturity Model	软件能力成熟度模型
SWEBOK®	Software Engineering Body of Knowledge	软件工程知识体系
TOMS	Total Ozone Mapping Spectrometer	臭氧总量绘图光谱仪
TDD	Test Driven Development	测试驱动开发
TQM	Total Quality Management	全面质量管理
VSE	Very Small Entity	超小型实体
V&V	Verification and Validation	验证与确认
WBS	Work Breakdown Structure	工作分解结构

参 考 文 献

[ABR 15] Abran A. *Software Project Estimation: The Fundamentals for Providing High Quality Information to Decision Makers.* Wiley-IEEE ComputerSociety Press, Los Alamitos, CA, 2015, 288 p.

[ABR 93] Abran A. andNguyenkim H. Measurement of the maintenance processfrom a demand-based perspective. *Journal of Software Maintenance: Research and Practice*, vol. 5, issue 2, 1993, pp. 63-90.

[AGC 06] Auditor General of Canada. *Large IT projects.* Office of the Auditor General, Ottawa, Canada, November 2006, Chapter 3.

[ALE 91] Alexander M. In: *The Encyclopedia of Team-Development Activities*, edited by J. William Pfeiffer. University Associates, San Diego, CA, 1991.

[AMB 04] Ambler S. W. *Examining the Big Requirements Up Front Approach.* Ambysoft Inc. Available at: www.agilemodeling.com/essays/examiningBRUF.htm

[ANA 04] Anacleto A., Von Wangenheim C. G., Salviano C. F., and Savi R. Experiences gained from applying ISO/IEC 15504 to small software companies in Brazil. In: 4th International SPICE Conference on ProcessAssessment and Improvement, Lisbon, Portugal, April 2004, pp. 33-37.

[APR 97] April A., Abran A., and Merlo E. Process assurance audits: Lessonslearned. In: Proceedings of ICSE 98, Kyoto, Japan, April 19-25, 1997.

[APR 00] April A. and Al-Shurougi D. *Software product measurement for supplier evaluation.* In: FESMA 2000, Madrid, Spain, October 18-20, 2000.

[APR 08] April A. and Abran A. *Software Maintenance Management: Evaluation and Continuous Improvement.* John Wiley & Sons, Inc., Hoboken, NJ, 2008, 314 p.

[AUS 96] Austin R. *Measuring and Managing Performance in Organizations.* Dorset House Publishing, New York, 1996.

[BAB 15] BABOK, Business Analyst Body of knowledge, v 3.0, International Institute of Business Analysis.

[BAS 96] Basili V. R., Caldiera G., and Rombach H. D. The experience factory. In: *Encyclopedia of Software Engineering*, edited by J. J. Marciniak., John Wiley & Sons, New York, 1996, pp. 469-476.

[BAS 10] Basili V. R., Lindvall, M., Regardie M., and Seaman C. Linking software development and business strategy through measurement. *IEEE Computer*, vol. 43, issue 4, April 2010, pp. 57-65.

[BEI 90] Beizer B. *Software Testing Techniques*, 2nd edition. Van Nostrand Reinhold Co., International Thomson Press, New York, NY, 1990.

[BLO 11] Block P. *Flawless Consulting: A Guide to Getting Your Expertise Used*, 3rd edition. Jossey-Bass/Pfeiffer, San Francisco, CA, 2011.

[BOE 89] Boehm B. W. *Tutorial: Software Risk Management.* IEEE Computer Society, Los Alamitos, CA, 1989.

[BOE 91] Boehm B. W. Software risk management: Principles and practices. *IEEE Software*, vol. 8, issue 1, 1991, pp. 32-41.

[BOE 00] Boehm B. W., Abst C., BrownA., Chulani, S., Clark, B. C., Horowitz, E., Madachy, R., Reifer, D. J., Streece, B. *Software CostEstimation with* COCOMO II. Prentice-Hall, Englewood Cliffs, NJ, 2000.

[BOE 01] Boehm B. W., Basili V. Software Defect Reduction Top 10 List, *IEEE Computer*, vol. 34, January 2001, pp. 135-137.

[BOL 95] Boloix G. and Robillard P. (1995) Software system evaluation framework. *Computer Magazine*, December 1995, pp. 17-26.

[BOO 94] Booch G. and Bryan D. *Software Engineering with Ada*, 3rd edition. Benjamin/Cummings, *Redwood City, CA*, 1994.

[BOU 05] Bousetta A. and Labreche P. *Introduction to 6-sygma applied tosoftware, Presentation at Montreal SPIN*, Ecole de Technologie Supérieure(ETS), Montreal, Canada, March 2005.

[BRO 02] Broy M. and Denert E. (eds.) A history of software inspections. In: *Software Pioneers.* Springer-Verlag, Berlin, Heidelberg, 2002.

[BRI 16] Bridges W. *Managing Transitions—Making the Most of Change*, 4th edition. Da Capo Press, *Cambridge, MA*, 2016.

[BUC 96] Buckley Fletcher J. *Implementing Configuration Management: Hardware, Software, and Firmware.* IEEE Computer Society Press, LosAlamitos, CA, 1996.

[BYR 96] Byrnes P. and Phillips M. Software Capability Evaluation, Version 3.0, Method Description (CMU/SEI-96-TR-002, ADA309160). Software Engineering Institute, Carnegie Mellon University, Pittsburgh, PA, 1996.

[CAR 92] Carleton A. D., Park R. E., Goethert W. B., Florac W. A., BaileyE. K., Pfleeger S. L. Software Management for DoD Systems: Recommendations for Initial Implementation, SEI Technical Report, USA, September 1992.

[CEG 90] CEGELEC, Software Validation Phase Procedure, CEGELEC Methodology, 1990.

[CEG 90a] Software Configuration Management Procedure, CEGELEC Methodology, 1990.

[CEN 01] EN 50128, Railwa yapplications—Communications, signaling, andprocessing systems—Software for railway control and protection systems, European Standard, 2001.

[CHA 99] Charrette R. R. Building bridges over intelligent rivers. *American Programmer*, September1992, pp. 2-9.

[CHA 06] Charette R. *Focus on Dr. Robert Charette, Master Risk Management Practitioner—A CAI State of Practice Interview*, Computer Aid Inc., Allentown, PA, March 2006.

[CHI 02] Chillagere R. , Bhandari I. , Chaar J. , and Halliday, D. Orthogonal defect classification. *IEEE Transactions on Software Engineering*, vol. 18, *issue* 11, November 2002, pp. 943-956.

[CHR 08] Chrissis M. B. , Konrad M. , and Shrum S. *CMMI*, 2nd edition. PearsonEducation, Paris, France, 2008.

[COA 03] Coallier F. Internationalstandardization in software and systems engineering. *CrossTalk*, *The Journal of Defense Soltware Engineering*, *February* 2003, pp. 18-22.

[COB 12] IT Governance Institute, CobiT, Governance, Control and Audit forInformation and Related Technology, version 5, April 2012.

[COL 10] Commit-monitor for Subversion Repositories, Version 1. 7. 0, October 24,2010.

[CON 93] Conseil du Trésor. Politique du Conseil du Trésor, numéro NCTTI-26: Évaluation de logiciels- Caractéristiques d'utilisation-Critères d'applicabilité, version 11,février 1993.

[CRO 79] Crosby P. B. *Quality Is Free. McGraw-Hill*, *New York*, 1979.

[CUR 79] Curtis B. In search of software complexity. In: Proceedings of theIEEE/PINY Workshop on quantitative software models, IEEE catalog no*TH*00067-9, October 1979, pp. 95-105.

[DAV 93] Davenport T. Process Innovation. Harvard Business School Press, Boston, MA, 1993.

[DAV06] Davies I. , Green P. , Rosemann M. , Indulska, M. , Gallo S. How doPractitioners Use Conceptual Modeling in Practice? *Data & Knowledge Engineering*, vol. 58, 2006, pp. 358-380.

[DEC 08] Decker G. and Schreiter T. OMG releases BPMN 1. 1—What' schanged?, Inubit AG, Berlin, Germany M. , 2008, pp. 1-9.

[DEM 00] *DeMarco T. and Lister T. Both sides always lose*: *Litigation of* software-intensive contracts. *CrossTalk*, *The Journal of Defense Soltware Engineering*, February 2000, pp. 4-6.

[DES 95] Desharnais J-M. and Abran A. How to successfully implement a measurement program: From theory to practice. , In: *Metrics in Software Evolution*, edited by M. Müllenberg and A. Abran. R. Oldenbourg Verlag, Oldenburg, 1995, pp. 11-38.

[DIA 02] Diaz, M. and King J. How CMM impacts quality, productivity, rework, and the bottom line. *CrossTalk*, *The Journal of Defense Soltware Engineering*, March 2002, pp. 9-14.

[DIN 05] Dingsør T. Postmortem reviews: Purpose and approaches in software engineering. *Information and Software Technology*, *vol.* 47, issue 5, *March*31, 2005, pp. 293-303.

[DIO 92] Dion R. Elements of a process improvement program, Raytheon. *IEEE Software*, vol. 9, issue 4, July 1992, pp. 83-85.

[DOD 83] DoD-STD-1679A, *Military Standard—Weapon Systems Software Development*, Department of Defense, Washington D. C. , 1983.

[DOD 09] Technology Readiness Assessment (TRA) Deskbook, Department of Defense, United States, July 2009.

[DOR 96] Dorofee A. J. , Walker, J. A. , Alberts, C. J. , Higuera, R. P. , Murphy, R. L. , Williams, R. C. Continuous Risk Management Guidebook, Carnegie Mellon University, Software Engineering Institute, Pittsburgh, PA, 1996.

[DOW 94] Down A. , Coleman M. and Absolon P. *Risk Management for Software Projects*. McGraw-Hill Book Company, London, 1994.

[EAS 96] Easterbrook S. The role of independent V&V in upstream software development processes. In: Proceedings of the 2nd World Conference onIntegrated Design and Process Technology (IDPT), *Austin*, *Texas*, *USA*, *December* 4, 1996.

[EGY 04] Egyed A. Identifying requirements conflicts and cooperation. *IEEE Software*, November/December, 2004.

[EIA 98] EIA 1998 Electronic Industries Alliance, Systems Engineering Capability Model (EIA/IS-731), Washington, DC, 1998.

[EUR 11] EUROCAE ED-12C - Software Considerations in Airborne Systems andEquipment Certification, EUROCAE, 17 rue Hamelin, 75783, Paris Cedex, France, 2011.

[FAG 76] Fagan M. E. Design and code inspections to reduce errors in programdevelopment. *IBM System Journal*, vol. 15, issue 3, 1976, pp. 182-211.

[FDA 02] General Principles of Software Validation; Final Guidance for Industry and FDA Staff, U. S. Food and Drug Administration, 2002.

[FEN 07] Fenton N. and Neil M. Software Metrics: Roadmap. Queen MaryUniversity, Department of Computer Science, Harlow, UK, 2007.

[FOR 92] Fornell G. E. Process for acquiring software architecture, cover letter todraft report, July 10, 1992.

[FOR 05] Forsberg K. , Mooz H. and Cotterman H. *Visualizing Project Management*, 3rd edition. John Wiley & Sons, Inc. , *New York*, *NY*, 2005.

[FRE 05] Freeman S. Toyota attributes Prius shutdowns to software glitch. *WallStreet Journal*, May 16, 2005.

[GAL 17] Galin D. Software Quality: Concepts and Practice. Wiley-IEEE ComputerSociety Press, Hoboken, New Jersey, 2017, 726 p.

[GAN 04] Ganssle J. Disaster redux!

[GAR 84] Garvin D. What does product quality really mean? *MIT SloanManagement* Review, Fall 1984, pp. 25-45.

[GAR 15] Garcia L. , Laporte C. Y. , Arteaga J. , and Bruggmann M. Implementation and certification of ISO/IEC 29110 in an IT startup inPeru. *Software Quality Professional Journal*, ASQ, vol. 17, issue 2, 2015, pp. 16-29.

[GAU 04] Gauthier R. *Une Force en Mouvement*, La Boule de Cristal, Centre derecherche informatique de Montreal, 22 janvier 2004.

[GEC 98] Geck B. , Gloger M. , Jockusch, S. , Lebsanft, K. , Mehner, T. , Paul, P. , Paulisch, F. ,

Rheindt, M. , Volker, A. , Weber, N. Software@ Siemens: Best practices for the measurement and management of processes andarchitectures. In: Software Process Improvement Conference, Monte Carlo, Monaco, December 1998.

[GEP 04] Geppert L. Lost radio contact leaves pilots on their own. *IEEE Spectrum*, November 2004.

[GHE 09] Gheysens P. Drill through merges in TFS2010, Into Visual Studio team System, blogging about the current and upcoming release(s), January 5, 2009.

[GIL 88] Gilb T. *Principles of Software Engineering Management.* Addison-Wesley, Wokingham, UK, 1988.

[GIL 93] Gilb T. and Graham D. *Software Inspection.* Addison-Wesley, Wokingham, UK, 1993. ISBN: 0-201-63181-4.

[GIL 08] Gilb T. *Review Process Design: Some Guidelines for Tailoring Your Engineering Review Processes for Maximum Efficiency.* InternationalCouncil on Systems Engineering (INCOSE), The Netherlands, June2008.

[GOT 99a] Gotterbarn F. How the new software engineering code of ethics affectsyou. *IEEE Software*, vol. 16, issue 6, 1999, pp. 58-64.

[GOT 99b] Gotterbarn D. , Miller K. , and Rogerson S. Computer society andACM approve software engineering code of ethics. *IEEE Computer*, vol. 32, issue 10, 1999, pp. 84-88.

[GRA 92] Grady R. *Practical Software Metrics for Project Management and ProcessImprovement.* Prentice-Hall Inc. , Englewood Cliffs, NJ, 1992.

[HAI 02] Hailpern B. and Santhanam P. Software debugging, testing, andverification. *IBM Systems Journal*, vol. 41, issue 1. Humphrey, W. S. A *Discipline for Software Engineering.* Addison-Wesley, Reading, MA, 2002.

[HAL 96] Haley T. J. Software process improvement at Raytheon. *IEEE Software*, vol. 13, issue 6, 1996, pp. 33-41, Figure abstracted from IEEE Software.

[HAL 78] Halstead M. H. Software science: A progress report. In: Proceedings of the U. S. Army/IEEE Second Life-Cycle Management Conference, Atlanta, August 1978, pp. 174-179.

[HEF 01] Hefner R. and Tauser J. Things they never taught you in CMM school. 26th Annual NASA Goddard Software Engineering Workshop, Greenbelt, MD, November 27-29, 2001.

[HEI 14] Heimann, D. I. An Introduction to the New IEEE 730 Standard on Software Quality Assurance. *Software Quality Professional (SQP)*, vol. 16, issue 3, 2014, pp. 26-38.

[HOL 98] Holland D. Document inspection as an agent of change. In: *Dare to be Excellent*, edited by A. Jarvis and l. Hayes, Prentice Hall, Upper SaddleRiver, NJ, 1998.

[HUM 89] Humphrey W. *Managing the Software Process.* Addison-Wesley, Boston, MA, 1989.

[HUM 00] Humphrey W. S. The Personal Software Process (PSP), CMU/SEI-2000-TR-022, Software Engineering Institute, Carnegie Mellon University, Pittsburgh, PA, 2000.

[HUM 02] Humphrey W. S. *Winning with Software, An Executive Strategy.* Addison-Wesley, Reading, MA, 2002.

[HUM 04] Humphrey W. S. The Quality Attitude, news@ sei newsletter, Number 3,2004.

[HUM 05] Humphrey W. S. PSP: A *Self-Improvement Process for SoftwareEngineers*. Addison-Wesley, Reading, MA, 2005.

[HUM 07] Humphrey W. S., Konrad M., and Over J. Peterson, W. Futuredirections in process improvement. CrossTalk, *The Journal of DefenseSoltware Engineering, February* 2007.

[HUM 08] Humphrey W. S. The software quality challenge. *CrossTalk, The Journal of Defense Soltware Engineering*, June 2008, pp. 4-9.

[IBE 02] Iberle K. But will it work for me. In: Proceedings of the Pacific NorthwestSoftware Quality-Conference, Portland, United States, 2002, pp. 377-398.

[IBE 03] Iberle K. They don't care about quality. In: Proceedings of STAR East, Orlando, United States, 2003. Available at: http://www. kiberle. com/publications/

[IEE 98] IEEE 1998, Std. 1320. 1-1998. IEEE Standard for Functional ModelingLanguage - Syntax and Semantics for IDEF0, The Institute of Electrical and Electronics Engineers, New York, NY, 1998.

[IEE 98a] IEEE 1998, Std. 830-1998. IEEE Recommended practice for softwarerequirements, The Institute of Electrical and Electronics Engineers, New York, NY, 1998.

[IEE 98b] IEEE 1998. Std. 1061-1998. IEEE Standard for a Software Quality MetricsMethodology, New York, NY, 1998.

[IEE 99] IEEE-CS, IEEE-CS-1999. Software Engineering Code of Ethics andProfessional Practice, IEEE-CS/ACM, 1999.

[IEE 07] IEEE Std 1362-2007. IEEE Guide for Information Technology—SystemDefinition—Concept of operations (ConOps) Document, 2007.

[IEE 08a] IEEE 829-2008. IEEE Standard for Software and System TestDocumentation, IEEE, The Institute of Electrical and ElectronicsEngineers, New York, NY, 2008.

[IEE 08b] IEEE 1028, IEEE Standard 1028-2008. IEEE Standard for SoftwareReviews and Audits, IEEE, The Institute of Electrical and ElectronicsEngineers, New York, NY, 2008.

[IEE 12] IEEE Std 1012-2012. IEEE Standard for System and Software Verificationand Validation, IEEE, The Institute of Electrical and Electronics Engineers, New York, NY, 2012.

[IEE 12b] IEEE Std 828-2012. IEEE Standard for Configuration Management inSystems and Software Engineering, IEEE, The Institute of Electrical and Electronics Engineers, New York, NY, 2012.

[IEE 14] IEEE 730. IEEE Standard for Software Quality Assurance Processes: IEEE, The Institute of Electrical and Electronics Engineers, New York, NY, 2014.

[INC 15] INCOSE SystemsEngineering Handbook: A Guide for System Life CycleProcesses and Activities, 4th Edition, Hoboken, NJ, USA: John Wiley andSons, Inc, ISBN: 978-1-118-99940-0, 304 pages.

[ISO Guide 73] ISO Guide73:2009. Risk management—Vocabulary, InternationalOrganization for

Standardization (ISO), Geneva, Switzerland, 2009.

[ISO 01] ISO/IEC 9126-1:2001. Software Engineering—Product quality—Part 1:Quality model: 2001, International Organization for Standardization (ISO),Geneva, Switzerland, 2001, 25 p.

[ISO 04a] ISO 17050-1:2004. Conformity assessment-Supplier's declaration of conformity- Part 1: General requirements, International Organization for Standardization (ISO), Geneva, Switzerland, 2004.

[ISO 04b] ISO 17050-2:2004. Conformity assessment—Supplier's declaration of conformity - Part 2: Supporting documentation, International Organization for Standardization (ISO), Geneva, Switzerland, 2004.

[ISO 05c] ISO/IEC 27002 :2005. Information technology—Security techniques—Code of practice for information security management, International Organization for Standardization (ISO), Geneva, Switzerland. 2005.

[ISO 05d] ISO/IEC 17799:2005. Information technology—Security techniques—Code of practice for information security management, International Organization for Standardization (ISO), Geneva, Switzerland, 2005.

[ISO 06a] ISO/IEC/IEEE 16085:2006. Systems and software engineering—Life cycle processes—Risk management, International Organization for Standardization (ISO), Geneva, Switzerland, 2006.

[ISO 08] ISO/IEC 26514:2008. Systemsand Software Engineering—Requirements for Designers and Developers of User Documentation, International Organization for Standardization (ISO), Geneva, Switzeerland, 2008.

[ISO 09] ISO/IEC/IEEE 16326. Systems and software engineering—Life cycle processes—Project management, International Organization for Standardization (ISO), Geneva, Switzerland, 2009.

[ISO 09a] ISO 9004:2009. Managing for the sustained success of an organization—Aquality management approach, International Organization for Standardization (ISO), Geneva, Switzerland, 2009.

[ISO 10] ISO/IEC TR 24774:2010. Software and systems engineering—Life cycle management-Guidelines for process description, International Organization for Standardization (ISO), Geneva, Switzerland, 2010.

[ISO 11e] ISO/IECTR 29110-5-1-2:2011. Software Engineering—Lifecycle Profiles for Very Small Entities (VSEs)—Part 5-1-2: Management and Engineering Guide—Basic Profile, International Organization for Standardization (ISO),Geneva, Switzerland.

[ISO 11f] ISO/IEC/IEEE 29148:2011. Systems and software engineering—Life cycle processes—Requirements Engineering, International Organization for Standardization (ISO), Geneva, Switzerland, 2011, 54 p.

[ISO 11g] ISO 19011: 2011. Guidelines for auditing systems, International Organization for Standardization (ISO), Geneva, Switzerland, 2011,44 p.

[ISO 11h] ISO/IEC 20000-1:2011. Information technology—Servicemanagement—Part 1: Service management system requirements, International Organization for Standardization (ISO), Geneva, Switzerland,2011.

[ISO 11i] ISO/IEC 25010:2011. Systems and software engineering-Systems and Software Quality Requirements and Evaluation (SQuaRE)-System and software quality models, International Organization for Standardization(ISO), Geneva, Switzerland, 2011, 34 p.

[ISO 14] ISO/IEC 90003:2014. Software Engineering—Guidelines for the application of ISO9001: 2008 to computer software, International Organization for Standardization (ISO), Geneva, Switzerland, 2014, 54 p.

[ISO 14a] ISO/IEC 25000:2014. System and software engineering—System and Software Quality Requirements and Evaluation (SQuaRE)—Guide to SQuaRE—Guide de SQuaRE, International Organization for Standardization (ISO), Geneva, Switzerland, 2014, 27 p.

[ISO 15] ISO 9001. Quality systems requirement—Requirements, International Organization for Standardization (ISO), Geneva, Switzerland, 2015.

[ISO 15a] ISO 17021-1:2015. Conformity assessment—Requirements for bodies providing audit and certification of management systems—Part 1:Requirements, International Organization for Standardization (ISO),Geneva, Switzerland, 2014, 48 p.

[ISO 15b] ISO 9000, Quality management system-Fundamentals and vocabulary,International Organization for Standardization (ISO), Geneva, Switzerland,2015.

[ISO 15c] ISO/IEC/IEEE 15288: 2015. Systems and software engineering—System life cycle processes, International Organization for Standardization (ISO),Geneva, Switzerland, 2015.

[ISO 16d] ISO 13485: 2016. Medical devices—Quality management systems—Requirements for regulatory purposes, International Organization for Standardization (ISO), Geneva, Switzerland, 2016.

[ISO 16f] ISO/IEC TR 29110-1:2016. Systems and software Engineering—Lifecycle Profiles for Very Small Entities (VSEs)—Part 1: Overview, International Organization for Standardization (ISO), Geneva, Switzerland, 2016.

[ISO 17] ISO/IEC/IEEE 12207:2017. Systems and software engineering—Software life cycle processes, International Organization for Standardization (ISO),Geneva, Switzerland, 2017.

[ISO 17a] ISO/IEC/IEEE 24765:2017. Systems and Software Engineering Vocabulary, International Organization for Standardization (ISO), Geneva,2017.

[ISO 17b] ISO/IEC/IEEE 15289: 2017. Systems and software engineering—Content of life cycle information items (documentation), International Organization for Standardization (ISO), Geneva, Switzerland, 2017, 88 p.

[ISO 17c] ISO/IEC/IEEE 15939:2017. Systems and software engineering—Measurement process,

International Organization for Standardization (ISO), Geneva, Switzerland, 2017.

[ISO 17d] ISO/IEC 20246. Software and Systems Engineering—Work ProductReviews, International Organization for Standardization (ISO), Geneva,Switzerland, 2017, 42 p.

[IST 11] Standard Glossary of terms Used in Software Testing, version 1. 3,International Software Testing Qualifications Board, Brussels, Belgium,2011.

[JAC 07] Jackson D., Thomas M., and Millet, L. Software for Dependable Systems: Sufficient Evidence?, Committee on Certifiably Dependable Software Systems, National Research Council, ISBN: 0-309-10857-8,2007,120 p.

[JON 00] Jones C. Software Assessments, Benchmarks, and Best Practices. Addison-Wesley, Reading, MA, 2000

[JON 03] Jones C. Making measurement work. *CrossTalk, The Journal of Defense Soltware Engineering*, January 2003.

[JPL 00] Report on the Loss of the Mars Polar Lander and Deep Space 2Missions, JPL Special Review Board, Jet Propulsion Laboratory, March2000.

[KAS 00] Kasse T. and Mcquaid P. Software Configuration Management for Project Leaders, SQP, *Software Quality Professional*, vol. 2, issue 4, September 2000, pp. 8-19.

[KAS 05] Kasunic M. *Designing an Effective Survey*, Handbook, CMU/SEI-2005-HB-004. Software Engineering Institute, Pittsburg, PA, 2005.

[KAS 08] Kasunic M., McCurley J., and Zubrow D., *Can You Trust Your Data? Establishing the Need for a Measurement and Analysis Infrastructure Diagnostic, Technical Note CMU/SEI-*2008-*TN*-028. Software Engineering Institute, Pittsburgh, PA, November 2008.

[KER 01] Kerth N. *Project Retrospective: A Handbook for Team Reviews.* Dorset House Publishing, New York, 2001.

[KID 98] Kidwell P. A. Stalking the elusive computer bug. *IEEE Annals of theHistory of Computing*, vol. 20, issue 4, 1998, pp 5-9.

[KON 00] Konrad M. Overview of CMMI Model, Presentation to Montreal SPIN,Montreal, Canada, November 21, 2000.

[KRA 98] Krasner H. Using the cost of quality approach for software. *CrossTalk,The Journal of Defense Soltware Engineering*, vol. 11, issue 11, November1998.

[LAG 96] Laguë B. and April A. 1996. Mapping of the ISO 9125 maintainability internal metrics to an industrial research tool. In: Proceedings of SES 1996,Montreal, Canada, October 21-25, 1996.

[LAN 08] Land K., Hobart W., and Walz J. A Practical Metrics and Measurements Guide For Today's Software Project Manager. *IEEE Computer Society Ready Notes*, 2008.

[LAP 97] Laporte C. Y. and Papiccio N. L'ingénierie et l'intégration des processus de génie logiciel, de génie systèmes et de gestion de projets. *Revue Génie Logiciel*, vol. 46,1997.

[LAP 98] Laporte C. Y. and Trudel S. Addressing the people issues of proces simprovement activities at Oerlikon Aerospace. *Software Process-Improvement and Practice*, vol. 4, *issue* 1, 1998, pp. 187-198.

[LAP 03] Boucher G. Risk management applied to the re-engineering of a weaponsystem. *CrossTalk - The Journal of Defense Software Engineering*, January 2003.

[LAP 07a] Laporte C. Y., Doucet M., Bourque P., and Belkébir Y. Utilization of aSet of Software Engineering Roles for a Multinational Organization, 8th International Conference on Product Focused Software Development andProcess Improvement, PROFES 2007, Riga (Latvia), July 2-4, 2007, pp. 35-50.

[LAP 07b] Laporte C. Y., Doucet M., Roy D., and Drolet M. Improvement ofSoftware Engineering Performances An Experience Report at Bombardier Transportation—Total Transit Systems Signalling Group, International Council on Systems Engineering (INCOSE) Seventeenth International Symposium, San Diego (CA), USA, June 24-28, 2007.

[LAP 08] Laporte C. Y., Alexandre S., and Renault A. Developing international standards for very small enterprises, *IEEE Computer*, vol. 41, issue 3, March 2008, pp. 98-101.

[LAP 08a] Laporte C. Y., Roy R., and Novieli R. La gestion des risques d'un projetde développement et d'implantation d'un syst`eme informatisé au Ministére de la Justice du Qu'ebec. *Revue G'enie Logiciel*, mars 2008, numéro 84, pp. 2-12.

[LAP 12] Laporte C. Y., Berrhouma N., Doucet M., and Palza-Vargas, E. Measuring the cost of software quality of a large software project at Bombardier Transportation. *Software Quality Professional Journal*, ASQ, vol. 14, issue 3, June 2012, pp 14-31.

[LAP 14] Laporte C. Y., O'Connor R. Systems and Software Engineering Standards for Very Small Entities Implementation and Initial Results, QUATIC'2014, 9th International Conference on the Quality of Informationand Communications Technology, Guimarães, Portugal, September 23-26, 2014, pp. 38-47.

[LAP 16a] Laporte C. Y. and O'Connor R. V. QUATIC'2016, Implementing process improvement in very small enterprises with ISO/IEC 29110—Amultiple case study analysis. In: 10th International Conference on the Quality of Information and Communications Technology (QUATIC 2016), Caparica/Lisbon, Portugal, September 6-9, 2016.

[LEV 00] Leveson N. G. System safety in computer-controlled automotive systems. Society of Automotive Engineers (SAE) Congress, Detroit, United States, March 2000.

[LEV 93] Leveson N. and Turner C. An investigation of the Therac-25 accidents. *IEEE Computer*, vol. 26, issue 7, 1993, pp. 18-41.

[MAY 02] May W. A global applying ISO9001:2000 to software products. *Quality Systems Update*, vol. 12, issue 8, August 2002.

[MCC 76] McCabe T. J. A complexity measure. *IEEE Transactions on Software Engineering*, vol. SE-2, issue 4, November 1976, pp. 308-320.

[MCC 77] McCall J. A., Richards P. K., and Walters G. F. *Factors in software quality*. Griffiths

Air Force Base, NY: Rome Air Development Center Air Force Systems Command, Springfield, NY, United States, 1977.

[MCC 04] McConnell S. *Code Complete: A Practical Handbook of Software Construction*, 2nd edition. Microsoft Press, 2004, 960 p.

[MCF03] McFall D., Wilkie F. G., McCaffery F., Lester N. G., and Sterritt R. Software processes and process improvement in Northern Ireland. In: Proceedings of the 16th International Conference on Software & Systems Engineering and their Applications, ICSSEA 2003, Paris, France, December 1-10, 2003, ISSN: 1637-503.

[MCG 02] McGarry J., Card D., Jones C., Layman B., Clark E., Dean J., and Hall F. *Practical Software Measurement: Objective Information for Decision Makers.* Addison-Wesley, Washinghton, DC, USA, 2002.

[MCQ 04] McQuaid P. and Dekkers C. Steer clear of hazards on the road to software measurement success. *Software Quality Professional Journal*, vol. 6, issue2, 2004, pp. 27-33.

[MIN 92] Mintzberg H. *Structure in Fives: Designing Effective Organizations*, Pearson Education, Boston, MA, 1992, 312 p.

[MOL 13] Moll R. Being prepared - A bird's eye view of SMEs and risk management. *ISO Focus*: International Organization for Standardization, Geneva, Switzerland, February 2013.

[MOR 05] Moran T. What's Bugging the High-Tech Car? New York Times, February6, 2005.

[NAS 04] NASA, Goddard Space Flight Center, Process Asset Library, ETVX Diagram Template, DSTL 580-TM-011-01, v1.0, Greenbelt, Maryland, 2004.

[NOL 15] Nolan A. J., Pickard A. C., Russell J. L., and Schindel W. D. When two is good company, but more is not a crowd. In: 25th Annual INCOSEInternational Symposium, Seattle, July 13-16, 2015.

[OBR 09] O'Brien, J. Preparing for an Internal Assessment Interview. *CrossTalk Journal of Defense Software Engineering*, vol. 22, issue 7, 2009, pp. 26-27.

[OLS 94] Olson T. G., Reizer N. R., Over J. W. A Software Process Framework for the SEI Capability Maturity Model, CMU/SEI-94-HB-01, 1994

[OLS 06] Olson T. G. Defining short and usable processes. *CrossTalk Journal of Defense Software Engineering*, vol. 19, issue 6, 2006, pp. 24-28.

[OMG 11] Object Management Group, Process Model and Notation (BPMN), version2.0.

[OUA 07] Ouanouki R. and April A. IT process conformance measurement: A Sarbanes-Oxley requirement. In: Proceeding of the IWSM Mensura, Palma de Mallorca, Spain, November 4-8, 2007.

[OZ 94] Oz E. When professional standards are lax: The confirm failure and it slessons. *Communications of the ACM*, vol. 37, issue 10, 1994, pp. 29-36.

[PAR 92] Park R. E. *Software Size Measurement: A Framework for Counting Source Statements (CMU/SEI-92-TR-20)*, Software Engineering Institute, Carnegie Mellon University, Pittburgh,

PA, September1992.

[PAR 03] Parnas D. , and Lawford M. The role of inspection in software quality assurance. *IEEE Transactions On Software Engineering*, vol. 29, issue 8, August 2003.

[PAU 95] Paulk M. , Curtis, B. , Chrissis. M. B. , Weber, C. V. *The Capability Maturity Model: Guidelines for Improving the Software Process.* AddisonWesley, Reading, MA, 1995.

[PMI 13] *A Guide to the Project Management Body of Knowledge (PMBOK® Guide)*, 5th edition. Project Management Institute, Newtown Square, PA, 2013.

[POM 09] Pomeroy-Huff M. , Mullaney Julia L. , Cannon R. , and Sebern M. *The Personal Software Process Body of Knowledge.* Software Engineering Institute, Pittsburgh, PA, Carnegie Mellon University. Version 1-2, CMU/SEI-2009- SR-018, Pittsburgh, PA, 2009.

[PRE 14] Pressman R. S. *Software Engineering - A Practitioner's Approach*, 8th edition. McGraw-Hill, 2014, 976 p.

[PSM 00] *Practical Software andSystems Measurement.* Department of Defense and US Army, version 4. 0b, October 2000.

[RAD 85] Radice R. A. , Roth N. K. O'Hara A. C. , Ciarfella W. A. A programming process architecture. IBM Systems Journal, vol. 24, issue 2, 1985, pp. 79-90.

[RAD 02] Radice R. *High Quality Low Cost Software Inspections.* Paradoxicon, Andover, MA, 2002.

[REI 02] Reifer D. Let the numbers do the talking. *CrossTalk, The Journal of Defense Software Engineering*, March 2002.

[REI 04] Reichart G. System architecture in vehicles - Thekey for innovation, system integration and quality (original in German). In: Proceedings of the 8th Euroforum Jahrestagung, Munich, Germany, February 10-11, 2004.

[RTC 11] RTCA inc. , DO-178C. *Software Considerations in Airborne Systems and Equipment Certification.* RTCA, Washington, DC, 2011.

[SAR 02] Sarbanes-Oxley act of 2002, public law 107 —July 30, 2002, 107th Congress.

[SCH 00] Schulmeyer G. and Mackenzi, G. R. Verification & Validation of Modern Software, Intensive Systems. Prentice Hall, Upper Saddle River, NJ, 2000.

[SCH 11] Schamel J. How the Pilot's Checklist Came About.

[SEI 00] Software Engineering Institute. Overview of CMMI Model, Process Areas, Tutorial Module 7, Software Engineering Institute, Carnegie MellonUniversity, Pittsburgh, 2000.

[SEI 06] *Standard CMMI® Appraisal Method for Process Improvement* (SCAMPI) A, Version 1. 2: Method Definition Document, CMU/SEI-2006-HB-002, Software Engineering Institute, Pittsburgh, PA, 2006.

[SEI 09] Software Engineering Institute. *The Personal Software Process Body of Knowledge.* Carnegie Mellon University, Pittsburgh, PA. Version 1. 2, CMU/SEI-2009-SR-018, 2009.

[SEI 10a] Software Engineering Institute. CMMI®for Development, Version 1. 3. CMMI-DEV, V1. 3. Carnegie Mellon University, Pittsburgh, PA. Version1. 3, CMU/SEI-2010-TR-033,

Pittsburgh, PA, November 2010.

[SEI 10b] Software Engineering Institute. CMMI for Services, Version 1. 3. Carnegie Mellon University, Pittsburgh, PA, 2010. Version 1. 3,CMU/SEI-2010-TR-034.

[SEI 10c] Software Engineering Institute CMMI for Acquisition, Version 1. 3. Carnegie Mellon University, Pittsburgh, PA. Version 1. 3, CMU/SEI - 2010 - TR - 032, Carnegie Mellon University, Pittsburgh, 2010.

[SEL 07] Selby P. and Selby R. W. Measurement-driven systems engineering using six sigma techniques to improve software defect detection. In: Proceedingsof 17th International Symposium, INCOSE, San Diego, United States, June2007.

[SHE 01] Sheard S. Evolution of the frameworks quagmire. *IEEE Computer*, vol. 34, issue 7, July 2001, pp. 96-98.

[SHE 97] Shepehrd K. Managingrisk. In: Proceedings 28th Annual Seminars &Symposium, Project Management Institute (PMI), Chicago, United States,September 1997, pp. 19-27.

[SHI 06] Shintani K. Empowered engineers are key players in proces simprovements. In: Proceedings of the First International Research Workshop for Process Improvement in Small Settings *Software Engineering Institute*, *Carnegie Mellon University*, *CMU/SEI*-2006-*SpecialReport* -001, Pittsburgh, PA, January 2006, SEI, 2005, pp. 115-116.

[SIL 09] Silver B. *BPMN Method and Style: A Levels-Based Methodology for BPM Process Modeling and Improvement Using BPMN* 2. 0. Cody Cassidy Press,Altadena, CA, US, 2009.

[SPM 10] Software Project Manager Network (SPMN). American Systems, 2010. Available at: http://www. spmn. com

[STS 05] Software Technology Support Center. Configuration management fundamental. *CrossTalk*, *The Journal of Defense Software Engineering*,July 2005, pp. 10-15.

[SUR 17] Suryn W. ISO/IEC JTC1 SC7 Secretariat Report, Kuantan, Malaysia, May 2017.

[SWE 14] *Guide to the Software Engineering Body of Knowledge*, version 3. 0. edited by P. Bourque and R. E. Fairley. IEEE Computer Society, 2014, 335 p.

[TIK 07] *The TickIT Guide*, version 5. 5. British Standards Institute, London, UK,November 2007.

[TYL 10] Tylor E. B. Primitive Culture, Researches into the development of mythology, philosophy, religion, language, art and custom, John Murray, Cambridge University Press, Cambridge, UK, 2010, 440 p.

[USC 16] Statistics About Business Size(including Small Business). US Census Bureau.

[VAN 92] VanScoy R. L. *Software Development Risk: Opportunity, Not Problem.* SEI, CMU/SEI-92-TR-30, Pittsburgh, PA, September 1992.

[WAL 96] Wallace D., Ippolito L. M., Cuthill B. B. *Reference Information for the Software Verification and Validation Process.* National Institute of Standards and Technology (NIST), U. D. Department of Commerce, Special Publication 500-234, 1996.

[WES 02] Westfall L. Software customer satisfaction. In: Proceedings of theApplications in Software

Measurement (ASM) Conference, Anaheim, CA,USA, 2002.

[WES 03] Westfall L. Are wedoing well, or are we doing poorly? In: Proceedingsof the Applications in Software Measurement (ASM) Conference, SanJose, CA, Unites States, June 2-6, 2003.

[WES 05] Westfall L. 12 *Steps to Useful Software Metrics*. The Westfall Team, Whitepaper, USA, 2005.

[WES 10] Westfall L. *The Certified Software Quality Engineer Handbook*. American Society for Quality, Quality Press, Milwaukee, WI, 2010.

[WIE 96] Wiegers K. E. *Creating A Software Engineering Culture*. Dorset House, New York, 1996, 358p.

[WIE 98] Wiegers K. E. Know your enemy: Introduction to riskmanagement. *Software Development*, vol. 6, issue 10, 1998, pp. 38-42.

[WIE 02] Wiegers K. *Peer Reviews in Software*. Pearson Education, Boston, MA,2002.

[WIE 03] Wiegers K. *Software Requirements*, 2nd edition. Microsoft Press, Redmond, WA, 2003, 516 p.

[WIE13] Wiegers K. and Beatty J. *Software Requirements*, 3rd edition. Microsoft Press, Redmond, WA, 2013, 637 p.